怎样当好造价员丛书

怎样当好市政工程造价员

本书编写组　编

U0275172

中国建材工业出版社

图书在版编目(CIP)数据

怎样当好市政工程造价员/《怎样当好市政工程造
价员》编写组编 . —北京:中国建材工业出版社,
2013.11

(怎样当好造价员丛书)

ISBN 978 - 7 - 5160 - 0611 - 5

Ⅰ.①怎…　Ⅱ.①怎…　Ⅲ.①市政工程-工程造价
Ⅳ.①TU723.3

中国版本图书馆 CIP 数据核字(2013)第 237827 号

怎样当好市政工程造价员

本书编写组　编

出版发行:中国建材工业出版社

地　　址:北京市西城区车公庄大街 6 号

邮　　编:100044

经　　销:全国各地新华书店

印　　刷:北京紫瑞利印刷有限公司

开　　本:787mm×1092mm　1/16

印　　张:25.5

字　　数:605 千字

版　　次:2013 年 11 月第 1 版

印　　次:2013 年 11 月第 1 次

定　　价:69.00 元

本社网址:www.jccbs.com.cn

本书如出现印装质量问题,由我社营销部负责调换。电话:(010)88386906

对本书内容有任何疑问及建议,请与本书责编联系。邮箱:dayi51@sina.com

内 容 提 要

　　本书根据《建设工程工程量清单计价规范》（GB 50500－2013）、《市政工程工程量计算规范》（GB 50857－2013）、市政工程概预算定额及编审规程进行编写，详细介绍了市政工程造价编制与管理的相关理论及方法。全书主要内容包括绪论，市政工程定额，建设工程定额计价，市政工程工程量清单计价，市政工程工程量清单计价，市政工程合同价款结算，土石方工程工程量计算，道路工程工程量计算，桥涵工程工程量计算，市政管网工程工程量计算，水处理工程工程量计算，生活垃圾处理工程工程量计算，路灯工程工程量计算，钢筋、拆除工程工程量计算，市政工程措施项目工程量计算等。

　　本书实用性较强，既可供市政工程造价编制与管理人员使用，也可供高等院校相关专业师生学习时参考。

怎样当好市政工程造价员

编 写 组

主　编：訾珊珊
副主编：徐海清　孙世兵
编　委：孟秋菊　张才华　陆海军　王艳丽
　　　　毛　娟　李建钊　周　爽　徐晓珍
　　　　胡亚丽　张　超　赵艳娥　马　静
　　　　苗美英　梁金钊　陈井秀

前　言

工程造价的确定是规范建设市场秩序，提高投资效益的重要环节，具有很强的政策性、经济性、科学性和技术性。自我国于 2003 年 2 月 17 日发布《建设工程工程量清单计价规范》，积极推行工程量清单计价以来，工程造价管理体制的改革正不断继续深入，为最终形成政府制定规则、业主提供清单、企业自主报价、市场形成价格的全新计价形式提供了良好的发展机遇。

随着建设市场的发展，住房和城乡建设部先后在 2008 年和 2012 年对清单计价规范进行了修订。现行的《建设工程工程量清单计价规范》（GB 50500—2013）是在认真总结我国推行工程量清单计价实践经验的基础上，通过广泛调研、反复讨论修订而成，最终以住房城乡建设部第 1567 号公告发布，自 2013 年 7 月 1 日开始实施。与《建设工程工程量清单计价规范》（GB 50500—2013）配套实施的还包括《房屋建筑与装饰工程工程量计算规范》（GB 50854—2013）、《仿古建筑工程工程量计算规范》（GB 50855—2013）、《通用安装工程工程量计算规范》（GB 50856—2013）等 9 本工程计量规范。

2013 版清单计价规范及工程计量规范的颁布实施，对广大工程造价工作者提出了更高的要求，面对这种新的机遇和挑战，要求广大工程造价工作者不断学习，努力提高自己的业务水平，以适应工程造价领域发展形势的需要。为帮助广大工程造价人员更好地履行职责，以适应市场经济条件下工程造价工作的需要，更好地理解工程量清单计价与定额计价的内容与区别，我们特组织了一批具有丰富工程造价理论知识和实践工作经验的专家学者，编写了这套《怎样当好造价员丛书》，以期为广大建设工程造价员更快更好地进行建设工程造价的编制工作提供一定的帮助。本系列丛书主要具有以下特点：

（1）丛书以《建设工程工程量清单计价规范》（GB 50500—2013）为基础，配合各专业工程量计算规范进行编写，具有很强的实用价值。本套丛书包含的分册有：《怎样当好建筑工程造价员》、《怎样当好安装工程造价员》、《怎样当好市政工程造价员》、《怎样当好装饰装修工程造价员》、《怎样当好公路工程造价员》、《怎样当好园林绿化工程造价员》、《怎样当好水利水电工程造价员》。

（2）丛书根据《建设工程工程量清单计价规范》（GB 50500—2013）及设计概算、施工图预算、竣工结算等编审规程对工程造价定额计价与工程量清单计价的内容及区别联系进行了介绍，并详细阐述了建设工程合同价款约定、工程计量、合同价款调整、合同价款期中支付、合同解除的价款结算与支付、竣工结算与支付、合同价款争议的解决、工程造价鉴定及工程计价资料与档案等内容，对广大工程造价人员的工作具有较强的指导价值。

（3）丛书内容翔实、结构清晰、编撰体例新颖，在理论与实例相结合的基础上，注重应用理解，以更大限度地满足造价工作者实际工作的需要，增加了图书的适用性和使用范围，提高了使用效果。

本系列丛书在修改过程中参阅了大量相关书籍，并得到了有关单位与专家学者的大力支持与指导，在此表示衷心的感谢。限于编者的学识及专业水平和实践经验，丛书中错误与不当之处，敬请广大读者批评指正。

编　者

目 录

第一章 绪 论

第一节 市政工程概述

市政工程是指市政设施建设工程。市政设施是指在政府统筹规划管理下,为满足城市经济建设需要而修建的基础设施和城市居民生活所必需的公共设施。

一、市政工程分类

(1)大市政。大市政是指城市道路、桥梁、给排水、煤气管道、电力通信、轨道交通、公园绿地等城市公用事业工程。

(2)小市政。小市政是指民居小区、厂区排水及道路工程。

二、市政工程特点

市政工程具有类别多,工程量大;点、线、片型工程都有,结构复杂且不单一;投资大,系统性强等建设特点。对于市政工程施工来说,其特点主要体现在以下几个方面:

(1)流动性:市政项目不固定在某一区域内,一个项目竣工又搬到他处施工。

(2)一次性:市政项目竣工后标志项目结束,相同的另一个市政项目任务不会再出现。

(3)规模性:市政项目工期长,结构复杂,工程量大,投入大量的人力、物力和财力。

(4)连续性:市政项目工期紧,要连续施工。

(5)露天作业:市政项目都在野外,工人多为户外作业。

(6)季节性强:市政项目施工经历春、夏、秋、冬四季,同时受到风吹、雨打和日晒,很受季节影响。

三、市政工程作用

(1)市政工程是国家的基本建设,是组成城市的重要部分,又是城市基础设施和供城市生产和人民生活的公用工程。

(2)市政工程解决了城市交通运输、给排水问题,促进工农业生产,改善了城市环境卫生,提高了城市文明程度。

(3)市政工程使得城市林荫大道成网,使得给排水管网成为系统,绿地成片,水源丰富,光源充足,堤防巩固,供气、供热,起到了为工农业生产服务,为人民生活服务,为交通运输服务,为城市文明建设服务。

第二节　工程造价计价简介

工程造价是指进行一个工程项目的建造所需要花费的全部费用,即从工程项目确定建设意向至建成、竣工验收为止的整个建设期间所支出的总费用,这是保证工程项目建造正常进行的必要资金,是建设项目投资中的最主要部分。

工程造价含义主要包括两个方面:一是建设某一工程预期开支或实际开支的固定资产投资费用,也就是投资者选定一个投资项目所支付的全部费用开支;二是指工程价格,即为建成某一项工程,预计或实际在土地市场、设备市场、技术劳务市场,以及承包市场等交易活动中所形成的建安工程价格和建设工程总价格。

一、工程造价特点

1. 大额性

能够发挥投资效用的任一项工程,不仅实物形体庞大,而且造价高昂,特大型工程项目的造价可达百亿、千亿元人民币。工程造价的大额性使其关系到各方面的重大经济利益,同时,也会对宏观经济产生重大影响。这就决定了工程造价的特殊地位,也说明了造价管理的重要意义。

2. 个别性、差异性

任何一项工程都有特定的用途、功能、规模。因此,对每一项工程的结构、造型、空间分割、设备配置和内外装饰都有具体的要求;加上工程所在的地质、水文、气候、自然条件等不同,这就使工程内容和实物形态都具有个别性、差异性。产品的差异性决定了工程造价的个别性差异。

3. 动态性

任何一项工程从决策到竣工交付使用,都有一个较长的建设期间,存在许多影响工程造价的不确定因素,直至竣工决算后才能最终确定工程的实际造价。

4. 层次性

造价的层次性取决于工程的层次性。工程项目的层次性如图 1-1 所示。

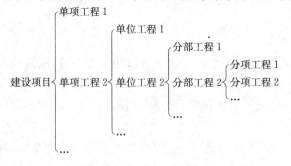

图 1-1　工程项目的层次性

5. 兼容性

工程造价的兼容性首先表现在其具有两种含义,其次表现在工程造价构成因素的广泛性和复杂性。

二、工程造价作用

1. 工程造价是项目决策的依据

建设工程投资大、生产和使用周期长等特点决定了项目决策的重要性。工程造价决定着项目的一次投资费用。投资者是否有足够的财务能力支付这笔费用,是否认为值得支付这项费用,是项目决策中要考虑的主要问题。财务能力是一个独立的投资主体必须首先解决的问题。如果建设工程的价格超过投资者的支付能力,就会迫使他放弃拟建的项目;如果项目投资的效果达不到预期目标,他也会自动放弃拟建的工程。因此,在项目决策阶段,工程造价就成为项目财务分析和经济评价的重要依据。

2. 工程造价是制定投资计划和控制投资的依据

工程造价在控制投资方面的作用非常明显。工程造价是通过多次预估,最终通过竣工决算确定下来的。每一次预估的过程就是对造价的控制过程,而每一次估算都不能超过前一次估算的一定幅度。这种控制是在投资者财务能力的限度内为取得既定的投资效益所必需的。建设工程造价对投资的控制也表现在利用制定各类定额、标准和参数,对建设工程造价的计算依据进行控制。在市场经济利益风险机制的作用下,造价对投资控制作用成为投资的内部约束机制。

3. 工程造价是筹集建设资金的依据

投资体制的改革和市场经济的建立,要求项目的投资者必须有很强的筹资能力,以保证工程建设有充足的资金供应。工程造价基本决定了建设资金的需要量,从而为筹集资金提供了比较准确的依据。当建设资金来源于金融机构的贷款时,金融机构在对项目的偿贷能力进行评估的基础上,也需要依据工程造价来确定给予投资者的贷款数额。

4. 工程造价是评价投资效果的重要指标

工程造价是一个包含着多层次工程造价的体系,就一个工程项目来说,它既是建设项目的总造价,又包含单项工程的造价和单位工程的造价,同时,也包含单位生产能力的造价,或一平方米建筑面积的造价等。所有这些,使工程造价自身形成了一个指标体系。它能够为评价投资效果提供多种评价指标,并能够形成新的价格信息,为今后类似项目的投资提供参考。

5. 工程造价是合理利益分配和调节产业结构的手段

工程造价的高低,涉及国民经济各部门和企业间的利益分配。在计划经济体制下,政府为了用有限的财政资金建成更多的工程项目,总是趋向于压低建设工程造价,使建设中的劳动消耗得不到完全补偿,价值不能得到完全实现。而未被实现的部分价值则被重新分配到各个投资部门,为项目投资者所占有。这种利益的再分配有利于各产业部门按照政府的投资导向加速发展,也有利于按宏观经济的要求调整产业结构。但是也会严重损害建筑企业等的利益,从而使建筑业的发展长期处于落后状态,与整个国民经济的发展不相适应。在市场经济中,工程造价也无例外地受供求状况的影响,并在围绕价值的波动中实现对建设规模、产业结构和利益分配的调节。加上政府正确的宏观调控和价格政策导向,工程造价在这方面的作用会充分发挥出来。

三、工程造价职能

工程造价的职能除一般商品价格职能外,还有自己特殊的职能。

1. 预测职能

工程造价的大额性和多变性,无论是投资者还是承包商都要对拟建工程进行预先测算。投资者预先测算的工程造价不仅作为项目决策依据,同时,也是筹集资金、控制造价的依据。承包商对工程造价的测算,既为投标决策提供依据,也为投标报价和成本管理提供依据。

2. 控制职能

工程造价的控制职能表现在两个方面:一方面,是它对投资的控制,即在投资的各个阶段,根据对造价的多次性预估,对造价进行全过程、多层次的控制;另一方面,是对以承包商为代表的商品和劳务供应企业的成本控制。在价格一定的条件下,企业实际成本开支决定企业的盈利水平。成本越高,盈利越低。成本高于价格,就会危及企业的生存。所以,企业要以工程造价来控制成本,利用工程造价提供的信息资料作为控制成本的依据。

3. 评价职能

工程造价是评价总投资和分项投资合理性和投资效益的主要依据之一。评价土地价格、工程产品和设备价格的合理性时,就必须利用工程造价资料;在评价建设项目偿贷能力、获利能力和宏观效益时,也要依据工程造价。工程造价也是评价工程建设施工企业管理水平和经营成果的重要依据。

4. 调节职能

工程建设直接关系到经济增长,也直接关系到国家重要资源分配和资金流向,对国计民生都产生重大影响。所以,国家对建设规模、结构进行宏观调节是在任何条件下都不可缺少的,对政府投资项目进行直接调控和管理也是非常必要的。这些都要通过工程造价来对工程建设中的物质消耗水平、建设规模、投资方向等进行调节。

四、工程造价计价依据

在社会主义市场经济条件下,工程造价计价依据不仅是建设工程计价的客观要求,也是规范建设市场管理的客观需要。工程造价的计价依据主要包括:工程量计算规则、建设工程定额、工程价格信息以及工程造价相关法律法规等。工程造价计价依据的主要作用表现在以下几个方面:

(1)是计算确定工程造价的重要依据。从投资估算、设计概算、施工图预算,到承包合同价、结算价、竣工决算都离不开工程造价计价依据。

(2)是投资决策的重要依据。投资者依据工程造价计价依据预测投资额,进而对项目作出财务评价,提高投资决策的科学性。

(3)是工程投标和促进施工企业生产技术进步的工具。投标时,根据政府主管部门和咨询机构公布的计价依据,得以了解社会平均的工程造价水平,再结合自身条件,做出合理的投标决策。由于工程造价计价依据较准确地反映了工料机消耗的社会平均水平,这对于企业贯彻按劳分配、提高设备利用率、降低建设工程成本都有重要作用。

(4)是政府对工程建设进行宏观调控的依据。在社会主义市场经济条件下,政府可以运用工程造价依据等手段,计算人力、物力、财力的需要量,恰当地调控投资规模。

五、工程造价计价特征

1. 计价的单件性

由于建设工程设计用途和工程的地区条件是多种多样的,几乎每一个具体的工程都有它的特殊性,只能根据建设工程项目的具体设计资料和当地实际情况单独计算工程造价。建设工程在生产上的单件性决定了在造价计算上的单件性,都按照单件计价。国家或地区有关部门按工程造价中各项费用项目的划分,工程造价构成的一般程序,概预算的编制方法,各种概预算定额和费用标准,地区人工、材料、机械台班计价的确定等做出统一的规定,据此作宏观性的价格控制。所有这一切规定,具有某种程度上的强制性,直接参加建设的有关设计单位、建设单位、施工单位都必须执行。

2. 计价的组合性

一个建设项目的总造价是由单项工程、单位工程、分部工程、分项工程等组成的。为确定一个建设项目的总造价,应首先计算各单位工程造价,然后计算各单项工程造价(一般称为综合概预算造价),最后汇总成总造价(又称为总概预算造价)。显然,这个计价过程充分体现了分部组合计价的特点。

3. 计价方法的多样性

工程造价多次性计价有各不相同的计价依据,且对多次计价的精确度要求也不高,这就决定了计价方法有多样性特征。

4. 计价依据的复杂性

由于影响造价的因素多、计算过程复杂,且依据不同,种类繁多。主要可分为以下几类:

(1)计算设备和工程量的依据。包括项目建议书、可行性研究报告、设计文件等。

(2)计算人工、材料、机械等实物消耗量的依据。包括投资估算指标、概算定额、预算定额等。

(3)计算工程单价的价格依据。包括人工单价、材料价格、材料运杂费、机械台班费等。

(4)计算设备单价的依据。包括设备原价、设备运杂费、进口设备关税等。

(5)计算措施项目费和工程建设其他费用的依据。主要是相关的费用定额和指标。

(6)政府规定的规费和税金。

(7)物价指数和工程造价指数。

第三节　市政工程造价构成

一、我国现行工程造价的构成

建设项目投资含固定资产投资和流动资产投资两部分,建设项目总投资中的固定资产投资与建设项目的工程造价在量上相等。工程造价的构成按工程项目建设过程中各类费用支出或花费的性质、途径等来确定,是通过费用划分和汇集所形成的工程造价的费用分解结构。工程造价基本构成中,包括用于购买工程项目所含各种设备的费用,用于建筑施工和安装施工所需支出的费用,用于委托工程勘察设计应支付的费用,用于购置土地所需的费用,也包括用于建设单位自身进行项目筹建和项目管理所花费费用等。总之,工程造价是工程项目按照确定的建设内容、建设规模、建设标准、功能要求和使用要求等全部建成并验收合格交付使用所需的全部费用。

我国现行工程造价的构成主要划分为设备及工、器具购置费用,建筑安装工程费用,工程建设其他费用,预备费,建设期贷款利息,固定资产投资方向调节税等几项。具体构成内容如图 1-2 所示。

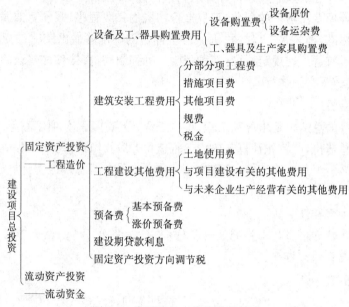

图 1-2　我国现行工程造价的构成

二、设备及工、器具购置费构成与计算

(一)设备购置费的构成及计算

设备购置费是指达到固定资产标准,为建设工程项目购置或自制的各种国产或进口设备及工器具的费用。它由设备原价和设备运杂费构成。

$$设备购置费＝设备原价＋设备运杂费 \tag{1-1}$$

式中,设备原价指国产设备或进口设备的原价;设备运杂费指除设备原价之外的关于设备采购、运输、途中包装及仓库保管等方向支出费用的总和。

1. 国产设备原价的构成及计算

国产设备原价一般指的是设备制造厂的交货价或订货合同价。它一般根据生产厂或供应商的询价、报价、合同价确定,或者采用一定的方法计算确定。国产设备原价分为国产标准设备原价和国产非标准设备原价。

(1)国产标准设备原价。国产标准设备是指按照主管部门颁布的标准图纸和技术要求,由设备生产厂批量生产的,符合国家质量检验标准的设备。国产标准设备原价一般指的是设备制造厂的交货价,即出厂价。如设备是由设备成套公司供应,则以订货合同价为设备原价。有的设备有两种出厂价,即带有备件的出厂价和不带备件的出厂价。在计算设备原价时,一般按带有备件的出厂价计算。

（2）国产非标准设备原价。国产非标准设备是指国家尚无定型标准，各设备生产厂不可能在工艺过程中采用批量生产，只能按一次订货，并根据具体的设计图纸制造的设备。国产非标准设备原价有多种不同的计算方法，如成本计算估价法、系列设备插入估价法、分部组合估价法、定额估价法等。但无论采用哪种方法都应该使非标准设备计价接近实际出厂价，并且计算方法要简便。按成本计算估价法，非标准设备的原价由以下各项组成：

1）材料费。其计算公式如下：

$$材料费＝材料净重×（1＋加工损耗系数）×每吨材料综合价 \qquad (1\text{-}2)$$

2）加工费。包括生产工人工资和工资附加费、燃料动力费、设备折旧费、车间经费等。其计算公式如下：

$$加工费＝设备总重量（吨）×设备每吨加工费 \qquad (1\text{-}3)$$

3）辅助材料费（简称辅材费）。包括焊条、焊丝、氧气、氩气、氮气、油漆、电石等费用。其计算公式如下：

$$辅助材料费＝设备总重量×辅助材料费指标 \qquad (1\text{-}4)$$

4）专用工具费。按1）～3）项之和乘以一定百分比计算。

5）废品损失费。按1）～4）项之和乘以一定百分比计算。

6）外购配套件费。按设备设计图纸所列的外购配套件的名称、型号、规格、数量、重量，根据相应的价格加运杂费计算。

7）包装费。按以上1）～6）项之和乘以一定百分比计算。

8）利润。可按1）～5）项加第7）项之和乘以一定利润率计算。

9）税金。主要指增值税。其计算公式如下：

$$增值税＝当期销项税额－进项税额 \qquad (1\text{-}5)$$

其中，当期销项税额＝销售额×适用增值税率，销售额为1）～8）项之和。

10）非标准设备设计费：按国家规定的设计费收费标准计算。

综上所述，单台非标准设备原价可用下面的公式表达：

$$\begin{aligned}单台非标准设备原价＝&\{[（材料费＋加工费＋辅助材料费）×（1＋专用工具费率）×（1＋\\&废品损失费率）＋外购配套件费]×（1＋包装费率）－外购配套件\\&费\}×（1＋利润率）＋销项税金＋非标准设备设计费＋外购配套\\&件费 \qquad (1\text{-}6)\end{aligned}$$

2. 进口设备原价的构成及计算

进口设备原价是指进口设备的抵岸价，即抵达买方边境港口或边境车站，且交完关税等税费后形成的价格。进口设备抵岸价的构成与进口设备的交货方式有关。

（1）进口设备的交货方式。进口设备的交货方式可分为内陆交货类、目的地交货类、装运港交货类（表1-1）。

表 1-1　　　　　　　　　　　　　进口设备的交货类别

序号	交货类别	说　　明
1	内陆交货类	内陆交货类即卖方在出口国内陆的某个地点交货。在交货地点，卖方及时提交合同规定的货物和有关凭证，并负担交货前的一切费用和风险；买方按时接收货物，支付货款，负担接货后的一切费用和风险，并自行办理出口手续和装运出口。货物的所有权也在交货后由卖方转移给买方

（续）

序号	交货类别	说　明
2	目的地交货类	目的地交货类即买方在进口国的港口或内地交货,有目的港船上交货价、目的港船边交货价(FOS)和目的港码头交货价(关税已付)及完税后交货价(进口国的指定地点)等几种交货价。它们的特点是:买卖双方承担的责任、费用和风险是以目的地约定交货点为分界线,只有当卖方在交货点将货物置于买方控制下才算交货,才能向买方收取货款。这种交货类别对卖方来说承担的风险较大,在国际贸易中卖方一般不愿采用
3	装运港交货类	装运港交货类即卖方在出口国装运港交货,主要有装运港船上交货价(FOB),习惯称离岸价格,运费在内价(C&F)和运费、保险费在内价(CIF),习惯称到岸价格。它们的特点是:卖方按照约定的时间在装运港交货,只要卖方把合同规定的货物装船后提供货运单据便完成交货任务,可凭单据收回货款。 装运港船上交货价(FOB)是我国进口设备采用最多的一种货价。采用船上交货价时卖方的责任是:在规定的期限内,负责在合同规定的装运港口将货物装上买方指定的船只,并及时通知买方;负担货物装船前的一切费用和风险;负责办理出口手续;提供出口国政府或有关方面签发的证件;负责提供有关装运单据。买方的责任是:负责租船或订舱,支付运费,并将船期、船名通知卖方;负担货物装船后的一切费用和风险;负责办理保险及支付保险费,办理目的港的进口和收货手续;接受卖方提供的有关装运单据,并按合同规定支付货款

（2）进口设备原价的构成及计算。进口设备采用最多的是装运港船上交货价（FOB），其抵岸价的构成可概括为：

$$\text{进口设备原价}=\text{货价}+\text{国际运费}+\text{运输保险费}+\text{银行财务费}+\text{外贸手续费}+\text{关税}+\text{增值税}+$$

$$\text{消费税}+\text{海关监管手续费}+\text{车辆购置附加费} \tag{1-7}$$

1）货价。一般指装运港船上交货价（FOB）。设备货价分为原币货价和人民币货价，原币货价一律折算为美元表示，人民币货价按原币货价乘以外汇市场美元兑换人民币中间价确定。进口设备货价按有关生产厂商询价、报价、订货合同价计算。

2）国际运费。即从装运港（站）到达我国抵达港（站）的运费。我国进口设备大部分采用海洋运输，小部分采用铁路运输，个别采用航空运输。进口设备国际运费计算公式如下：

$$\text{国际运费（海、陆、空）}=\text{原币货价（FOB）}\times\text{运费率} \tag{1-8}$$

$$\text{国际运费（海、陆、空）}=\text{运量}\times\text{单位运价} \tag{1-9}$$

其中，运费率或单位运价参照有关部门或进出口公司的规定执行。

3）运输保险费。对外贸易货物运输保险是由保险人（保险公司）与被保险人（出口人或进口人）订立保险契约，在被保险人交付议定的保险费后，保险人根据保险契约的规定对货物在运输过程中发生的承保责任范围内的损失给予经济上的补偿。这是一种财产保险。其计算公式如下：

$$\text{运输保险费}=\frac{\text{原币货价（FOB）}+\text{国外运费}}{1-\text{保险费率}}\times\text{保险费率} \tag{1-10}$$

其中，保险费率按保险公司规定的进口货物保险费率计算。

4）银行财务费。一般是指中国银行手续费，可按下式简化计算：

$$\text{银行财务费}=\text{人民币货价（FOB）}\times\text{银行财务费率} \tag{1-11}$$

5）外贸手续费。指按对外经济贸易部规定的外贸手续费率计取的费用，外贸手续费率一般取 1.5%。其计算公式如下：

外贸手续费＝[装运港船上交货价(FOB)＋国际运费＋运输保险费]×

外贸手续费率 (1-12)

6)关税。由海关对进出国境或关境的货物和物品征收的一种税。其计算公式如下：

关税＝到岸价格(CIF)×进口关税税率 (1-13)

其中,到岸价格(CIF)包括离岸价格(FOB)、国际运费、运输保险费等费用,它作为关税完税价格。进口关税税率分为优惠和普通两种。优惠税率适用于与我国签订有关税互惠条款的贸易条约或协定的国家的进口设备;普通税率适用于与我国未订有关税互惠条款的贸易条约或协定的国家的进口设备。进口关税税率按我国海关总署发布的进口关税税率计算。

7)增值税。是对从事进口贸易的单位和个人,在进口商品报关进口后征收的税种。我国增值税条例规定,进口应税产品均按组成计税价格和增值税税率直接计算应纳税额。即：

进口产品增值税额＝组成计税价格×增值税税率 (1-14)

组成计税价格＝关税完税价格＋关税＋消费税 (1-15)

其中,增值税税率根据规定的税率计算。

8)消费税。对部分进口设备(如轿车、摩托车等)征收,一般计算公式如下：

$$应纳消费税额＝\frac{到岸价＋关税}{1－消费税税率}×消费税税率 \quad (1-16)$$

其中,消费税税率根据规定的税率计算。

9)海关监管手续费。指海关对进口减税、免税、保税货物实施监督、管理、提供服务的手续费。对于全额征收进口关税的货物不计本项费用。其计算公式如下：

海关监管手续费＝到岸价×海关监管手续费率 (1-17)

10)车辆购置附加费。进口车辆需缴进口车辆购置附加费。其计算公式如下：

$$\frac{进口车辆}{购置附加费}＝(到岸价＋关税＋消费税＋增值税)×进口车辆购置附加费率 \quad (1-18)$$

3. 设备运杂费的构成和计算

设备运杂费按设备原价乘以设备运杂费率计算,其计算公式如下：

设备运杂费＝设备原价×设备运杂费率 (1-19)

其中,设备运杂费率按各部门及省、市等的规定计取。

设备运杂费通常由下列各项构成：

(1)国产标准设备由设备制造厂交货地点起至工地仓库(或施工组织设计指定的需要安装设备的堆放地点)止所发生的运费和装卸费。

进口设备则由我国到岸港口、边境车站起至工地仓库(或施工组织设计指定的需要安装设备的堆放地点)止所发生的运费和装卸费。

(2)在设备出厂价格中没有包含的设备包装和包装材料器具费;在设备出厂价或进口设备价格中如已包括了此项费用,则不应重复计算。

(3)供销部门的手续费,按有关部门规定的统一费率计算。

(4)建设单位(或工程承包公司)的采购与仓库保管费,是指采购、验收、保管和收发设备所发生的各种费用,包括设备采购、保管和管理人员工资、工资附加费、办公费、差旅交通费、设备供应部门办公和仓库所占固定资产使用费、工具用具使用费、劳动保护费、检验试验费等。这些费用可按主管部门规定的采购保管费率计算。

一般来讲,沿海和交通便利的地区,设备运杂费率相对低一些;内地和交通不很便利的地区就要相对高一些,边远省份则要更高一些。对于非标准设备来讲,应尽量就近委托设备制造厂,以大幅度降低设备运杂费。进口设备由于原价较高,国内运距较短,因而运杂费比率应适当降低。

(二)工、器具及生产家具购置费的构成及计算

工、器具及生产家具购置费,是指新建或扩建项目初步设计规定的,保证初期正常生产必须购置的没有达到固定资产标准的设备、仪器、工卡模具、器具、生产家具和备品备件等的购置费用。一般以设备购置费为计算基数,按照部门或行业规定的工、器具及生产家具费率计算。其计算公式如下:

$$工、器具及生产家具购置费＝设备购置费×定额费率 \qquad (1\text{-}20)$$

三、建筑安装工程费用构成与计算

(一)建筑安装工程费用项目组成

2013年7月1日起施行的《建筑安装工程费用项目组成》中规定:建筑安装工程费用项目按费用构成要素组成划分为人工费、材料费、施工机具使用费、企业管理费、利润、规费和税金(图1-3),按工程造价形成顺序划分为分部分项工程费、措施项目费、其他项目费、规费和税金(图1-4)。

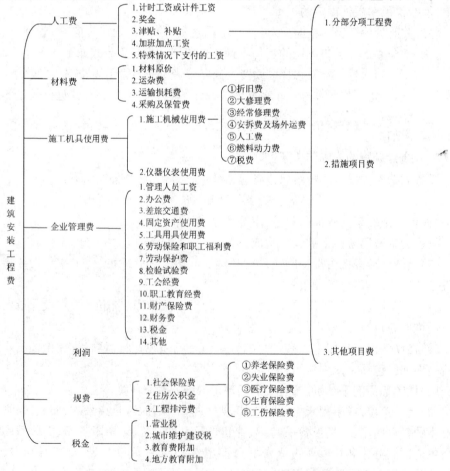

图1-3　建筑安装工程费用项目组成表(按费用构成要素划分)

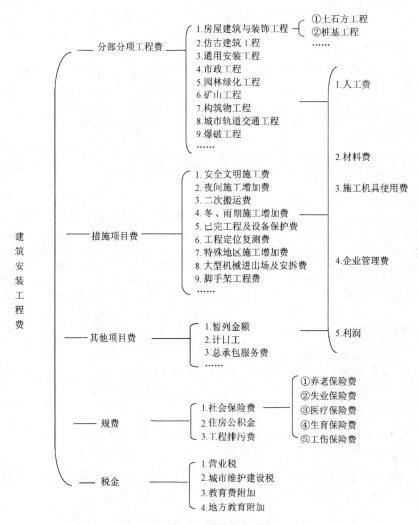

图 1-4　建筑安装工程费用项目组成表(按造价形成划分)

(二)建筑安装工程费用组成内容及参考计算方法

1. 按费用构成要素划分

建筑安装工程费按费用构成要素划分,由人工费、材料(包含工程设备,下同)费、施工机具使用费、企业管理费、利润、规费和税金组成。其中,人工费、材料费、施工机具使用费、企业管理费和利润包含在分部分项工程费、措施项目费、其他项目费中。

(1)人工费。人工费是指按工资总额构成规定,支付给从事建筑安装工程施工的生产工人和附属生产单位工人的各项费用。人工费的组成内容及参考计算方法见表 1-2。

表 1-2　　　　　　　　　　**人工费的组成内容及参考计算方法**

人工费的组成内容		人工费的参考计算方法
项目	项目说明	
计时工资或计件工资	指按计时工资标准和工作时间或对已做工作按计件单价支付给个人的劳动报酬	(1)公式 1: $人工费 = \sum(工日消耗量 \times 日工资单价)$　(1-21) 日工资单价=[生产工人平均月工资(计时、计件)+ 平均月(奖金+津贴补贴+ 特殊情况下支付的工资)]÷ 年平均每月工作日　(1-22) 注:公式 1 主要适用于施工企业投标报价时自主确定人工费,也是工程造价管理机构编制计价定额确定定额人工单价或发布人工成本信息的参考依据。
奖金	指对超额劳动和增收节支支付给个人的劳动报酬。如节约奖、劳动竞赛奖等	
津贴补贴	指为了补偿职工特殊或额外的劳动消耗和因其他特殊原因支付给个人的津贴,以及为了保证职工工资水平不受物价影响支付给个人的物价补贴。如流动施工津贴、特殊地区施工津贴、高温(寒)作业临时津贴、高空津贴等	(2)公式 2: $人工费 = \sum(工程工日消耗量 \times 日工资单价)$　(1-23) 日工资单价是指施工企业平均技术熟练程度的生产工人在每工作日(国家法定工作时间内)按规定从事施工作业应得的日工资总额。 工程造价管理机构确定日工资单价应通过市场调查、根据工程项目的技术要求,参考实物工程量人工单价综合分析确定,最低日工资单价不得低于工程所在地人力资源和社会保障部门所发布的最低工资标准的:普工 1.3 倍、一般技工2 倍、高级技工 3 倍。
加班加点工资	指按规定支付的在法定节假日工作的加班工资和在法定日工作时间外延时工作的加点工资	
特殊情况下支付的工资	指根据国家法律、法规和政策规定,因病、工伤、产假、计划生育假、婚丧假、事假、探亲假、定期休假、停工学习、执行国家或社会义务等原因按计时工资标准或计时工资标准的一定比例支付的工资	工程计价定额不可只列一个综合工日单价,应根据工程项目技术要求和工种差别适当划分多种日人工单价,确保各分部工程人工费的合理构成。 注:公式 2 适用于工程造价管理机构编制计价定额时确定定额人工费,是施工企业投标报价的参考依据

　　(2)材料费。材料费是指施工过程中耗费的原材料、辅助材料、构配件、零件、半成品或成品、工程设备的费用。材料费的组成内容及参考计算方法见表1-3。

　　(3)施工机具使用费。施工机具使用费是指施工作业所发生的施工机械、仪器仪表使用费或其租赁费。施工机具使用费的组成内容及参考计算方法见表1-4。

表 1-3　　　　　　　　　　**材料费的组成内容及参考计算方法**

材料费的组成内容		材料费的参考计算方法
项目	项目说明	
材料原价	指材料、工程设备的出厂价格或商家供应价格	(1)材料费: $材料费 = \sum(材料消耗量 \times 材料单价)$　(1-24) 材料单价=[(材料原价+运杂费)× [1+运输损耗率(%)]× [1+采购保管费率(%)]　(1-25)
运杂费	指材料、工程设备自来源地运至工地仓库或指定堆放地点所发生的全部费用	
运输损耗费	指材料在运输装卸过程中不可避免的损耗	(2)工程设备费: $工程设备费 = \sum(工程设备量 \times 工程设备单价)$
采购及保管费	指为组织采购、供应和保管材料、工程设备的过程中所需要的各项费用。包括采购费、仓储费、工地保管费、仓储损耗。其中工程设备是指构成或计划构成永久工程一部分的机电设备、金属结构设备、仪器装置及其他类似的设备和装置	(1-26) 工程设备单价=(设备原价+运杂费)× [1+采购保管费率(%)]　(1-27)

表 1-4　施工机具使用费的组成内容及参考计算方法

施工机具使用费的组成内容		施工机具使用费的参考计算方法
项目	项目说明	
施工机械使用费	以施工机械台班耗用量乘以施工机械台班单价表示,施工机械台班单价应由下列七项费用组成: (1)折旧费,指施工机械在规定的使用年限内,陆续收回其原值的费用。 (2)大修理费,指施工机械按规定的大修理间隔台班进行必要的大修理,以恢复其正常功能所需的费用。 (3)经常修理费,指施工机械除大修理以外的各级保养和临时故障排除所需的费用。包括为保障机械正常运转所需替换设备与随机配备工具附具的摊销和维护费用,机械运转中日常保养所需润滑与擦拭的材料费用及机械停滞期间的维护和保养费用等。 (4)安拆费及场外运费,安拆费指施工机械(大型机械除外)在现场进行安装与拆卸所需的人工、材料、机械和试运转费用以及机械辅助设施的折旧、搭设、拆除等费用;场外运费指施工机械整体或分体自停放地点运至施工现场或由一施工地点运至另一施工地点的运输、装卸、辅助材料及架线等费用。 (5)人工费,指机上司机(司炉)和其他操作人员的人工费。 (6)燃料动力费,指施工机械在运转作业中所消耗的各种燃料及水、电等。 (7)税费,指施工机械按照国家规定应缴纳的车船使用税、保险费及年检费等	(1)施工机械使用费: 施工机械使用费=Σ(施工机械台班消耗量×机械台班单价)　　(1-28) 机械台班单价=台班折旧费+台班大修费+台班经常修理费+台班安拆费及场外运费+台班人工费+台班燃料动力费+台班车船税费　　(1-29) 注:工程造价管理机构在确定计价定额中的施工机械使用费时,应根据《建筑施工机械台班费用计算规则》结合市场调查编制施工机械台班单价。施工企业可以参考工程造价管理机构发布的台班单价,自主确定施工机械使用费的报价,如租赁施工机械,公式为:施工机械使用费=Σ(施工机械台班消耗量×机械台班租赁单价) (2)仪器仪表使用费: 仪器仪表使用费=工程使用的仪器仪表摊销费+维修费　　(1-30)
仪器仪表使用费	指工程施工所需使用的仪器仪表的摊销及维修费用	

(4)企业管理费。企业管理费是指建筑安装企业组织施工生产和经营管理所需的费用。企业管理费的组成内容及参考计算方法见表 1-5。

表 1-5　企业管理费的组成内容及参考计算方法

企业管理费的组成内容		企业管理费的参考计算方法
项目	项目说明	
管理人员工资	指按规定支付给管理人员的计时工资、奖金、津贴补贴、加班加点工资及特殊情况下支付的工资等	(1)以分部分项工程费为计算基础: 企业管理费费率(%)=[生产工人年平均管理费÷(年有效施工天数×人工单价)]×人工费占分部分项工程费比例(%)　　(1-31) (2)以人工费和机械费合计为计算基础: 企业管理费费率(%)=生产工人年平均管理费÷[年有效施工天数×(人工单价+每一工日机械使用费)]×100%　　(1-32)
办公费	指企业管理办公用的文具、纸张、账表、印刷、邮电、书报、办公软件、现场监控、会议、水电、烧水和集体取暖降温(包括现场临时宿舍取暖降温)等费用	
差旅交通费	指职工因公出差、调动工作的差旅费、住勤补助费,市内交通费和误餐补助费,职工探亲路费,劳动力招募费,职工退休、退职一次性路费,工伤人员就医路费,工地转移费以及管理部门使用的交通工具的油料、燃料等费用	
固定资产使用费	指管理和试验部门及附属生产单位使用的属于固定资产的房屋、设备、仪器等的折旧、大修、维修或租赁费	
工具用具使用费	指企业施工生产和管理使用的不属于固定资产的工具、器具、家具、交通工具和检验、试验、测绘、消防用具等的购置、维修和摊销费	
劳动保险和职工福利费	指由企业支付的职工退职金、按规定支付给离休干部的经费,集体福利费、夏季防暑降温、冬季取暖补贴、上下班交通补贴等	

（续）

企业管理费的组成内容		企业管理费的参考计算方法
项目	项目说明	
劳动保护费	企业按规定发放的劳动保护用品的支出。如工作服、手套、防暑降温饮料以及在有碍身体健康的环境中施工的保健费用等	
检验试验费	指施工企业按照有关标准规定，对建筑以及材料、构件和建筑安装物进行一般鉴定、检查所发生的费用，包括自设试验室进行试验所耗用的材料等费用。不包括新结构、新材料的试验费，对构件做破坏性试验及其他特殊要求检验试验的费用和建设单位委托检测机构进行检测的费用，对此类检测发生的费用，由建设单位在工程建设其他费用中列支。但对施工企业提供的具有合格证明的材料进行检测不合格的，该检测费用由施工企业支付	（3）以人工费为计算基础： 企业管理费费率(％)＝生产工人年平均管理费÷(年有效施工天数×人工单价)×100％　　　(1-33) 注：上述公式适用于施工企业投标报价时自主确定管理费，是工程造价管理机构编制计价定额确定企业管理费的参考依据。 　　工程造价管理机构在确定计价定额中企业管理费时，应以定额人工费或(定额人工费＋定额机械费)作为计算基数，其费率根据历年工程造价积累的资料，辅以调查数据确定，列入分部分项工程和措施项目中
工会经费	指企业按《工会法》规定的全部职工工资总额比例计提的工会经费	
职工教育经费	指按职工工资总额的规定比例计提，企业为职工进行专业技术和职业技能培训，专业技术人员继续教育、职工职业技能鉴定、职业资格认定以及根据需要对职工进行各类文化教育所发生的费用	
财产保险费	指施工管理用财产、车辆等的保险费	
财务费	指企业为施工生产筹集资金或提供预付款担保、履约担保、职工工资支付担保等所发生的各种费用	
税金	指企业按规定缴纳的房产税、车船使用税、土地使用税、印花税等	
其他	包括技术转让费、技术开发费、投标费、业务招待费、绿化费、广告费、公证费、法律顾问费、审计费、咨询费、保险费等	

（5）利润、规费及税金。利润、规费及税金的组成内容及参考计算方法见表1-6。

表 1-6　　　　　　　　　　利润、规费及税金的组成内容及参考计算方法

利润、规费及税金的组成内容		利润、规费及税金的参考计算方法
项目	项目说明	
利润	指施工企业完成所承包工程获得的盈利	（1）施工企业根据企业自身需求并结合建筑市场实际自主确定，列入报价中。 （2）工程造价管理机构在确定计价定额中利润时，应以定额人工费或(定额人工费＋定额机械费)作为计算基数，其费率根据历年工程造价积累的资料，并结合建筑市场实际确定，以单位(单项)工程测算，利润在税前建筑安装工程费的比重可按不低于5％且不高于7％的费率计算。利润应列入分部分项工程和措施项目中

（续）

利润、规费及税金的组成内容		利润、规费及税金的参考计算方法
项目	项目说明	
规费	指按国家法律、法规规定，由省级政府和省级有关权力部门规定必须缴纳或计取的费用。包括： （1）社会保险费。 1）养老保险费，是指企业按照规定标准为职工缴纳的基本养老保险费。 2）失业保险费，是指企业按照规定标准为职工缴纳的失业保险费。 3）医疗保险费，是指企业按照规定标准为职工缴纳的基本医疗保险费。 4）生育保险费，是指企业按照规定标准为职工缴纳的生育保险费。 5）工伤保险费，是指企业按照规定标准为职工缴纳的工伤保险费。 （2）住房公积金，是指企业按规定标准为职工缴纳的住房公积金。 （3）工程排污费，是指按规定缴纳的施工现场工程排污费。 其他应列而未列入的规费，按实际发生计取	（1）社会保险费和住房公积金： 社会保险费和住房公积金应以定额人工费为计算基础，根据工程所在地省、自治区、直辖市或行业建设主管部门规定费率计算。 社会保险费和住房公积金 ＝ ∑（工程定额 人工费×社会保险费和住房公积金费率）　（1-34） 式中，社会保险费和住房公积金费率可以每万元发承包价的生产工人人工费和管理人员工资含量与工程所在地规定的缴纳标准综合分析取定。 （2）工程排污费： 工程排污费等其他应列而未列入的规费应按工程所在地环境保护等部门规定的标准缴纳，按实计取列入
税金	指国家税法规定的应计入建筑安装工程造价内的营业税、城市维护建设税、教育费附加以及地方教育附加	（1）税金计算公式： 税金＝税前造价×综合税率（%）　　　（1-35） （2）综合税率按下列规定确定： 1）纳税地点在市区的企业 综合税率（%）＝ $\dfrac{1}{1-3\%-(3\%\times7\%)-(3\%\times3\%)-(3\%\times2\%)}-1$ （1-36） 2）纳税地点在县城、镇的企业 综合税率（%）＝ $\dfrac{1}{1-3\%-(3\%\times5\%)-(3\%\times3\%)-(3\%\times2\%)}-1$ （1-37） 3）纳税地点不在市区、县城、镇的企业 综合税率（%）＝ $\dfrac{1}{1-3\%-(3\%\times1\%)-(3\%\times3\%)-(3\%\times2\%)}-1$ （1-38） 4）实行营业税改增值税的，按纳税地点现行税率计算

2. 按造价形成划分

建筑安装工程费按工程造价形成划分，由分部分项工程费、措施项目费、其他项目费、规费、税金组成。分部分项工程费、措施项目费、其他项目费包含人工费、材料费、施工机具使用费、企业管理费和利润。

（1）分部分项工程费。分部分项工程费是指各专业工程的分部分项工程应予列支的各项费用。分部分项工程费的组成内容及参考计算方法见表1-7。

表 1-7　　　　　　　　分部分项工程费的组成内容及参考计算方法

分部分项工程费的组成内容		分部分项工程费的参考计算方法
项目	项目说明	
专业工程	指按现行国家计量规范划分的房屋建筑与装饰工程、仿古建筑工程、通用安装工程、市政工程、园林绿化工程、矿山工程、构筑物工程、城市轨道交通工程、爆破工程等各类工程	分部分项工程费 $=\sum$（分部分项工程量×综合单价） $\qquad\qquad\qquad$ (1-39) 式中，综合单价包括人工费、材料费、施工机具使用费、企业管理费和利润以及一定范围的风险费用（下同）。
分部 分项工程	指按现行国家计量规范对各专业工程划分的项目。如房屋建筑与装饰工程划分的土石方工程、地基处理与桩基工程、砌筑工程、钢筋及钢筋混凝土工程等。 各类专业工程的分部分项工程划分见现行国家或行业计量规范。	

（2）措施项目费。措施项目费是指为完成建设工程施工，发生于该工程施工前和施工过程中的技术、生活、安全、环境保护等方面的费用。措施项目费的组成内容及参考计算方法见表 1-8。

表 1-8　　　　　　　　措施项目费的组成内容及参考计算方法

措施项目费的组成内容		措施项目费的参考计算方法
项目	项目说明	
安全文明 施工费	（1）环境保护费，是指施工现场为达到环保部门要求所需要的各项费用。 （2）文明施工费，是指施工现场文明施工所需要的各项费用。 （3）安全施工费，是指施工现场安全施工所需要的各项费用。 （4）临时设施费，是指施工企业为进行建设工程施工所必须搭设的生活和生产用的临时建筑物、构筑物和其他临时设施费用。包括临时设施的搭设、维修、拆除、清理费或摊销费等。	（1）国家计量规范规定应予计量的措施项目，其计算公式为： 措施项目费 $=\sum$（措施项目工程量×综合单价） (1-40) （2）国家计量规范规定不宜计量的措施项目计算方法如下： 1）安全文明施工费。 安全文明施工费＝计算基数×安全文明施工费费率（%） (1-41) 计算基数应为定额基价（定额分部分项工程费＋定额中可以计量的措施项目费）、定额人工费或（定额人工费＋定额机械费），其费率由工程造价管理机构根据各专业工程的特点综合确定。 2）夜间施工增加费。 夜间施工增加费＝计算基数×夜间施工增加费率（%） $\qquad\qquad\qquad$ (1-42)
夜间施工 增加费	指因夜间施工所发生的夜班补助费、夜间施工降效、夜间施工照明设备摊销及照明用电等费用	
二次 搬运费	指因施工场地条件限制而发生的材料、构配件、半成品等一次运输不能到达堆放地点，必须进行二次或多次搬运所发生的费用	
冬雨季施 工增加费	指在冬季或雨季施工需增加的临时设施、防滑、排除雨雪，人工及施工机械效率降低等费用	
已完工程 及设备保 护费	指竣工验收前，对已完工程及设备采取的必要保护措施所发生的费用	
工程定位 复测费	指工程施工过程中进行全部施工测量放线和复测工作的费用	

（续）

措施项目费的组成内容		措施项目费的参考计算方法
项目	项目说明	
特殊地区施工增加费	指工程在沙漠或其边缘地区、高海拔、高寒、原始森林等特殊地区施工增加的费用	3)二次搬运费。 二次搬运费=计算基数×二次搬运费费率(%) (1-43) 4)冬雨季施工增加费。 冬雨季施工增加费=计算基数×冬雨季施工增加加费费率(%) (1-44)
大型机械设备进出场及安拆费	指机械整体或分体自停放场地运至施工现场或由一个施工地点运至另一个施工地点,所发生的机械进出场运输及转移费用及机械在施工现场进行安装、拆卸所需的人工费、材料费、机械费、试运转费和安装所需的辅助设施的费用	5)已完工程及设备保护费。 已完工程及设备保护费=计算基数×已完工程及设备保护费费率(%) (1-45) 上述2)~5)项措施项目的计费基数应为定额人工费或(定额人工费+定额机械费),其费率由工程造价管理机构根据各专业工程特点和调查资料综合分析后确定
脚手架工程费	指施工需要的各种脚手架搭、拆、运输费用以及脚手架购置费的摊销(或租赁)费用	

注:措施项目及其包含的内容详见各类专业工程的现行国家或行业计量规范。

（3）其他项目费。其他项目费的组成内容及参考计算方法见表1-9。

表 1-9   **其他项目费的组成内容及参考计算方法**

措施项目费的组成内容		措施项目费的参考计算方法
项目	项目说明	
暂列金额	指建设单位在工程量清单中暂定并包括在工程合同价款中的一笔款项。用于施工合同签订时尚未确定或者不可预见的所需材料、工程设备、服务的采购,施工中可能发生的工程变更、合同约定调整因素出现时的工程价款调整以及发生的索赔、现场签证确认等的费用	(1)暂列金额由建设单位根据工程特点,按有关计价规定估算,施工过程中由建设单位掌握使用、扣除合同价款调整后如有余额,归建设单位。
计日工	指在施工过程中,施工企业完成建设单位提出的施工图纸以外的零星项目或工作所需的费用	(2)计日工由建设单位和施工企业按施工过程中的签证计价。
总承包服务费	指总承包人为配合、协调建设单位进行的专业工程发包,对建设单位自行采购的材料、工程设备等进行保管以及施工现场管理、竣工资料汇总整理等服务所需的费用	(3)总承包服务费由建设单位在招标控制价中根据总包服务范围和有关计价规定编制,施工企业投标时自主报价,施工过程中按签约合同价执行

（4）规费和税金。规费和税金的组成内容参见表1-6。建设单位和施工企业均应按照省、自治区、直辖市或行业建设主管部门发布标准计算规费和税金,不得作为竞争性费用。

(三)建筑安装工程计价程序

1. 工程招标控制价计价程序

建设单位工程招标控制价计价程序见表 1-10。

表 1-10　　　　　　　　　　　建设单位工程招标控制价计价程序

工程名称：　　　　　　　　　　　　　标段：

序号	内　容	计算方法	金　额(元)
1	分部分项工程费	按计价规定计算	
1.1			
1.2			
1.3			
1.4			
1.5			
2	措施项目费	按计价规定计算	
2.1	其中:安全文明施工费	按规定标准计算	
3	其他项目费		
3.1	其中:暂列金额	按计价规定估算	
3.2	其中:专业工程暂估价	按计价规定估算	
3.3	其中:计日工	按计价规定估算	
3.4	其中:总承包服务费	按计价规定估算	
4	规费	按规定标准计算	
5	税金(扣除不列入计税范围的工程设备金额)	(1+2+3+4)×规定税率	

招标控制价合计＝1+2+3+4+5

2. 工程投标报价计价程序

施工企业工程投标报价计价程序见表1-11。

表1-11　　　　　　　　　　施工企业工程投标报价计价程序

工程名称：　　　　　　　　　　　　　　　标段：

序号	内　容	计算方法	金　额(元)
1	分部分项工程费	自主报价	
1.1			
1.2			
1.3			
1.4			
1.5			
2	措施项目费	自主报价	
2.1	其中:安全文明施工费	按规定标准计算	
3	其他项目费		
3.1	其中:暂列金额	按招标文件提供金额计列	
3.2	其中:专业工程暂估价	按招标文件提供金额计列	
3.3	其中:计日工	自主报价	
3.4	其中:总承包服务费	自主报价	
4	规费	按规定标准计算	
5	税金(扣除不列入计税范围的工程设备金额)	(1+2+3+4)×规定税率	

投标报价合计＝1+2+3+4+5

3. 竣工结算计价程序

竣工结算计价程序见表1-12。

表 1-12　　　　　　　　　　竣工结算计价程序

工程名称：　　　　　　　　　　　　　　标段：

序号	汇总内容	计算方法	金　额(元)
1	分部分项工程费	按合同约定计算	
1.1			
1.2			
1.3			
1.4			
1.5			
2	措施项目	按合同约定计算	
2.1	其中:安全文明施工费	按规定标准计算	
3	其他项目		
3.1	其中:专业工程结算价	按合同约定计算	
3.2	其中:计日工	按计日工签证计算	
3.3	其中:总承包服务费	按合同约定计算	
3.4	索赔与现场签证	按发承包双方确认数额计算	
4	规费	按规定标准计算	
5	税金(扣除不列入计税范围的工程设备金额)	(1+2+3+4)×规定税率	

竣工结算总价合计=1+2+3+4+5

四、工程建设其他费用构成

工程建设其他费用是指从工程筹建到工程竣工验收交付使用止的整个建设期间,除建筑安装工程费用和设备、工、器具购置费外,为保证工程建设顺利完成和交付使用后能够正常发挥效用而发生的一些费用。

工程建设其他费用,按其内容大体可分为三类。第一类为土地使用费,由于工程项目固定于一定地点与地面相连接,必须占用一定量的土地,也就必然要发生为获得建设用地而支付的费用;第二类是与项目建设有关的费用;第三类是与未来企业生产和经营活动有关的费用。

(一)土地使用费

任何一个建设项目都固定于一定地点与地面相连接,必须占用一定量的土地,也就必然要发生为获得建设用地而支付的费用,这就是土地使用费。它是指通过划拨方式取得土地使用权而支付的土地征用及迁移补偿费,或者通过土地使用权出让方式取得土地使用权而支付的土地使用权出让金。

1. 土地征用及迁移补偿费

土地征用及迁移补偿费,是指建设项目通过划拨方式取得无限期的土地使用权,依照《中华人民共和国土地管理法》等规定所支付的费用。其总和一般不得超过被征土地年产值的20倍,土地年产值则按该地被征用前3年的平均产量和国家规定的价格计算。其内容包括以下几项:

(1)土地补偿费。征用耕地(包括菜地)的补偿标准,按政府规定,为该耕地年产值的若干倍,具体补偿标准由省、自治区、直辖市人民政府在此范围内制定。征用园地、鱼塘、藕塘、苇塘、宅基地、林地、牧场、草原等的补偿标准,由省、自治区、直辖市人民政府制定。征收无收益的土地,不予补偿。

(2)青苗补偿费和被征用土地上的房屋、水井、树木等附着物补偿费。这些补偿费的标准由省、自治区、直辖市人民政府制定。征用城市郊区的菜地时,还应按照有关规定向国家缴纳新菜地开发建设基金。

(3)安置补助费。征用耕地、菜地的,每个农业人口的安置补助费为该地每亩年产值的2~3倍,每亩耕地的安置补助费最高不得超过其年产值的10倍。

(4)缴纳的耕地占用税或城镇土地使用税、土地登记费及征地管理费等。县市土地管理机关从征地费中提取土地管理费的比率,要按征地工作量大小,视不同情况,在1‰~4‰幅度内提取。

(5)征地动迁费。包括征用土地上的房屋及附属构筑物、城市公共设施等拆除、迁建补偿费、搬迁运输费,企业单位因搬迁造成的减产、停工损失补贴费,拆迁管理费等。

(6)水利水电工程水库淹没处理补偿费。包括农村移民安置迁建费,城市迁建补偿费,库区工矿企业、交通、电力、通信、广播、管网、水利等的恢复、迁建补偿费,库底清理费,防护工程费,环境影响补偿费等。

2. 取得国有土地使用费

取得国有土地使用费包括:土地使用权出让金、城市建设配套费、拆迁补偿与临时安置补助费等。

（1）土地使用权出让金。是指建设工程通过土地使用权出让方式，取得有限期的土地使用权，依照《中华人民共和国城镇国有土地使用权出让和转让暂行条例》规定，支付的土地使用权出让金。

1）明确国家是城市土地的唯一所有者，并分层次、有偿、有限期地出让、转让城市土地。第一层次是城市政府将国有土地使用权出让给用地者，该层次由城市政府垄断经营。出让对象可以是有法人资格的企事业单位，也可以是外商。第二层次及以下层次的转让则发生在使用者之间。

2）城市土地的出让和转让可采用协议、招标、公开拍卖等方式。

①协议方式是由用地单位申请，经市政府批准同意后双方洽谈具体地块及地价。该方式适用于市政工程、公益事业用地以及需要减免地价的机关、部队用地和需要重点扶持、优先发展的产业用地。

②招标方式是在规定的期限内，由用地单位以书面形式投标，市政府根据投标报价、所提供的规划方案以及企业信誉综合考虑，择优选取。该方式适用于一般工程建设用地。

③公开拍卖是指在指定的地点和时间，由申请用地者叫价应价，价高者得。这完全是由市场竞争决定，适用于盈利高的行业用地。

3）在有偿出让和转让土地时，政府对地价不作统一规定，但应坚持以下几项原则：

①地价对目前的投资环境不产生大的影响。

②地价与当地的社会经济承受能力相适应。

③地价要考虑已投入的土地开发费用、土地市场供求关系、土地用途和使用年限。

4）关于政府有偿出让土地使用权的年限，各地可根据时间、区位等各种条件作不同的规定，一般可在30～99年之间。按照地面附属建筑物的折旧年限来看，以50年为宜。

5）土地有偿出让和转让，土地使用者和所有者要签约，明确使用者对土地享有的权利和对土地所有者应承担的义务。

①有偿出让和转让使用权，要向土地受让者征收契税。

②转让土地如有增值，要向转让者征收土地增值税。

③在土地转让期间，国家要区别不同地段、不同用途向土地使用者收取土地占用费。

（2）城市建设配套费。是指因进行城市公共设施的建设而分摊的费用。

（3）拆迁补偿与临时安置补助费。此项费用由两部分构成，即拆迁补偿费和临时安置补助费或搬迁补助费。拆迁补偿费是指拆迁人对被拆迁人，按照有关规定予以补偿所需的费用。拆迁补偿的形式可分为产权调换和货币补偿两种形式。产权调换的面积按照所拆迁房屋的建筑面积计算；货币补偿的金额按照被拆迁人或者房屋承租人支付搬迁补助费。在过渡期内，被拆迁人或者房屋承租人自行安排住处的，拆迁人应当支付临时安置补助费。

（二）与项目建设有关的其他费用

根据项目的不同，与项目建设有关的其他费用的构成也不尽相同，一般包括以下各项（在进行工程估算及概算中可根据实际情况进行计算）：

1. 建设单位管理费

建设单位管理费是指建设项目从立项、筹建、建设、联合试运转、竣工验收、交付使用及后评估等全过程管理所需的费用。内容包括以下几项：

（1）建设单位开办费。指新建项目为保证筹建和建设工作正常进行所需办公设备、生活家具、用具、交通工具等购置费用。

（2）建设单位经费。包括工作人员的基本工资、工资性补贴、职工福利费、劳动保护费、劳动保险费、办公费、差旅交通费、工会经费、职工教育经费、固定资产使用费、工具用具使用费、技术图书资料费、生产人员招募费、工程招标费、合同契约公证费、工程质量监督检测费、工程咨询费、法律顾问费、审计费、业务招待费、排污费、竣工交付使用清理及竣工验收费、后评估等费用。不包括应计入设备、材料预算价格的建设单位采购及保管设备材料所需的费用。

建设单位管理费按照单项工程费用之和（包括设备工、器具购置费和建筑安装工程费用）乘以建设单位管理费率计算。

建设单位管理费率按照建设项目的不同性质、不同规模确定。有的建设项目按照建设工期和规定的金额计算建设单位管理费。

2. 勘察设计费

勘察设计费是指为本建设项目提供项目建议书、可行性研究报告及设计文件等所需费用，内容包括以下几项：

（1）编制项目建议书、可行性研究报告及投资估算、工程咨询、评价以及为编制上述文件所进行勘察、设计、研究试验等所需费用。

（2）委托勘察、设计单位进行初步设计、施工图设计及概预算编制等所需费用。

（3）在规定范围内由建设单位自行完成的勘察、设计工作所需费用。

勘察设计费中，项目建议书、可行性研究报告按国家颁布的收费标准计算，设计费按国家颁布的工程设计收费标准计算；勘察费一般民用建筑 6 层以下的按 $3\sim5$ 元/m^2 计算，高层建筑按 $8\sim10$ 元/m^2 计算，工业建筑按 $10\sim12$ 元/m^2 计算。

3. 研究试验费

研究试验费是指为建设项目提供和验证设计参数、数据、资料等所进行的必要的试验费用以及设计规定在施工中必须进行试验、验证所需费用。包括自行或委托其他部门研究试验所需人工费、材料费、试验设备及仪器使用费等。这项费用按照设计单位根据本工程项目的的需要提出的研究试验内容和要求计算。

4. 建设单位临时设施费

建设单位临时设施费是指建设期间建设单位所需临时设施的搭设、维修、摊销费用或租赁费用。

临时设施包括临时宿舍、文化福利及公用事业房屋与构筑物、仓库、办公室、加工厂以及规定范围内的道路、水、电、管线等临时设施和小型临时设施。

5. 工程监理费

工程监理费是指建设单位委托工程监理单位对工程实施监理工作所需费用。根据原国家物价局、建设部《关于发布工程建设监理费用有关规定的通知》（〔1992〕价费字 479 号）等文件规定，选择下列方法之一计算：

（1）一般情况应按工程建设监理收费标准计算，即按所监理工程概算或预算的百分比计算。

（2）对于单工种或临时性项目可根据参与监理的年度平均人数按 3.5～5 万元/（人·年）计算。

6. 工程保险费

工程保险费是指建设项目在建设期间根据需要实施工程保险所需的费用。包括以各种建筑工程及其在施工过程中的物料、机器设备为保险标的的建筑工程一切险，以安装工程中的各种机器、机械设备为保险标的的安装工程一切险，以及机器损坏保险等。根据不同的工程类别，分别以其建筑、安装工程费乘以建筑、安装工程保险费率计算。民用建筑（住宅楼、综合性大楼、商场、旅馆、医院、学校）占建筑工程费的 2‰～4‰；其他建筑（工业厂房、仓库、道路、码头、水坝、隧道、桥梁、管道等）占建筑工程费的 3‰～6‰；安装工程（农业、工业、机械、电子、电器、纺织、矿山、石油、化学及钢铁工业、钢结构桥梁）占建筑工程费的 3‰～6‰。

7. 引进技术和进口设备其他费用

引进技术及进口设备其他费用，包括出国人员费用、国外工程技术人员来华费用、技术引进费、分期或延期付款利息、担保费以及进口设备检验鉴定费。

（1）出国人员费用。指为引进技术和进口设备派出人员在国外培训和进行设计联络，设备检验等的差旅费、制装费、生活费等。这项费用根据设计规定的出国培训和工作的人数、时间及派往国家，按财政部、外交部规定的临时出国人员费用开支标准及中国民用航空公司现行国际航线票价等进行计算，其中使用外汇部分应计算银行财务费用。

（2）国外工程技术人员来华费用。指为安装进口设备，引进国外技术等聘用外国工程技术人员进行技术指导工作所发生的费用。包括技术服务费、外国技术人员的在华工资、生活补贴、差旅费、医药费、住宿费、交通费、宴请费、参观游览等招待费用。这项费用按每人每月费用指标计算。

（3）技术引进费。指为引进国外先进技术而支付的费用。包括专利费、专有技术费（技术保密费）、国外设计及技术资料费、计算机软件费等。这项费用根据合同或协议的价格计算。

（4）分期或延期付款利息。指利用出口信贷引进技术或进口设备采取分期或延期付款的办法所支付的利息。

（5）担保费。指国内金融机构为买方出具保函的担保费。这项费用按有关金融机构规定的担保费率计算（一般可按承保金额的 5‰计算）。

（6）进口设备检验鉴定费。指进口设备按规定付给商品检验部门的进口设备检验鉴定费。这项费用按进口设备货价的 3‰～5‰计算。

8. 工程承包费

工程承包费是指具有总承包条件的工程公司，对工程建设项目从开始建设至竣工投产全过程的总承包所需的管理费用。具体内容包括组织勘察设计、设备材料采购、非标设备设计制造与销售、施工招标、发包、工程预决算、项目管理、施工质量监督、隐蔽工程检查、验收和试车直至竣工投产的各种管理费用。该费用按国家主管部门或省、自治区、直辖市协调规定的工程总承包费取费标准计算。如无规定时，一般工业建设项目为投资估算的 6％～8％，民用建筑（包括住宅建设）和市政项目为投资估算的 4％～6％。不实行工程承包的项目不计算本项费用。

(三)与未来企业生产经营有关的其他费用

1. 联合试运转费

联合试运转是指新建企业或改、扩建企业在工程竣工验收前,按照设计的生产工艺流程和质量标准对整个企业进行联合试运转所发生的费用支出与联合试运转期间的收入部分的差额部分。联合试运转费一般根据不同性质的项目按需进行试运转的工艺设备购置费的百分比计算。

2. 生产准备费

生产准备费是指新建企业或新增生产能力的企业,为保证竣工交付使用进行必要的生产准备所发生的费用。费用内容包括以下几项:

(1)生产人员培训费,包括自行培训、委托其他单位培训的人员的工资、工资性补贴、职工福利费、差旅交通费、学习资料费、学习费、劳动保护费等。

(2)生产单位提前进厂参加施工、设备安装、调试等以及熟悉工艺流程及设备性能等人员的工资、工资性补贴、职工福利费、差旅交通费、劳动保护费等。

生产准备费一般根据需要培训和提前进厂人员的人数及培训时间,按生产准备费指标进行估算。

应该指出,生产准备费在实际执行中是一笔在时间上、人数上、培训深度上很难划分的、活口很大的支出,尤其要严格掌握。

3. 办公和生活家具购置费

办公和生活家具购置费是指为保证新建、改建、扩建项目初期正常生产、使用和管理所必须购置的办公和生活家具、用具的费用。改、扩建项目所需的办公和生活用具购置费,应低于新建项目。其范围包括办公室、会议室、资料档案室、阅览室、文娱室、食堂、浴室、理发室、单身宿舍和设计规定必须建设的托儿所、卫生所、招待所、中小学校等家具用具购置费。这项费用按照设计定员人数乘以综合指标计算,一般为 600~800 元/人。

五、预备费、建设期贷款利息、固定资产投资方向调节税和铺底流动资金

(一)预备费

按我国现行规定,预备费包括基本预备费和涨价预备费。

1. 基本预备费

基本预备费是指在初步设计及概算内难以预料的工程费用,费用内容包括以下几项:

(1)在批准的初步设计范围内,技术设计、施工图设计及施工过程中所增加的工程费用;设计变更、局部地基处理等增加的费用。

(2)一般自然灾害造成的损失和预防自然灾害所采取的措施费用。实行工程保险的工程项目费用应适当降低。

(3)竣工验收时为鉴定工程质量对隐蔽工程进行必要的挖掘和修复费用。

基本预备费是按设备及工、器具购置费,建筑安装工程费用和工程建设其他费用三者之和为计取基础,乘以基本预备费率进行计算。

$$基本预备费 = (设备及工、器具购置费 + 建筑安装工程费用 +$$
$$工程建设其他费用) \times 基本预备费率 \tag{1-46}$$

基本预备费率的取值应执行国家及部门的有关规定。

2. 涨价预备费

涨价预备费是指建设项目在建设期间内由于价格等变化引起工程造价变化的预测预留费用。费用内容包括：人工、设备、材料、施工机械的价差费,建筑安装工程费及工程建设其他费用调整,利率、汇率调整等增加的费用。

涨价预备费的测算方法,一般根据国家规定的投资综合价格指数,按估算年份价格水平的投资额为基数,采用复利方法计算。其计算公式如下：

$$PF = \sum_{t=1}^{n} I_t [(1+f)^t - 1] \tag{1-47}$$

式中　PF——涨价预备费；

　　　n——建设期年份数；

　　　I_t——建设期中第 t 年的投资计划额,包括设备及工器具购置费、建筑安装工程费、工程建设其他费用及基本预备费；

　　　f——年均投资价格上涨率。

【例 1-1】 某建设项目,建设期为 3 年,各年投资计划额如下：第一年贷款 7200 万元,第二年 10800 万元,第三年 3600 万元,年均投资价格上涨率为 6%,计算建设项目建设期间涨价预备费。

【解】 第一年涨价预备费为：

$$PF_1 = I_1 [(1+f) - 1] = 7200 \times 0.06$$

第二年涨价预备费为：

$$PF_2 = I_2 [(1+f)^2 - 1] = 10800 \times (1.06^2 - 1)$$

第三年涨价预备费为：

$$PF_3 = I_3 [(1+f)^3 - 1] = 3600 \times (1.06^3 - 1)$$

所以,建设期的涨价预备费为：

$$PF = 7200 \times 0.06 + 10800 \times (1.06^2 - 1) + 3600 \times (1.06^3 - 1)$$
$$= 2454.54 \ 万元$$

(二)固定资产投资方向调节税

为了贯彻国家产业政策,控制投资规模,引导投资方向,调整投资结构,加强重点建设,促进国民经济持续稳定协调发展,国家将根据国民经济的运行趋势和全社会固定资产投资的状况,对进行固定资产投资的单位和个人开征或暂缓征收固定资产投资方的调节税(该税征收对象不含中外合资经营企业、中外合作经营企业和外资企业)。

投资方向调节税根据国家产业政策和项目经济规模实行差别税率,税率分为 0%,5%,10%,15%,30% 五个档次,各固定资产投资项目按其单位工程分别确定适用的税率。计税依据为固定资产投资项目实际完成的投资额,其中,更新改造项目为建筑工程实际完成的投资额。投资方向调节税按固定资产投资项目的单位工程年度计划投资额预缴。年度终了后,按年度实际投资结算,多退少补。项目竣工后按全部实际投资进行清算,多退少补。

1. 基本建设项目投资适用的税率

(1)国家急需发展的项目投资,如农业、林业、水利、能源、交通、通信、原材料,科教、地质、勘探、矿山开采等基础产业和薄弱环节的部门项目投资,适用零税率。

（2）对国家鼓励发展但受能源、交通等制约的项目投资,如钢铁、化工、石油、水泥等部分重要原材料项目,以及一些重要机械、电子、轻工工业和新型建材的项目,实行5%的税率。

（3）为配合住房制度改革,对城乡个人修建、购买住宅的投资实行零税率;对单位修建、购买一般性住宅投资,实行5%的低税率;对单位用公款修建、购买高标准独门独院、别墅式住宅投资,实行30%的高税率。

（4）对楼堂馆所以及国家严格限制发展的项目投资,课以重税,税率为30%。

（5）对不属于上述四类的其他项目投资,实行中等税负政策,税率15%。

2. 更新改造项目投资适用的税率

（1）为了鼓励企事业单位进行设备更新和技术改造,促进技术进步,对国家急需发展的项目投资,予以扶持,适用零税率;对单纯工艺改造和设备更新的项目投资,适用零税率。

（2）对不属于上述提到的其他更新改造项目投资,一律适用10%的税率。

3. 注意事项

为贯彻国家宏观调控政策,扩大内需,鼓励投资,根据国务院的决定,对《中华人民共和国固定资产投资方向调节税暂行条例》规定的纳税义务人,其固定资产投资应税项目自2000年1月1日起新发生的投资额,暂停征收固定资产投资方向调节税。但该税种并未取消。

（三）建设期贷款利息

为了筹措建设项目资金所发生的各项费用,包括工程建设期间投资贷款利息、企业债券发行费、国外借款手续费和承诺费、汇兑净损失及调整外汇手续费、金融机构手续费以及为筹措建设资金发生的其他财务费用等,统称财务费。其中,最主要的是在工程项目建设期投资贷款而产生的利息。

建设期投资贷款利息是指建设项目使用银行或其他金融机构的贷款,在建设期应归还的借款的利息。建设项目筹建期间借款的利息,按规定可以计入购建资产的价值或开办费。贷款机构在贷出款项时,一般都是按复利考虑的。作为投资者来说,在项目建设期间,投资项目一般没有还本付息的资金来源,即使按要求还款,其资金也可能是通过再申请借款来支付。当项目建设期长于一年时,为简化计算,可假定借款发生当年均在年中支用,按半年计息,年初欠款按全年计息,这样,建设期投资贷款的利息可按下式计算:

$$q_j = \left(P_{j-1} + \frac{1}{2}A_j\right) \cdot i \tag{1-48}$$

式中　q_j——建设期第j年应计利息;

　　　P_{j-1}——建设期第$(j-1)$年末贷款累计金额与利息累计金额之和;

　　　A_j——建设期第j年贷款金额;

　　　i——年利率。

【例1-2】 某新建项目,建设期为3年,共向银行贷款1300万元,贷款额为:第一年300万元,第二年600万元,第三年400万元。年利率为6%,计算建设期利息。

【解】 在建设期,各年利息计算如下:

第一年应计利息$=\frac{1}{2}\times300\times6\%=9$万元

第二年应计利息 $= \left(300+9+\dfrac{1}{2}\times600\right)\times6\% = 36.54$ 万元

第三年应计利息 $= \left(300+9+600+36.54+\dfrac{1}{2}\times400\right)\times6\%$

$\qquad\qquad = 68.73$ 万元

建设期利息总和为 114.27 万元。

(四)铺底流动资金

流动资金是指生产经营性项目投产后,为进行正常生产运营,用于购买原材料、燃料,支付工资及其他经营费用等所需的周转资金。流动资金估算一般是参照现有同类企业的状况采用分项详细估算法,个别情况或者小型项目可采用扩大指标法。

1. 分项详细估算法

对计算流动资金需要掌握的流动资产和流动负债这两类因素应分别进行估算。在可行性研究中,为简化计算,仅对存货、现金、应收账款这三项流动资产和应付账款这项流动负债进行估算。

2. 扩大指标估算法

(1)按建设投资的一定比例估算。例如,国外化工企业的流动资金,一般是按建设投资的15%~20%计算。

(2)按经营成本的一定比例估算。

(3)按年销售收入的一定比例估算。

(4)按单位产量占用流动资金的比例估算。

流动资金一般在投产前开始筹措。在投产第一年开始按生产负荷进行安排,其借款部分按全年计算利息。流动资金利息应计入财务费用。项目计算期末回收全部流动资金。

【例 1-3】 某建设工程在建设期初的建安工程费和设备工器具购置费为 45000 万元。按本项目实施进度计划,项目建设期为 3 年,投资分年使用比例为:第一年 25%,第二年 55%,第三年 20%,建设期内预计年平均价格总水平上涨率为 5%。建设期贷款利息为 1395 万元,建设工程其他费用为 3860 万元,基本预备费率为 10%。试估算该项目的建设投资。

【解】(1)计算项目的涨价预备费:

第一年末的涨价预备费 $=45000\times25\%\times[(1+0.05)^1-1]$

$\qquad\qquad\qquad\qquad =562.5$ 万元

第二年末的涨价预备费 $=45000\times55\%\times[(1+0.05)^2-1]$

$\qquad\qquad\qquad\qquad =2536.88$ 万元

第三年末的涨价预备费 $=45000\times20\%\times[(1+0.05)^3-1]$

$\qquad\qquad\qquad\qquad =1418.63$ 万元

该项目建设期的涨价预备费 $=562.5+2536.88+1418.63$

$\qquad\qquad\qquad\qquad\quad =4518.01$ 万元

(2)计算项目的建设投资:

建设投资 $=$ 静态投资 $+$ 建设期贷款利息 $+$ 涨价预备费

$\qquad\quad =(45000+3860)\times(1+10\%)+1395+4518.01$

$\qquad\quad =59659.01$ 万元

第二章　市政工程定额

定额，"定"就是规定，"额"就是数额。定额就是在规定的产品生产中人力、物力或资金消耗的标准数额。

在市政施工过程中，在一定的施工组织和施工技术条件下，用科学方法和实践经验相结合，制定为生产质量合格的单位工程产品所必须消耗的人工、材料和机械台班的标准，就称为市政工程定额，或简称为市政定额。

第一节　定额概述

一、定额特性

1. 定额的科学性

定额的科学性首先表现在定额是在认真研究客观规律的基础上，自觉地遵守客观规律的要求，实事求是制定的；其次表现在制定定额所采用的方法上，通过不断吸收现代科学技术的新成就，不断完善，形成一套严密的确定定额水平的科学方法。

2. 定额的权威性

定额的权威性是指定额一经国家、地方主管部门或授权单位颁发，各地区及有关施工企业单位，都必须严格遵守和执行，不得随意改变定额的结构形式和内容，不得任意变更定额的水平，如需要进行调整、修改和补充，必须经授权部门批准。

3. 定额的统一性

工程建设定额的统一性，主要是由国家对经济发展的有计划的宏观调控职能决定的。为了使国民经济按照既定的目标发展，就需要借助于某些标准、定额、参数等，对工程建设进行规划、组织、调节、控制。而这些标准、定额、参数必须在一定的范围内是一种统一的尺度，才能实现上述职能，才能利用它对项目的决策、设计方案、投标报价、成本控制进行比选和评价。

4. 定额的稳定性与时效性

工程建设定额中的任何一种都是一定时期技术发展和管理水平的反映，因而在一段时间内都表现出稳定的状态。稳定的时间有长有短，一般在 5～10 年之间。保持定额的稳定性是维护定额的权威性所必需的，更是有效的贯彻定额所必要的。但是，任何一种定额，都只能反映一定时期的生产力水平，定额应该随着生产的发展，修改、补充或重新编制。

5. 定额的系统性

工程建设定额是相对独立的系统。它是由多种定额结合而成的有机的整体。它的结构复杂，有鲜明的层次，有明确的目标。

二、定额作用

在工程建设和企业管理中,确定和执行先进合理的定额是技术和经济管理工作中的重要一环。在工程项目的计划、设计和施工中,定额具有以下几个方面的作用:

(1)定额是编制计划的基础。

(2)定额是确定工程造价的依据和评价设计方案经济合理性的尺度。

(3)定额是组织和管理施工的工具。

(4)定额是总结先进生产方法的手段。

总之,定额是实现工程项目,确定人力、物力和财力等资源需要量,有计划地组织生产,提高劳动生产率,降低工程造价,完成和超额完成计划的重要技术经济工具,是工程管理和企业管理的基础。

三、定额分类

工程建设定额是工程建设中各类定额的总称,它包括许多种类的定额。为了对工程建设定额能有一个全面的了解,一般按生产因素、用途、性质与编制范围分类,如图 2-1 所示。

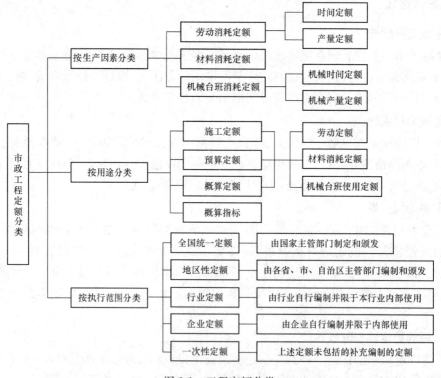

图 2-1　工程定额分类

第二节　施工定额

施工定额是以同一性质的施工过程或工序为测定对象,确定建筑安装工人在正常施工条件下,为完成单位合格产品所需劳动、机械、材料消耗的数量标准。建筑安装企业定额一般称为施工定额。施工定额是施工企业直接用于建筑工程施工管理的一种定额。施工定额是由劳动定额、材料消耗定额和机械台班定额组成,是最基本的定额。

一、施工定额作用

(1)施工定额是施工队向班组签发施工任务单和限额领料单的依据。
(2)施工定额是编制施工预算的主要依据。
(3)施工定额是施工企业编制施工组织设计和施工作业计划的依据。
(4)施工定额是加强企业成本核算和成本管理的依据。
(5)施工定额是编制预算定额和单位估价表的依据。
(6)施工定额是贯彻经济责任制、实行按劳分配和内部承包责任制的依据。

二、施工定额组成

(一)劳动定额

劳动定额又称人工定额,是建筑安装工人在正常的施工(生产)条件下,在一定的生产技术和生产组织条件下,在平均先进水平的基础上制定的。它表明每个建筑安装工人生产单位合格产品所必须消耗的劳动时间,或在单位时间所生产的合格产品的数量。

劳动定额由于表现形式不同,可分为时间定额和产量定额两种。

1. 时间定额

时间定额是在拟定基本工作时间、辅助工作时间、不可避免中断时间、准备与结束的工作时间,以及休息时间的基础上制定的。

根据时间定额可计算出产量定额,时间定额和产量定额互为倒数。利用工时规范,可以计算劳动定额的时间定额。其计算公式如下:

$$作业时间＝基本工作时间＋辅助工作时间$$

$$规范时间＝准备与结束工作时间＋不可避免的中断时间＋休息时间$$

$$工序作业时间＝基本工作时间＋辅助工作时间$$

$$＝\frac{基本工作时间}{1－辅助时间(\%)}$$

$$定额时间＝\frac{作业时间}{1－规范时间(\%)}$$

2. 产量定额

产量定额是在合理的劳动组织与合理使用材料的条件下,某工种技术等级的工人班组或个人在单位工日中所应完成的合格产品数量。其计算公式如下:

$$每工产量＝\frac{1}{单位产品时间定额(工日)}$$

或

$$每班产量＝\frac{小组成员工日数的总和}{单位产品时间定额(工日)}$$

产量定额的计算单位,以单位时间的产品计量单位表示,如 m^3、m^2、m、t、块、根等。

时间定额与产量定额互为倒数,即:

$$时间定额 = \frac{1}{产量定额}$$

$$产量定额 = \frac{1}{时间定额}$$

或

$$时间定额 \times 产量定额 = 1$$

(二)机械台班使用定额

机械台班使用定额或称机械台班消耗定额,是指在正常施工条件下,合理的劳动组合和使用机械,完成单位合格产品或某项工作所必需的机械工作时间,包括准备与结束时间、基本工作时间、辅助工作时间、不可避免的中断时间,以及使用机械的工人生理需要与休息时间。

机械台班使用定额的形式按其表现形式不同,可分为时间定额和产量定额。

(1)机械时间定额是指在合理劳动组织与合理使用机械条件下,完成单位合格产品所必需的工作时间,包括有效工作时间(正常负荷下的工作时间和降低负荷下的工作时间)、不可避免的中断时间、不可避免的无负荷工作时间。机械时间定额以"台班"表示,即一台机械工作一个作业班时间。一个作业班时间为8h。其计算公式如下:

$$单位产品机械时间定额(台班) = \frac{1}{台班产量}$$

由于机械必须由工人小组配合,所以完成单位合格产品的时间定额,同时列出人工时间定额。即:

$$单位产品人工时间定额(工日) = \frac{小组成员总人数}{台班产量}$$

(2)机械产量定额是指在合理劳动组织与合理使用机械条件下,机械在每个台班时间内应完成合格产品的数量。其计算公式如下:

$$机械台班产量定额 = \frac{1}{机械时间定额(台班)}$$

机械时间定额和机械产量定额互为倒数关系。

复式表示法有如下形式:

$$\frac{人工时间定额}{机械台班产量}或\left.\frac{人工时间定额}{机械台班产量}\right|台班车次$$

(三)材料消耗定额

材料消耗定额是指在正常的施工(生产)条件下,在节约和合理使用材料的情况下,生产单位合格产品所必须消耗的一定品种、规格的材料、半成品、配件等的数量标准。其计算公式如下:

$$材料总用量 = \frac{净用量}{1 - 损耗率}$$

或

$$材料总用量 = 净用量 \times (1 + 损耗率)$$

式中　净用量——构成产品实体的消耗量;

损耗率——损耗量与总用量的比值,其中消耗量为施工中不可避免的施工损耗。

第三节　预算定额

预算定额是由国家主管部门或其授权机关组织编制、审批并颁发执行。在现阶段,预算定额是一种法令性指标,是对基本建设实行宏观调控和有效监督的重要工具。各地区、各基本建设部门都必须严格执行,只有这样,才能保证全国的工程有一个统一的核算尺度,使国家对各地区、各部门工程设计、经济效果与施工管理水平进行统一的比较与核算。

预算定额是规定消耗在合格质量的单位工程基本构造要素上的人工、材料和机械台班的数量标准,是计算建筑安装产品价格的基础。

预算定额是工程建设中的一项重要技术经济文件,它的各项指标,反映了在完成规定计量单位符合设计标准和施工质量验收规范要求的分项工程消耗的劳动和物化劳动的数量限度。这种限度最终决定着单项工程和单位工程的成本和造价。

一、预算定额作用

(1)预算定额是编制地区单位估价表的依据,是编制建筑安装工程施工图预算和确定工程造价的依据。

(2)预算定额是编制施工组织设计时,确定劳动力、建筑材料、成品、半成品和建筑机械需要量的依据。

(3)预算定额是工程结算的依据。

(4)预算定额是施工单位进行经济活动分析的依据。

(5)预算定额是编制概算定额的基础。

(6)预算定额是合理编制招标标底、投标报价的基础。

二、预算定额编制

1. 预算定额的编制依据

(1)现行劳动定额和施工定额。预算定额是在现行劳动定额和施工定额的基础上编制的。预算定额中劳力、材料、机械台班消耗水平,需要根据劳动定额或施工定额取定;预算定额计量单位的选择,也要以施工定额为参考,从而保证两者的协调和可比性,减轻预算定额的编制工作量,缩短编制时间。

(2)现行设计规范、施工验收规范和安全操作规程。预算定额在确定劳动力、材料和机械台班消耗数量时,必须考虑上述各项法规的要求和影响。

(3)具有代表性的典型工程施工图及有关标准图。对这些图纸进行仔细分析研究,并计算出工程数量,作为编制定额时选择施工方法、确定定额含量的依据。

(4)新技术、新结构、新材料和先进的施工方法等。这类资料是调整定额水平和增加新的定额项目所必需的依据。

(5)有关科学试验、技术测定和统计、经验资料。这类资料是确定定额水平的重要依据。

(6)现行的预算定额、材料预算价格及有关文件规定等。包括过去定额编制过程中积累的基础资料,也是编制预算定额的依据和参考。

2. 预算定额的编制原则

(1)平均水平原则。

(2)简明准确和适用原则。

(3)坚持统一性和差别性相结合原则。

(4)坚持由专业人员编审原则。

3. 预算定额的编制方法

(1)预算定额编制中的主要工作。

1)定额项目的划分。

2)工程内容的确定。

3)预算定额计量单位的确定。

4)预算定额施工方法的确定。

5)人工、材料、机械台班消耗量的确定。

6)编制定额表和拟定有关说明。

(2)人工工日消耗量的确定。预算定额中人工工日消耗量是指在正常施工生产条件下,生产单位合格产品必需消耗的人工工日数量,是由分项工程所综合的各个工序劳动定额包括的基本用工、其他用工及劳动定额与预算定额工日消耗量的幅度差三部分组成的。

1)基本用工。基本用工指完成单位合格产品所必需消耗的技术工种用工。内容包括以下几项:

①完成定额计量单位的主要用工。按综合取定的工程量和相应劳动定额进行计算。其计算公式如下:

$$基本用工= \sum (综合取定的工程量 \times 劳动定额)$$

②按劳动定额规定应增加计算的用工量。例如砖基础埋深超过 1.5m,超过部分要增加用工。预算定额中应按一定比例给予增加。又例如砖墙项目要增加附墙烟囱孔、垃圾道、壁橱等零星组合部分的加工。

③由于预算定额是以劳动定额子目综合扩大的,包括的工作内容较多,施工的工效视具体部位而不一样,需要另外增加用工,列入基本用工内。

2)其他用工。预算定额内的其他用工,包括材料超运距运输用工和辅助工作用工。

①材料超运距用工,是指预算定额取定的材料、半成品等运距,超过劳动定额规定的运距应增加的工日。其用工量以超运距(预算定额取定的运距减去劳动定额取定的运距)和劳动定额计算。其计算公式如下:

$$超运距用工= \sum (超运距材料数量 \times 时间定额)$$

②辅助工作用工。辅助工作用工是指劳动定额中未包括的各种辅助工序用工,如材料的零星加工用工、土石方工程的筛砂子、淋石灰膏、洗石子等增加的用工量。辅助工作用工量一般按加工的材料数量乘以时间定额计算。

3)人工幅度差。人工幅度差是指预算定额对在劳动定额规定的用工范围内没有包括,而在一般正常情况下又不可避免的一些零星用工,常以百分率计算。一般在确定预算定额用工量时,按基本用工、超运距用工、辅助工作用工之和的 $10\% \sim 15\%$ 范围内取定。其计算公式如下：

　　人工幅度差（工日）＝（基本用工＋超运距用工＋辅助用工）×人工幅度差百分率

　　(3)材料消耗量计算。预算定额中的材料消耗量是在合理和节约使用材料的条件下,生产单位假定市政工程必须消耗的一定品种规格的材料、半成品、构配件等的数量标准。

　　1)凡有标准规格的材料,按规范要求计算定额计量单位的耗用量。

　　2)凡设计图纸标注尺寸及下料要求的按设计图纸尺寸计算材料净用量。

　　3)换算法。各种胶结、涂料等材料的配合比用料,可以根据要求条件换算,得出材料用量。

　　4)测定法。包括试验室试验法和现场观察法。指各种强度等级的混凝土及砌筑砂浆配合比的耗用原材料数量的计算,需按照规范要求试配经过试压合格以后并经过必要的调整后得出的水泥、砂子、石子、水的用量。对新材料、新结构又不能用其他方法计算定额消耗用量时,需用现场测定方法来确定,根据不同条件可以采用写实记录法和观察法,得出定额的消耗量。

　　材料损耗量是指在正常条件下不可避免的材料损耗,如现场内材料运输及施工操作过程中的损耗等。其关系式如下：

$$材料损耗率＝损耗量/净用量×100\%$$

$$材料损耗量＝材料净用量×损耗率$$

$$材料消耗量＝材料净用量＋损耗量$$

或

$$材料消耗量＝材料净用量×(1＋损耗率)$$

　　(4)其他材料的确定。一般按工艺测算并在定额项目材料计算表内列出名称、数量,并依编制期价格以其他材料占主要材料的比率计算,列在定额材料栏之下,定额内可不列材料名称及消耗量。

　　(5)机械台班消耗量的计算。预算定额中的机械台班消耗量是指在正常施工条件下,生产单位合格产品(分部分项工程或结构件)必需消耗的某类某种型号施工机械的台班数量。它由分项工程综合的有关工序劳动定额确定的机械台班消耗量以及劳动定额与预算定额的机械台班幅度差组成。

　　垂直运输机械依工期定额分别测算台班量,以台班/100m² 建筑面积表示。

　　确定预算定额中的机械台班消耗量指标,应根据《全国市政工程统一劳动定额》中各种机械施工项目所规定的台班产量加机械幅度差进行计算。若按实际需要计算机械台班消耗量,不应再增加机械幅度差。

　　机械幅度差是指在劳动定额(机械台班量)中未曾包括的,而机械在合理的施工组织条件下所必需的停歇时间,在编制预算定额时,应予以考虑。其内容包括以下几项：

　　1)施工机械转移工作面及配套机械互相影响损失的时间。

　　2)在正常的施工情况下,机械施工中不可避免的工序间歇。

　　3)检查工程质量影响机械操作的时间。

　　4)临时水、电线路在施工中移动位置所发生的机械停歇时间。

　　5)工程结尾时,工作量不饱满所损失的时间。

　　机械幅度差系数一般根据测定和统计资料取定。大型机械幅度差系数为：土方机械

1.25,打桩机械1.33,吊装机械1.3,其他均按统一规定的系数计算。由于垂直运输用的塔吊、卷扬机及砂浆、混凝土搅拌机是按小组配合,应以小组产量计算机械台班产量,不另增加机械幅度差。

综上所述,预算定额的机械台班消耗量按下式计算:

预算定额机械耗用台班＝施工定额机械耗用台班×(1＋机械幅度差系数)

占比重不大的零星小型机械按劳动定额小组成员计算出机械台班使用量,以"机械费"或"其他机械费"表示,不再列台班数量。

第四节　概算定额与概算指标

一、概算定额

概算定额是指生产一定计量单位的经扩大的市政工程所需要的人工、材料和机械台班的消耗数量及费用的标准。概算定额是在预算定额的基础上,根据有代表性的工程通用图和标准图等资料,进行综合、扩大和合并而成。

1. 概算定额的作用

(1)概算定额是在扩大初步设计阶段编制概算,技术设计阶段编制修正概算的主要依据。

(2)概算定额是编制建筑安装工程主要材料申请计划的基础。

(3)概算定额是进行设计方案技术经济比较和选择的依据。

(4)概算定额是编制概算指标的计算基础。

(5)概算定额是确定基本建设项目投资额、编制基本建设计划、实行基本建设大包干、控制基本建设投资和施工图预算造价的依据。

2. 概算定额的编制依据

(1)现行的全国通用的设计标准、规范和施工验收规范。

(2)现行的预算定额。

(3)标准设计和有代表性的设计图纸。

(4)过去颁发的概算定额。

(5)现行的人工工资标准、材料预算价格和施工机械台班单价。

(6)有关施工图预算和结算资料。

3. 概算定额的编制方法

(1)定额计量单位确定。概算定额计量单位基本上按预算定额的规定执行,但是单位的内容扩大,仍用 m、m^2 和 m^3 等。

(2)确定概算定额与预算定额的幅度差。由于概算定额是在预算定额基础上进行适当的合并与扩大。因此,在工程量取值、工程的标准和施工方法确定上需综合考虑,且定额与实际应用必然会产生一些差异。这种差异国家允许预留一个合理的幅度差,以便依据概算定额编制的设计概算能控制住施工图预算。概算定额与预算定额之间的幅度差,国家规定一般控制在 5% 以内。

（3）定额小数取位。概算定额小数取位与预算定额相同。

二、概算指标

概算指标是以一个建筑物或构筑物为对象，按各种不同的结构类型，确定每 $100m^2$ 或 $1000m^3$ 等为计量单位的人工、材料和机械台班（机械台班一般不以量列出，用系数计入）的消耗指标（量）或每万元投资额中各种指标的消耗数量。

概算指标比概算定额更加综合扩大，因此，它是编制初步设计或扩大初步设计概算的依据。

1. 概算指标的作用

（1）在初步设计阶段编制建筑工程设计概算的依据。这是指在没有条件计算工程量时，只能使用概算指标。

（2）设计单位在建筑方案设计阶段，进行方案设计技术经济分析和估算的依据。

（3）在建设项目的可行性研究阶段，作为编制项目的投资估算的依据。

（4）在建设项目规划阶段，估算投资和计算资源需要量的依据。

2. 概算指标的编制原则

（1）按平均水平确定概算指标的原则。在我国社会主义市场经济条件下，概算指标作为确定工程造价的依据，同样必须遵照价值规律的客观要求，在其编制时必须按社会必要劳动时间，贯彻平均水平的编制原则。只有这样才能使概算指标合理确定和控制工程造价的作用得到充分发挥。

（2）概算指标的内容与表现形式要贯彻简明适用的原则。为适应市场经济的客观要求，概算指标的项目划分应根据用途的不同，确定其项目的综合范围。遵循粗而不漏，适应面广的原则，体现综合扩大的性质。概算指标从形式到内容应该简明易懂，要便于在采用时根据拟建工程的具体情况进行必要的调整换算，能在较大范围内满足不同用途的需要。

（3）概算指标的编制依据必须具有代表性。概算指标所依据的工程设计资料，应是有代表性的，技术上是先进的，经济上是合理的。

第五节　企业定额

所谓企业定额，是指建筑安装企业根据本企业的技术水平和管理水平，编制完成单位合格产品所必需的人工、材料和施工机械台班的消耗量，以及其他生产经营要素消耗的数量标准。企业定额反映企业的施工生产与生产消费之间的数量关系，是施工企业生产力水平的体现，每个企业均应拥有反映自己企业能力的企业定额。企业的技术和管理水平不同，企业定额的定额水平也就不同。因此，企业定额是施工企业进行施工管理和投标报价的基础和依据，从一定意义上讲，企业定额是企业的商业秘密，是企业参与市场竞争的核心竞争能力的具体表现。

企业定额是建筑安装企业内部管理的定额。企业定额影响范围涉及企业内部管理的方方面面。包括企业生产经营活动的计划、组织、协调、控制和指挥等各个环节。企业应根据本企业的具体条件和可能挖掘的潜力、市场的需求和竞争环境，根据国家有关政策、法律和规范、制度，自己编制定额，自行决定定额的水平，当然允许同类企业和同一地区的企业之间存在定额水平的差距。

一、企业定额构成及表现形式

企业定额的编制应遵循简单、明了、准确、适用的原则。企业定额的构成及表现形式因企业的性质不同、取得资料的详细程度不同、编制的目的不同、编制的方法不同而不同。其构成及表现形式主要有以下几种：

(1)企业劳动定额。

(2)企业材料消耗定额。

(3)企业机械台班使用定额。

(4)企业施工定额。

(5)企业定额估价表。

(6)企业定额标准。

(7)企业产品出厂价格。

(8)企业机械台班租赁价格。

二、企业定额作用

企业定额为施工企业编制施工作业计划、施工组织设计和施工预算提供了必要技术依据，具体来说，它在施工企业起着如下的作用：

(1)企业定额是企业计划管理的依据。

(2)企业定额是编制施工组织设计的依据。

(3)企业定额是企业激励工人的条件。

(4)企业定额是计算劳动报酬、实行按劳分配的依据。

(5)企业定额是编制施工预算，加强企业成本管理的基础。

(6)企业定额有利于推广先进技术。

(7)企业定额是编制预算定额和补充单位估价表的基础。

(8)企业定额是施工企业进行工程投标、编制工程投标报价的基础和主要依据。

三、企业定额编制

1. 企业定额的编制原则

(1)平均先进性原则。

(2)简明适用性原则。

(3)以专家为主编制定额的原则。

(4)保密原则。

(5)独立自主的原则。

(6)时效性原则。

2. 企业定额的编制步骤

(1)制定《企业定额编制计划书》。

1)企业定额编制的目的。

企业定额编制的目的一定要明确,因为编制目的决定了企业定额的适用性,同时也决定了企业定额的表现形式,例如,企业定额的编制如果是为了控制工耗和计算工人劳动报酬,应采取劳动定额的形式;如果是为了企业进行工程成本核算,以及为企业走向市场参与投标报价提供依据,则应采用施工定额或定额估价表的形式。

2)定额水平的确定原则。

企业定额水平的确定,是企业定额能否实现编制目的的关键。定额水平过高,背离企业现有水平,使定额在实施工程中,企业内多数施工队、班组、工人通过努力仍然达不到定额水平,不仅不利于定额在本企业内推行,还会挫伤管理者和劳动者双方的积极性;定额水平过低,起不到鼓励先进和督促落后的作用,而且对项目成本核算和企业参与市场竞争不利。因此,在编制计划书中,必须对定额水平进行确定。

3)确定编制方法和定额形式。

定额的编制方法很多,对不同形式的定额,其编制方法也不相同。例如:劳动定额的编制方法有:技术测定法、统计分析法、类比推算法、经验估算法等;材料消耗定额的编制方法有:观察法、实验法、统计法等。因此,定额编制究竟采取哪种方法应根据具体情况而定。企业定额编制通常采用的方法一般有两种:定额测算法和方案测算法。

4)拟成立企业定额编制机构,提交需参编人员名单。

企业定额的编制工作是一个系统性的工程,在定额编制工作开始时,必须设置一个专门的机构,配置一批专业人员,在一个高效率的组织机构统一指挥下协调工作。

5)明确应搜集的数据和资料。

定额在编制时要搜集大量的基础数据和各种法律、法规、标准、规程、规范文件、规定等,这些资料都是定额编制的依据。所以,在编制计划书中,要制定一份按门类划分的资料明细表。在明细表中,除一些必须采用的法律、法规、标准、规程、规范资料外,应根据企业自身的特点,选择一些能够取得适合本企业使用的基础性数据资料。

6)确定工期和编制进度。定额的编制是为了使用,具有时效性,所以,应确定一个合理的工期和进度计划表,这样,既有利于编制工作的开展,又能保证编制工作的效率和效益。

(2)搜集资料、调查、分析、测算和研究。

1)现行定额,包括基础定额和预算定额;工程量计算规则。

2)国家现行的法律、法规、经济政策和劳动制度等与工程建设有关的各种文件。

3)有关建筑安装工程的设计规范、施工及验收规范、工程质量检验评定标准和安全操作规程。

4)现行的全国通用建筑标准设计图集、安装工程标准安装图集、定型设计图纸、具有代表性的设计图纸、地方建筑配件通用图集和地方结构构件通用图集,并根据上述资料计算工程量,作为编制定额的依据。

5)有关建筑安装工程的科学实验、技术测定和经济分析数据。

6)高新技术、新型结构、新研制的建筑材料和新的施工方法等。

7)现行人工工资标准和地方材料预算价格。

8)现行机械效率、寿命周期和价格;机械台班租赁价格行情。

9)本企业近几年各工程项目的财务报表、公司财务总报表,以及历年搜集的各类经济数据。

10)本企业近几年各工程项目的施工组织设计、施工方案,以及工程结算资料。

11)本企业近几年所采用的主要施工方法。

12)本企业近几年发布的合理化建议和技术成果。

13)本企业目前拥有的机械设备状况和材料库存状况。

14)本企业目前工人技术素质、构成比例、家庭状况和收入水平。资料搜集后,要对上述资料进行分类整理、分析、对比、研究和综合测算,提取可供使用的各种技术数据。内容包括:企业整体水平与定额水平的差异;现行法律、法规,以及规程规范对定额的影响;新材料、新技术对定额水平的影响等。

(3)拟定编制企业定额的工作方案与计划。

1)根据编制目的,确定企业定额的内容及专业划分。

2)确定企业定额的册、章、节的划分和内容的框架。

3)确定企业定额的结构形式及步距划分原则。

4)具体参编人员的工作内容、职责、要求。

(4)企业定额初稿的编制。

1)确定企业定额的定额项目及其内容。企业定额项目及其内容的编制,就是根据定额的编制目的及企业自身的特点,本着内容简明适用、形式结构合理、步距划分合理的原则,将一个单位工程,按工程性质划分为若干个分部工程,如土建专业的土石方工程、桩基础工程等。然后将分部工程划分为若干个分项工程,如土石方工程分为人工挖土方、淤泥、流砂,人工挖沟槽、基坑,人工挖桩孔……分项工程。最后,确定分项工程的步距,并根据步距对分项工程进一步地详细划分为具体项目。步距参数的设定一定要合理,既不应过粗,也不宜过细。如可根据土质和挖掘深度作为步距参数,对人工挖土方进行划分。同时,应对分项工程的工作内容做简明扼要的说明。

2)确定定额的计量单位。分项工程计量单位的确定一定要合理,设置时应根据分项工程的特点,本着准确、贴切、方便计量的原则设置。定额的计量单位包括自然计量单位如:台、套、个、件、组等,国际标准计量单位如:m、km、m²、m³、kg、t等。一般来说,当实物体的三个度量都会发生变化时,采用 m³ 为计量单位,如土方、混凝土、保温等;如果实物体的三个度量中有两个度量不固定,采用 m² 为计量单位,如地面、抹灰、油漆等;如果实物体截面面积形状大小固定,则采用延长米为计量单位,如管道、电缆、电线等;不规则形状的,难以度量的则采用自然单位或重量单位为计量单位。

3)确定企业定额指标。确定企业定额指标是企业定额编制的重点和难点,企业定额指标的编制,应根据企业采用的施工方法、新材料的替代以及机械装备的装配和管理模式,结合搜集整理的各类基础资料进行确定。确定企业定额指标包括确定人工消耗指标、确定材料消耗指标、确定机械台班消耗指标等。

4)编制企业定额项目表。分项工程的人工、材料和机械台班的消耗量确定以后,接下来就可以编制企业定额项目表了。具体地说,就是编制企业定额表中的各项内容。

企业定额项目表是企业定额的主体部分,它由表头栏和人工栏、材料栏、机械栏组成。表头部分是以表述各分项工程的结构形式、材料做法和规格档次等;人工栏是以工种表示的消耗的工日数及合计,材料栏是按消耗的主要材料和消耗性材料依主次顺序分列出的消耗量,机械栏是按机械种类和规格型号分别列出的机械台班使用量。

5)企业定额的项目编排。定额项目表,是按分部工程归类,按分项工程子目编排的一些项目表格。也就是说,按施工的程序,遵循章、节、项目和子目等顺序编排。

定额项目表中,大部分是以分部工程为章,把单位工程中性质相近,且材料大致相同的施工对象编排在一起。每章(分部工程)中,按工程内容施工方法和使用的材料类别的不同,分成若干个节(分项工程)。在每节(分项工程)中,可以分成若干项目,在项目下边,还可以根据施工要求、材料类别和机械设备型号的不同,细分成不同子目。

6)企业定额相关项目说明的编制。企业定额相关项目的说明包括:前言、总说明、目录、分部(或分章)说明、建筑面积计算规则、工程量计算规则、分项工程工作内容等。

7)企业定额估价表的编制。企业根据投标报价工作的需要,可以编制企业定额估价表。企业定额估价表是在人工、材料、机械台班三项消耗量的企业定额的基础上,用货币形式表达每个分项工程及其子目的定额单位估价计算表格。

企业定额估价表的人工、材料、机械台班单价是通过市场调查,结合国家有关法律文件及规定,按照企业自身的特点来确定。

(5)评审、修改及组织实施。评审及修改主要是通过对比分析、专家论证等方法,对定额的水平、使用范围、结构及内容的合理性,以及存在的缺陷进行综合评估,并根据评审结果对定额进行修正。经评审和修改后,企业定额就可以组织实施了。

第三章 建设工程定额计价

第一节 建设工程投资估算编制与审查

一、投资估算文件组成

(1)投资估算文件一般由封面(表 3-1)、签署页(表 3-2)、编制说明、投资估算分析、投资估算汇总表(表 3-3)、单项工程投资估算汇总表(表 3-4)、主要技术经济指标等内容组成。

表 3-1　　　　　　　　　　　　　　投资估算封面格式

（工程名称）

投 资 估 算

档 案 号：

（编制单位名称）

（工程造价咨询单位执业章）

年 月 日

表 3-2 投资估算签署页格式

(工程名称)

投 资 估 算

档　案　号：

编　制　人：_____［执业（从业）印章］_____

审　核　人：_____［执业（从业）印章］_____

审　定　人：_____［执业（从业）印章］_____

法定负责人：_____

表 3-3　　　　　　　　　　　　　　投资估算汇总表

工程名称：

序号	工程和费用名称	估算价值(万元)					技术经济指标			
		建筑工程费	设备及工器具购置费	安装工程费	其他费用	合计	单位	数量	单位价值	％
一	工程费用									
(一)	主要生产系统									
1										
2										
3										
(二)	辅助生产系统									
1										
2										
3										
(三)	公用及福利设施									
1										
2										
3										
(四)	外部工程									
1										
2										
3										
	小计									
二	工程建设其他费用									
1										
2										
3										
	小计									
三	预备费									
1	基本预备费									
2	价差预备费									

（续）

序号	工程和费用名称	估算价值（万元）					技术经济指标			
		建筑工程费	设备及工器具购置费	安装工程费	其他费用	合计	单位	数量	单位价值	％
	小计									
四	建设期贷款利息									
五	流动资金									
	投资估算合计（万元）									
	％									

编制人：　　　　　　　　　　　审核人：　　　　　　　　　　　审定人：

表 3-4　　　　　　　　　　　　　**单项工程投资估算汇总表**

工程名称：

序号	工程和费用名称	估算价值（万元）					技术经济指标			
		建筑工程费	设备及工器具购置费	安装工程费	其他费用	合计	单位	数量	单位价值	％
一	工程费用									
（一）	主要生产系统									
1	××车间									
	一般土建									
	给排水									
	采暖									
	通风空调									
	照明									
	工艺设备及安装									
	工艺金属结构									
	工艺管道									
	工业筑炉及保温									
	变配电设备及安装									
	仪表设备及安装									

（续）

序号	工程和费用名称	估算价值(万元)					技术经济指标			
		建筑工程费	设备及工器具购置费	安装工程费	其他费用	合计	单位	数量	单位价值	%
	小计									
2										
3										

编制人：　　　　　　　　　　　审核人：　　　　　　　　　　　审定人：

（2）投资估算编制说明一般阐述以下内容：

1）工程概况。

2）编制范围。

3）编制方法。

4）编制依据。

5）主要技术经济指标。

6）有关参数、率值选定的说明。

7）特殊问题的说明（包括采用新技术、新材料、新设备、新工艺）；必须说明的价格的确定；进口材料、设备、技术费用的构成与计算参数；采用矩形结构、异形结构的费用估算方法；环保（不限于）投资占总投资的比重；未包括项目或费用的必要说明等。

8）采用限额设计的工程还应对投资限额和投资分解做进一步说明。

9）采用方案比选的工程还应对方案比选的估算和经济指标做进一步说明。

（3）投资分析应包括以下内容：

1）工程投资比例分析。

2）分析设备购置费、建筑工程费、安装工程费、工程建设其他费用、预备费占建设总投资的比例；分析引进设备费用占全部设备费用的比例等。

3）分析影响投资的主要因素。

4）与国内类似工程项目的比较，分析说明投资高低的原因。

（4）总投资估算包括汇总单项工程估算、工程建设其他费用，估算基本预备费、价差预备费，计算建设期利息等。

（5）单项工程投资估算，应按建设项目划分的各个单项工程分别计算组成工程费用的建筑工程费、设备购置费、安装工程费。

（6）工程建设其他费用估算，应按预期将要发生的工程建设其他费用种类，逐渐详细估算其费用金额。

（7）估算人员应根据项目特点，计算并分析整个建设项目、各单项工程和主要单位工程的主要技术经济指标。

二、投资估算编制依据

（1）投资估算的编制依据是指在编制投资估算时需要进行计量、价格确定、工程计价有关参数、率值确定的基础资料。

（2）投资估算的编制依据主要有以下几个方面：

1）国家、行业和地方政府的有关规定。

2）工程勘察与设计文件，图示计量或有关专业提供的主要工程量和主要设备清单。

3）行业部门、项目所在地工程造价管理机构或行业协会等编制的投资估算指标、概算指标（定额）、工程建设其他费用定额（规定）、综合单价、价格指数和有关造价文件等。

4）类似工程的各种技术经济指标和参数。

5）工程所在地的同期的工、料、机市场价格，建筑、工艺及附属设备的市场价格和有关费用。

6）政府有关部门、金融机构等部门发布的价格指数、利率、汇率、税率等有关参数。

7）与建设项目相关的工程地质资料、设计文件、图纸等。

8）委托人提供的其他技术经济资料。

三、投资估算费用构成

（1）建设项目总投资由建设投资、建设期利息、固定资产投资方向调节税和流动资金组成。

（2）建设投资是用于建设项目的工程费用、工程建设其他费用及预备费用之和。

（3）工程费用包括建筑工程费、设备及工器具购置费、安装工程费。

（4）预备费包括基本预备费和价差预备费。

（5）建设期贷款利息包括支付金融机构的贷款利息的为筹集资金而发生的融资费用。

（6）建设项目总投资的各项费用按资产属性分别形成固定资产、无形资产和其他资产（递延资产）。项目可行性研究阶段可按资产类别简化归并后进行经济评价（表3-5）。

表 3-5　　　　　　　　　　建设项目总投资组成表

费用项目名称			资产类别归并 （限项目经济评价用）
建设投资	第一部分 工程费用	建筑工程费	固定资产费用
		设备购置费	
		安装工程费	
	第二部分 工程建设 其他费用	建设管理费	
		建设用地费	
		可行性研究费	
		研究试验费	
		勘察设计费	
		环境影响评价费	
		劳动安全卫生评价费	
		场地准备及临时设施费	

（续）

费用项目名称			资产类别归并 （限项目经济评价用）
建设 投资	第二部分 工程建设 其他费用	引进技术和引进设备其他费	固定资产费用
		工程保险费	
		联合试运转费	
		特殊设备安全监督检验费	
		市政公用设施费	
		专利及专有技术使用费	无形资产费用
		生产准备及开办费	其他资产费用 （递延资产）
	第三部分 预备费用	基本预备费	固定资产费用
		价差预备费	
建设期利息			固定资产费用
固定资产投资方向调节税（暂停征收）			
流动资金			流动资产

四、工程建设其他费用参考计算方法

（一）固定资产其他费用的计算

1. 建设管理费

（1）以建设投资中的工程费用为基数乘以建设管理费率计算。

$$建设管理费＝工程费用×建设管理费费率 \tag{3-1}$$

（2）由于工程监理是受建设单位委托的工程建设技术服务，属建设管理范畴。如采用监理，建设单位部分管理工作量转移至监理单位。监理费应根据委托的监理工作和监理深度在监理合同中商定，或按当地或所属行业部门有关规定计算。

（3）如建设管理采用工程总承包方式，其总包管理费由建设单位与总包单位根据总包工作范围在合同中商定，从建设管理费中支出。

（4）改、扩建项目的建设管理费率应比新建项目适当降低。

（5）建设项目按批准的设计文件规定的内容建设，工业项目经负荷试车考核（引进国外设备项目按合同规定试车考核期满）或试进行期能够正常生产合格产品，非工业项目符合设计要求且能够正常使用时，应及时组织验收，移交生产或使用。凡已超过批准的试运行期并符合验收条件,但未及时办理竣工验收手续的建设项目,视该项目已交付生产,其费用不得再从基建投资中支付,所实现的收入作为生产经营收入,不再作为基建收入。

2. 建设用地费

(1)根据征用建设用地面积、临时用地面积,按建设项目所在省(市、自治区)人民政府制定颁发的土地征用补偿费、安置补助费标准和耕地占用税、城镇土地占用税标准计算。

(2)建设用地上的建(构)筑物如需迁建,其迁建补偿费应按迁建补偿协议计列或按新建同类工程造价计算。建设场地平整中的余物拆除清理费在"场地准备及临时设施费"中计算。

(3)建设项目采用"长租短付"方式租用土地使用权,在建设期间支付的租地费用计入建设用地费,在生产经营期间支付的土地使用费应进入营运成本中核算。

3. 可行性研究费

(1)依据前期研究委托合同计列,或参照国家计委《关于印发〈建设项目前期工作咨询收费暂行规定〉的通知》(计投资[1999]1283 号)规定计算。

(2)编制预可行性研究报告参照编制项目建议书收费标准并可适当调增。

4. 研究试验费

(1)按照研究试验内容和要求进行编制。

(2)研究试验费不包括以下项目:

1)应由科技三项费用(即新产品试制费、中间试验费和重要科学研究补助费)开支的项目。

2)应在建筑安装费用中列支的施工企业对建筑材料、构件和建筑物进行一般鉴定、检查所发生的费用及技术革新的研究试验费。

3)应由勘察设计费或工程费用中开支的项目。

5. 勘察设计费

依据勘察设计委托合同计列,或参照原国家计委、建设部《关于发布〈工程勘察设计收费管理规定〉的通知》(计价格[2002]10 号)规定计算。

6. 环境影响评价费

依据环境影响评价委托合同计列,或按照原国家计委、国家环境保护总局《关于规范环境影响咨询收费有关问题的通知》(计价格[2002]125 号)规定计算。

7. 劳动安全卫生评价费

依据劳动安全卫生预评价委托合同计列,或按照建设项目所在省(市、自治区)劳动行政部门规定的标准计算。

8. 场地准备及临时设施费

(1)场地准备及临时设施应尽量与永久性工程统一考虑。建设场地的大型土石方工程应进入工程费用中的总图运输费用中。

(2)新建项目的场地准备和临时设施费应根据实际工程量估算,或按工程费用的比例计算。改、扩建项目一般只计拆除清理费。

$$场地准备和临时设施费＝工程费用×费率＋拆除清理费$$

(3)发生拆除清理费时可按新建同类工程造价或主材费、设备费的比例计算。凡可回收材料的拆除工程,采用以料抵工方式冲抵拆除清理费。

(4)此项费用不包括已列入建筑安装工程费用中的施工单位临时设施费用。

9. 引进技术和引进设备其他费

(1)引进项目图纸资料翻译复制费。根据引起项目的具体情况计列,或按引进货价(F.O.B)的比例估列;引进项目发生备品备件测绘费时按具体情况估列。

(2)出国人员费用。依据合同或协议规定的出国人次、期限以及相应的费用标准计算。生活费按照财政部、外交部规定的现行标准计算,差旅费按中国民航公布的票价计算。

(3)来华人员费用。依据引进合同或协议有关条款及来华技术人员派遣计划进行计算。来华人员接待费可按每人次费用指标计算。引进合同价款中已包括的费用内容不得重复计算。

(4)银行担保及承诺费。应按担保或承诺协议计取。投资估算和概算编制时可以担保金额或承诺金额为基数乘以费率计算。

(5)引进设备材料的国外运输费、国外运输保险费、关税、增值税、外贸手续费、银行财务费、国内运杂费、引进设备材料国内检验费等按引进货价(F.O.B或C.I.F)计算后进入相应的设备材料费中。

(6)单独引进软件不计算关税只计算增值税。

10. 工程保险费

(1)不投保的工程不计取此项目费用。

(2)不同的建设项目可根据工程特点选择投保险种,根据投保合同计列保险费用。编制投资估算和概算时可按工程费用的比例估算。

(3)此项费用不包括已列入施工企业管理费中的施工管理用财产、车辆保险费。

11. 联合试运转费

(1)不发生试运转或试运转收入大于(或等于)费用支出的工程,不列此项费用。

(2)当联合试运转收入小于试运转支出时:

$$联合试运转费＝联合试运转费用支出－联合试运转收入 \qquad (3-2)$$

(3)联合试运转费不包括应由设备安装工程费用开支的调试及试车费用,以及在试运转中暴露出来的因施工原因或设备缺陷等发生的处理费用。

(4)试运行期按照以下规定确定:引进国外设备项目建设合同中规定的试运行期执行;国内一般性建设项目试运行期原则上按照批准的设计文件所规定的期限执行;个别行业的建设项目试运行期需要超过规定试运行期的,应报项目设计文件审批机关批准。试运行期一经确定,各建设单位应严格按规定执行,不得擅自缩短或延长。

12. 特殊设备安全监督检验费

按照建设项目所在省、市、自治区安全监察部门的规定标准计算。无具体规定的,在编制投资估算和概算时,可按受检设备现场安装费的比例估算。

13. 市政公用设施费

(1)按工程所在地人民政府规定标准计列。

(2)不发生或按规定免征项目不计取。

(二)无形资产费用计算方法

无形资产费用主要指专利及专有技术使用费,其计算方法如下:

(1)按专利使用许可协议和专有技术使用合同的规定计列。

(2)专有技术的界定应以省、部级鉴定批准为依据。

(3)项目投资中只计需在建设期支付的专利及专有技术使用费。协议或合同规定在生产期支付的使用费应在生产成本中核算。

(4)一次性支付的商标权、商誉及特许经营权费按协议或合同规定计列。协议或合同规定在生产期支付的商标权或特许经营权费应在生产成本中核算。

(5)为项目配套的专用设施投资,包括专用铁路线、专用公路、专用通讯设施、变送电站、地下管道、专用码头等,如由项目建设单位负责投资但产权不归属本单位的,应作无形资产处理。

(三)其他资产费用(递延资产)计算方法

其他资产费用(递延资产)主要指生产准备及开办费,其计算方法如下:

(1)新建项目按设计定员为基数计算,改扩建项目按新增设计定员为基数计算:

$$生产准备费＝设计定员×生产准备费指标(元/人) \tag{3-3}$$

(2)可采用综合的生产准备费指标进行计算,也可以按费用内容的分类指标计算。

五、投资估算编制办法

1. 一般要求

(1)建设项目投资估算要根据主体专业设计的阶段和深度,结合各自行业的特点,所采用生产工艺流程的成熟性,以及编制者所掌握的国家及地区、行业或部门相关投资估算基础资料和数据的合理、可靠、完整程度(包括造价咨询机构自身统计和积累的、可靠的相关造价基础资料),采用生产能力指数法、系数估算法、比例估算法、混合法(生产能力指数法与比例估算法、系数估算法与比例估算法等综合使用)、指标估算法进行建设项目投资估算。

(2)建设项目投资估算无论采用何种办法,应充分考虑拟建项目设计的技术参数和投资估算所采用的估算系数、估算指标,在质和量方面所综合的内容,应遵循口径一致的原则。

(3)建设项目投资估算无论采用何种办法,应将所采用的估算系数和估算指标价格、费用水平调整到项目建设所在地及投资估算编制年的实际水平。对于建设项目的边界条件,如建设用地费和外部交通、水、电、通信条件,或市政基础设施配套条件等差异所产生的与主要生产内容投资无必然关联的费用,应结合建设项目的实际情况修正。

2. 项目建议书阶段投资估算

(1)项目建议书阶段的投资估算一般要求编制总投资估算,总投资估算表中工程费用的内容应分解到主要单项工程,工程建设其他费用可在总投资估算表中分项计算。

(2)项目建议书阶段建设项目投资估算可采用生产能力指数法、系数估算法、比例估算法、混合法(生产能力指数法与比例估算法、系数估算法与比例估算法等综合使用)、指标估算法等。

(3)生产能力指数法。生产能力指数法是根据已建成的类似建设项目生产能力和投资额,进行粗略估算拟建建设项目相关投资额的方法,其计算公式如下:

$$C = C_1(Q/Q_1)^x \cdot f \tag{3-4}$$

式中　　C——拟建建设项目的投资额；

C_1——已建成类似建设项目的投资额；

Q——拟建建设项目的生产能力；

Q_1——已建成类似建设项目的生产能力；

X——生产能力指数$(0 \leqslant X \leqslant 1)$；

f——不同的建设时期、不同的建设地点而产生的定额水平、设备购置和建筑安装材料价格、费用变更和调整等综合调整系数。

（4）系数估算法。系数估算法是根据已知的拟建建设项目主体工程费或主要生产工艺设备费为基数，以其他辅助费或配套工程费占主体工程费或主要生产工艺设备费的百分比为系数，进行估算拟建建设项目相关投资额的方法，其计算公式如下：

$$C = E(1 + f_1 P_1 + f_2 P_2 + f_3 P_3 + \cdots) + I \tag{3-5}$$

式中　　C——拟建建设项目的投资额；

E——拟建建设项目的主体工程费或主要生产工艺设备费；

P_1、P_2、P_3——已建成类似建设项目的辅助或配套工程费占主体工程费或主要生产工艺设备费的比重；

f_1、f_2、f_3——由于建设时间、地点不同而产生的定额水平、建筑安装材料价格、费用变更和调整等综合调整系数；

I——根据具体情况计算的拟建建设项目各项其他基本建设费用。

（5）比例估算法。比例估算法是根据已知的同类建设项目主要生产工艺设备投资占整个建设项目的投资比例，先逐项估算出拟建建设项目主要生产工艺设备投资，再按比例进行估算拟建建设项目相关投资额的方法，其计算公式如下：

$$C = \sum_{i=1}^{n} Q_i P_i / k \tag{3-6}$$

式中　　C——拟建建设项目的投资额；

k——主要生产工艺设备费占拟建建设项目投资额的比例；

n——主要生产工艺设备的种类；

Q_i——第 i 种主要生产工艺设备的数量；

P_i——第 i 种主要生产工艺设备购置费（到厂价格）。

（6）混合法。混合法是根据主体专业设计的阶段和深度，投资估算编制者所掌握的国家及地区、行业或部门相关投资估算基础资料和数据（包括造价咨询机构自身统计和积累的相关造价基础资料），对一个拟建建设项目采用生产能力指数法与比例估算法或系数估算法与比例估算法混合估算其相关投资额的方法。

（7）指标估算法。指标估算法是把拟建建设项目以单项工程或单位工程，按建设内容纵向划分为各个主要生产设施、辅助及公用设施、行政及福利设施以及各项其他基本建设费用，按费用性质横向划分为建筑工程、设备购置，安装工程等，根据各种具体的投资估算指标，进行各单位工程或单项工程投资的估算，在此基础上汇集编制成拟建建设项目的各个单项工程费用和拟建建设项目的工程费用投资估算。再按相关规定估算工程建设其他费用、预备费、建设期贷款利息等，形成拟建建设项目总投资。

3. 可行性研究阶段投资估算

(1)可行性研究阶段建设项目投资估算原则上应采用指标估算法,对于对投资有重大影响的主体工程应估算出分部分项工程量,参考相关综合定额(概算指标)或概算定额编制主要单项工程的投资估算。

(2)预可行性研究阶段、方案设计阶段,项目建设投资估算视设计深度,宜参照可行性研究阶段的编制办法进行。

(3)在一般的设计条件下,可行性研究投资估算深度在内容上应达到规定要求。对于子项单一的大型民用公共建筑,主要单项工程估算应细化到单位工程估算书。可行性研究投资估算深度应满足项目的可行性研究与评估要求,并最终满足国家和地方相关部门批复或备案的要求。

4. 投资估算过程中的方案比选、优化设计和限额设计

(1)工程建设项目由于受资源、市场、建设条件等因素的限制,为了提高工程建设投资效果,拟建项目可能存在建设场址、建设规模、产品方案、所选用的工艺流程不同等多个整体设计方案。而在一个整体设计方案中亦可存在厂区总平面布置、建筑结构形式等不同的多个设计方案。当出现多个设计方案时,工程造价咨询机构和注册造价工程师有义务与工程设计者配合,为建设项目投资决策者提供方案比选的意见。

(2)建设项目设计方案比选应遵循以下三个原则:

1)建设项目设计方案比选要协调好技术选进性和经济合理性的关系,即在满足设计功能和采用合理先进技术的条件下,尽可能降低投入。

2)建设项目设计方案比选除考虑一次性建设投资的比选,还应考虑项目运营过程中的费用比选,即项目寿命期的总费用比选。

3)建设项目设计方案比选要兼顾近期与远期的要求,即建设项目的功能和规模应根据国家和地区远景发展规划,适当留有发展余地。

(3)建设项目设计方案比选的内容:在宏观方面有建设规模、建设场址、产品方案等;对于建设项目本身有厂区(或居住小区)总平面布置、主体工艺流程选择、主要设备选型等;在微观方面有工程设计标准、工业与民用建筑的结构形式、建筑安装材料的选择等。

(4)建设项目设计方案比选的方法:建设项目多方案整体宏观方面的比选,一般采用投资回收期法、计算费用法、净现值法、净年值法、内部收益率法,以及上述几种方法同时使用等。建设项目本身局部多方案的比选,除了可用上述宏观方案的比较方法外,一般采用价值工程原理或多指标综合评分法(对参与比选的设计方案设定若干评价指标,并按其各自在方案中的重要程度给定各评价指标的权重和评分标准,计算各设计方案的权重加得分的方法)比选。

(5)优化设计的投资估算编制是针对在方案比选确定的设计方案基础上、通过设计招标、方案竞选、深化设计等措施,以降低成本或功能提高为目的的优化设计或深化过程中,对投资估算进行调整的过程。

(6)限额设计的投资估算编制的前提条件是严格按照基本建设程序进行,前期设计的投资估算应准确和合理,限额设计的投资估算编制应进一步细化建设项目投资估算,按项目实施内容和标准合理分解投资额度和预留调节金。

第二节　建设工程设计概算编制与审查

一、设计概算概念与内容

设计概算是初步设计概算的简称,是指在初步设计或扩大初步设计阶段,由设计单位根据初步设计图纸、定额、指标、其他工程费用定额等,对工程投资进行的概略计算,这是初步设计文件的重要组成部分,是确定工程设计阶段的投资依据,经过批准的设计概算是控制工程建设投资的最高限额。

设计概算分为三级概算,即单位工程概算、单项工程综合概算和建设项目总概算。其编制内容及相互关系如图 3-1 所示。

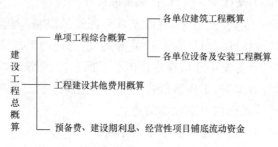

图 3-1　设计概算的编制内容及相互关系

二、设计概算作用

(1)设计概算是确定建设项目、各单项工程及各单位工程投资的依据。按照规定报请有关部门或单位批准的初步设计及总概算,一经批准即作为建设项目静态总投资的最高限额,不得任意突破,必须突破时须报原审批部门(单位)批准。

(2)设计概算是编制投资计划的依据。计划部门根据批准的设计概算编制建设项目年固定资产投资计划,并严格控制投资计划的实施。若建设项目实际投资数额超过了总概算,那么必须在原设计单位和建设单位共同提出追加投资的申请报告基础上,经上级计划部门审核批准后,方能追加投资。

(3)设计概算是进行拨款和贷款的依据。建设银行根据批准的设计概算和年度投资计划,进行拨款和贷款,并严格实行监督控制。对超出概算的部分,未经计划部门批准,建设银行不得追加拨款和贷款。

(4)设计概算是实行投资包干的依据。在进行概算包干时,单项工程综合概算及建设项目总概算是投资包干指标商定和确定的基础,尤其经上级主管部门批准的设计概算或修正概算,是主管单位和包干单位签订包干合同,控制包干数额的依据。

(5)设计概算是考核设计方案的经济合理性和控制施工图预算的依据。设计单位根据设计概算进行技术经济分析和多方案评价,以提高设计质量和经济效果。同时,保证施工图预算在设计概算的范围内。

(6)设计概算是进行各种施工准备、设备供应指标、加工订货及落实各项技术经济责任制的依据。

(7)设计概算是控制项目投资,考核建设成本,提高项目实施阶段工程管理和经济核算水平的必要手段。

三、设计概算文件组成

(1)三级编制(总概算、综合概算、单位工程概算)形式设计概算文件的组成:

1)封面、签署页及目录。

2)编制说明。

3)总概算表。

4)其他费用表。

5)综合概算表。

6)单位工程概算表。

7)附件:补充单位估价表。

(2)二级编制(总概算、单位工程概算)形式设计概算文件的组成:

1)封面、签署页及目录。

2)编制说明。

3)总概算表。

4)其他费用表。

5)单位工程概算表。

6)附件:补充单位估价表。

四、设计概算文件常用表格

(1)设计概算封面、签署页、目录、编制说明样式见表 3-6～表 3-9。

(2)概算表格格式见表 3-10～表 3-20:

1)总概算表(表 3-10)为采用三级编制形式的总概算的表格。

2)总概算表(表 3-11)为采用二级编制形式的总概算的表格。

3)其他费用表(表 3-12)。

4)其他费用计算表(表 3-13)。

5)综合概算表(表 3-14)为单项工程综合概算的表格。

6)建筑工程概算表(表 3-15)为单位工程概算的表格。

7)设备及安装工程概算表(表 3-16)为单位工程概算的表格。

8)补充单位估价表(表 3-17)。

9)主要设备、材料数量及价格表(表 3-18)。

10)进口设备、材料货价及从属费用计算表(表 3-19)。

11)工程费用计算程序表(表 3-20)。

(3)调整概算对比表。

1)总概算对比表(表 3-21)。

2)综合概算对比表(表 3-22)。

表 3-6 设计概算封面式样

（工程名称）

设 计 概 算

档 案 号：

共 册 第 册

（编制单位名称）
（工程造价咨询单位执业章）
年 月 日

表 3-7　　　　　　　　　　　　　设计概算签署页式样

（工程名称）

设　计　概　算

档　案　号：

共　册　　第　册

编　制　人：_____［执业（从业）印章］_____

审　核　人：_____［执业（从业）印章］_____

审　定　人：_____［执业（从业）印章］_____

法定负责人：_____

表 3-8　　　　　　　　　　　设计概算目录式样

序　号	编　号	名　称	页　次
1		编制说明	
2		总概算表	
3		其他费用表	
4		预备费计算表	
5		专项费用计算表	
6		×××综合概算表	
7		×××综合概算表	
		……	
9		×××单项工程概算表	
10		×××单项工程概算表	
		……	
11		补充单位估价表	
12		主要设备材料数量及价格表	
13		概算相关资料	

表 3-9　　　　　　　　　　　编制说明式样

编制说明

　1　工程概况；

　2　主要技术经济指标；

　3　编制依据；

　4　工程费用计算表；

1)建筑工程工程费用计算表；

2)工艺安装工程工程费用计算表；

3)配套工程工程费用计算表；

4)其他工程工程费计算表。

　5　引进设备、材料有关费率取定及依据：国外运输费、国外运输保险费、海关税费、增值税、国内运杂费、其他有关税费；

　6　其他有关说明的问题；

　7　引进设备、材料从属费用计算表。

表 3-10 总概算表(三级编制形式)

总概算编号:_____ 工程名称:_____ (单位:万元) 共 页 第 页

序号	概算编号	工程项目或费用名称	建筑工程费	设备购置费	安装工程费	其他费用	合计	其中:引进部分		占总投资比例(%)
								美元	折合人民币	
一		工程费用								
1		主要工程								
		××××××								
		××××××								
2		辅助工程								
		××××××								
3		配套工程								
		××××××								
二		其他费用								
1		××××××								
2		××××××								
三		预备费								
四		专项费用								
1		××××××								
2		××××××								
		建设项目概算总投资								

编制人: 审核人: 审定人:

表 3-11　　　　　　　　　　**总概算表(二级编制形式)**

总概算编号:＿＿＿＿＿＿　　工程名称:＿＿＿＿＿＿　　　(单位:万元)　共　页 第　页

序号	概算编号	工程项目或费用名称	建筑工程费	设备购置费	安装工程费	其他费用	合计	其中:引进部分		占总投资比例(%)
								美元	折合人民币	
一		工程费用								
1		主要工程								
(1)	×××	××××××								
(2)	×××	××××××								
2		辅助工程								
(1)	×××	××××××								
3		配套工程								
(1)	×××	××××××								
二		其他费用								
1		××××××								
2		××××××								
三		预备费								
四		专项费用								
1		××××××								
2		××××××								
		建设项目概算总投资								

编制人:　　　　　　　　　　审核人:　　　　　　　　　　审定人:

表 3-12　　　　　　　　　　　　　　　**其他费用表**

工程名称：＿＿＿＿＿＿＿＿＿＿＿＿＿　　　　　　　　　　　〔单位：万元(元)〕　共　页 第　页

序号	费用项目编号	费用项目名称	费用计算基数	费率(%)	金额	计算公式	备注
1							
2				*			

编制人：　　　　　　　　　　　审核人：

表 3-13　　　　　　　　　　　　　　　**其他费用计算表**

其他费用编号：＿＿＿＿＿　费用名称：＿＿＿＿＿　　　　　　〔单位：万元(元)〕　共　页 第　页

序号	费用项目编号	费用项目名称	费用计算基数	费率(%)	金额	计算公式	备注

编制人：　　　　　　　　　　　审核人：

表 3-14　　　　　　　　　　　　　　　**综合概算表**

综合概算编号：＿＿＿＿　工程名称(单项工程)：＿＿＿＿　　　　　　(单位：万元)　共　页 第　页

序号	概算编号	工程项目或费用名称	设计规模或主要工程量	建筑工程费	设备购置费	安装工程费	其他费用	合计	其中:引进部分	
									美元	折合人民币
一		主要工程								
1	×××	××××××								
2	×××	××××××								
二		辅助工程								
1	×××	××××××								
2	×××	××××××								

（续）

序号	概算编号	工程项目或费用名称	设计规模或主要工程量	建筑工程费	设备购置费	安装工程费	其他费用	合计	其中:引进部分 美元	折合人民币
三		配套工程								
1	×××	××××××								
2	×××	××××××								
		单项工程概算费用合计								

编制人：　　　　　　　　　　审核人：　　　　　　　　　　审定人：

表 3-15　　　　　　　　　　建筑工程概算表

单位工程概算编号：_____　　工程名称(单项工程)：_____　　　　　　共　页　第　页

序号	定额编号	工程项目或费用名称	单位	数量	单价(元) 定额基价	人工费	材料费	机械费	合价(元) 金额	人工费	材料费	机械费
一		土石方工程										
1	××	×××××										
2	××	×××××										
二		砌筑工程										
1	××	×××××										
三		楼地面工程										
1	××	×××××										
		小　计										
		工程综合取费										
		单位工程概算费用合计										

编制人：　　　　　　　　　　　　　　审核人：

表 3-16　　　　　　　　　　　　　　　　　　**设备及安装工程概算表**

单位工程概算编号：＿＿＿＿＿　　工程名称(单项工程)：＿＿＿＿＿　　　　　共 页 第 页

序号	定额编号	工程项目或费用名称	单位	数量	单价(元)					合价(元)				
					设备费	主材费	定额基价	其中：		设备费	主材费	定额费	其中：	
								人工费	机械费				人工费	机械费
一		设备安装												
1	××	×××××												
2	××	×××××												
二		管道安装												
1	××	×××××												
三		防腐保温												
1	××	×××××												
		小　计												
		工程综合取费												
		合计(单位工程概算费用)												

编制人：　　　　　　　　　　　　　　审核人：

表 3-17　　　　　　　　　　　　　　　　　　**补充单位估价表**

子目名称：＿＿＿＿＿　　　　　　工作内容：＿＿＿＿＿　　　　　共 页 第 页

补充单位估价表编号						
定额基价						
人工费						
材料费						
机械费						
名　称	单位	单价	数　量			
综合工日						

（续）

补充单位估价表编号					
材料					
	其他材料费				
机械					

编制人：　　　　　　　　　　　　　　　　审核人：

表 3-18　　　　　　　　　　　**主要设备、材料数量及价格表**

序号	设备、材料	规格型号及材质	单位	数量	单价(元)	价格来源	备注

编制人：　　　　　　　　　　　　　　　　审核人：

表 3-19　　　　　　　　　　**进口设备、材料货价及从属费用计算表**

序号	设备、材料规格、名称及费用名称	单位	数量	单价(美元)	外币金额(美元)					折合人民币(元)	关税	增值税	银行财务费	外贸手续费	国内运杂费	合计	合计(元)
					货价	运输费	保险费	其他费用	合计								

（续）

序号	设备、材料规格、名称及费用名称	单位	数量	单价（美元）	外币金额（美元）					折合人民币（元）	关税	增值税	银行财务费	外贸手续费	国内运杂费	合计	合计（元）
					货价	运输费	保险费	其他费用	合计								

编制人：　　　　　　　　　　　　　　　　　　　审核人：

表 3-20　　　　　　　　　　　　**工程费用计算程序表**

序　号	费用名称	取费基础	费　率	计算公式

表 3-21　　　　　　　　　　　　**总概算对比表**

总概算编号：＿＿＿＿＿＿　　工程名称：＿＿＿＿＿＿　　　　　（单位：万元）共 页第 页

序号	工程项目或费用名称	原批准概算					调整概算					差额（调整概算－原批准概算）	备注
		建筑工程费	设备购置费	安装工程费	其他费用	合计	建筑工程费	设备购置费	安装工程费	其他费用	合计		
一	工程费用												
1	主要工程												
(1)	××××××												
(2)	××××××												

(续)

序号	工程项目或费用名称	原批准概算					调整概算					差额(调整概算－原批准概算)	备注
		建筑工程费	设备购置费	安装工程费	其他费用	合计	建筑工程费	设备购置费	安装工程费	其他费用	合计		
2	辅助工程												
(1)	×××××												
3	配套工程												
(1)	×××××												
二	其他费用												
1	×××××												
2	×××××												
三	预备费												
四	专项费用												
1	×××××												
2	×××××												
	建设项目概算总投资												

编制人:　　　　　　　　　　　　　　　　审核人:

表 3-22　　　　　　　　　　　　　综合概算对比表

综合概算编号：_____　工程名称：_____　　　　　　（单位：万元）共 页第 页

序号	工程项目或费用名称	原批准概算					调整概算					差额（调整概算－原批准概算）	调整的主要原因
		建筑工程费	设备购置费	安装工程费	其他费用	合计	建筑工程费	设备购置费	安装工程费	其他费用	合计		
一	主要工程												
1	××××××												
2	××××××												
二	辅助工程												
1	××××××												
三	配套工程												
1	××××××												
2	××××××												
	单项工程概算费用合计												

编制人：　　　　　　　　　　　　　　　　　审核人：

五、设计概算编制方法

1. 编制依据

(1)批准的可行性研究报告。

(2)设计工程量。

(3)项目涉及的概算指标或定额。

(4)国家、行业和地方政府有关法律、法规或规定。

(5)资金筹措方式。

(6)正常的施工组织设计。

(7)项目涉及的设备、材料供应及价格。

(8)项目的管理(含监理)、施工条件。

(9)项目所在地区有关的气候、水文、地质地貌等自然条件。

(10)项目所在地区有关的经济、人文等社会条件。

(11)项目的技术复杂程度，以及新技术、专利使用情况等。

(12)有关文件、合同、协议等。

2. 建设项目总概算及单项工程综合概算编制

(1)概算编制说明应包括以下主要内容：

1)项目概况：简述建设项目的建设地点、设计规模、建设性质(新建、扩建或改建)、工程类别、建设期(年限)、主要工程内容、主要工程量、主要工艺设备及数量等。

2)主要技术经济指标：项目概算总投资(有引进的给出所需外汇额度)及主要分项投资、主要技术经济指标(主要单位工程投资指标)等。

3)资金来源：按资金来源不同渠道分别说明，发生资产租赁的说明租赁方式及租金。

4)编制依据。

5)其他需要说明的问题。

6)总说明附表。

①建筑、安装工程工程费用计算程序表。

②引进设备、材料清单及从属费用计算表。

③具体建设项目概算要求的其他附表及附件。

(2)总概算表。概算总投资由工程费用、其他费用、预备费及应列入项目概算总投资中的几项费用组成：

第一部分　　工程费用；

第二部分　　其他费用；

第三部分　　预备费；

第四部分　　应列入项目概算总投资中的几项费用(建设期利息、固定资产投资方向调节税、铺底流动资金)。

1)第一部分　　工程费用。按单项工程综合概算组成编制，采用二级编制的按单位工程概算组成编制。

①市政民用建设项目一般排列顺序：主体建(构)筑物、辅助建(构)筑物、配套系统。

②工业建设项目一般排列顺序：主要工艺生产装置、辅助工艺生产装置、公用工程、总图运输、生产管理服务性工程、生活福利工程、厂外工程。

2)第二部分　　其他费用。一般按其他费用概算顺序列项，具体见下述"3. 其他费用、预备费、专项费用概算编制"。

3)第三部分　　预备费。包括基本预备费和价差预备费，具体见下述"3. 其他费用、预备费、专项费用概算编制"。

4)第四部分　　应列入项目概算总投资中的几项费用。一般包括建设期利息、铺底流动资金、固定资产投资方向调节税(暂停征收)等，具体见下述"3. 其他费用、预备费、专项费用概算编制"。

(3)综合概算以单项工程所属的单位工程概算为基础，采用"综合概算表(表3-14)"进行编制，分别按各单位工程概算汇总成若干个单项工程综合概算。

(4)对单一的、具有独立性的单项工程建设项目，按二级编制形式编制，直接编制总概算。

3. 其他费用、预备费、专项费用概算编制

(1)一般建设项目其他费用包括建设用地费、建设管理费、勘察设计费、可行性研究费、环境影响评价费、劳动安全卫生评价费、场地准备及临时设施费、工程保险费、联合试运转费、生产准备及开办费、特殊设备安全监督检验费、市政公用设施建设及绿化补偿费、引进技术和引进设备材料其他费、专利及专有技术使用费、研究试验费等。

1) 建设管理费。

①以建设投资中的工程费用为基数乘以建设管理费费率计算。

$$建设管理费＝工程费用×建设管理费费率 \tag{3-7}$$

②工程监理是受建设单位委托的工程建设技术服务,属建设管理范畴。如采用监理,建设单位部分管理工作量会转移至监理单位。监理费应根据委托的监理工作范围和监理深度在监理合同中商定或按当地或所属行业部门有关规定计算。

③如建设管理采用工程总承包方式,其总包管理费由建设单位与总包单位根据总包工作范围在合同中商定,从建设管理费中支出。

④改扩建项目的建设管理费费率应比新建项目适当降低。

⑤建设项目建成后,应及时组织验收,移交生产或使用。已超过批准的试运行期,并已符合验收条件但未及时办理竣工验收手续的建设项目,视同项目已交付生产,其费用不得从基建投资中支付,所实现的收入作为生产经营收入,不再作为基建收入。

2) 建设用地费。

①根据征用建设用地面积、临时用地面积,按建设项目所在省、市、自治区人民政府制定颁发的土地征用补偿费、安置补助费标准和耕地占用税、城镇土地使用税标准计算。

②建设用地上的建(构)筑物如需迁建,其迁建补偿费应按迁建补偿协议计列或按新建同类工程造价计算。

③建设项目采用"长租短付"方式租用土地使用权,在建设期间支付的租地费用计入建设用地费,在生产经营期间支付的土地使用费应进入营运成本中核算。

3) 可行性研究费。

①依据前期研究委托合同计列,或参照国家计委《关于印发〈建设项目前期工作咨询收费暂行规定〉的通知》(计投资[1999]1283 号)规定计算。

②编制预可行性研究报告参照编制项目建议书收费标准并可适当调增。

4) 研究试验费

①按照研究试验内容和要求进行编制。

②研究试验费不包括以下项目:

a. 应由科技三项费用(即新产品试制费、中间试验费和重要科学研究补助费)开支的项目。

b. 应在建筑安装费用中列支的施工企业对建筑材料、构件和建筑物进行一般鉴定、检查所发生的费用及技术革新的研究试验费。

c. 应由勘察设计费或工程费用中开支的项目。

5) 勘察设计费。依据勘察设计委托合同计列,或参照原国家计委、建设部《关于发布〈工程勘察设计收费管理规定〉的通知》(计价格[2002]10 号)规定计算。

6) 环境影响评价及验收费、水土保持评价及验收费、劳动安全卫生评价及验收费。环境影响评价及验收费依据委托合同计列,或按照原国家计委、国家环境保护总局《关于规范环境影响咨询收费有关问题的通知》(计价格[2002]125 号)规定及建设项目所在省、市、自治区环境保护部门有关规定计算;水土保持评价及验收费、劳动安全卫生评价及验收费依据委托合同以及按照国家和建设项目所在省、市、自治区劳动和国土资源等行政部门规定的标准计算。

7)职业病危害评价费等。依据职业病危害评价、地震安全性评价、地质灾害评价委托合同计列,或按照建设项目所在省、市、自治区有关行政部门规定的标准计算。

8)场地准备及临时设施费。

①场地准备及临时设施费应尽量与永久性工程统一考虑。建设场地的大型土石方工程应进入工程费用中的总图运输费用中。

②新建项目的场地准备和临时设施费应根据实际工程量估算,或按工程费用的比例计算。改扩建项目一般只计拆除清理费。

$$场地准备和临时设施费＝工程费用×费率＋拆除清理费 \tag{3-8}$$

③发生拆除清理费时可按新建同类工程造价或主材费、设备费的比例计算。凡可回收材料的拆除工程采用以料抵工方式冲抵拆除清理费。

④此项费用不包括已列入建筑安装工程费用中的施工单位临时设施费用。

9)引进技术和引进设备其他费。

①引进项目图纸资料翻译复制费:根据引进项目的具体情况计列或按引进货价(F. O. B)的比例估列;引进项目发生备品备件测绘费时按具体情况估列。

②出国人员费用:依据合同或协议规定的出国人次、期限以及相应的费用标准计算。生活费按照财政部、外交部规定的现行标准计算,旅费按中国民航公布的票价计算。

③来华人员费用:依据引进合同或协议有关条款及来华技术人员派遣计划进行计算。来华人员接待费用可按每人次费用指标计算。引进合同价款中已包括的费用内容不得重复计算。

④银行担保及承诺费:应按担保或承诺协议计取。投资估算和概算编制时可以担保金额或承诺金额为基数乘以费率计算。

⑤引进设备材料的国外运输费、国外运输保险费、关税、增值税、外贸手续费、银行财务费、国内运杂费、引进设备材料国内检验费等,按照引进货价(F. O. B 或 C. I. F)计算后进入相应的设备、材料费中。

⑥单独引进软件,不计关税只计增值税。

10)工程保险费。

①不投保的工程不计取此项费用。

②不同的建设项目可根据工程特点选择投保险种,根据投保合同计列保险费用。编制投资估算和概算时可按工程费用的比例估算。

③不包括已列入施工企业管理费中的施工管理用财产、车辆保险费。

11)联合试运转费。

①不发生试运转或试运转收入大于(或等于)费用支出的工程,不列此项费用。

②当联合试运转收入小于试运转支出时:

$$联合试运转费＝联合试运转费用支出－联合试运转收入 \tag{3-9}$$

③联合试运转费不包括应由设备安装工程费用开支的调试及试车费用,以及在试运转中暴露出来的因施工原因或设备缺陷等发生的处理费用。

④试运行期按照以下规定确定:引进国外设备项目按建设合同中规定的试运行期执行;国内一般性建设项目试运行期原则上按照批准的设计文件所规定的期限执行。个别行业的

建设项目试运行期需要超过规定试运行期的,应报项目设计文件审批机关批准。试运行期一经确定,各建设单位应严格按规定执行,不得擅自缩短或延长。

12)特殊设备安全监督检验费。按照建设项目所在省、市、自治区安全监察部门的规定标准计算。无具体规定的,在编制投资估算和概算时可按受检设备现场安装费的比例估算。

13)市政公用设施费。按工程所在地人民政府规定标准计列;不发生或按规定免征项目不计算。

14)专利及专有技术使用费。

①按专利使用许可协议和专有技术使用合同的规定计列。

②专有技术的界定应以省、部级鉴定批准为依据。

③项目投资中只计需要在建设期支付的专利及专有技术使用费。协议或合同规定在生产期支付的使用费应在生产成本中核算。

④一次性支付的商标权、商誉及特许经营权费按协议或合同规定计列。协议或合同规定在生产期支付的商标权或特许经营权费应在生产成本中核算。

⑤为项目配套的专用设施投资,包括专用铁路线、专用公路、专用通讯设施、变送电站、地下管道、专用码头等,如由项目建设单位负责投资但产权不归属本单位的,应作无形资产处理。

15)生产准备及开办费。

①新建项目按设计定员为基数计算,改扩建项目按新增设计定员为基数计算:

$$生产准备费＝设计定员×生产准备费用指标(元/人) \qquad (3-10)$$

②可采用综合的生产准备费用指标进行计算,也可以按费用内容的分类指标计算。

(2)引进工程其他费用中的国外技术人员现场服务费、出国人员旅费和生活费折合人民币列入,用人民币支付的其他几项费用直接列入其他费用中。

(3)其他费用概算表格形式见表 3-12 和表 3-13。

(4)预备费包括基本预备费和价差预备费,基本预备费以总概算第一部分"工程费用"和第二部分"其他费用"之和为基数的百分比计算;价差预备费一般按下式(3-11)计算:

$$P = \sum_{t=1}^{n} I_t \left[(1+f)^m (1+f)^{0.5} (1+f)^{t-1} - 1 \right] \qquad (3-11)$$

式中　P——价差预备费;

　　　n——建设期(年)数;

　　　I_t——建设期第 t 年的投资;

　　　f——投资价格指数;

　　　t——建设期第 t 年;

　　　m——建设前年数(从编制概算到开工建设年数)。

(5)应列入项目概算总投资中的几项费用。

1)建设期利息:根据不同资金来源及利率分别计算。

$$Q = \sum_{j=1}^{n} (P_{j-1} + A_j/2) i \qquad (3-12)$$

式中　Q——建设期利息;

　　　P_{j-1}——建设期第 $j-1$ 年末贷款累计金额与利息累计金额之和;

A_j——建设期第 j 年贷款金额；

i——贷款年利率；

n——建设期年数。

2)铺底流动资金按国家或行业有关规定计算。

3)固定资产投资方向调节税(暂停征收)。

4. 单位工程概算编制

(1)单位工程概算是编制单项工程综合概算(或项目总概算)的依据,单位工程概算项目根据单项工程中所属的每个单体按专业分别编制。

(2)单位工程概算一般分建筑工程、设备及安装工程两大类,建筑工程单位工程概算按下述(3)的要求编制,设备及安装工程单位工程概算按下述(4)的要求编制。

(3)建筑工程单位工程概算。

1)建筑工程概算费用内容及组成见建设部建标[2013]44号《建筑安装工程费用项目组成》。

2)建筑工程概算要采用"建筑工程概算表"(表 3-15)编制,按构成单位工程的主要分部分项工程编制,根据初步设计工程量按工程所在省、市、自治区颁发的概算定额(指标)或行业概算定额(指标),以及工程费用定额计算。

3)对于通用结构建筑可采用"造价指标"编制概算;对于特殊或重要的建(构)筑物,必须按构成单位工程的主要分部分项工程编制,必要时结合施工组织设计进行详细计算。

(4)设备及安装工程单位工程概算。

1)设备及安装工程概算费用由设备购置费和安装工程费组成。

2)设备购置费:

$$定型或成套设备费 = 设备出厂价格 + 运输费 + 采购保管费 \qquad (3-13)$$

引进设备费用分外币和人民币两种支付方式,外币部分按美元或其他国际主要流通货币计算。

非标准设备原价有多种不同的计算方法,如综合单价法、成本计算估价法、系列设备插入估价法、分部组合估价法、定额估价法等。一般采用不同种类设备综合单价法计算,计算公式如下:

$$设备费 = \sum 综合单价(元/吨) \times 设备单重(t) \qquad (3-14)$$

工、器具及生产家具购置费一般以设备购置费为计算基数,按照部门或行业规定的工具、器具及生产家具费率计算。

3)安装工程费。安装工程费用内容组成,以及工程费用计算方法见建设部建标[2013]44号《建筑安装工程费用项目组成》;其中,辅助材料费按概算定额(指标)计算,主要材料费以消耗量按工程所在地当年预算价格(或市场价)计算。

4)引进材料费用计算方法与引进设备费用计算方法相同。

5)设备及安装工程概算采用"设备及安装工程概算表"(表 3-16)形式,按构成单位工程的主要分部分项工程编制,要据初步设计工程量按工程所在省、市、自治区颁发的概算定额(指标)或行业概算定额(指标),以及工程费用定额计算。

6)概算编制深度可参照《建设工程工程量清单计价规范》(GB 50500—2013)深度执行。

(5)当概算定额或指标不能满足概算编制要求时,应编制"补充单位估价表"(表3-17)。

5. 调整概算编制

(1)设计概算批准后一般不得调整。由于特殊原因需要调整概算时,由建设单位调查分析变更原因,报主管部门审批同意后,由原设计单位核实编制、调整概算,并按有关审批程序报批。

(2)调整概算的原因。

1)超出原设计范围的重大变更。

2)超出基本预备费规定范围内不可抗拒的重大自然灾害引起的工程变动和费用增加。

3)超出工程造价调整预备费的国家重大政策性的调整。

(3)影响工程概算的主要因素已经清楚,工程量完成了一定量后方可进行调整,一个工程只允许调整一次概算。

(4)调整概算编制深度与要求、文件组成及表格形式同原设计概算,调整概算还应对工程概算调整的原因做详尽分析说明,所调整的内容在调整概算总说明中要逐项与原批准概算对比,并编制调整前后概算对比表(表3-21、表3-22),分析主要变更原因。

(5)在上报调整概算时,应同时提供有关文件和调整依据。

6. 设计概算文件的编制程序和质量控制

(1)设计概算文件编制的有关单位应当一起制定编制原则、方法,以及确定合理的概算投资水平,对设计概算的编制质量、投资水平负责。

(2)项目设计负责人和概算负责人对全部设计概算的质量负责;概算文件编制人员应参与设计方案的讨论;设计人员要树立以经济效益为中心的观念,严格按照批准的工程内容及投资额度设计,提出满足概算文件编制深度的技术资料;概算文件编制人员对投资的合理性负责。

(3)概算文件需要经编制单位自审,建设单位(项目业主)复审,工程造价主管部门审批。

(4)概算文件的编制与审查人员必须具有国家注册造价工程师资格,或者具有省市(行业)颁发的造价员资格证,并根据工程项目大小按持证专业承担相应的编审工作。

(5)各造价协会(或者行业)、造价主管部门可根据所主管的工程特点制定概算编制质量的管理办法,并对编制人员采取相应的措施进行考核。

六、设计概算审查

1. 设计概算审查内容

(1)审查设计概算的编制依据。包括国家综合部门的文件,国务院主管部门和各省、市、自治区根据国家规定或授权制定的各种规定及办法,以及建设项目的设计文件等重点审查。

1)审查编制依据的合法性。采用的各种编制依据必须经过国家或授权机关的批准,符合国家的编制规定,未经批准的不能采用。也不能强调情况特殊,擅自提高概算定额、指标或费用标准。

2)审查编制依据的时效性。各种依据,如定额、指标、价格、取费标准等,都应根据国家有关部门的现行规定进行,注意有无调整和新的规定。有的虽然颁发时间较长,但不能全部适用;有的应按有关部门作的调整系数执行。

3)审查编制依据的适用范围。各种编制依据都有规定的适用范围,如各主管部门规定的各种专业定额及其取费标准,只适用于该部门的专业工程;各地区规定的各种定额及其取费标准,只适用于该地区的范围以内。特别是地区的材料预算价格区域性更强,如某市有该市区的材料预算价格,又编制了郊区内一个矿区的材料预算价格,如在该市的矿区建设时,其概算采用的材料预算价格,则应用矿区的价格,而不能采用该市的价格。

(2)审查概算编制深度。

1)审查编制说明。审查编制说明可以检查概算的编制方法、深度和编制依据等重大原则问题。

2)审查概算编制深度。一般大中型项目的设计概算,应有完整的编制说明和"三级概算"(即总概算表、单项工程综合概算表、单位工程概算表),并按有关规定的深度进行编制。审查是否有符合规定的"三级概算",各级概算的编制、校对、审核是否按规定签署。

3)审查概算的编制范围。审查概算编制范围及具体内容是否与主管部门批准的建设项目范围及具体工程内容一致;审查分期建设项目的建筑范围及具体工程内容有无重复交叉,是否重复计算或漏算;审查其他费用所列的项目是否都符合规定,静态投资、动态投资和经营性项目铺底流动资金是否分部列出等。

(3)审查建设规模、标准。审查概算的投资规模、生产能力、设计标准、建设用地、建筑面积、主要设备、配套工程、设计定员等是否符合原批准可行性研究报告或立项批文的标准。如概算总投资超过原批准投资估算10%以上,应进一步审查超估算的原因。

(4)审查设备规格、数量和配置。工业建设项目设备投资比重大,一般占总投资的30%～50%,要认真审查。审查所选用的设备规格、台数是否与生产规模一致,材质、自动化程度有无提高标准,引进设备是否配套、合理,备用设备台数是否适当,消防、环保设备是否计算等等。还要重点审查价格是否合理、是否符合有关规定,如国产设备应按当时询价资料或有关部门发布的出厂价、信息价,引进设备应依据询价或合同价编制概算。

(5)审查工程费。建筑安装工程投资是随工程量增加而增加的,要认真审查。要根据初步设计图纸、概算定额及工程量计算规则、专业设备材料表、建构筑物和总图运输一览表进行审查,有无多算、重算、漏算。

(6)审查计价指标。审查建筑工程采用工程所在地区的计价定额、费用定额、价格指数和有关人工、材料、机械台班单价是否符合现行规定;审查安装工程所采用的专业部门或地区定额是否符合工程所在地区的市场价格水平,概算指标调整系数、主材价格、人工、机械台班和辅材调整系数是否按当地最新规定执行;审查引进设备安装费率或计取标准、部分行业专业设备安装费率是否按有关规定计算等。

(7)审查其他费用。工程建设其他费用投资约占项目总投资25%以上,必须认真逐项审查。审查费用项目是否按国家统一规定计列,具体费率或计取标准、部分行业专业设备安装费率是否按有关规定计算等。

2. 设计概算审查作用

审查设计概算,有利于合理分配投资资金,加强投资计划管理。设计概算编制得偏高或偏低,都会影响投资计划的真实性,影响投资资金的合理分配。所以审查设计概算是为了准确确定工程造价,使投资更能遵循客观经济规律。

审查设计概算,可以促进概算编制单位严格执行国家有关概算的编制规定和费用标准,从而提高概算的编制质量。

审查设计概算,可以使建设项目总投资力求做到准确、完整,防止任意扩大投资规模或出现漏项,从而减少投资缺口,缩小概算与预算之间的差距,避免故意压低概算投资,搞钓鱼项目,最后导致实际造价大幅度地突破概算。

审查后的概算,对建设项目投资的落实提供了可靠的依据。打足投资,不留缺口,提高建设项目的投资效益。

3. 设计概算审查方法

(1)对比分析法。对比分析法主要是通过建设规模、标准与立项批文对比;工程数量与设计图纸对比;综合范围、内容与编制方法、规定对比;各项取费与规定标准对比;材料、人工单价与市场信息对比;引进设备、技术投资与报价要求对比;技术经济指标与同类工程对比等等。通过以上对比,容易发现设计概算存在的主要问题和偏差。

(2)查询核实法。查询核实法是对一些关键设备和设施、重要装置、引进工程图纸不全、难以核算的较大投资进行多方查询核对,逐项落实的方法。主要设备的市场价向设备供应部门或招标代理公司查询核实;重要生产装置、设施向同类企业(工程)查询了解;引进设备价格及有关税费向进出口公司调查落实;复杂的建安工程向同类工程的建设、承包、施工单位征求意见;深度不够或不清楚的问题直接向原概算编制人员、设计者询问清楚。

(3)联合会审法。联合会审前,可先采取多种形式分头审查,包括设计单位自审,主管、建设、承包单位初审,工程造价咨询公司评审,邀请同行专家预审,审批部门复审等,经层层审查把关后,由有关单位和专家进行联合会审。在会审会上,由设计单位介绍概算编制情况及有关问题,各有关单位、专家汇报初审和预审意见。然后进行认真分析,讨论,结合对各专业技术方案的审查意见所产生的投资增减,逐一核实原概算出现的。经过充分协商,认真听取设计单位意见后,实事求是地处理、调整。

通过以上复审后,对审查中发现的问题和偏差,按照单项、单位工程的顺序,先按照设备费、安装费、建筑费和工程建设其他费用分类整理。再按照静态投资部分、动态投资备费、安装费、建筑费和工程建设其他费用分类整理。然后按照静态投资部分、动态投资部分和铺底流动资金三大类,汇总核增或核减的项目及其投资额。最后将具体审核数据,按照"原编概算"、"审核结果"、"增减幅度"四栏列表,并按照原总概算表汇总顺序,将增减项目逐一列出,相应调整所属项目投资合计算,再依次汇总审核后的总投资及增减投资额。对于差错较多、问题较大或不能满足要求的,责成按会审意见修改返工后,重新报批;对于无重大原则问题,深度基本满足要求,投资增减不多的,当场核定概算投资额,并提交审批部门复核后,正式下达审批概算。

4. 设计概算审查步骤

设计概算审查是一项复杂而细致的技术经济工作,审查人员既应懂得有关专业技术知识,又应具有熟练编制概算的能力,一般情况下可按以下步骤进行:

(1)概算审查的准备。概算审查的准备工作包括了解设计概算的内容组成、编制依据和方法;了解建设规模、设计能力和工艺流程;熟悉设计图纸和说明书、掌握概算费用的构成和有关技术经济指标;明确概算各种表格的内涵;搜集概算定额、概算指标、取费标准等有关规定的文件资料等。

（2）进行概算审查。根据审查的主要内容，分别对设计概算的编制依据、单位工程设计概算、综合概算、总概算进行逐级审查。

（3）进行技术经济对比分析。利用规定的概算定额或指标以及有关技术经济指标与设计概算进行分析对比，根据设计和概算列明的工程性质、结构类型、建设条件、费用构成、投资比例、占地面积、生产规模、设备数量、造价指标、劳动定员等与国内外同类型工程规模进行对比分析，从大的方面找出和同类型工程的距离，为审查提供线索。

（4）研究、定案、调整概算。对概算审查中出现的问题要在对比分析、找出差距的基础上深入现场进行实际调查研究。了解设计是否经济合理、概算编制依据是否符合现行规定和施工现场实际、有无扩大规模、多估投资或预留缺口等情况，并及时核实概算投资。对于当地没有同类型的项目而不能进行对比分析时，可向国内同类型企业进行调查，搜集资料，作为审查的参考。经过会审决定的定案问题应及时调整概算，并经原批准单位下发文件。

第三节　　建设工程施工图预算编制与审查

一、建设工程施工图预算概述

1. 一般规定

（1）建设项目施工图预算是施工图设计阶段合理确定和有效控制工程造价的重要依据。

（2）建设项目施工图预算的编制应由相应专业资质的单位和造价专业人员完成。编制单位应在施工图预算成果文件上加盖公章和资质专用章，对成果文件质量承担相应责任；注册造价工程师和造价员应在施工图预算文件上签署执业（从业）印章，并承担相应责任。

（3）对于大型或复杂的建设项目，应委托多个单位共同承担其施工图预算文件编制时，委托单位应指定主体承担单位，由主体承担单位负责具体编制时，委托单位应指定主体承担单位，由主体承担单位负责具体编制工作的总体规划、标准的统一、编制工作的部署、资料的汇总等综合性工作，其他各单位负责其所承担的各个单项、单位工程施工图预算文件的编制。

（4）建设项目施工图预算应按照设计文件和项目所在地的人工、材料和机械等要素的市场价格水平进行编制，应充分考虑项目其他因素对工程造价的影响；并应确定合理的预备费，力求能够使投资额度得以科学合理的确定，以保证项目的顺利进行。

（5）建设项目施工图预算由总预算、综合预算和单位工程预算组成。建设项目总预算由综合预算汇总而成。综合预算由组成本单项工程的各单位工程预算汇总。单位工程预算包括建筑工程预算和设备及安装工程预算。

（6）施工图总预算应控制在已批准的设计总概算投资范围以内。

（7）施工图预算总投资包含建筑工程费、设备及工器具购置费、安装工程费、工程建设其他费用、预备费、建设期贷款利息、固定资产投资方向调节税及铺底流动资金。

（8）施工图预算的编制应保证编制依据的合法性、全面性和有效性，以及预算编制成果文件的准确性、完整性。

（9）施工图预算应考虑施工现场实际情况，并结合拟建建设项目合理的施工组织设计进行编制。

2. 施工图预算编制依据

（1）国家、行业、地方政府发布的计价依据、有关法律法规或规定。

（2）建设项目有关文件、合同、协议等。

（3）批准的设计概算。

（4）批准的施工图设计图纸及相关标准图集和规范。

（5）相应预算定额和地区单位估价表。

（6）合理的施工组织设计和施工方案等文件。

（7）项目有关的设备、材料供应合同、价格及相关说明书。

（8）项目所在地区有关的气候、水文、地质地貌等的自然条件。

（9）项目的技术复杂程度，以及新技术、专利使用情况等。

（10）项目所在地区有关的经济、人文等社会条件。

二、建设项目施工图预算文件组成及常用表格

1. 施工图预算文件组成

施工图预算根据建设项目实际情况可采用三级预算编制或二级预算编制形式。当建设项目有多个单项工程时，应采用三级预算编制形式，三级预算编制形式由建设项目施工图总预算、单项工程综合预算、单位工程施工图预算组成。当建设项目只有一个单项工程时，应采用二级预算编制形式，二级预算编制形式由建设项目施工图总预算和单位工程施工图预算组成。

（1）三级预算编制形式的工程预算文件的组成如下：

1）封面、签署页及目录。

2）编制说明。

3）总预算表。

4）综合预算表。

5）单位工程预算表。

6）附件。

（2）二级预算编制形式的工程预算文件的组成如下：

1）封面、签署页及目录。

2）编制说明。

3）总预算表。

4）单位工程预算表。

5）附件。

2. 施工图预算表格格式

（1）建设项目施工图预算文件的封面、签署页、目录、编制说明式样见表3-23～表3-26。

表 3-23　　　　　　　　　工程预算封面式样

（工程名称）

设 计 预 算

档 案 号：

共 册　　第 册

【设计(咨询)单位名称】
证书号(公章)
年　月　日

表 3-24　　　　　　　　　　　工程预算签署页式样

（工程名称）

工 程 预 算

档　案　号：

共　册　　第　册

编　制　人：＿＿＿＿＿＿（执业或从业印章）＿＿＿＿＿＿

审　核　人：＿＿＿＿＿＿（执业或从业印章）＿＿＿＿＿

审　定　人：＿＿＿＿＿＿（执业或从业印章）＿＿＿＿＿

法定代表人或其授权人：＿＿＿＿＿＿＿＿＿＿＿＿＿＿

表 3-25　　　　　　　　　　　　　工程预算文件目录式样

序　号	编　号	名　称	页　次
1		编制说明	
2		总预算表	
3		其他费用表	
4		预备费计算表	
5		专项费用计算表	
6		×××综合预算表	
7		×××综合预算表	
		…	
9		×××单项工程预算表	
10		×××单位工程预算表	
		…	
12		补充单位估价表	
13		主要设备、材料数量及价格表	
14		…	

表 3-26　　　　　　　　　　　　　编制说明式样

编 制 说 明

1. 工程概况
2. 主要技术经济指标
3. 编制依据
4. 工程费用计算表
建筑、设备、安装工程费用计算方法和其他费用计取的说明
5. 其他有关说明的问题

(2)建设项目施工图预算文件的预算表格包括以下类别：

1)总预算表(表 3-27 和表 3-28)。

2)其他费用表(表 3-29)。

3)其他费用计算表(表 3-30)。

4)综合预算表(表 3-31)。

5)建筑工程取费表(表 3-32)。

6)建筑工程预算表(表 3-33)。

7)设备及安装工程取费表(表 3-34)。

8)设备及安装工程预算表(表 3-35)。

9)补充单位估价表(表 3-36)。

10)主要设备材料数量及价格表(表 3-37)。

11)分部工程工料分析表(表 3-38)。

12)分部工程工种数量分析汇总表(表 3-39)。

13)单位工程材料分析汇总表(表 3-40)。

14)进口设备材料货价及从属费用计算表(表 3-41)。

表 3-27   总 预 算 表

总预算编号:_____   工程名称:_____   (单位:万元) 共 页 第 页

序号	预算编号	工程项目或费用名称	建筑工程费	设备购置费	安装工程费	其他费用	合计	其中:引进部分		占总投资比例(%)
								美元	折合人民币	
一		工程费用								
1		主要工程								
		××××××								
		××××××								
2		辅助工程								
		××××××								
3		配套工程								
		××××××								
二		其他费用								
1		××××××								
2		××××××								
三		预备费								
四		专项费用								
1		××××××								
2		××××××								
		建设项目预算总投资								

编制人: 审核人: 项目负责人:

表 3-28   总 预 算 表

总预算编号:_____   工程名称:_____   (单位:万元) 共 页 第 页

序号	预算编号	工程项目或费用名称	设计规格或主要工程量	建筑工程费	设备购置费	安装工程费	其他费用	合计	其中:引进部分		占总投资比例(%)
									美元	折合人民币	
一		工程费用									
1		主要工程									
(1)	×××	××××××									
(2)	×××	××××××									

(续)

序号	预算编号	工程项目或费用名称	设计规格或主要工程量	建筑工程费	设备购置费	安装工程费	其他费用	合计	其中:引进部分		占总投资比例(%)
									美元	折合人民币	
2		辅助工程									
(1)	×××	×××××									
3		配套工程									
(1)	×××	×××××									
二		其他费用									
1		×××××									
2		×××××									
三		预备费									
四		专项费用									
1		×××××									
2		×××××									
		建设项目预算总投资									

编制人： 　　　　　 审核人： 　　　　　 项目负责人：

表 3-29 **其他费用表**

工程名称：_____　　　　　　　　　　　　　　　　　　（单位:万元）共　页 第　页

序号	费用项目编号	费用项目名称	费用计算基数	费率(%)	金额	计算公式	备注
1							
2							

（续）

序号	费用项目编号	费用项目名称	费用计算基数	费率(%)	金额	计算公式	备注
		合　计					

编制人：　　　　　　　　　　审核人：

表 3-30　　　　　　　　　　**其他费用计算表**

其他费用编号：_____　费用名称：_____　　　　　　　　（单位:万元）共　页　第　页

序号	费用项目名称	费用计算基数	费率(%)	金额	计算公式	备注
合　计						

编制人：　　　　　　　　　　审核人：

表 3-31　　　　　　　　　　**综合预算表**

综合预算编号：____　工程名称(单项工程)：____　　　　　　（单位:万元）共　页　第　页

序号	预算编号	工程项目或费用名称	设计规模或主要工程量	建筑工程费	设备购置费	安装工程费	合计	其中:引进部分 美元	其中:引进部分 折合人民币
一		主要工程							
1	×××	××××××							
2	×××	××××××							
二		辅助工程							
1	×××	××××××							
2	×××	××××××							
三		配套工程							
1	×××	××××××							

（续）

序号	预算编号	工程项目或费用名称	设计规模或主要工程量	建筑工程费	设备购置费	安装工程费	合计	其中:引进部分	
								美元	折合人民币
2	×××	××××××							
		单项工程预算费用合计							

编制人：　　　　　　　　　　审核人：　　　　　　　　　　项目负责人：

表 3-32　　　　　　　　　　**建筑工程取费表**

单项工程预算编号：____　工程名称（单位工程）：____　　　　　　　共　页　第　页

序号	工程项目或费用名称	表达式	费率(%)	合价(元)
1	分部分项工程费			
2	措施项目费			
2.1	其中:安全文明施工费			
3	其他项目费			
3.1	其中:暂列金额			
3.2	其中:专业工程暂估价			
3.3	其中:计日工			
3.4	其中:总承包服务费			
4	规费			
5	税金(扣除不列入计税范围的工程设备金额)			
6	单位建筑工程费用			

编制人：　　　　　　　　　　审核人：

表 3-33　　　　　　　　　　**建筑工程预算表**

单项工程预算编号：____　工程名称（单位工程）：____　　　　　　　共　页　第　页

序号	定额号	工程项目或定额名称	单位	数量	单价(元)	其中人工费(元)	合价(元)	其中人工费(元)
一		土石方工程						
1	×××	×××××						
2	×××	×××××						
二		砌筑工程						
1	×××	×××××						

（续）

序号	定额号	工程项目或定额名称	单位	数量	单价(元)	其中人工费(元)	合价(元)	其中人工费(元)
2	×××	×××××						
三		楼地面工程						
1	×××	×××××						
2	×××	×××××						
		分部分项工程费						

编制人：　　　　　　　　　审核人：

表 3-34　　　　　　　　　　**设备及安装工程取费表**

单项工程预算编号：____　工程名称（单位工程）：____　　　　　　　　　共　页　第　页

序号	工程项目或费用名称	表达式	费率(%)	合价(元)
1	分部分项工程费			
2	措施项目费			
2.1	其中:安全文明施工费			
3	其他项目费			
3.1	其中:暂列金额			
3.2	其中:专业工程暂估价			
3.3	其中:计日工			
3.4	其中:总承包服务费			
4	规费			
5	税金(扣除不列入计税范围的工程设备金额)			
6	单位设备及安装工程费用			

编制人：　　　　　　　　　审核人：

表 3-35　　　　　　　　　　**设备及安装工程预算表**

单项工程预算编号：____　工程名称（单位工程）：____　　　　　　　　　共　页　第　页

序号	定额号	工程项目或定额名称	单位	数量	单价(元)	其中人工费(元)	合价(元)	其中人工费(元)	其中设备费(元)	其中主材费(元)
一		设备安装								
1	×××	×××××								
2	×××	×××××								

（续）

序号	定额号	工程项目或定额名称	单位	数量	单价(元)	其中人工费(元)	合价(元)	其中人工费(元)	其中设备费(元)	其中主材费(元)
二		管道安装								
1	×××	×××××								
2	×××	×××××								
三		防腐保温								
1	×××	×××××								
2	×××	×××××								
		分部分项工程费								

编制人：　　　　　　　　　审核人：

表 3-36　　　　　　　　　　　补充单位估价表

子目名称：＿＿＿＿＿＿＿＿

工作内容：＿＿＿＿＿＿＿＿　　　　　　　　　　　　　共　页　第　页

补充单位估价表编号			
基价			
人工费			
材料费			
机械费			

	名　称	单位	单价	数　量
	综合工日			
材				
料				
	其他材料费			
机				
械				

编制人：　　　　　　　　　审核人：

表 3-37　　　　　　　　　　　　　主要设备材料数量及价格表

序号	设备材料名称	规格型号	单位	数量	单价(元)	价格来源	备注

编制人：　　　　　　　　　　　　　　审核人：

表 3-38　　　　　　　　　　　　　分部工程工料分析表

项目名称：＿＿＿＿＿＿＿＿　　　　　　　　　　　　　　　　　　编号：＿＿＿＿＿＿＿＿

序号	定额编号	分部(项)工程名称	单位	工程量	人工(工日)	主要材料					其他材料费(元)
						材料1	材料2	材料3	材料4	…	

编制人：　　　　　　　　　　　　　　审核人：

表 3-39　　　　　　　　　　　　　分部工程工种数量分析汇总表

项目名称：＿＿＿＿＿＿＿＿　　　　　　　　　　　　　　　　　　编号：＿＿＿＿＿＿＿＿

序　号	工种名称	工日数	备注
1	木工		
2	瓦工		
3	钢筋工		
…	…		

编制人：　　　　　　　　　　　　　　审核人：

表 3-40　　　　　　　　　　　　　单位工程材料分析汇总表

项目名称：＿＿＿＿＿＿＿＿　　　　　　　　　　　　　　　　　　编号：＿＿＿＿＿＿＿＿

序　号	材料名称	规格	单位	数量	备注
1	红砖				
2	中砂				
3	河流石				
…	…				

编制人：　　　　　　　　　　　　　　审核人：

表 3-41 　　　　　　　　　　　　进口设备材料货价及从属费用计算表

| 序号 | 设备、材料规格、名称及费用名称 | 单位 | 数量 | 单价(美元) | 外币金额(美元) | | | | | 折合人民币(元) | 人民币金额(元) | | | | | | 合计(元) |
					货价	运输费	保险费	其他费用	合计		关税	增值税	银行财务费	外贸手续费	国内运杂费	合计	

编制人：　　　　　　　　　　　　　　　　　　审核人：

(3)调整预算表格包括以下类别：

1)调整预算"正表"表格格式见表 3-27～表 3-41。

2)调整预算对比表格：

①总预算对比表(表 3-42)。

②综合预算对比表(表 3-43)。

③其他费用对比表(表 3-44)。

④主要设备材料数量及价格对比表(表 3-45)。

表 3-42 　　　　　　　　　　　　总预算对比表

综合概算编号：＿＿＿＿＿＿＿　工程名称：＿＿＿＿＿＿＿　　　　　(单位:万元)　共　页 第　页

| 序号 | 工程项目或费用名称 | 概　算 | | | | | 预　算 | | | | | 差额(预算—概算) | 备注 |
		建筑工程费	设备购置费	安装工程费	其他费用	合计	建筑工程费	设备购置费	安装工程费	其他费用	合计		
一	工程费用												
1	主要工程												
(1)	×××××												
(2)	×××××												
2	辅助工程												
(1)	×××××												
3	配套工程												

（续）

序号	工程项目或费用名称	概　算						预　算						差额（预算—概算）	备注
		建筑工程费	设备购置费	安装工程费	其他费用	合计		建筑工程费	设备购置费	安装工程费	其他费用	合计			
（1）	××××××														
二	其他费用														
1	××××××														
2	××××××														
三	预备费														
四	专项费用														
1	××××××														
2	××××××														
	建设项目总投资														

编制人：　　　　　　　　　　　　　　　　　审核人：

表 3-43　　　　　　　　　综合预算对比表

综合预算编号：_____　　　工程名称：_____　　　　　　（单位:万元）共 页 第 页

序号	工程项目或费用名称	概　算				预　算				差额（预算—概算）	调整的主要原因
		建筑工程费	设备购置费	安装工程费	合计	建筑工程费	设备购置费	安装工程费	合计		
一	主要工程										
1	××××××										
2	××××××										
二	辅助工程										
1	××××××										
2	××××××										
三	配套工程										
1	××××××										
2	××××××										

（续）

序号	工程项目或费用名称	概　算				预　算				差额（预算－概算）	调整的主要原因
		建筑工程费	设备购置费	安装工程费	合计	建筑工程费	设备购置费	安装工程费	合计		
	单项工程费用合计										

编制人：　　　　　　　　　　　　　　　　　审核人：

表 3-44　　　　　　　　　　　　　**其他费用对比表**

工程名称：＿＿＿＿＿＿＿＿　　　　　　　　　　　　　　（单位:万元）共　页　第　页

序号	费用项目编号	费用项目名称	费用计算基数	费率（%）	概算金额	预算金额	差额	计算公式	调整主要原因	备注
1										
2										
		合计								

编制人：　　　　　　　　　　　　　　　　　审核人：

表 3-45　　　　　　　　　　**主要设备材料数量及价格对比表**

序号	概　算						预　算						差额	调整原因
	设备材料名称	规格型号	单位	数量	单价（元）	价格来源	设备材料名称	规格型号	单位	数量	单价（元）	价格来源		

编制人：　　　　　　　　　　　　　　　　　审核人：

三、建设项目施工图预算编制方法

1. 单位工程预算编制

单位工程预算的编制应根据施工图设计文件、预算定额（或综合单价）以及人工、材料及施工机械台班等价格资料进行编制。主要编制方法有单价法和实物量法，其中，单价法又分为定额单价法和工程量清单单价法。

（1）定额单价法。定额单价法是用事先编制好的分项工程的单位估价表来编制施工图预算的方法。定额单价法编制施工图预算的基本步骤如下：

1）编制前的准备工作。编制施工图预算的过程是具体确定建筑安装工程预算造价的过程。编制施工图预算，不仅应严格遵守国家计价法规、政策，严格按图纸计量，还应考虑施工现场条件因素，是一项复杂而细致的工作，也是一项政策性和技术性都很强的工作，因此，必须事前做好充分准备。准备工作主要包括两个方面：一方面是组织准备；另一方面是资料的搜集和现场情况的调查。

2）熟悉图纸和预算定额以及单位估价表。图纸是编制施工图预算的基本依据。熟悉图纸不但要弄清图纸的内容，还应对图纸进行审核：图纸间相关尺寸是否有误，设备与材料表上的规格、数量是否与图示相符，详图、说明、尺寸和其他符号是否正确等，若发现错误应及时纠正。另外，还要熟悉标准图以及设计更改通知（或类似文件），这些都是图纸的组成部分，不可遗漏。通过对图纸的熟悉，要了解工程的性质、系统的组成，设备和材料的规格型号和品种，以及有无新材料、新工艺的采用。

预算定额和单位估价表是编制施工图预算的计价标准，对其适用范围及定额系数等都要充分了解，做到心中有数，这样才能使预算编制准确、迅速。

3）了解施工组织设计和施工现场情况。编制施工图预算前，应了解施工组织设计中影响工程造价的有关内容。例如，各分部分项工程的施工方法，土方工程中余土外运使用的工具、运距，施工平面图对建筑材料、构件等堆放点到施工操作地点的距离等，以便能正确计算工程量和正确套用或确定某些分项工程的基价。这对于正确计算工程造价、提高施工图预算质量具有重要意义。

4）划分工程项目和计算工程量。

①划分工程项目。划分工程项目必须和定额规定的项目一致，这样才能正确地套用定额。不能重复列项计算，也不能漏项少算。

②计算并整理工程量。必须按现行国家计量规范规定的工程量计算规则进行计算，该扣除部分要扣除，不该扣除的部分不能扣除。当按照工程项目装饰工程量全部计算完以后，要对工程项目和工程量进行整理，即合并同类项和按序排列，为套用定额、计算分部分项和进行工料分析打下基础。

5）套单价（计算定额基价），即将定额子项中的基价填于预算表单价栏内，并将单价乘以工程量得出合价，将结果填入合价栏。

6）工料分析。工料分析即按分项工程项目，依据定额或单位估价表，计算人工和各种材料的实物耗量，并将主要材料汇总成表。工料分析的方法是首先从定额项目表中分别将各分项工程消耗的每项材料和人工的定额消耗量查出；再分别乘以该工程项目的工程量，得到分项工程工料消耗量，最后将各分项工程工料消耗量加以汇总，得出单位工程人工、材料的消耗数量。

7)计算主材费(未计价材料费)。因为许多定额项目基价为不完全价格,即未包括主材费用在内。计算所在地定额基价(基价合计)之后,还应计算出主材费,以便计算工程造价。

8)按费用定额取费,即按有关规定计取措施项目费和其他项目费,以及按相关取费规定计取规费和税金等。

9)计算汇总工程造价。将分部分项工程费、措施项目费、其他项目费、规费和税金相加即为工程预算造价。

(2)工程量清单单价法。工程量清单单价法是指招标人按照设计图纸和国家统一的工程量计算规则提供工程数量,采用综合单价的形式计算工程造价的方法。该综合单价是指完成一个规定计量单位的分部分项工程清单项目或措施清单项目所需的人工费、材料费、施工机具使用费和企业管理费与利润,以及一定范围内的风险费用。

(3)实物量法。实物量法是依据施工图纸和预算定额的项目划分及工程量计算规则,先计算出分部分项工程量,然后套用预算定额(实物量定额)来编制施工图预算的方法。

实物量法的优点是能比较及时地将反映各种材料、人工、机械的当时当地市场单价计入预算价格,不需调价,反映当时当地的工程价格水平。

2. 综合预算和总预算编制

(1)综合预算造价由组成该单项工程的各个单位工程预算造价汇总而成。

(2)总预算造价由组成该建设项目的各个单项工程综合预算以及经计算的工程建设其他费、预备费、建设期贷款利息、固定资产投资方向调节税汇总而成。

3. 建筑工程预算编制

(1)建筑工程预算费用内容及组成,应符合《建筑安装工程费用项目组成》(建标〔2013〕44 号)的有关规定(参见本书第五章相关内容)。

(2)建筑工程预算采用"建筑工程预算表"(表 3-33),按构成单位工程的分部分项工程编制,根据设计施工图纸计算各分部分项工程量,按工程所在省(自治区、直辖市)或行业颁发的预算定额或单位估价表,以及建筑安装工程费用定额进行编制。

4. 安装工程预算编制

(1)安装工程预算费用组成应符合《建筑安装工程费用项目组成》(建标〔2013〕44 号)的有关规定(参见本书第五章相关内容)。

(2)安装工程预算采用"设备及安装工程预算表"(表 3-35),按构成单位工程的分部分项工程编制,根据设计施工图计算各分部分项工程工程量,按工程所在省(省治区、直辖市)或行业颁发的预算定额或单位估价表,以及建筑安装工程费用定额进行编制计算。

5. 调整预算编制

(1)工程预算批准后,一般情况下不得调整。由于重大设计变更、政策性调整及不可抗力等原因造成的可以调整。

(2)调整预算编制深度与要求、文件组成及表格形式同原施工图预算。调整预算还应对工程预算调整的原因做详尽分析说明,所调整的内容在调整预算总说明中要逐项与原批准预算对比,并编制调整前后预算对比表,分析主要变更原因。在上报调整预算时,应同时提供有关文件和调整依据。

四、建设项目施工图预算审查

1. 施工图预算审查作用

(1)对降低工程造价具有现实意义。

(2)有利于节约工程建设资金。

(3)有利于发挥领导层、银行的监督作用。

(4)有利于积累和分析各项技术经济指标。

2. 施工图预算审查内容

审查施工图预算的重点是：工程量计算是否准确；分部、分项单价套用是否正确；各项取费标准是否符合现行规定等方面。

(1)建筑工程施工图预算各分部工程的工程量审核重点见表 3-46。

表 3-46　　　　　建筑工程施工图预算各分部工程的工程量审核重点内容

序号	分部工程名称	工程量审核的重点
1	土方工程	(1)平整场地、挖地槽、挖地坑、挖土方工程量的计算是否符合定额计算规定和施工图纸标示尺寸，土壤类别是否与勘察资料一致，地槽与地坑放坡、带挡土板是否符合设计要求，有无重算和漏算。 (2)回填土工程量应注意地槽、地坑回填土的体积是否扣除了基础、垫层所占体积，地面和室内填土的厚度是否符合设计要求。 (3)运土方的审查除了注意运土距离外，还要注意运土数量是否扣除了就地回填的土方。运土距离应是最短运距，需作比较
2	打桩工程	(1)注意审查各种不同桩料，必须分别计算，施工方法必须符合设计要求或经设计院同意。 (2)桩料长度必须符合设计要求，桩料长度如果超过一般桩料长度需要接桩时，注意审查接头数是否正确。 (3)必须核算实际钢筋量(抽筋核算)
3	砖石工程	(1)墙基与墙身的划分是否符合规定。 (2)按规定不同厚度的墙、内墙和外墙是否是分别计算的，应扣除的门窗洞口及埋入墙体各种钢筋混凝土梁、柱等是否已经扣除。 (3)不同砂浆强度的墙和定额规定按立方米或按平方米计算的墙，有无混淆、错算或漏算
4	混凝土及钢筋混凝土工程	(1)现浇构件与预制构件是否分别计算。 (2)现浇柱与梁，主梁及次梁及各种构件计算是否符合规定，有无重算或漏算。 (3)有筋和无筋构件是否按设计规定分别计算，有没有混淆。 (4)钢筋混凝土的含钢量与预算定额的含钢量发生差异时，是否按规定予以增减调整。 (5)钢筋按图抽筋计算
5	木结构工程	(1)门窗是否按不同种类按框外面积或扇外面积计算。 (2)木装修的工程量是否按规定分别以延长米或平方米计算。 (3)门窗孔面积与相应扣除的墙面积中的门窗孔面积核对应一致
6	地面工程	(1)楼梯抹面是否按踏步和休息平台部分的水平投影面积计算。 (2)细石混凝土地面找平层的设计厚度与定额厚度不同时，是否按其厚度进行换算。 (3)台阶不包括嵌边、侧面装饰

（续）

序号	分部工程名称	工程量审核的重点
7	屋面工程	（1）卷材层工程量是否与屋面找平层工程量相等。 （2）屋面保温层的工程量是否按屋面层的建筑面积乘保温层平均厚度计算，不做保温层的挑檐部分是否按规定计算。 （3）瓦材规格如实际使用与定额取定规格不同时，其数量换算，其他不变。 （4）屋面找平层的工程量同卷材屋面，其嵌缝油膏已包括在定额内，不另计算。 （5）刚性屋面按图示尺寸水平投影面积乘以屋面坡度系数以平方米计算。不扣除房上烟囱、风帽底座、风道所占面积
8	构筑物工程	（1）烟囱和水塔脚手架是以座编制的，凡地下部分已包括在定额内，按规定不能再另行计算。审查是否符合要求，有无重算。 （2）凡定额按钢管脚手架与竹脚手架综合编制，包括挂安全网和安全笆的费用。如实际施工不同均可换算或调整；如施工需搭设斜道则可另行计算
9	装饰工程	（1）内墙抹灰的工程量是否按墙面的净高和净宽计算，有无重算或漏算。 （2）抹灰厚度，如设计规定与定额取定不同时，在不增减抹灰遍数的情况下，一般按每增减1mm定额调整。 （3）油漆、喷涂的操作方法和颜色不同时，均不调整。如设计要求的涂刷遍数与定额规定不同时，可按"每增加一遍"定额项目进行调整
10	金属构件制作	（1）金属构件制作工程量多数以吨为单位。在计算时，型钢按图示尺寸求出长度，再乘每米的重量；钢板要求出面积，再乘以每平方米的重量。审查是否符合规定。 （2）除注明者外，定额均已包括现场（工厂）内的材料运输、下料、加工、组装及产品堆放等全部工序。 （3）加工点至安装点的构件运输，应另按"构件运输定额"相应项目计算

（2）审查定额或单价的套用。

1）预算中所列各分项工程单价是否与预算定额的预算单价相符；其名称、规格、计量单位和所包括的工程内容是否与预算定额一致。

2）有单价换算时应审查换算的分项工程是否符合定额规定及换算是否正确。

3）对补充定额和单位计价表的使用应审查补充定额是否符合编制原则、单位计价表计算是否正确。

（3）审查其他有关费用。其他有关费用包括的内容各地不同，具体审查时应注意是否符合当地规定和定额的要求。

利润和税金的审查，重点应放在计取基础和费率是否符合当地有关部门的现行规定、有无多算或重算方面。

3. 施工图预算审查方法

（1）逐项审查法。逐项审查法又称全面审查法，即按定额顺序或施工顺序，对各分项工程中的工程细目逐项全面详细审查的一种方法。其优点是全面、细致，审查质量高、效果好；缺点是工作量大，时间较长。这种方法适合于一些工程量较小、工艺比较简单的工程。

（2）标准预算审查法。标准预算审查法就是对利用标准图纸或通用图纸施工的工程，先集中力量编制标准预算，以此为准来审查工程预算的一种方法。按标准设计图纸或通用图纸施工的工程，一般上部结构和做法相同，只是根据现场施工条件或地质情况不同，仅对基础部分做局部改变。凡这样的工程，以标准预算为准，对局部修改部分单独审查即可，不需逐一详细审查。该方法的优点是时间短、效果好、易定案；其缺点是适用范围小，仅适用于采用标准图纸的工程。

（3）分组计算审查法。分组计算审查法就是把预算中有关项目按类别划分若干组，利用同组中的一组数据审查分项工程量的一种方法。这种方法首先将若干分部分项工程按相邻且有一定内在联系的项目进行编组，利用同组分项工程间具有相同或相近计算基数的关系，审查一个分项工程数量，由此判断同组中其他几个分项工程的准确程度。该方法特点是审查速度快、工作量小。

（4）对比审查法。对比审查法是当工程条件相同时，用已完工程的预算或未完但已经过审查修正的工程预算对比审查拟建工程的同类工程预算的一种方法。

（5）"筛选"审查法。"筛选"审查法是能较快发现问题的一种方法。建筑工程虽面积和高度不同，但其各分部分项工程的单位建筑面积指标变化却不大。将这样的分部分项工程加以汇集、优选，找出其单位建筑面积工程量、单价、用工的基本数值，归纳为工程量、价格、用工三个单方基本指标，并注明基本指标的适用范围。这些基本指标用来筛分各分部分项工程，对不符合条件的应进行详细审查，若审查对象的预算标准与基本指标的标准不符，就应对其进行调整。"筛选"审查法的优点是简单易懂，便于掌握，审查速度快，便于发现问题。但问题出现的原因尚需继续审查。该方法适用于审查住宅工程或不具备全面审查条件的工程。

（6）重点审查法。重点审查法就是抓住工程预算中的重点进行审核的方法。审查的重点一般是工程量大或者造价较高的各种工程、补充定额、计取的各项费用（计取基础、取费标准）等。重点审查法的优点是突出重点，审查时间短，效果好。

4. 施工图预算审查步骤

（1）做好审查前的准备工作。

1）熟悉施工图纸。施工图纸是编制预算分项工程数量的重要依据，必须全面熟悉了解。一是核对所有的图纸，清点无误后，依次识读；二是参加技术交底，解决图纸中的疑难问题，直至完全掌握图纸。

2）了解预算包括的范围。根据预算编制说明，了解预算包括的工程内容。例如，配套设施，室外管线，道路以及会审图纸后的设计变更等。

3）弄清编制预算采用的单位工程估价表。任何单位估价表或预算定额都有一定的适用范围。根据工程性质，搜集熟悉相应的单价、定额资料。特别是市场材料单价和取费标准等。

（2）选择合适的审查方法，按相应内容审查。由于工程规模、繁简程度不同，施工企业情况也不同，所编工程预算繁简和质量也不同，因此，需针对情况选择相应的审查方法进行审核。

（3）综合整理审查资料，编制调整预算。经过审查，如发现有差错，需要进行增加或核减的，经与编制单位逐项核实，统一意见后，修正原施工图预算，汇总核减量。

第四节　建设工程结算编制与审查

一、工程价款的主要结算方式

我国现行工程价款结算根据不同情况,可采取多种方式。

1. 按月结算

实行旬末或月中预支,月终结算,竣工后清算的方法。跨年度竣工的工程,在年终进行工程盘点,办理年度结算。我国现行建筑安装工程价款结算中,相当一部分是实行这种按月结算。

2. 竣工后一次结算

建设项目或单项工程全部建筑安装工程建设期在 12 个月以内,或者工程承包合同价值在 100 万元以下的,可以实行工程价款每月月中预支,竣工后一次结算。

3. 分段结算

即当年开工,当年不能竣工的单项工程或单位工程按照工程形象进度,划分不同阶段进行结算。分段结算可以按月预支工程款。分段的划分标准,由各部门、自治区、直辖市、计划单列市规定。

对于以上三种主要结算方式的收支确认,国家财政部在 1999 年 1 月 1 日起实行的《企业会计准则——建造合同》讲解中作了如下规定:

——实行旬末或月中预支,月终结算,竣工后清算办法的工程合同,应分期确认合同价款收入的实现,即:各月份终了,与发包单位进行已完工程价款结算时,确认为承包合同已完工部分的工程收入实现,本期收入额为月终结算的已完工程价款金额。

——实行合同完成后一次结算工程价款办法的工程合同,应于合同完成,施工企业与发包单位进行工程合同价款结算时,确认为收入实现,实现的收入额为承发包双方结算的合同价款总额。

——实行按工程形象进度划分不同阶段、分段结算工程价款办法的工程合同,应按合同规定的形象进度分次确认已完阶段工程收益实现。即:应于完成合同规定的工程形象进度或工程阶段,与发包单位进行工程价款结算时,确认为工程收入的实现。

4. 目标结款方式

即在工程合同中,将承包工程的内容分解成不同的控制界面,以业主验收控制界面作为支付工程价款的前提条件。也就是说,将合同中的工程内容分解成不同的验收单元,当承包商完成单元工程内容并经业主(或其委托人)验收后,业主支付构成单元工程内容的工程价款。

目标结款方式下,承包商要想获得工程价款,必须按照合同约定的质量标准完成界面内的工程内容;要想尽早获得工程价款,承包商必须充分发挥自己组织实施能力,在保证质量前提下,加快施工进度。这意味着承包商拖延工期时,则业主推迟付款,增加承包商的财务费用、运营成本,降低承包商的收益,客观上使承包商因延迟工期而遭受损失。同样,当承包商积极组织施工,提前完成控制界面内的工程内容,则承包商可提前获得工程价款,增加承包收益,客观上承包商因提前工期而增加了有效利润。同时,因承包商在界面内质量达不到合同约定的标准而业主不预验收,承包商也会因此而遭受损失。可见,目标结款方式实质上是运用合同手段、财务手段对工程的完成进行主动控制。

目标结款方式中,对控制界面的设定应明确描述,便于量化和质量控制,同时要适应项目资金的供应周期和支付频率。

5. 结算双方约定的其他结算方式

施工企业在采用按月结算工程价款方式时,要先取得各月实际完成的工程数量,并按照工程预算定额中的工程直接费预算单价、间接费用定额和合同中采用利税率,计算出已完工程造价。实际完成的工程数量,由施工单位根据有关资料计算,并编制"已完工程月报表",然后按照发包单位编制"已完工程月报表",将各个发包单位的本月已完工程造价汇总反映。再根据"已完工程月报表"编制"工程价款结算账单",与"已完工程月报表"一起,分送发包单位和经办银行,据以办理结算。

施工企业在采用分段结算工程价款方式时,要在合同中规定工程部位完工的月份,根据已完工程部位的工程数量计算已完工程造价,按发包单位编制"已完工程月报表"和"工程价款结算账单"。

对于工期较短、能在年度内竣工的单项工程或小型建设项目,可在工程竣工后编制"工程价款结算账单",按合同中工程造价一次结算。

"工程价款结算账单"是办理工程价款结算的依据。工程价款结算账单中所列应收工程款应与随同附送的"已完工程月报表"中的工程造价相符,"工程价款结算账单"除了列明应收工程款外,还应列明应扣预收工程款、预收备料款、发包单位供给材料价款等应扣款项、算出本月实收工程款。

为了保证工程按期收尾竣工,工程在施工期间,不论工程长短,其结算工程款,一般不得超过承包工程价值的95％,结算双方可以在5％的幅度内协商确定尾款比例,并在工程承包合同中订明。施工企业如已向发包单位出具履约保函或有其他保证的,可以不留工程尾款。

"已完工程月报表"和"工程价款结算账单"的格式见表 3-47、表 3-48。

表 3-47　　　　　　　　　　　　已完工程月报表

发包单位名称：　　　　　　　　　　　　年　月　日　　　　　　　　　　　　（单位:元）

单项工程和单位工程名称	合同造价	建筑面积	开竣工日期		实际完成数		备　注
			开工日期	竣工日期	至上月(期)止已完工程累计	本月(期)已完工程	

施工企业：　　　　　　　　　　　　　　　　　　　　　　编制日期：　年　月　日

表 3-48　　　　　　　　　　**工程价款结算账单**

发包单位名称：　　　　　　　　　年　月　日　　　　　　　　　　　（单位：元）

单项工程和单位工程名称	合同造价	本月（期）应收工程款	应 扣 款 项			本月（期）实收工程款	尚未归还	累计已收工程款	备注
			合 计	预收工程款	预收备料款				

施工企业：　　　　　　　　　　　　　　　　　编制日期：年　月　日

二、工程结算文件组成

1. 工程结算编制文件组成

（1）工程结算文件一般由工程结算汇总表、单项工程结算汇总表、单位工程结算表和分部分项（措施、其他、零星）工程结算表及结算编制说明等组成。

（2）工程结算编制说明可根据委托工程项目的实际情况，以单位工程、单项工程或建设项目为对象进行编制，并应说明以下内容：

1）工程概况。

2）编制范围。

3）编制依据。

4）编制方法。

5）有关材料、设备、参数和费用说明。

6）其他有关问题的说明。

（3）工程结算文件提交时，受托人应当同时提供与工程结算相关的附件，包括所依据的发承包合同调价条款、设计变更、工程洽商、材料及设备定价单、调价后的单价分析表等与工程结算相关的书面证明材料。

（4）工程结算编制的参考表格形式见表 3-49～表 3-54。

表 3-49　　　　　　　　　　　　工程结算封面格式

（工程名称）

工 程 结 算

档　案　号：

（编制单位名称）

（工程造价咨询单位执业章）

年　月　日

表 3-50　　　　　　　　　　工程结算签署页格式

（工程名称）

工 程 结 算

档 案 号：

编 制 人：＿＿＿＿＿＿［执业（从业）印章］＿＿＿＿＿

审 核 人：＿＿＿＿＿＿［执业（从业）印章］＿＿＿＿＿

审 定 人：＿＿＿＿＿＿［执业（从业）印章］＿＿＿＿＿

单位负责人：＿＿＿＿＿＿＿＿＿＿＿＿＿＿＿＿＿＿＿＿＿

表 3-51 　　　　　　　　　　　　　　**工程结算汇总表**

工程名称：　　　　　　　　　　　　　　　　　　　　　　　　　　　第　页共　页

序　号	单项工程名称	金额(元)	备　注
	合　计		

编制人：　　　　　　　　　　　　审核人：　　　　　　　　　　　　审定人：

表 3-52 　　　　　　　　　　　　　　**单项工程结算汇总表**

单项工程名称：　　　　　　　　　　　　　　　　　　　　　　　　　第　页共　页

序　号	单位工程名称	金额(元)	备　注
	合　计		

编制人：　　　　　　　　　　　　审核人：　　　　　　　　　　　　审定人：

表 3-53 　　　　　　　　　　　　　　**单位工程结算汇总表**

单位工程名称：　　　　　　　　　　　　　　　　　　　　　　　　　第　页共　页

序　号	专业工程名称	金额(元)	备　注
1	分部分项工程费合计		
2	措施项目费合计		
3	其他项目费合计		
4	零星工作费合计		
	合　计		

编制人：　　　　　　　　　　　　审核人：　　　　　　　　　　　　审定人：

表 3-54 分部分项(措施、其他、零星)工程结算表

工程名称:

序号	项目编码或定额编码	项目名称	计量单位	工程数量	金额(元)		备 注
					单价	合价	
	合 计						

编制人: 审核人: 审定人:

2. 工程结算审查文件组成

(1)工程结算审查文件一般由工程结算审查报告、结算审定签署表、工程结算审查汇总对比表、单项工程结算审查汇总对比表、单位工程结算审查汇总对比表、分部分项(措施、其他、零星)工程结算审查对比表以及结算内容审查说明等组成。

(2)工程结算审查报告可根据该委托工程项目的实际情况,以单位工程、单项工程或建设项目为对象进行编制,并应说明以下内容:

1)概述。

2)审查范围。

3)审查原则。

4)审查依据。

5)审查方法。

6)审查程序。

7)审查结果。

8)主要问题。

9)有关建议。

(3)结算审定签署表由结算审查受托人填制,并由结算审查委托单位、结算编制人和结算审查受托人签字盖章,当结算审查委托人与建设单位不一致时,按工程造价咨询合同要求或结算审查委托人的要求,确定是否增加建设单位在结算审定签署表上签字盖章。

(4)结算内容审查说明应阐述以下内容:

1)主要工程子目调整的说明。

2)工程数量增减变化较大的说明。

3)子目单价、材料、设备、参数和费用有重大变化的说明。

4)其他有关问题的说明。

(5)工程结算审查书的参考表格形式见表 3-55～表 3-61。

表 3-55　　　　　　　　　　　　工程结算审查书封面格式

（工程名称）

工程结算审查书

档　案　号：

（编制单位名称）
（工程造价咨询单位执业章）
年　　月　　日

表 3-56　　　　　　　　　工程结算审查书签署页格式

（工程名称）

工程结算审查书

档 案 号：

编 制 人：＿＿＿＿＿＿＿［执业（从业）印章］＿＿＿＿＿＿

审 核 人：＿＿＿＿＿＿＿［执业（从业）印章］＿＿＿＿＿＿

审 定 人：＿＿＿＿＿＿＿［执业（从业）印章］＿＿＿＿＿＿

单位负责人：＿＿＿＿＿＿＿＿＿＿＿＿＿＿＿＿＿＿＿＿＿＿＿

表 3-57　　　　　　　　　　　　　　结算审定签署表

（金额单位:元）

工程名称		工程地址		
发包人单位		承包人单位		
委托合同书编号		审定日期		
报审结算造价		调整金额(＋、一)		
审定结算造价	大写		小写	
委托单位 （签章）	建设单位 （签章）	承包单位 （签章）	审查单位 （签章）	
代表人(签章、字)	代表人(签章、字)	代表人(签章、字)	代表人(签章、字) 技术负责人(执业章)	

表 3-58　　　　　　　　　　　　**工程结算审查汇总对比表**

项目名称：　　　　　　　　　　　　　　　　　　　　　　　　　　　（金额单位:元）

序号	单项工程名称	报审结算金额	审定结算金额	调整金额	备　　注
合　计					

编制人：　　　　　　　　　　　　审核人：　　　　　　　　　　　　审定人：

表 3-59　　　　　　　　　　　　**单项工程结算审查汇总对比表**

单项工程名称：　　　　　　　　　　　　　　　　　　　　　　　　（金额单位:元）

序号	单位工程名称	原结算金额	审查后金额	调整金额	备　　注
合　计					

编制人：　　　　　　　　　　　　审核人：　　　　　　　　　　　　审定人：

表 3-60 单位工程结算审查汇总对比表

单位工程名称： （金额单位：元）

序号	专业工程名称	原结算金额	审查后金额	调整金额	备　注
1	分部分项工程费合计				
2	措施项目费合计				
3	其他项目费合计				
4	零星工作费合计				
	合　计				

编制人： 审核人： 审定人：

表 3-61 分部分项(措施、其他、零星)工程结算审查对比表

分部分项(措施、其他、零星)工程名称： （金额单位：元）

序号	项目名称	结算报审金额					结算审定金额					调整金额	备　注
		项目编码或定额号	单位	数量	单价	合价	项目编码或定额号	单位	数量	单价	合价		
	合计												

编制人： 审核人： 审定人：

三、工程结算编制

1. 工程结算编制依据

(1)国家有关法律、法规、规章制度和相关的司法解释。

(2)国务院建设行政主管部门以及各省、自治区、直辖市和有关部门发布的工程造价计价标准、计价办法、有关规定及相关解释。

(3)施工发承包合同、专业分包合同及补充合同,有关材料、设备采购合同。

（4）招投标文件，包括招标答疑文件、投标承诺、中标报价书及其组成内容。

（5）工程竣工图或施工图、施工图会审记录，经批准的施工组织设计，以及设计变更、工程洽商和相关会议纪要。

（6）经批准的开、竣工报告或停、复工报告。

（7）建设工程工程量清单计价规范或工程预算定额、费用定额及价格信息、调价规定等。

（8）工程预算书。

（9）影响工程造价的相关资料。

（10）结算编制委托合同。

2. 工程结算编制要求

（1）工程结算一般经过发包人或有关单位验收合格且点交后方可进行。

（2）工程结算应以施工发承包合同为基础，按合同约定的工程价款调整方式对原合同价款进行调整。

（3）工程结算应核查设计变更、工程洽商等工程资料的合法性、有效性、真实性和完整性。对有疑义的工程实体项目，应视现场条件和实际需要核查隐蔽工程。

（4）建设项目是由多个单项工程或单位工程构成的，应按建设项目划分标准的规定，将各单项工程或单位工程竣工结算汇总，编制相应的工程结算书，并撰写编制说明。

（5）实行分阶段结算的工程，应将各阶段工程结算汇总，编制工程结算书，并撰写编制说明。

（6）实行专业分包结算的工程，应将各专业分包结算汇总在相应的单位工程或单项工程结算内，并撰写编制说明。

（7）工程结算编制应采用书面形式，有电子文本要求的应一并报送与书面形式内容一致的电子版本。

（8）工程结算应严格按工程结算编制程序进行编制，做到程序化、规范化，结算资料必须完整。

3. 工程结算编制程序

（1）工程结算应按准备、编制和定稿三个工作阶段进行，并实行编制人、校对人和审核人分别署名盖章确认的内部审核制度。

（2）结算编制准备阶段。

1）搜集与工程结算编制相关的原始资料。

2）熟悉工程结算资料内容，进行分类、归纳、整理。

3）召集相关单位或部门的有关人员参加工程结算预备会议，对结算内容和结算资料进行核对与充实完善。

4）搜集建设期内影响合同价格的法律和政策性文件。

（3）结算编制阶段。

1）根据竣工图及施工图以及施工组织设计进行现场踏勘，对需要调整的工程项目进行观察、对照、必要的现场实测和计算，做好书面或影像记录。

2）按既定的工程量计算规则计算需调整的分部分项、施工措施或其他项目工程量。

3）按招投标文件、施工发承包合同规定的计价原则和计价办法对分部分项、施工措施或其他项目进行计价。

4)对于工程量清单或定额缺项以及采用新材料、新设备、新工艺的,应根据施工过程中的合理消耗和市场价格,编制综合单价或单位估价分析表。

5)工程索赔应按合同约定的索赔处理原则、程序和计算方法,提出索赔费用,经发包人确认后作为结算依据。

6)汇总计算工程费用,包括编制分部分项工程费、施工措施项目费、其他项目费等表格,初步确定工程结算价格。

7)编写编制说明。

8)计算主要技术经济指标。

9)提交结算编制的初步成果文件待校对、审核。

(4)结算编制定稿阶段。

1)由结算编制受托人单位的部门负责人对初步成果文件进行检查、校对。

2)由结算编制受托人单位的主管负责人审核批准。

3)在合同约定的期限内,向委托人提交经编制人、校对人、审核人和受托人单位盖章确认的正式的结算编制文件。

4. 工程结算编制方法

(1)工程结算的编制应区分施工发承包合同类型,采用相应的编制方法。

1)采用总价合同的,应在合同价基础上对设计变更、工程洽商以及工程索赔等合同约定可以调整的内容进行调整。

2)采用单价合同的,应计算或核定竣工图或施工图以内的各个分部分项工程量,依据合同约定的方式确定分部分项工程项目价格,并对设计变更、工程洽商、施工措施以及工程索赔等内容进行调整。

3)采用成本加酬金合同的,应依据合同约定的方法计算各个分部分项工程以及设计变更、工程洽商、施工措施等内容的工程成本,并计算酬金及有关税费。

(2)工程结算中涉及工程单价调整时,应当遵循以下原则:

1)合同中已有适用于变更工程、新增工程单价的,按已有的单价结算。

2)合同中有类似变更工程、新增工程单价的,可以参照类似单价作为结算依据。

3)合同中没有适用或类似变更工程、新增工程单价的,结算编制受托人可与承包人洽商或发包人提出适当的价格,经对方确认后作为结算依据。

(3)工程结算编制中涉及的工程单价应按合同要求分别采用综合单价或工料单价。工程量清单计价的工程项目应采用综合单价;定额计价的工程项目可采用工料单价。

5. 工程结算编制内容

(1)工程结算采用工程量清单计价的应包括:

1)工程项目的所有分部分项工程量,以及实施工程项目采用的措施项目工程量;为完成所有工程量并按规定计算的人工费、材料费和设备费、施工机具使用费、利润、规费和税金。

2)分部分项和措施项目以外的其他项目所需计算的各项费用。

(2)工程结算采用定额计价的应包括:套用定额的分部分项工程量、措施项目工程量和其他项目,以及为完成所有工程量和其他项目并按规定计算的人工费、材料费和设备费、施工机具使用费、利润、规费和税金。

(3)采用工程量清单或定额计价的工程结算还应包括：

1)设计变更和工程变更费用。

2)索赔费用。

3)合同约定的其他费用。

四、工程结算审查

1. 工程结算审查依据

(1)工程结算审查委托合同和完整、有效的工程结算文件。

(2)国家有关法律、法规、规章制度和相关的司法解释。

(3)国务院建设行政主管部门以及各省、自治区、直辖市和有关部门发布的工程造价计价标准、计价办法、有关规定及相关解释。

(4)施工发承包合同、专业分包合同及补充合同，有关材料、设备采购合同；招投标文件，包括招标答疑文件、投标承诺、中标报价书及其组成内容。

(5)工程竣工图或施工图、施工图会审记录，经批准的施工组织设计，以及设计变更、工程洽商和相关会议纪要。

(6)经批准的开、竣工报告或停、复工报告。

(7)建设工程工程量清单计价规范或工程预算定额、费用定额及价格信息、调价规定等。

(8)工程结算审查的其他专项规定。

(9)影响工程造价的其他相关资料。

2. 工程结算审查要求

(1)严禁采取抽样审查、重点审查、分析对比审查和经验审查的方法，避免审查疏漏现象发生。

(2)应审查结算文件和与结算有关的资料的完整性和符合性。

(3)按施工发承包合同约定的计价标准或计价方法进行审查。

(4)对合同未作约定或约定不明的，可参照签订合同时当地建设行政主管部门发布的计价标准进行审查。

(5)对工程结算内多计、重列的项目应予以扣减；对少计、漏项的项目应予以调增。

(6)对工程结算与设计图纸或事实不符的内容，应在掌握工程事实和真实情况的基础上进行调整。工程造价咨询单位在工程结算审查时发现的工程结算与设计图纸或与事实不符的内容应约请各方履行完善的确认手续。

(7)对由总承包人分包的工程结算，其内容与总承包合同主要条款不相符的，应按总承包合同约定的原则进行审查。

(8)工程结算审查文件应采用书面形式，有电子文本要求的应采用与书面形式内容一致的电子版本。

(9)结算审查的编制人、校对人和审核人不得由同一人担任。

(10)结算审查受托人与被审查项目的发承包双方有利害关系，可能影响公正的，应予以回避。

3. 工程结算审查程序

(1)工程结算审查应按准备、审查和审定三个工作阶段进行,并实行编制人、校对人和审核人分别署名盖章确认的内部审核制度。

(2)结算审查准备阶段。

1)审查工程结算手续的完备性、资料内容的完整性,对不符合要求的应退回限时补正。

2)审查计价依据及资料与工程结算的相关性、有效性。

3)熟悉招投标文件、工程发承包合同、主要材料设备采购合同及相关文件。

4)熟悉竣工图纸或施工图纸、施工组织设计、工程状况,以及设计变更、工程洽商和工程索赔情况等。

(3)结算审查阶段。

1)审查结算项目范围、内容与合同约定的项目范围、内容的一致性。

2)审查工程量计算准确性、工程量计算规则与计价规范或定额保持一致性。

3)审查结算单价时应严格执行合同约定或现行的计价原则、方法。对于清单或定额缺项以及采用新材料、新工艺的,应根据施工过程中的合理消耗和市场价格审核结算单价。

4)审查变更身份证凭据的真实性、合法性、有效性,核准变更工程费用。

5)审查索赔是否依据合同约定的索赔处理原则、程序和计算方法以及索赔费用的真实性、合法性、准确性。

6)审查取费标准时,应严格执行合同约定的费用定额标准及有关规定,并审查取费依据的时效性、相符性。

7)编制与结算相对应的结算审查对比表。

(4)结算审定阶段。

1)工程结算审查初稿编制完成后,应召开由结算编制人、结算审查委托人及结算审查受托人共同参加的会议,听取意见,并进行合理的调整。

2)由结算审查受托人单位的部门负责人对结算审查的初步成果文件进行检查、校对。

3)由结算审查受托人单位的主管负责人审核批准。

4)发承包双方代表人和审查人应分别在"结算审定签署表"上签认并加盖公章。

5)对结算审查结论有分歧的,应在出具结算审查报告前,至少组织两次协调会;凡不能共同签认的,审查受托人可适时结束审查工作,并作出必要说明。

6)在合同约定的期限内,向委托人提交经结算审查编制人、校对人、审核人和受托人单位盖章确认的正式的结算审查报告。

4. 工程结算审查方法

(1)工程结算的审查应依据施工发承包合同约定的结算方法进行,根据施工发承包合同类型,采用不同的审查方法。

1)采用总价合同的,应在合同价的基础上对设计变更、工程洽商以及工程索赔等合同约定可以调整的内容进行审查。

2)采用单价合同的,应审查施工图以内的各个分部分项工程量,依据合同约定的方式审查分部分项工程价格,并对设计变更、工程洽商、工程索赔等调整内容进行审查。

3)采用成本加酬金合同的,应依据合同约定的方法审查各个分部分项工程以及设计变更、工程洽商等内容的工程成本,并审查酬金及有关税费的取定。

（2）除非已有约定,对已被列入审查范围的内容,结算应采用全面审查的方法。

（3）对法院、仲裁或承发包双方合意共同委托的未确定计价方法的工程结算审查或鉴定,结算审查受托人可根据事实和国家法律、法规和建设行政主管部门的有关规定,独立选择鉴定或审查适用的计价方法。

5. 工程结算审查内容

（1）审查结算的递交程序和资料的完备性。

1）审查结算资料递交手续、程序的合法性,以及结算资料具有的法律效力。

2）审查结算资料的完整性、真实性和相符性。

（2）审查与结算有关的各项内容。

1）建设工程发承包合同及其补充合同的合法性和有效性。

2）施工发承包合同范围以外调整的工程价款。

3）分部分项、措施项目、其他项目工程量及单价。

4）发包人单独分包工程项目的界面划分和总包人的配合费用。

5）工程变更、索赔、奖励及违约费用。

6）取费、税金、政策性高速以及材料价差计算。

7）实际施工工期与合同工期发生差异的原因和责任,以及对工程造价的影响程度。

8）其他涉及工程造价的内容。

第四章　市政工程工程量清单计价

第一节　概述

一、工程量清单

工程量清单是指载明建设工程分部分项工程项目、措施项目、其他项目的名称和相应数量以及规费、税金项目等内容的明细清单。其中,招标工程量清单是招标人依据国家标准、招标文件、设计文件以及施工现场实际情况编制的,随招标文件发布供投标报价的工程量清单,包括其说明和表格;已标价工程量清单是指构成合同文件组成部分的投标文件中已标明价格,经算术性错误修正(如有)且承包人已确认的工程量清单,包括其说明和表格。

工程量清单作为招标文件的组成部分,一个最基本的功能是作为信息的载体,为潜在的投标者提供必要的信息。除此之外,还具有以下作用:

(1)为投标者提供了一个公开、公平、公正的竞争环境。招标工程量清单由招标人统一提供,统一的工程量避免了由于计算不准确、项目不一致等人为因素造成的不公正影响,使投标者站在同一起跑线上,创造了一个公平的竞争环境。

(2)招标工程量清单是计价和评标的基础。招标工程量清单由招标人提供,无论是招标控制价还是企业投标报价的编制,都必须在招标工程量清单的基础上进行,同时,也为今后的评标奠定了基础。当然,如果发现清单有计算错误或漏项,也可按招标文件的有关要求在中标后进行修正。

(3)为施工过程中支付工程进度款提供依据。与合同结合,已标价工程量清单为施工过程中的进度款支付提供依据。

(4)为办理工程结算、竣工结算及工程索赔提供了重要依据。

二、工程量清单计价

工程量清单计价是指在建设工程招投标工作中,招标人或受其委托、具有相应资质的工程造价咨询人员依据国家统一的工程量计算规范编制招标工程量清单,由投标人依据招标工程量清单自主报价,并按照经评审合理低价中标的工程计价模式。

(一)工程量清单计价的过程

工程量清单计价的基本过程可以描述为在统一工程量计算规则的基础上,制定工程量清单项目设置规则,根据具体工程的施工图纸计算出各个清单项目的工程量,再根据各种渠道所获得的工程造价信息和经验数据计算得到工程造价。工程量清单计价的基本过程如图 4-1 所示。

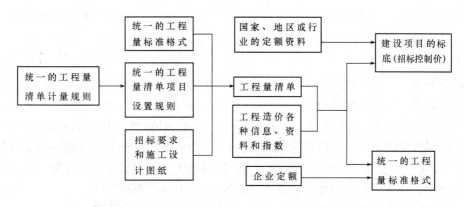

图 4-1 工程量清单计价的基本过程

(二)工程量清单计价的影响因素

工程量清单报价中标的工程,无论采用何种计价方法,在正常情况下,基本说明工程造价已确定,只是当出现设计变更或工程量变动时,通过签证再结算调整另行计算。工程量清单工程成本要素的管理重点,是在既定收入的前提下,如何控制成本支出。

1. 对用工批量的有效管理

人工费支出约占建筑产品成本的 17%,且随市场价格波动而不断变化。对人工单价在整个施工期间作出切合实际的预测,是控制人工费用支出的前提条件。

首先根据施工进度,月初依据工序合理做出用工数量,结合市场人工单价计算出本月控制指标。

其次在施工过程中,依据工程分部分项,对每天用工数量连续记录,在完成一个分项后,就同工程量清单报价中的用工数量对比,进行横评找出存在问题,办理相应手续以便对控制指标加以修正。每月完成几个工程分项后各自同工程量清单报价中的用工数量对比,考核控制指标完成情况。通过这种控制节约用工数量,就意味着降低人工费支出,即增加了相应的效益。这种对用工数量控制的方法,最大优势在于不受任何工程结构形式的影响,分阶段加以控制,有很强的实用性。人工费用控制指标,主要是从量上加以控制。重点是通过对在建工程过程控制,积累各类结构形式下实际用工数量的原始资料,以便形成企业定额体系。

2. 材料费用的管理

材料费用开支约占建筑产品成本的 63%,是成本要素控制的重点。材料费用因工程量清单报价形式不同,材料供应方式不同而有所不同。如业主限价的材料价格,如何管理?其主要问题可从施工企业采购过程降低材料单价来把握。

首先将本月施工分项所需材料用量下发采购部门,在保证材料质量前提下货比三家。采购过程以工程量清单报价中材料价格为控制指标,确保采购过程产生收益。对业主供材供料,确保足斤足两,严把验收入库环节。

其次在施工过程中,严格执行质量方面的程序文件,做到材料堆放合理布局,减少二次搬运。具体操作依据工程进度实行限额领料,完成一个分项后,考核控制效果。

最后是杜绝没有收入的支出,把返工损失降到最低限度。月末应把控制用量和价格同实际数量横向对比,考核实际效果,对超用材料数量落实清楚,是在哪个工程子项造成的? 原因是什么? 是否存在同业主计取材料差价的问题等。

3. 机械费用的管理

机械费开支约占建筑产品成本的 7%,其控制指标,主要是根据工程量清单计算出使用的机械控制台班数。在施工过程中,每天做详细台班记录,是否存在维修、待班的台班。如存在现场停电超过合同规定时间的现象,应在当天同业主做好待班现场签证记录,月末将实际使用台班同控制台班的绝对数进行对比,分析量差发生的原因。对机械费价格一般采取租赁协议,合同一般在结算期内不变动,所以,控制实际用量是关键。依据现场情况做到设备合理布局,充分利用,特别是要合理安排大型设备进出场时间,以降低费用。

4. 施工过程中水电费的管理

水电费的管理,在以往工程施工中一直被忽视。水作为人类赖以生存的宝贵资源,越来越短缺,正在给人类敲响警钟。这对加强施工过程中水电费管理的重要性不言而喻。为便于施工过程支出的控制管理,应把控制用量计算到施工子项以便于水电费用控制。月末依据完成子项所需水电用量同实际用量对比,找出差距的出处,以便制定改正措施。总之施工过程中对水电用量控制不仅仅是一个经济效益问题,更是一个合理利用宝贵资源问题。

5. 对设计变更和工程签证的管理

在施工过程中,时常会遇到一些原设计未预料的实际情况或业主单位提出要求改变某些施工做法、材料代用等,引发设计变更;同样对施工图以外的内容及停水、停电,或因材料供应不及时造成停工、窝工等都需要办理工程签证。以上两部分工作,首先应由负责现场施工的技术人员做好工程量的确认,如存在工程量清单不包括的施工内容,应及时通知技术人员,将需要办理工程签证的内容落实清楚;其次工程造价人员审核变更或签证签字内容是否清楚完整,手续是否齐全,如手续不齐全,应在当天督促施工人员补办手续,变更或签证的资料应连续编号;最后工程造价人员还应特别注意在施工方案中涉及的工程造价问题。在投标时,工程量清单是依据以往的经验计价,建立在既定的施工方案基础上。施工方案的改变便是对工程量清单造价的修正。变更或签证是工程量清单工程造价中所不包括的内容,但在施工过程中费用已经发生,工程造价人员应及时地编制变更及签证后的变动价值。加强设计变更和工程签证工作是施工企业经济活动中的一个重要组成部分,它可防止应得效益的流失,反映工程真实造价构成,对施工企业各级管理者来说更显得重要。

6. 对其他成本要素的管理

成本要素除工料单价法包含的以外,还有管理费用、利润、临设费、税金、保险费等。这部分收入已分散在工程量清单的子项之中,中标后已成既定的数,因而,在施工过程中应注意以下几点:

(1)节约管理费用是重点,制定切实的预算指标,对每笔开支严格依据预算执行审批手续;提高管理人员的综合素质,做到高效精干,提倡一专多能。对办公费用的管理,从节约一张纸、减少每次通话时间等方面着手,精打细算,控制费用支出。

(2)利润作为工程量清单子项收入的一部分,在成本不亏损的情况下,就是企业既定利润。

(3)临设费管理的重点是,依据施工的工期及现场情况合理布局临设。尽可能就地取材搭建临设,工程接近竣工时及时减少临设的占用。对购买的彩板房每次安、拆要高抬轻放,延长使用次数。日常使用及时维护易损部位,延长使用寿命。

(4)对税金、保险费的管理重点是一个资金问题,依据施工进度及时拨付工程款,确保按国家规定的税金及时上缴。

以上六个方面是施工企业的成本要素,针对工程量清单形式带来的风险性,施工企业要从加强过程控制的管理入手,才能将风险降到最低点。积累各种结构形式下成本要素的资料,逐步形成科学、合理的,具有代表人力、财力、技术力量的企业定额体系。通过企业定额,使报价不再盲目,避免了一味过低或过高报价所形成的亏损、废标,以应付复杂激烈的市场竞争。

三、2013 版清单计价规范简介

2012 年 12 月 25 日,住房和城乡建设部发布了《建设工程工程量清单计价规范》(GB 50500—2013)(以下简称"13 计价规范")和《房屋建筑与装饰工程工程量计算规范》(GB 50854—2013)、《仿古建筑工程工程量计算规范》(GB 50855—2013)、《通用安装工程工程量计算规范》(GB 50856—2013)、《市政工程工程量计算规范》(GB 50857—2013)、《园林绿化工程工程量计算规范》(GB 50858—2013)、《矿山工程工程量计算规范》(GB 50859—2013)、《构筑物工程工程量计算规范》(GB 50860—2013)、《城市轨道交通工程工程量计算规范》(GB 50861—2013)、《爆破工程工程量计算规范》(GB 50862—2013)等 9 本计量规范(以下简称"13 工程计量规范"),全部 10 本规范于 2013 年 7 月 1 日起实施。

"13 计价规范"及"13 工程计量规范"是在《建设工程工程量清单计价规范》(GB 50500—2008)(以下简称"08 计价规范")基础上,以原建设部发布的工程基础定额、消耗量定额、预算定额以及各省、自治区、直辖市或行业建设主管部门发布的工程计价定额为参考,以工程计价相关的国家或行业的技术标准、规范、规程为依据,搜集近年来新的施工技术、工艺和新材料的项目资料,经过整理,在全国广泛征求意见后编制而成。

"13 计价规范"共设置 16 章、54 节、329 条,各章名称为:总则、术语、一般规定、工程量清单编制、招标控制价、投标报价、合同价款约定、工程计量、合同价款调整、合同价款期中支付、竣工结算与支付、合同解除的价款结算与支付、合同价款争议的解决、工程造价鉴定、工程计价资料与档案和工程计价表格。相比"08 计价规范"而言,分别增加了 11 章、37 节、192 条。

"13 计价规范"适用于建设工程发承包及实施阶段的招标工程量清单、招标控制价、投标报价的编制,工程合同价款的约定,竣工结算的办理以及施工过程中的工程计量、合同价款支付、施工索赔与现场签证、合同价款调整和合同价款争议的解决等计价活动。相对于"08 计价规范","13 计价规范"将"建设工程工程量清单计价活动"修改为"建设工程发承包及实施阶段的计价活动",从而对清单计价规范的适用范围进一步进行了明确,表明了不分何种计价方式,建设工程发承包及实施阶段的计价活动必须执行"13 计价规范"。之所以规定"建设工程发承包及实施阶段的计价活动",主要是因为工程建设具有周期长、金额大、不确定因素多的特点,从而决定了建设工程计价具有分阶段计价的特点,建设工程决策阶段、设计阶段的计价要求与发承包及实施阶段的计价要求是有区别的,这就避免了因理解上的歧义而发生纠纷。

"13 计价规范"规定:"建设工程发承包及实施阶段的工程造价应由分部分项工程费、措施项目费、其他项目费、规费和税金组成。"这说明了不论采用什么计价方式,建设工程发承包及

实施阶段的工程造价均由这五部分组成,这五部分也称之为建筑安装工程费。

根据原人事部、原建设部《关于印发(造价工程师执业制度暂行规定)的通知》(人发[1996]77号)、《注册造价工程师管理办法》(建设部第150号令)以及《全国建设工程造价员管理办法》(中价协[2011]021号)的有关规定,"13计价规范"规定:"招标工程量清单、招标控制价、投标报价、工程计量、合同价款调整、合同价款结算与支付以及工程造价鉴定等工程造价文件的编制与核对,应由具有专业资格的工程造价人员承担。""承担工程造价文件的编制与核对的工程造价人员及其所在单位,应对工程造价文件的质量负责。"

另外,由于建设工程造价计价活动不仅要客观反映工程建设的投资,更应体现工程建设交易活动的公正、公平原则,因此"13计价规范"规定,工程建设双方,包括受其委托的工程造价咨询方,在建设工程发承包及实施阶段从事计价活动均应遵循客观、公正、公平的原则。

第二节　工程量清单计价相关规定

一、计价方式

(1)使用国有资金投资的建设工程发承包,必须采用工程量清单计价。国有投资的资金包括国家融资资金、国有资金为主的投资资金。

1)国有资金投资的工程建设项目包括:

①使用各级财政预算资金的项目。

②使用纳入财政管理的各种政府性专项建设资金的项目。

③使用国有企事业单位自有资金,并且国有资产投资者实际拥有控制权的项目。

2)国家融资资金投资的工程建设项目包括:

①使用国家发行债券所筹资金的项目。

②使用国家对外借款或者担保所筹资金的项目。

③使用国家政策性贷款的项目。

④国家授权投资主体融资的项目。

⑤国家特许的融资项目。

3)国有资金为主的工程建设项目是指国有资金占投资总额50%以上,或虽不足50%,但国有投资者实质上拥有控股权的工程建设项目。

(2)非国有资金投资的建设工程,"13计价规范"鼓励采用工程量清单计价方式,但是否采用,由项目业主自主确定。

(3)不采用工程量清单计价的建设工程,应执行"13计价规范"中除工程量清单等专门性规定外的其他规定。

(4)实行工程量清单计价应采用综合单价法,不论分部分项工程项目、措施项目、其他项目,还是以单价形式或以总价形式表现的项目,其综合单价的组成内容均包括完成该项目所需的、除规费和税金以外的所有费用。

（5）根据《中华人民共和国安全生产法》、《中华人民共和国建筑法》、《建设工程安全生产管理条例》、《安全生产许可证条例》等法律、法规的规定，建设部办公厅印发了《建筑工程安全防护、文明施工措施费及使用管理规定》（建办[2005]89号），将安全文明施工纳入国家强制性标准管理范围，其费用标准不予竞争，并规定"投标方安全防护、文明施工措施的报价，不得低于依据工程所在地工程造价管理机构测定费率计算所需费用总额的90%"。2012年2月14日，财政部、国家安全生产监督管理总局印发《企业安全生产费用提取和使用管理办法》（财企[2012]16号）规定："建设工程施工企业提取的安全费用列入工程造价，在竞标时，不得删减，列入标外管理"。

"13计价规范"规定措施项目清单中的安全文明施工费必须按国家或省级、行业建设主管部门的规定费用标准计算，招标人不得要求投标人对该项费用进行优惠，投标人也不得将该项费用参与市场竞争。此处的安全文明施工费包括《建筑安装工程费用项目组成》（建标[2013]44号）中措施费的文明施工费、环境保护费、临时设施费、安全施工费。

（6）根据建设部、财政部印发的《建筑安装工程费用项目组成》（建标[2013]44号）的规定，规费是政府和有关权力部门规定必须缴纳的费用。税金是国家按照税法预先规定的标准，强制地、无偿地要求纳税人缴纳的费用。它们都是工程造价的组成部分，但是其费用内容和计取标准都不是发、承包人能自主确定的，更不是由市场竞争决定的。因而，"13计价规范"规定："规费和税金必须按国家或省级、行业建设主管部门的规定计算，不得作为竞争性费用。"

二、发包人提供材料和机械设备

《建设工程质量管理条例》第14条规定："按照合同约定，由建设单位采购建筑材料、建筑构配件和设备的，建设单位应当保证建筑材料、建筑构配件和设备符合设计文件和合同要求"；《中华人民共和国合同法》第283条规定："发包人未按照约定的时间和要求提供原材料、设备、场地、资金、技术资料的，承包人可以顺延工程日期，并有权要求赔偿停工、窝工等损失"。"13计价规范"根据上述法律条文对发包人提供材料和机械设备的情况进行了如下约定：

（1）发包人提供的材料和工程设备（以下简称甲供材料）应在招标文件中按照规定填写《发包人提供材料和工程设备一览表》，写明甲供材料的名称、规格、数量、单价、交货方式、交货地点等。承包人投标时，甲供材料价格应计入相应项目的综合单价中，签约后，发包人应按合同约定扣除甲供材料款，不予支付。

（2）承包人应根据合同工程进度计划的安排，向发包人提交甲供材料交货的日期计划。发包人应按计划提供。

（3）发包人提供的甲供材料如规格、数量或质量不符合合同要求，或由于发包人原因发生交货日期延误、交货地点及交货方式变更等情况的，发包人应承担由此增加的费用和（或）工期延误，并应向承包人支付合理利润。

（4）发承包双方对甲供材料的数量发生争议不能达成一致的，应按照相关工程的计价定额同类项目规定的材料消耗量计算。

（5）若发包人要求承包人采购已在招标文件中确定为甲供材料的，材料价格应由发承包双方根据市场调查确定，并应另行签订补充协议。

三、承包人提供材料和工程设备

《建设工程质量管理条例》第 29 条规定:"施工单位必须按照工程设计要求、施工技术标准和合同约定,对建筑材料、建筑构配件、设备和商品混凝土进行检验,检验应当有书面记录和专人签字;未经检验或者检验不合格的,不得使用。""13 计价规范"根据此法律条文对承包人提供材料和机械设备的情况进行了如下约定:

(1)除合同约定的发包人提供的甲供材料外,合同工程所需的材料和工程设备应由承包人提供,承包人提供的材料和工程设备均应由承包人负责采购、运输和保管。

(2)承包人应按合同约定将采购材料和工程设备的供货人及品种、规格、数量和供货时间等提交发包人确认,并负责提供材料和工程设备的质量证明文件,满足合同约定的质量标准。

(3)对承包人提供的材料和工程设备经检测不符合合同约定的质量标准,发包人应立即要求承包人更换,由此增加的费用和(或)工期延误应由承包人承担。对发包人要求检测承包人已具有合格证明的材料、工程设备,但经检测证明该项材料、工程设备符合合同约定的质量标准,发包人应承担由此增加的费用和(或)工期延误,并向承包人支付合理利润。

四、计价风险

(1)建设工程发承包,必须在招标文件、合同中明确计价中的风险内容及其范围,不得采用无限风险、所有风险或类似语句规定计价中的风险内容及范围。

风险是一种客观存在的、会带来损失的、不确定的状态。它具有客观性、损失性、不确定性的特点,并且风险始终是与损失相联系的。工程施工发包是一种期货交易行为,工程建设本身又具有单件性和建设周期长的特点。在工程施工过程中,影响工程施工及工程造价的风险因素很多,但并非所有的风险都是承包人能预测、能控制和应承担其造成损失的。

工程施工招标发包是工程建设交易方式之一,一个成熟的建设市场应是一个体现交易公平性的市场。在工程建设施工发包中,实行风险共担和合理分摊原则是实现建设市场交易公平性的具体体现,是维护建设市场正常秩序的措施之一。其具体体现是应在招标文件或合同中对发承包双方各自应承担的风险内容及其风险范围或幅度进行界定和明确,而不能要求承包人承担所有风险或无限度风险。

根据我国工程建设特点,投标人应完全承担的风险是技术风险和管理风险,如管理费和利润;应有限度承担的是市场风险,如材料价格、施工机械使用费等的风险;应完全不承担的是法律、法规、规章和政策变化的风险。

(2)由于下列因素出现,影响合同价款调整的,应由发包人承担:

1)由于国家法律、法规、规章或有关政策出台导致工程税金、规费等发生变化的。

2)对于根据我国目前工程建设的实际情况,各省、自治区、直辖市建设行政主管部门均根据当地人力资源和社会保障行政主管部门的有关规定发布人工成本信息或人工费调整,对此关系职工切身利益的人工费进行调整的,但承包人对人工费或人工单价的报价高于发布的除外。

3)按照《中华人民共和国合同法》第 63 条规定:"执行政府定价或者政府指导价的,在合同约定的交付期限内价格调整时,按照交付的价格计价。逾期交付标的物的,遇价格上涨时,按照原价格执行;价格下降时,按照新价格执行。逾期提取标的物或者逾期付款的,遇价格上涨时,按照新价格执行;价格下降时,按照原价格执行。"因此,对政府定价或政府指导价管理的原材料价格按照相关文件规定进行合同价款调整。

因承包人原因导致工期延误的,应按本书后叙"合同价款调整"中"法律法规变化"和"物价变化"中的有关规定进行处理。

(3)对于主要由市场价格波动导致的价格风险,如工程造价中的建筑材料、燃料等价格风险,应由发承包双方合理分摊,并按规定填写《承包人提供主要材料和工程设备一览表》作为合同附件;当合同中没有约定,发承包双方发生争议时,应按"13 计价规范"的相关规定调整合同价款。

"13 计价规范"中提出承包人所承担的材料价格的风险宜控制在 5% 以内,施工机械使用费的风险可控制在 10% 以内,超过者予以调整。

(4)由于承包人使用机械设备、施工技术以及组织管理水平等自身原因造成施工费用增加的,应由承包人全部承担。

(5)当不可抗力发生,影响合同价款时,应按本书后叙"合同价款调整"中"不可抗力"的相关规定处理。

第三节　工程量清单编制

一、工程量清单编制一般规定

(1)招标工程量清单应由招标人负责编制,若招标人不具有编制工程量清单的能力,则可根据《工程造价咨询企业管理办法》(建设部第 149 号令)的规定,委托具有工程造价咨询性质的工程造价咨询人编制。

(2)招标工程量清单必须作为招标文件的组成部分,其准确性(数量不算错)和完整性(不缺项漏项)应由招标人负责。招标人应将工程量清单连同招标文件一起发(售)给投标人。投标人依据工程量清单进行投标报价时,对工程量清单不负有核实的义务,更不具有修改和调整的权力。如招标人委托工程造价咨询人编制工程量清单,其责任仍由招标人负责。

(3)招标工程量清单是工程量清单计价的基础,应作为编制招标控制价、投标报价、计算或调整工程量以及工程索赔等的依据之一。

(4)招标工程量清单应以单位(项)工程为单位编制,应由分部分项工程项目清单、措施项目清单、其他项目清单、规费和税金项目清单组成。

(5)编制招标工程量清单应依据:

1)"13 计价规范"和相关工程的国家计量规范。

2)国家或省级、行业建设主管部门颁发的计价定额和办法。

3)建设工程设计文件及相关资料。

4)与建设工程有关的标准、规范、技术资料。

5)拟定的招标文件。

6)施工现场情况、地勘水文资料、工程特点及常规施工方案。

7)其他相关资料。

二、分部分项工程项目

(1)分部分项工程项目清单必须载明项目编码、项目名称、项目特征、计量单位和工程量。这是构成一个分部分项工程项目清单的五个要件,在分部分项工程项目清单的组成中缺一不可。

(2)分部分项工程项目清单必须根据相关工程现行国家计量规范规定的项目编码、项目名称、项目特征、计量单位和工程量计算规则进行编制。

三、措施项目

(1)措施项目清单必须根据相关工程现行国家计量规范的规定编制。

(2)由于工程建设施工特点和承包人组织施工生产的施工装备水平、施工方案及施工管理水平的差异,同一工程由不同承包人组织施工采用的施工技术措施也不完全相同,因此,措施项目清单应根据拟建工程的实际情况列项。

四、其他项目

(1)其他项目清单宜按照下列内容列项:

1)暂列金额。暂列金额是招标人在工程量清单中暂定并包括在合同价款中的一笔款项。清单计价规范中明确规定暂列金额用于施工合同签订时尚未确定或者不可预见的所需材料、设备、服务的采购,施工中可能发生的工程变更、合同约定调整因素出现时的工程价款调整以及发生的索赔、现场签证确认等的费用。

不管采用何种合同形式,工程造价理想的标准,是一份合同的价格就是其最终的竣工结算价格,或者至少两者应尽可能接近。我国规定对政府投资工程实行概算管理,经项目审批部门批复的设计概算是工程投资控制的刚性指标,即使商业性开发项目也有成本的预先控制问题;否则,无法相对准确预测投资的收益和科学合理地进行投资控制。但工程建设自身的特性决定了工程的设计需要根据工程进展不断地进行优化和调整,业主需求可能会随工程建设进展出现变化,工程建设过程还会存在一些不能预见、不能确定的因素。消化这些因素必然会影响合同价格的调整,暂列金额正是为这类不可避免的价格调整而设立,以便达到合理确定和有效控制工程造价的目标。

另外,暂列金额列入合同价格不等于就属于承包人所有了,即使是总价包干合同,也不等于列入合同价格的所有金额就属于承包人,是否属于承包人应得金额取决于具体的合同约定,只有按照合同约定程序实际发生后,才能成为承包人的应得金额,纳入合同结算价款中。扣除实际发生金额后的暂列金额余额仍属于发包人所有。设立暂列金额并不能保证合同结算价格,就不会再出现超过合同价格的情况,是否超出合同价格完全取决于工程量清单编制人暂列金额预测的准确性,以及工程建设过程是否出现了其他事先未预测到的事件。

2)暂估价。暂估价是指招标阶段直至签订合同协议时,招标人在招标文件中提供的用于支付必然发生,但暂时不能确定价格的材料以及专业工程的金额。暂估价包括材料暂估单价、工程设备暂估单价和专业工程暂估价。暂估价类似于 FIDIC 合同条款中的 Prime Cost Items,在招标阶段预见肯定要发生,只是因为标准不明确或者需要由专业承包人完成,暂时无法确定价格。暂估价数量和拟用项目应当结合工程量清单中的"暂估价表"予以补充说明。

为方便合同管理,需要纳入分部分项工程项目清单综合单价中的暂估价应只是材料费、工程设备费,以方便投标人组价。

专业工程的暂估价一般应是综合暂估价,应当包括除规费和税金以外的管理费、利润等取费。总承包招标时,专业工程设计深度往往是不够的,一般需要交由专业设计人设计,国际上,出于提高可建造性考虑,一般由专业承包人负责设计,以发挥其专业技能和专业施工经验的优势。这类专业工程交由专业分包人完成是国际工程的良好实践,目前,在我国工程建设领域也已经比较普遍。公开透明地合理确定这类暂估价的实际开支金额的最佳途径,就是通过施工总承包人与工程建设项目招标人共同组织的招标。

3)计日工。计日工是为解决现场发生的零星工作的计价而设立的,其为额外工作和变更的计价提供了一个方便快捷的途径。计日工适用的所谓零星工作一般是指合同约定之外的或者因变更而产生的、工程量清单中没有相应项目的额外工作,尤其是那些时间不允许事先商定价格的额外工作。计日工以完成零星工作所消耗的人工工时、材料数量、机械台班进行计量,并按照计日工表中填报的适用项目的单价进行计价支付。

国际上常见的标准合同条款中,大多数都设立了计日工(Daywork)计价机制。但在我国以往的工程量清单计价实践中,由于计日工项目的单价水平一般要高于工程量清单项目的单价水平,因而经常被忽略。从理论上讲,由于计日工往往是用于一些突发性的额外工作,缺少计划性,承包人在调动施工生产资源方面难免会影响已经计划好的工作,生产资源的使用效率也有一定的降低,客观上造成超出常规的额外投入。另外,其他项目清单中计日工往往是一个暂定的数量,其无法纳入有效的竞争。所以,合理的计日工单价水平一定是要高于工程量清单的价格水平的。为获得合理的计日工单价,发包人在其他项目清单中对计日工一定要给出暂定数量,并需要根据经验尽可能估算一个较接近实际的数量。

4)总承包服务费。总承包服务费是为了解决招标人在法律、法规允许的条件下进行专业工程发包,以及自行供应材料、设备,并需要总承包人对发包的专业工程提供协调和配合服务,对供应的材料、设备提供收、发和保管服务以及进行施工现场管理时发生,并向总承包人支付的费用。招标人应预计该项费用并按投标人的投标报价向投标人支付该项费用。

(2)为保证工程施工建设的顺利实施,投标人在编制招标工程量清单时,应对施工过程中可能出现的各种不确定因素对工程造价的影响进行估算,列出一笔暂列金额。暂列金额可根据工程的复杂程度、设计深度、工程环境条件(包括地质、水文、气候条件等)进行估算,一般可以分部分项工程费的10%~15%作为参考。

(3)暂估价中的材料、工程设备暂估单价应根据工程造价信息或参照市场价格估算,列出明细表;专业工程暂估价应分不同专业,按有关计价规定估算,列出明细表。

(4)计日工应列出项目名称、计量单位和暂估数量。

(5)总承包服务费应列出服务项目及其内容等。

(6)出现上述第(1)条中未列的项目,应根据工程实际情况补充。如办理竣工结算时,就需将索赔及现场鉴证列入其他项目中。

五、规费

规费是根据省级政府或省级有关权力部门规定必须缴纳的,应计入建筑安装工程造价的费用。根据住房和城乡建设部、财政部"关于印发《建筑安装工程费用项目组成》的通知"(建标[2013]44号)的规定,规费主要包括社会保险费、住房公积金、工程排污费,其中社会保险费包括养老保险费、医疗保险费、失业保险费、工伤保险费和生育保险费;税金主要包括营业税、城市维护建设税、教育费附加和地方教育附加。规费作为政府和有关权力部门规定必须缴纳的费用,政府和有关权力部门可根据形势发展的需要,对规费项目进行调整,因此,清单编制人对《建筑安装工程费用项目组成》中未包括的规费项目,在编制规费项目清单时,应根据省级政府或省级有关权力部门的规定列项。

规费项目清单应按照下列内容列项:

(1)社会保险费:包括养老保险费、失业保险费、医疗保险费、工伤保险费、生育保险费。

(2)住房公积金。

(3)工程排污费。

相对于"08计价规范","13计价规范"对规费项目清单进行了以下调整:

(1)根据《中华人民共和国社会保险法》的规定,将"08计价规范"使用的"社会保障费"更名为"社会保险费",将"工伤保险费、生育保险费"列入社会保险费。

(2)根据十一届全国人大常委会第20次会议将《中华人民共和国建筑法》第四十八条由"建筑施工企业必须为从事危险作业的职工办理意外伤害保险,支付保险费"修改为"建筑施工企业应当依法为职工参加工伤保险缴纳工伤保险费。鼓励企业为从事危险作业的职工办理意外伤害保险,支付保险费"。由于建筑法将意外伤害保险由强制改为鼓励,因此,"13计价规范"中规费项目增加了工伤保险费,删除了意外伤害保险,将其列入企业管理费中列支。

(3)根据《财政部、国家发展改革委关于公布取消和停止征收100项行政事业性收费项目的通知》(财综[2008]78号)的规定,工程定额测定费从2009年1月1日起取消,停止征收。因此,"13计价规范"中规费项目取消了工程定额测定费。

六、税金

根据住房和城乡建设部、财政部"关于印发《建筑安装工程费用项目组成》的通知"(建标[2013]44号)的规定,目前,我国税法规定应计入建筑安装工程造价的税种包括营业税、城市建设维护税、教育费附加和地方教育附加。如国家税法发生变化,税务部门依据职权增加了税种,应对税金项目清单进行补充。

税金项目清单应按下列内容列项:

(1)营业税。

(2)城市维护建设税。

(3)教育费附加。

(4)地方教育附加。

根据《财政部关于统一地方教育政策有关内容的通知》(财综[2011]98号)的有关规定,"13计价规范"相对于"08计价规范",在税金项目增列了地方教育附加项目。

第四节　工程量清单计价编制

一、招标控制价编制

(一)一般规定

招标控制价是招标人根据国家或省级、行业建设主管部门颁发的有关计价依据和办法，按设计施工图纸计算的，对招标工程限定的最高工程造价。国有资金投资的工程建设项目必须实行工程量清单招标，并必须编制招标控制价。

1. 招标控制价的作用

(1)我国对国有资金投资项目的是投资控制实行的投资概算审批制度，国有资金投资的工程原则上不能超过批准的投资概算。因此，在工程招标发包时，当编制的招标控制价超过批准的概算，招标人应当将其报原概算审批部门重新审核。

(2)国有资金投资的工程进行招标，根据《中华人民共和国招标投标法》的规定，招标人可以设标底。当招标人不设标底时，为有利于客观、合理的评审投标报价和避免哄抬标价，造成国有资产流失，招标人必须编制招标控制价。

(3)国有资金投资的工程，招标人编制并公布的招标控制价相当于招标人的采购预算，同时要求其不能超过批准的概算，因此，招标控制价是招标人在工程招标时能接受投标人报价的最高限价。

2. 招标控制价的编制人员

招标控制价应由具有编制能力的招标人编制，当招标人不具有编制招标控制价的能力时，可委托具有相应资质的工程造价咨询人编制。工程造价咨询人接受招标人委托编制招标控制价，不得再就同一工程接受投标人委托编制投标报价。

所谓具有相应工程造价咨询资质的工程造价咨询人是指根据《工程造价咨询企业管理办法》(建设部令第149号)的规定，依法取得工程造价咨询企业资质，并在其资质许可的范围内接受招标人的委托，编制招标控制价的工程造价咨询企业。即取得甲级工程造价咨询资质的咨询人可承担各类建设项目的招标控制价编制，取得乙级(包括乙级暂定)工程造价咨询资质的咨询人，则只能承担5000万元以下的招标控制价的编制。

3. 其他规定

(1)招标控制价的作用决定了招标控制价不同于标底，无须保密。为体现招标的公平、公正，防止招标人有意抬高或压低工程造价，招标人应在招标文件中如实公布招标控制价，不得对所编制的招标控制价进行上浮或下调。招标人在招标文件中公布招标控制价时，应公布招标控制价各组成部分的详细内容，不得只公布招标控制价总价。

(2)招标人应将招标控制价及有关资料报送工程所在地或有该工程管辖权的行业管理部门工程造价管理机构备查。

（二）招标控制价编制与复核

1. 招标控制价编制依据

（1）"13 计价规范"。

（2）国家或省级、行业建设主管部门颁发的计价定额和计价办法。

（3）建设工程设计文件及相关资料。

（4）拟定的招标文件及招标工程量清单。

（5）与建设项目相关的标准、规范、技术资料。

（6）施工现场情况、工程特点及常规施工方案。

（7）工程造价管理机构发布的工程造价信息，当工程造价信息没有发布时，参照市场价。

（8）其他的相关资料。

按上述依据进行招标控制价编制，应注意以下事项：

（1）使用的计价标准、计价政策应是国家或省、自治区、直辖市建设行政主管部门或行业建设主管部门颁布的计价定额和计价方法。

（2）采用的材料价格应是工程造价管理机构通过工程造价信息发布的材料单价，工程造价信息未发布材料单价的材料，其材料价格应通过市场调查确定。

（3）国家或省、自治区、直辖市建设行政主管部门或行业建设主管部门对工程造价计价中费用或费用标准有规定的，应按规定执行。

2. 招标控制价的编制

（1）综合单价中应包括招标文件中划分的应由投标人承担的风险范围及其费用。招标文件中没有明确的，如是工程造价咨询人编制，应提请招标人明确；如是招标人编制，应予明确。

（2）分部分项工程和措施项目中的单价项目，应根据拟定的招标文件和招标工程量清单项目中的特征描述及有关要求确定综合单价计算。招标文件中提供了暂估单价的材料，按暂估的单价计入综合单价。

（3）措施项目中的总价项目应根据拟定的招标文件和常规施工方案采用综合单价计价。措施项目中的安全文明施工费必须按国家或省级、行业建设主管部门的规定计算，不得作为竞争性费用。

（4）其他项目费应按下列规定计价：

1）暂列金额。暂列金额应按招标工程量清单中列出的金额填写。

2）暂估价。暂估价包括材料暂估单价、工程设备暂估单价和专业工程暂估价。暂估价中的材料、工程设备单价应根据招标工程量清单列出的单价计入综合单价。

3）计日工。计日工包括计日工人工、材料和施工机械。在编制招标控制价时，对计日工中的人工单价和施工机械台班单价应按省级、行业建设主管部门或其授权的工程造价管理机构公布的单价计算；材料应按工程造价管理机构发布的工程造价信息中的材料单价计算，工程造价信息未发布材料单价的材料，其价格应按市场调查确定的单价计算。

4）总承包服务费。招标人编制招标控制价时，总承包服务费应根据招标文件中列出的内容和向总承包人提出的要求，按照省级或行业建设主管部门的规定或参照下列标准计算：

①招标人仅要求对分包的专业工程进行总承包管理和协调时，按分包的专业工程估算造价的 1.5% 计算。

②招标人要求对分包的专业工程进行总承包管理和协调,并同时要求提供配合服务时,根据招标文件中列出的配合服务内容和提出的要求,按分包的专业工程估算造价的3%～5%计算。

③招标人自行供应材料的,按招标人供应材料价值的1%计算。

(5)招标控制价的规费和税金必须按国家或省级、行业建设主管部门的规定计算。

(三)投诉与处理

(1)投标人经复核认为招标人公布的招标控制价未按照本规范的规定进行编制的,应在招标控制价公布后5天内向招投标监督机构和工程造价管理机构投诉。

(2)投诉人投诉时,应当提交由单位盖章和法定代表人或其委托人签名或盖章的书面投诉书。投诉书应包括下列内容:

1)投诉人与被投诉人的名称、地址及有效联系方式。

2)投诉的招标工程名称、具体事项及理由。

3)投诉依据及有关证明材料。

4)相关的请求及主张。

(3)投诉人不得进行虚假、恶意投诉,阻碍招投标活动的正常进行。

(4)工程造价管理机构在接到投诉书后应在2个工作日内进行审查,对有下列情况之一的,不予受理:

1)投诉人不是所投诉招标工程招标文件的收受人。

2)投诉书提交的时间不符合上述第(1)条规定的。

3)投诉书不符合上述第(2)条规定的。

4)投诉事项已进入行政复议或行政诉讼程序的。

(5)工程造价管理机构应在不迟于结束审查的次日将是否受理投诉的决定书面通知投诉人、被投诉人以及负责该工程招投标监督的招投标管理机构。

(6)工程造价管理机构受理投诉后,应立即对招标控制价进行复查,组织投诉人、被投诉人或其委托的招标控制价编制人等单位人员对投诉问题逐一核对。有关当事人应当予以配合,并应保证所提供资料的真实性。

(7)工程造价管理机构应当在受理投诉的10天内完成复查,特殊情况下可适当延长,并作出书面结论通知投诉人、被投诉人及负责该工程招投标监督的招投标管理机构。

(8)当招标控制价复查结论与原公布的招标控制价误差大于±3%时,应当责成招标人改正。

(9)招标人根据招标控制价复查结论需要重新公布招标控制价的,其最终公布的时间至招标文件要求提交投标文件截止时间不足15天的,应相应延长投标文件的截止时间。

二、投标报价编制

(一)一般规定

(1)投标价应由投标人或受其委托具有相应资质的工程造价咨询人编制。

(2)投标价中除"13计价规范"中规定的规费、税金及措施项目清单中的安全文明施工费应按国家或省级、行业建设主管部门的规定计价,不得作为竞争性费用外,其他项目的投标报价由投标人自主决定。

(3)投标人的投标报价不得低于工程成本。《中华人民共和国反不正当竞争法》第十一条规定:"经营者不得以排挤竞争对手为目的,以低于成本的价格销售商品。"《中华人民共和国招标投标法》第四十一规定:"中标人的投标应当符合下列条件⋯⋯(二)能够满足招标文件的实质性要求,并且经评审的投标价格最低;但是投标价格低于成本的除外。"《评标委员会和评标方法暂行规定》(国家计委等七部委第12号令)第二十一条规定:"在评标过程中,评标委员会发现投标人的报价明显低于其他投标报价或者在设有标底时明显低于标底的,使得其投标报价可能低于其个别成本的,应当要求该投标人作出书面说明并提供相关证明材料。投标人不能合理说明或者不能提供相关证明材料的,由评标委员会认定该投标人以低于成本报价竞标,其投标应作废标处理。"

(4)实行工程量清单招标,招标人在招标文件中提供工程量清单,其目的是使各投标人在投标报价中具有共同的竞争平台。因此,要求投标人必须按招标工程量清单填报价格,工程量清单的项目编码、项目名称、项目特征、计量单位、工程数量必须与招标人招标文件中提供的招标工程量清单一致。

(5)根据《中华人民共和国政府采购法》第三十六条规定:"在招标采购中,出现下列情形之一的,应予废标⋯⋯(三)投标人的报价均超过了采购预算,采购人不能支付的。"《中华人民共和国招标投标法实施条例》第五十一条规定:"有下列情形之一者,评标委员会应当否决其投标:⋯⋯(五)投标报价低于成本或者高于招标文件设定的最高投标限价"。对于国有资金投资的工程,其招标控制价相当于政府采购中的采购预算,且其定义就是最高投标限价,因此投标人的投标报价不能高于招标控制价,否则,应予废标。

(二)编制与复核

(1)投标报价应根据下列依据编制和复核:

1)"13计价规范"。

2)国家或省级、行业建设主管部门颁发的计价办法。

3)企业定额,国家或省级、行业建设主管部门颁发的计价定额和计价办法。

4)招标文件、招标工程量清单及其补充通知、答疑纪要。

5)建设工程设计文件及相关资料。

6)施工现场情况、工程特点及投标时拟定的施工组织设计或施工方案。

7)与建设项目相关的标准、规范等技术资料。

8)市场价格信息或工程造价管理机构发布的工程造价信息。

9)其他的相关资料。

(2)综合单价中应考虑招标文件中要求投标人承担的风险内容及其范围(幅度)产生的风险费用,招标文件中没有明确的,应提请招标人明确。在施工过程中,当出现的风险内容及其范围(幅度)在合同约定的范围内时,合同价款不作调整。

(3)分部分项工程和措施项目中的单价项目,应根据招标文件和招标工程量清单项目中的特征描述确定综合单价。招标工程量清单的项目特征描述是确定分部分项工程和措施项目中的单价的重要依据之一,投标人投标报价时应依据招标工程量清单项目的特征描述确定清单项目的综合单价。招投标过程中,当出现招标工程量清单项目特征描述与设计图纸不符时,投标人应以招标工程量清单的项目特征描述为准,确定投标报价的综合单价。当施工中施工图纸或设计变更与招标工程量清单的项目特征描述不一致时,发承包双方应按实际施工的项目特征,依据合同约定重新确定综合单价。

招标文件中提供了暂估单价的材料,应按暂估的单价计入综合单价;综合单价中应考虑招标文件中要求投标人承担的风险内容及其范围(幅度)产生的风险费用。在施工过程中,当出现的风险内容及其范围(幅度)在合同约定的范围内时,工程价款不做调整。

(4)投标人可根据工程实际情况并结合施工组织设计,对招标人所列的措施项目进行增补。由于各投标人拥有的施工装备、技术水平和采用的施工方法有所差异,招标人提出的措施项目清单是根据一般情况确定的,没有考虑不同投标人的"个性",投标人投标时应根据自身编制的投标施工组织设计或施工方案确定措施项目,对招标人提供的措施项目进行调整。投标人根据投标施工组织设计或施工方案调整和确定的措施项目应通过评标委员会的评审。

措施项目中的总价项目应采用综合单价计价。其中安全文明施工费应按国家或省级、行业建设主管部门的规定确定,且不得作为竞争性费用。

(5)其他项目应按下列规定报价:

1)暂列金额应按招标工程量清单中列出的金额填写,不得变动。

2)材料、工程设备暂估价应按招标工程量清单中列出的单价计入综合单价,不得变动和更改。

3)专业工程暂估价应按招标工程量清单中列出的金额填写,不得变动和更改。

4)计日工应按招标工程量清单中列出的项目和数量,自主确定综合单价并计算计日工金额。

5)总承包服务费应依据招标工程量清单中列出的专业工程暂估价内容和供应材料、设备情况,按照招标人提出协调、配合与服务要求和施工现场管理需要自主确定。

(6)规费和税金应按国家或省级、行业建设主管部门的规定计算,不得作为竞争性费用。规费和税金的计取标准是依据有关法律、法规和政策规定制定的,具有强制性。投标人是法律、法规和政策的执行者,不能改变,更不能制定,而必须按照法律、法规、政策的有关规定执行。

(7)招标工程量清单与计价表中列明的所有需要填写单价和合价的项目,投标人均应填写且只允许有一个报价。未填写单价和合价的项目,可视为此项费用已包含在已标价工程量清单中其他项目的单价和合价之中。当竣工结算时,此项目不得重新组价予以调整。

(8)实行工程量清单招标,投标人的投标总价应当与组成已标价工程量清单的分部分项工程费、措施项目费、其他项目费和规费、税金的合计金额相一致,即投标人在投标报价时,不能进行投标总价优惠(或降价、让利),投标人对招标人的任何优惠(或降价、让利)均应反映在相应清单项目的综合单价中。

三、竣工结算编制

(一)一般规定

(1)工程完工后,发承包双方必须在合同约定时间内办理工程竣工结算。合同中没有约定或约定不清的,按"13 计价规范"中有关规定处理。

(2)工程竣工结算应由承包人或受其委托具有相应资质的工程造价咨询人编制,并应由发包人或受其委托具有相应资质的工程造价咨询人核对。实行总承包的工程,由总承包人对竣工结算的编制负总责。

(3)当发承包双方或一方对工程造价咨询人出具的竣工结算文件有异议时,可向工程造价管理机构投诉,申请对其进行执业质量鉴定。

(4)工程造价管理机构对投诉的竣工结算文件进行质量鉴定,宜按本章第五节的相关规定进行。

(5)根据《中华人民共和国建筑法》第六十一条规定:"交付竣工验收的建筑工程,必须符合规定的建筑工程质量标准,有完整的工程技术经济资料和经签署的工程保修书,并具备国家规定的其他竣工条件",由于竣工结算是反映工程造价计价规定执行情况的最终文件,竣工结算办理完毕,发包人应将竣工结算文件报送工程所在地或有该工程管辖权的行业管理部门的工程造价管理机构备案。竣工结算文件应作为工程竣工验收备案、交付使用的必备文件。

(二)编制与复核

(1)工程竣工结算应根据下列依据编制和复核:

1)"13计价规范"。

2)工程合同。

3)发承包双方实施过程中已确认的工程量及其结算的合同价款。

4)发承包双方实施过程中已确认调整后追加(减)的合同价款。

5)建设工程设计文件及相关资料。

6)投标文件。

7)其他依据。

(2)分部分项工程和措施项目中的单价项目应依据发承包双方确认的工程量与已标价工程量清单的综合单价计算;发生调整的,应以发承包双方确认调整的综合单价计算。

(3)措施项目中的总价项目应依据已标价工程量清单的项目和金额计算;发生调整的,应以发承包双方确认调整的金额计算,其中安全文明施工费应按照国家或省级、行业建设主管部门的规定计算。施工过程中,国家或省级、行业建设主管部门对安全文明施工费进行了调整的,措施项目费中和安全文明施工费应作相应调整。

(4)办理竣工结算时,其他项目费的计算应按以下要求进行计价:

1)计日工的费用应按发包人实际签证确认的数量和合同约定的相应项目综合单价计算。

2)当暂估价中的材料、工程设备是招标采购的,其单价按中标价在综合单价中调整。当暂估价中的材料、设备为非招标采购的,其单价按发承包双方最终确认的单价在综合单价中调整。当暂估价中的专业工程是招标发包的,其专业工程费按中标价计算。当暂估价中的专业工程为非招标发包的,其专业工程费按发承包双方与分包人最终确认的金额计算。

3)总承包服务费应依据已标价工程量清单金额计算,发承包双方依据合同约定对总承包服务进行了调整,应按调整后的金额计算。

4)索赔事件产生的费用在办理竣工结算时应在其他项目费中反映。索赔费用的金额应依据发承包双方确认的索赔事项和金额计算。

5)现场签证发生的费用在办理竣工结算时应在其他项目费中反映。现场签证费用金额依据发承包双方签证资料确认的金额计算。

6)合同价款中的暂列金额在用于各项价款调整、索赔与现场签证后,若有余额,则余额归发包人,若出现差额,则由发包人补足并反映在相应的工程价款中。

(5)规费和税金应按国家或省级、行业建设主管部门对规费和税金的计取标准计算。规费中的工程排污费应按工程所在地环境保护部门规定的标准缴纳后按实列入。

(6)由于竣工结算与合同工程实施过程中的工程计量及其价款结算、进度款支付、合同价款调整等具有内在联系,因此发承包双方在合同工程实施过程中已经确认的工程计量结果和合同价款,在竣工结算办理中应直接进入结算,从而简化结算流程。

四、工程造价鉴定

发承包双方在履行施工合同过程中,由于不同的利益诉求,有一些施工合同纠纷需要采用仲裁、诉讼的方式解决,工程造价鉴定在一些施工合同纠纷案件处理中就成了裁决、判决的主要依据。

(一)一般规定

(1)在工程合同价款纠纷案件处理中,需做工程造价司法鉴定的,应根据《工程造价咨询企业管理办法》(建设部令第149号)第二十条的规定,委托具有相应资质的工程造价咨询人进行。

(2)工程造价咨询人接受委托时提供工程造价司法鉴定服务,不仅应符合建设工程造价方面的规定,还应按仲裁、诉讼程序和要求进行,并应符合国家关于司法鉴定的规定。

(3)按照《注册造价工程师管理办法》(建设部令第150号)的规定,工程计价活动应由造价工程师担任。《建设部关于对工程造价司法鉴定有关问题的复函》(建办标函[2005]155号)第二条:"从事工程造价司法鉴定的人员,必须具备注册造价工程师执业资格,并只得在其注册的机构从事工程造价司法鉴定工作,否则不具有在该机构的工程造价成果文件上签字的权力。"鉴于进入司法程序的工程造价鉴定的难度一般较大,因此,工程造价咨询人进行工程造价司法鉴定时,应指派专业对口、经验丰富的注册造价工程师承担鉴定工作。

(4)工程造价咨询人应在收到工程造价司法鉴定资料后10天内,根据自身专业能力和证据资料判断能否胜任该项委托,如不能,应辞去该项委托。工程造价咨询人不得在鉴定期满后以上述理由不作出鉴定结论,影响案件处理。

(5)为保证工程造价司法鉴定的公正进行,接受工程造价司法鉴定委托的工程造价咨询人或造价工程师如是鉴定项目一方当事人的近亲属或代理人、咨询人以及其他关系可能影响鉴定公正的,应当自行回避;未自行回避,鉴定项目委托人以该理由要求其回避的,必须回避。

(6)《最高人民法院关于民事诉讼证据的若干规定》(法释[2001]33号)第五十九条规定:"鉴定人应当出庭接受当事人质询",因此,工程造价咨询人应当依法出庭接受鉴定项目当事人对工程造价司法鉴定意见书的质询。如确因特殊原因无法出庭的,经审理该鉴定项目的仲裁机关或人民法院准许,可以书面形式答复当事人的质询。

(二)取证

(1)工程造价的确定与当时的法律法规、标准定额以及各种要素价格具有密切关系,为做好一些基础资料不完备的工程鉴定,工程造价咨询人进行工程造价鉴定工作,应自行搜集以下(但不限于)鉴定资料:

1)适用于鉴定项目的法律、法规、规章、规范性文件以及规范、标准、定额。

2)鉴定项目同时期同类型工程的技术经济指标及其各类要素价格等。

(2)真实、完整、合法的鉴定依据是做好鉴定项目工程造价司法工作鉴定的前提。工程造价咨询人搜集鉴定项目的鉴定依据时,应向鉴定项目委托人提出具体书面要求,其内容如下:

1)与鉴定项目相关的合同、协议及其附件。

2)相应的施工图纸等技术经济文件。

3)施工过程中的施工组织、质量、工期和造价等工程资料。

4)存在争议的事实及各方当事人的理由。

5)其他有关资料。

(3)根据最高人民法院规定"证据应当在法庭上出示,由当事人质证。未经质证的证据,不能作为认定案件事实的依据(法释[2001]33号)",工程造价咨询人在鉴定过程中要求鉴定项目当事人对缺陷资料进行补充的,应征得鉴定项目委托人同意,或者协调鉴定项目各方当事人共同签认。

(4)根据鉴定工作需要现场勘验的,工程造价咨询人应提请鉴定项目委托人组织各方当事人对被鉴定项目所涉及的实物标的进行现场勘验。

(5)勘验现场应制作勘验记录、笔录或勘验图表,记录勘验的时间、地点、勘验人、在场人、勘验经过、结果,由勘验人、在场人签名或者盖章确认。绘制的现场图应注明绘制的时间、测绘人姓名、身份等内容。必要时应采取拍照或摄像取证,留下影像资料。

(6)鉴定项目当事人未对现场勘验图表或勘验笔录等签字确认的,工程造价咨询人应提请鉴定项目委托人决定处理意见,并在鉴定意见书中作出表述。

(三)鉴定

(1)《最高人民法院关于审理建设工程施工合同纠纷案件适用法律问题的解释》(法释[2004]14号)第十六条一款规定:"当事人对建设工程的计价标准或者计价方法有约定的,按照约定结算工程价款",因此,如鉴定项目委托人明确告之合同有效,工程造价咨询人就必须依据合同约定进行鉴定,不得随意改变发承包双方合法的合意,不能以专业技术方面的惯例来否定合同的约定。

(2)工程造价咨询人在鉴定项目合同无效或合同条款约定不明确的情况下应根据法律法规、相关国家标准和"13计价规范"的规定,选择相应专业工程的计价依据和方法进行鉴定。

(3)为保证工程造价鉴定的质量,尽可能将当事人之间的分歧缩小直至化解,为司法调解、裁决或判决提供科学合理的依据,工程造价咨询人出具正式鉴定意见书之前,可报请鉴定项目委托人向鉴定项目各方当事人发出鉴定意见书征求意见稿,并指明应书面答复的期限及其不答复的相应法律责任。

(4)工程造价咨询人收到鉴定项目各方当事人对鉴定意见书征求意见稿的书面复函后,应对不同意见认真复核,修改完善后再出具正式鉴定意见书。

(5)工程造价咨询人出具的工程造价鉴定书应包括下列内容:

1)鉴定项目委托人名称、委托鉴定的内容。

2)委托鉴定的证据材料。

3)鉴定的依据及使用的专业技术手段。

4)对鉴定过程的说明。

5)明确的鉴定结论。

6)其他需说明的事宜。

7)工程造价咨询人盖章及注册造价工程师签名盖执业专用章。

(6)进入仲裁或诉讼的施工合同纠纷案件,一般都有明确的结案时限,为避免影响案件的处理,工程造价咨询人应在委托鉴定项目的鉴定期限内完成鉴定工作,如确因特殊原因不能在原定期限内完成鉴定工作时,应按照相应法规提前向鉴定项目委托人申请延长鉴定期限,并应在此期限内完成鉴定工作。

经鉴定项目委托人同意等待鉴定项目当事人提交、补充证据的,质证所用的时间不应计入鉴定期限。

(7)对于已经出具的正式鉴定意见书中有部分缺陷的鉴定结论,工程造价咨询人应通过补充鉴定作出补充结论。

第五章 市政工程合同价款结算

第一节 合同价款约定

一、一般规定

(1)工程合同价款的约定是建设工程合同的主要内容。根据有关法律条款的规定,实行招标的工程合同价款应在中标通知书发出之日起30天内,由发承包双方依据招标文件和中标人的投标文件在书面合同中约定。

工程合同价款的约定应满足以下几个方面的要求:

1)约定的依据要求:招标人向中标的投标人发出的中标通知书。

2)约定的时间要求:自招标人发出中标通知书之日起30天内。

3)约定的内容要求:招标文件和中标人的投标文件。

4)合同的形式要求:书面合同。

在工程招投标及建设工程合同签订过程中,招标文件应视为要约邀请,投标文件为要约,中标通知书为承诺。因此,在签订建设工程合同时,若招标文件与中标人的投标文件有不一致的地方,应以投标文件为准。

(2)实行招标的工程,合同约定不得违背招标文件中关于工期、造价、资质等方面的实质性内容。所谓合同实质性内容,按照《中华人民共和国合同法》第三十条规定:"有关合同标的、数量、质量、价款或者报酬、履行期限、履行地点和方式、违约责任和解决争议方法等的变更,是对要约内容的实质性变更"。

(3)不实行招标的工程合同价款,应在发承包双方认可的工程价款基础上,由发承包双方在合同中约定。

(4)工程建设合同的形式对工程量清单计价的适用性不构成影响,无论是单价合同、总价合同,还是成本加酬金合同均可以采用工程量清单计价。采用单价合同形式时,经标价的工程量清单是合同文件必不可少的组成内容,其中的工程量一般具备合同约束力(量可调),工程款结算时按照合同中约定应予计量并实际完成的工程量计算进行调整,由招标人提供统一的工程量清单则彰显了工程量清单计价的主要优点。总价合同是指总价包干或总价不变合同,采用总价合同形式,工程量清单中的工程量不具备合同的约束力(量不可调),工程量以合同图纸的标示内容为准,工程量以外的其他内容一般均赋予合同约束力,以方便合同变更的计量和计价。成本加酬金合同是承包人不承担任何价格变化风险的合同。

"13计价规范"中规定:"实行工程量清单计价的工程,应采用单价合同;建设规模较小,技术难度较低,工期较短,而且施工图设计已审查批准的建设工程可采用总价合同;紧急抢险、救灾以及施工技术特别复杂的建设工程可采用成本加酬金合同。"单价合同约定的工程价款中所包含的工程量清单项目综合单价在约定条件内是固定的,不予调整,工程量允许调整。工程量清单项目综合单价在约定的条件外,允许调整。但调整方式、方法应在合同中约定。

二、合同价款约定内容

(1)发承包双方应在合同条款中对下列事项进行约定:

1)预付工程款的数额、支付时间及抵扣方式。预付款是发包人为解决承包人在施工准备阶段资金周转问题提供的协助。如使用大宗材料,可根据工程具体情况设置工程材料预付款。

2)安全文明施工措施的支付计划,使用要求等。

3)工程计量与支付工程进度款的方式、数额及时间。

4)工程价款的调整因素、方法、程序、支付及时间。

5)施工索赔与现场签证的程序、金额确认、支付及时间。

6)承担计价风险的内容、范围以及超出约定内容、范围的调整办法。

7)工程竣工价款结算编制与核对、支付及时间。

8)工程质量保证金的数额、预留方式及时间。

9)违约责任以及发生合同价款争议的解决方法及时间。

10)与履行合同、支付价款有关的其他事项等。

由于合同中涉及工程价款的事项较多,能够详细约定的事项应尽可能具体的约定,约定的用词应尽可能唯一,如有几种解释,最好对用词进行定义,尽量避免因理解上的歧义造成合同纠纷。

(2)合同中没有按照上述第(1)条的要求约定或约定不明的,若发承包双方在合同履行中发生争议由双方协商确定;当协商不能达成一致时,应按"13计价规范"的规定执行。

第二节　工程计量

一、一般规定

(1)正确的计量是发包人向承包人支付合同价款的前提和依据,因此"13计价规范"中规定:"工程量必须按照相关工程现行国家计量规范规定的工程量计算规则计算。"这就明确了不论采用何种计价方式,其工程量必须按照相关工程的现行国家计量规范规定的工程量计算规则计算。采用统一的工程量计算规则,对于规范工程建设各方的计量计价行为,有效减少计量争议具有十分重要的意义。

(2)选择恰当的工程计量方式对于正确计量是十分必要的。由于工程建设具有投资大、周期长等特点,因此"13计价规范"中规定:"工程计量可选择按月或按工程形象进度分段计量,当采用分段结算方式时,应在合同中约定具体的工程分段划分界限。"按工程形象进度分段计量与按月计量相比,其计量结果更具稳定性,可以简化竣工结算。但应注意工程形象进度分段的时间应与按月计量保持一定关系,不应过长。

(3)因承包人原因造成的超出合同工程范围施工或返工的工程量,发包人不予计量。

（4）成本加酬金合同应按单价合同的规定计量。

二、单价合同的计量

（1）招标工程量清单标明的工程量是招标人根据拟建工程设计文件预计的工程量，不能作为承包人在实际工作中应予完成的实际和准确的工程量。招标工程量清单所列的工程量，一方面是各投标人进行投标报价的共同基础；另一方面是对各投标人的投标报价进行评审的共同平台，是招投标活动应当遵循公开、公平、公正和诚实、信用原则的具体体现。

发承包双方竣工结算的工程量，应以承包人按照现行国家计量规范规定的工程量计算规则计算的实际完成应予计量的工程量确定，而非招标工程量清单所列的工程量。

（2）施工中进行工程计量，当发现招标工程量清单中出现缺项、工程量偏差，或者因工程变更引起工程量增减时，应按承包人在履行合同义务中完成的工程量计算。

（3）承包人应当按照合同约定的计量周期和时间向发包人提交当期已完工程量报告。发包人应在收到报告后 7 天内核实，并将核实计量结果通知承包人。发包人未在约定时间内进行核实的，承包人提交的计量报告中所列的工程量应视为承包人实际完成的工程量。

（4）发包人认为需要进行现场计量核实时，应在计量前 24 小时通知承包人，承包人应为计量提供便利条件并派人参加。当双方均同意核实结果时，双方应在上述记录上签字确认。承包人收到通知后不派人参加计量，视为认可发包人的计量核实结果。发包人不按照约定时间通知承包人，致使承包人未能派人参加计量，计量核实结果无效。

（5）当承包人认为发包人核实后的计量结果有误时，应在收到计量结果通知后的 7 天内向发包人提出书面意见，并应附上其认为正确的计量结果和详细的计算资料。发包人收到书面意见后，应在 7 天内对承包人的计量结果进行复核后通知承包人。承包人对复核计量结果仍有异议的，按照合同约定的争议解决办法处理。

（6）承包人完成已标价工程量清单中每个项目的工程量并经发包人核实无误后，发承包双方应对每个项目的历次计量报表进行汇总，以核实最终结算工程量，并应在汇总表上签字确认。

三、总价合同的计量

（1）由于工程量是招标人提供的，招标人必须对其准确性和完整性负责，而且工程量必须按照相关工程现行国家计量规范规定的工程量计算规则计算，因而，对于采用工程量清单方式形成的总价合同，若招标工程量清单中工程量与合同实施过程中的工程量存在差异时，都应按上述"单价合同的计量"中的相关规定进行调整。

（2）采用经审定批准的施工图纸及其预算方式发包形成的总价合同，由于承包人自行对施工图纸进行计量，因此，除按照工程变更规定引起的工程量增减外，总价合同各项目的工程量是承包人用于结算的最终工程量。

（3）总价合同约定的项目计量应以合同工程经审定批准的施工图纸为依据，发承包双方应在合同中约定工程计量的形象目标或时间节点进行计量。

（4）承包人应在合同约定的每个计量周期内对已完成的工程进行计量，并向发包人提交达到工程形象目标完成的工程量和有关计量资料的报告。

（5）发包人应在收到报告后 7 天内对承包人提交的上述资料进行复核，以确定实际完成的工程量和工程形象目标。对其有异议的,应通知承包人进行共同复核。

第三节　合同价款调整与支付

一、合同价款调整

(一)一般规定

(1)下列事项(但不限于)发生,发承包双方应当按照合同约定调整合同价款:

1)法律法规变化。

2)工程变更。

3)项目特征不符。

4)工程量清单缺项。

5)工程量偏差。

6)计日工。

7)物价变化。

8)暂估价。

9)不可抗力。

10)提前竣工(赶工补偿)。

11)误期赔偿。

12)索赔。

13)现场签证。

14)暂列金额。

15)发承包双方约定的其他调整事项。

(2)出现合同价款调增事项(不含工程量偏差、计日工、现场签证、索赔)后的 14 天内,承包人应向发包人提交合同价款调增报告并附上相关资料;承包人在 14 天内未提交合同价款调增报告的,应视为承包人对该事项不存在调整价款请求。

此处所指合同价款调增事项不包括工程量偏差,是因为工程量偏差的调整在竣工结算完成之前均可提出;不包括计日工、现场签证和索赔;是因为这三项的合同价款调增时限在"13计价规范"中另有规定。

(3)出现合同价款调减事项(不含工程量偏差、索赔)后的 14 天内,发包人应向承包人提交合同价款调减报告并附相关资料;发包人在 14 天内未提交合同价款调减报告的,应视为发包人对该事项不存在调整价款请求。

基于上述第(2)条同样的原因,此处合同价款调减事项中不包括工程量偏差和索赔两项。

(3)发(承)包人应在收到承(发)包人合同价款调增(减)报告及相关资料之日起 14 天内对其核实,予以确认的应书面通知承(发)包人。当有疑问时,应向承(发)包人提出协商意见。发(承)包人在收到合同价款调增(减)报告之日起 14 天内未确认也未提出协商意见的,应视为承(发)包人提交的合同价款调增(减)报告已被发(承)包人认可。发(承)包人提出协商意见的,承(发)包人应在收到协商意见后的 14 天内对其核实,予以确认的应书面通知发(承)包人。承(发)包人在收到发(承)包人的协商意见后 14 天内既不确认也未提出不同意见的,应视为发(承)包人提出的意见已被承(发)包人认可。

(4)发包人与承包人对合同价款调整的不同意见不能达成一致的,只要对发承包双方履约不产生实质影响,双方应继续履行合同义务,直到其按照合同约定的争议解决方式得到处理。

(5)根据财政部、原建设部印发的《建设工程价款结算暂行办法》(财建〔2004〕369 号)的相关规定,如第十五条:"发包人和承包人要加强施工现场的造价控制,及时对工程合同外的事项如实纪录并履行书面手续。凡由发、承包双方授权的现场代表签字的现场签证以及发、承包双方协商确定的索赔等费用,应在工程竣工结算中如实办理,不得因发、承包双方现场代表的中途变更改变其有效性","13 计价规范"对发承包双方确定调整的合同价款的支付方法进行了约定,即:"经发承包双方确认调整的合同价款,作为追加(减)合同价款,应与工程进度款或结算款同期支付"。

(二)法律法规变化

(1)工程建设过程中,发、承包双方都是国家法律、法规、规章及政策的执行者。因此,在发、承包双方履行合同的过程中,当国家的法律、法规、规章及政策发生变化,国家或省级、行业建设主管部门或其授权的工程造价管理机构据此发布工程造价调整文件,工程价款应当进行调整。"13 计价规范"中规定:"招标工程以投标截止日前 28 天,非招标工程以合同签订前 28 天为基准日,其后因国家的法律、法规、规章和政策发生变化引起工程造价增减变化的,发承包双方应按照省级或行业建设主管部门或其授权的工程造价管理机构据此发布的规定调整合同价款。"

(2)因承包人原因导致工期延误的,按上述第(1)条规定的调整时间,在合同工程原定竣工时间之后,合同价款调增的不予调整,合同价款调减的予以调整。这就说明由于承包人原因导致工期延误,将按不利于承包人的原则调整合同价款。

(三)工程变更

建设工程施工合同实施过程中,如果合同签订时所依赖的承包范围、设计标准、施工条件等发生变化,则必须在新的承包范围、新的设计标准或新的施工条件等前提下对发承包双方的权利和义务进行重新分配,从而建立新的平衡,追求新的公平和合理。由于施工条件变化和发包人要求变化等原因,往往会发生合同约定的工程材料性质和品种、建筑物结构形式、施工工艺和方法等的变动,此时必须变更才能维护合同的公平。因此,"13 计价规范"中对因分部分项工程量清单的漏项或非承包人原因引起的工程变更,造成增加新的工程量清单项目时,新增项目综合单价的确定原则进行了约定,具体如下:

(1)因工程变更引起已标价工程量清单项目或其工程数量发生变化时,应按照下列规定调整:

1)已标价工程量清单中有适用于变更工程项目的,应采用该项目的单价;但当工程变更导致该清单项目的工程数量发生变化,且工程量偏差超过 15% 时,该项目单价应按照规定进行调整,即当工程量增加 15% 以上时,增加部分的工程量的综合单价应予调低;当工程量减少 15% 以上时,减少后剩余部分的工程量的综合单价应予调高。采用此条进行调整的前提条件是其采用的材料、施工工艺和方法相同,亦不因此增加关键线路上工程的施工时间。

如:某桩基工程施工过程中,由于设计变更,新增加预制钢筋混凝土管柱3根(45m),已标价工程量清单中有预制钢筋混凝土管柱项目的综合单价,而且新增部分工程量偏差在15%以内,则就应采用该项目的综合单价。

2)已标价工程量清单中没有适用但有类似于变更工程项目的,可在合理范围内参照类似项目的单价。采用此条进行调整的前提条件是其采用的材料、施工工艺和方法基本相似,不增加关键线路上工程的施工时间,则可仅就其变更后的差异部分,参考类似的项目单价由发承包双方协商新的项目单价。

如:某现浇混凝土边墙衬砌的混凝土强度等级为C30,施工过程中设计单位将其调整为C35,此时则可将原综合单价组成中C30混凝土价格用C35混凝土价格替换,其余不变,组成新的综合单价。

3)已标价工程量清单中没有适用也没有类似于变更工程项目的,应由承包人根据变更工程资料、计量规则和计价办法、工程造价管理机构发布的信息价格和承包人报价浮动率提出变更工程项目的单价,并应报发包人确认后调整。承包人报价浮动率可按下列公式计算:

招标工程:
$$承包人报价浮动率 L=(1-中标价/招标控制价)\times100\%$$

非招标工程:
$$承包人报价浮动率 L=(1-报价/施工图预算)\times100\%$$

【例5-1】　某工程招标控制价为2383692元,中标人的投标报价为2276938元,试计算该中标人的报价浮动率。

【解】该中标人的报价浮动率为:
$$L=(1-2276938/2383692)\times100\%=4.48\%$$

【例5-2】　若例5-1中工程项目,施工过程中市政给水管道管件采用钢管管件,已标价清单项目中没有此类似项目,工程造价管理机构发布有该钢管管件单价为25元/个,试确定该项目综合单价。

【解】由于已标价工程量清单中没有适用也没有类似于该工程项目的,故承包人应根据有关资料变更该工程项目的综合单价。查项目所在地该项目定额安装人工费为5.85元,除钢管管件外的其他材料费为1.35元,管理费和利润为1.48元,则:
$$该项目综合单价=(5.85+25+1.35+1.48)\times(1-4.48\%)=32.17元$$

发承包双方可按32.17元协商确定该项目综合单价。

4)已标价工程量清单中没有适用也没有类似于变更工程项目,而且工程造价管理机构发布的信息价格缺价的,应由承包人根据变更工程资料、计量规则、计价办法和通过市场调查等取得有合法依据的市场价格提出变更工程项目的单价,并应报发包人确认后调整。

(2)工程变更引起施工方案改变并使措施项目发生变化时,承包人提出调整措施项目费的,应事先将拟实施的方案提交发包人确认,并应详细说明与原方案措施项目相比的变化情况。拟实施的方案经发承包双方确认后执行,并应按照下列规定调整措施项目费:

1)安全文明施工费应按照实际发生变化的措施项目依据国家或省级、行业建设主管部门的规定计算。

2)采用单价计算的措施项目费,应按照实际发生变化的措施项目,按上述第(1)条的规定确定单价。

3)按总价(或系数)计算的措施项目费,按照实际发生变化的措施项目调整,但应考虑承包人报价浮动因素,即调整金额按照实际调整金额乘以上述第(1)条规定的承包人报价浮动率计算。

如果承包人未事先将拟实施的方案提交给发包人确认,则应视为工程变更不引起措施项目费的调整或承包人放弃调整措施项目费的权利。

(3)当发包人提出的工程变更因非承包人原因删减了合同中的某项原定工作或工程,致使承包人发生的费用或(和)得到的收益不能被包括在其他已支付或应支付的项目中,也未被包含在任何替代的工作或工程中时,承包人有权提出并应得到合理的费用及利润补偿。这主要是为了维护合同的公平,防止发包人在签约后擅自取消合同中的工作,转而由发包人自己或其他承包人实施而使本合同工程承包人蒙受损失。

(四)项目特征不符

工程量清单的项目特征是确定一个清单项目综合单价不可缺少的主要依据。对工程量清单项目的特征描述具有十分重要的意义,其主要体现包括三个方面:①项目特征是区分清单项目的依据。工程量清单项目特征是用来表述分部分项清单项目的实质内容,用于区分计价规范中同一清单条目下各个具体的清单项目。没有项目特征的准确描述,对于相同或相似的清单项目名称,就无从区分。②项目特征是确定综合单价的前提。由于工程量清单项目的特征决定了工程实体的实质内容,必然直接决定了工程实体的自身价值。因此,工程量清单项目特征描述得准确与否,直接关系到工程量清单项目综合单价的准确确定。③项目特征是履行合同义务的基础。实行工程量清单计价,工程量清单及其综合单价是施工合同的组成部分,因此,如果工程量清单项目特征的描述不清甚至漏项、错误,从而引起在施工过程中的更改,都会引起分歧,导致纠纷。

在按《市政工程工程量计算规范》(GB 50857—2013)对市政工程工程量清单项目的特征进行描述时,应注意"项目特征"与"工作内容"的区别。"项目特征"是工程项目的实质,决定着工程量清单项目的价值大小,而"工作内容"主要讲的是操作程序,是承包人完成能通过验收的工程项目所必须要操作的工序。在《市政工程工程量计算规范》(GB 50857—2013)中,工程量清单项目与工程量计算规则、工作内容具有一一对应的关系,当采用"13 计价规范"进行计价时,工作内容即有规定,无需再对其进行描述。而"项目特征"栏中的任何一项都影响着清单项目的综合单价的确定,招标人应高度重视分部分项工程项目清单项目特征的描述,任何不描述或描述不清,均会在施工合同履约过程中产生分歧,导致纠纷、索赔。例如预制钢筋混凝土管片,按照《市政工程工程量计算规范》(GB 50857—2013)编码为 040403004 项目中"项目特征"栏的规定,发包人在对工程量清单项目进行描述时,就必须要对管片直径、厚度、宽度和混凝土强度等级等进行详细的描述,因为这其中任何一项的不同都直接影响到预制钢筋混凝土管片的综合单价。而在该项"工作内容"栏中阐述了预制钢筋混凝土管片的运输、试拼装、安装等施工工序,这些工序即便发包人不提,承包人为完成合格预制钢筋混凝土管片工程也必然要经过,因而,发包人在对工程量清单项目进行描述时就没有必要对预制钢筋混凝土管片的施工工序对承包人提出规定。

正因为此,在编制工程量清单时,必须对项目特征进行准确而且全面的描述,准确的描述工程量清单的项目特征对于准确的确定工程量清单项目的综合单价具有决定性的作用。

"13 计价规范"中对清单项目特征描述及项目特征发生变化后重新确定综合单价的有关要求进行了如下约定：

（1）发包人在招标工程量清单中对项目特征的描述，应被认为是准确的和全面的，并且与实际施工要求相符合。承包人应按照发包人提供的招标工程量清单，根据项目特征描述的内容及有关要求实施合同工程，直到项目被改变为止。

（2）承包人应按照发包人提供的设计图纸实施合同工程，若在合同履行期间出现设计图纸（含设计变更）与招标工程量清单任一项目的特征描述不符，且该变化引起该项目工程造价增减变化的，应按照实际施工的项目特征，按前述"工程计量"中的有关规定重新确定相应工程量清单项目的综合单价，并调整合同价款。

（五）工程量清单缺项

导致工程量清单缺项的原因主要包括：设计变更；施工条件改变；工程量清单编制错误。由于工程量清单的增减变化必然使合同价款发生增减变化。

（1）合同履行期间，由于招标工程量清单中缺项，新增分部分项工程清单项目的，应按照前述"工程变更"中的第（1）条的有关规定确定单价，并调整合同价款。

（2）新增分部分项工程清单项目后，引起措施项目发生变化的，应按照前述"工程变更"中的第（2）条的有关规定，在承包人提交的实施方案被发包人批准后调整合同价款。

（3）由于招标工程量清单中措施项目缺项，承包人应将新增措施项目实施方案提交发包人批准后，按照前述"工程变更"中的第（1）、（2）条的有关规定调整合同价款。

（六）工程量偏差

施工过程中，由于施工条件、地质水文、工程变更等变化，以及招标工程量清单编制人专业水平的差异，往往会造成实际工程量与招标工程量清单出现偏差，工程量偏差过大，对综合成本的分摊带来影响。如突然增加太多，仍按原综合单价计价，对发包人不公平；如突然减少太多，仍按原综合单价计价，对承包人不公平。并且，这给有经验的承包人的不平衡报价打开了大门。为了维护合同的公平，"13 计价规范"中进行如下规定：

（1）合同履行期间，当应予计算的实际工程量与招标工程量清单出现偏差，且符合下述第（2）、（3）条规定时，发承包双方应调整合同价款。

（2）对于任一招标工程量清单项目，当因工程量偏差和前述"工程变更"中规定的工程变更等原因导致工程量偏差超过 15% 时，可进行调整。当工程量增加 15% 以上时，增加部分的工程量的综合单价应予调低；当工程量减少 15% 以上时，减少后剩余部分的工程量的综合单价应予调高。调整后的某一分部分项工程费结算价可参照以下公式计算：

1）当 $Q_1 > 1.15 Q_0$ 时：

$$S = 1.15 Q_0 \times P_0 + (Q_1 - 1.15 Q_0) \times P_1$$

2）当 $Q_1 < 0.85 Q_0$ 时：

$$S = Q_1 \times P_1$$

式中　S——调整后的某一分部分项工程费结算价；

　　　Q_1——最终完成的工程量；

　　　Q_0——招标工程量清单中列出的工程量；

　　　P_1——按照最终完成工程量重新调整后的综合单价；

P_0——承包人在工程量清单中填报的综合单价。

由上述两式可以看出,计算调整后的某一分部分项工程费结算价的关键是确定新的综合单价 P_1。确定的方法,一是发承包双方协商确定;二是与招标控制价相联系,当工程量偏差项目出现承包人在工程量清单中填报的综合单价与发包人招标控制价相应清单项目的综合单价偏差超过 15% 时,工程量偏差项目综合单价的调整可参考以下公式确定:

1)当 $P_0 < P_2 \times (1-L) \times (1-15\%)$ 时,该类项目的综合单价 P_1 按 $P_2 \times (1-L) \times (1-15\%)$ 进行调整。

2)当 $P_0 > P_2 \times (1+15\%)$ 时,该类项目的综合单价 P_1 按 $P_2 \times (1+15\%)$ 进行调整。

3)当 $P_0 > P_2 \times (1-L) \times (1-15\%)$ 或 $P_0 < P_2 \times (1+15\%)$ 时,可不进行调整。

以上各式中　　P_0——承包人在工程量清单中填报的综合单价;

　　　　　　　P_2——发包人招标控制价相应项目的综合单价;

　　　　　　　L——承包人报价浮动率。

【例 5-3】 某工程项目投标报价浮动率为 8%,各项目招标控制价及投标报价的综合单价见表 5-1,试确定当招标工程量清单中工程量偏差超过 15% 时,其综合单价是否应进行调整,应怎样调整。

【解】 该工程综合单价调整情况见表 5-1。

表 5-1　　　　　　　　　　　　　**工程量偏差项目综合单价调整**

| 项目 | 综合单价(元) | | 投标报价浮动率 L | 综合单价偏差 | $P_2 \times (1-L) \times (1-15\%)$ | $P_2 \times (1+15\%)$ | 结　论 |
	招标控制价 P_2	投标报价 P_0					
1	540	432	8%	20%	422.28	—	由于 $P_0 > 422.28$ 元,故当该项目工程量偏差超过 15% 时,其综合单价不予调整
2	450	531	8%	18%	—	517.5	由于 $P_0 > 517.5$,故当该项目工程量偏差超过 15% 时,其综合单价应调整为 517.5 元

【例 5-4】 若例 5-3 中某工程,其招标工程量清单中项目 1 的工程数量为 500m,施工中由于设计变更调整为 410m;招标工程量清单中项目 2 的工程数量为 785m³,施工中由于设计变更调整为 942m³。试确定其分部分项工程费结算价应怎样进行调整。

【解】 该工程分部分项工程费结算价调整情况见表 5-2。

表 5-2　　　　　　　　　　　　　**分部分项工程费结算价调整**

| 项目 | 工程量数量 | | 工程量偏差 | 调整后的综合单价① | 调整后的分部分项工程结算价 |
	清单数量 Q_0	调整后数量 Q_1			
1	500	410	18%	432	$S = 410 \times 432 = 177120$ 元
2	785	942	20%	517.5	$S = 1.15 \times 785 \times 531 + (942 - 1.15 \times 785) \times 517.5 = 499672.13$ 元

①调整后的综合单价取自例 5-3。

（3）如果工程量出现变化引起相关措施项目相应发生变化时,按系数或单一总价方式计价的,工程量增加的措施项目费调增,工程量减少的措施项目费调减。反之,如未引起相关措施项目发生变化,则不予调整。

(七)计日工

（1）发包人通知承包人以计日工方式实施的零星工作,承包人应予执行。

（2）采用计日工计价的任何一项变更工作,在该项变更的实施过程中,承包人应按合同约定提交下列报表和有关凭证送发包人复核:

1)工作名称、内容和数量。

2)投入该工作所有人员的姓名、工种、级别和耗用工时。

3)投入该工作的材料名称、类别和数量。

4)投入该工作的施工设备型号、台数和耗用台时。

5)发包人要求提交的其他资料和凭证。

（3）任一计日工项目持续进行时,承包人应在该项工作实施结束后的 24 小时内向发包人提交有计日工记录汇总的现场签证报告一式三份。发包人在收到承包人提交现场签证报告后的 2 天内予以确认并将其中一份返还给承包人,作为计日工计价和支付的依据。发包人逾期未确认也未提出修改意见的,应视为承包人提交的现场签证报告已被发包人认可。

（4）任一计日工项目实施结束后,承包人应按照确认的计日工现场签证报告核实该类项目的工程数量,并应根据核实的工程数量和承包人已标价工程量清单中的计日工单价计算,提出应付价款;已标价工程量清单中没有该类计日工单价的,由发承包双方按前述"工程变更"中的相关规定商定计日工单价计算。

（5）每个支付期末,承包人应按规定向发包人提交本期间所有计日工记录的签证汇总表,并应说明本期间自己认为有权得到的计日工金额,调整合同价款,列入进度款支付。

(八)物价变化

1. 物价变化合同价款调整方法

（1）价格指数调整价格差额。

1)价格调整公式。因人工、材料和设备等价格波动影响合同价格时,根据投标函附录中的价格指数和权重表约定的数据,按以下公式计算差额并调整合同价格:

$$P=P_0\left[A+\left(B_1\times\frac{F_{t1}}{F_{01}}+B_2\times\frac{F_{t2}}{F_{02}}+B_3\times\frac{F_{t3}}{F_{03}}+\cdots+B_n\times\frac{F_{tn}}{F_{0n}}\right)-1\right]$$

式中　　　　　　　P——需调整的价格差额;

P_0——约定的付款证书中承包人应得到的已完成工程量的金额。此项金额应不包括价格调整、不计质量保证金的扣留和支付、预付款的支付和扣回。约定的变更及其他金额已按现行价格计价的,也不计在内;

A——定值权重(即不调部分的权重);

$B_1,B_2,B_3,\cdots,B_n$——各可调因子的变值权重(即可调部分的权重),为各可调因子在投标函投标总报价中所占的比例;

$F_{t1},F_{t2},F_{t3},\cdots,F_{tn}$——各可调因子的现行价格指数,指约定的付款证书相关周期最后一天的前 42 天的各可调因子的价格指数;

$F_{01}, F_{02}, F_{03}, \cdots, F_{0n}$——各可调因子的基本价格指数,指基准日期的各可调因子的价格指数。

以上价格调整公式中的各可调因子、定值和变值权重,以及基本价格指数及其来源在投标函附录价格指数和权重表中约定。价格指数应首先采用有关部门提供的价格指数,缺乏上述价格指数时,可采用有关部门提供的价格代替。

2)暂时确定调整差额。在计算调整差额时得不到现行价格指数的,可暂用上一次价格指数计算,并在以后的付款中再按实际价格指数进行调整。

3)权重的调整。约定的变更导致原定合同中的权重不合理时,由监理人与承包人和发包人协商后进行调整。

4)承包人工期延误后的价格调整。由于承包人原因未在约定的工期内竣工的,则对原约定竣工日期后继续施工的工程,在使用第1)条的价格调整公式时,应采用原约定竣工日期与实际竣工日期的两个价格指数中较低的一个作为现行价格指数。

5)若人工因素已作为可调因子包括在变值权重内,则不再对其进行单项调整。

【例 5-5】　某工程项目合同约定采用价格指数调整价格差额,由发承包双方确认的《承包人提供主要材料和工程设备一览表》见表 5-3。已知本期完成合同价款为 589073 元,其中,包括已按现行价格计算的计日工价款 2600 元,发承包双方确认应增加的索赔金额 2879 元。试对此工程项目该期应调整的合同价款差额进行计算。

表 5-3　　　　　　　　　　承包人提供主要材料和工程设备一览表
（适用于价格指数调整法）

工程名称:某工程　　　　　　　　标段:　　　　　　　　第 1 页共 1 页

序号	名称、规格、型号	变值权重 B	基本价格指数 F_0	现行价格指数 F_t	备注
1	人工费	0.15	120%	128%	
2	钢材	0.23	4500 元/t	4850 元/t	
3	水泥	0.11	420 元/t	445 元/t	
4	烧结普通砖	0.05	350 元/千块	320 元/千块	
5	施工机械费	0.08	100%	110%	
	定值权重 A	0.38	—	—	
	合　计	1	—	—	

【解】(1)本期完成的合同价款应扣除已按现行价格计算的计日工价款和双方确认的索赔金额,即:

$$P_0 = 589073 - 2600 - 2879 = 583594 \text{ 元}$$

(2)按公式计算应调整的合同价款差额。

$$\Delta P = 583594 \times \left[0.38 + \left(0.15 \times \frac{128}{120} + 0.23 \times \frac{4850}{4500} + 0.11 \times \frac{445}{420} + 0.05 \times \frac{320}{350} + 0.08 \times \frac{110}{100} \right) - 1 \right]$$

$$= 583594 \times 0.038$$

$$= 22264.57 \ 元$$

即本期应增加合同价款 22264.57 元。

若本期合同价款中人工费单独按有关规定进行调整,则应扣除人工费所占变值权重,将其列入定值权重,即:

$$\Delta P = 583594 \times \left[(0.38 + 0.15) + \left(0.23 \times \frac{4850}{4500} + 0.11 \times \frac{445}{420} + 0.05 \times \frac{320}{350} + 0.08 \times \frac{110}{100} \right) - 1 \right]$$

$$= 583594 \times 0.028$$

$$= 16428.63 \ 元$$

即本期应增加合同价款 16428.63 元。

(2)造价信息调整价格差额。

1)施工期内,因人工、材料和工程设备、施工机械台班价格波动影响合同价格时,人工、机械使用费按照国家或省、自治区、直辖市建设行政管理部门、行业建设管理部门或其授权的工程造价管理机构发布的人工成本信息、机械台班单价或机械使用费系数进行调整;需要进行价格调整的材料,其单价和采购数应由发包人复核,发包人确认需调整的材料单价及数量,作为调整合同价款差额的依据。

2)人工单价发生变化且该变化因省级或行业建设主管部门发布的人工费调整文件所致时,承包双方应按省级或行业建设主管部门或其授权的工程造价管理机构发布的人工成本文件调整合同价款。人工费调整时应以调整文件的时间为界限进行。

3)材料、工程设备价格变化按照发包人提供的《承包人提供主要材料和工程设备一览表(适用于造价信息差额调整法)》,由发承包双方约定的风险范围按下列规定调整合同价款:

①承包人投标报价中材料单价低于基准单价:施工期间材料单价涨幅以基准单价为基础超过合同约定的风险幅度值,或材料单价跌幅以投标报价为基础超过合同约定的风险幅度值时,其超过部分按实调整。

②承包人投标报价中材料单价高于基准单价:施工期间材料单价跌幅以基准单价为基础超过合同约定的风险幅度值,或材料单价涨幅以投标报价为基础超过合同约定的风险幅度值时,其超过部分按实调整。

③承包人投标报价中材料单价等于基准单价:施工期间材料单价涨、跌幅以基准单价为基础超过合同约定的风险幅度值时,其超过部分按实调整。

④承包人应在采购材料前将采购数量和新的材料单价报送发包人核对,确认用于本合同工程时,发包人应确认采购材料的数量和单价。发包人在收到承包人报送的确认资料后 3 个工作日不予答复的视为已经认可,作为调整合同价款的依据。如果承包人未报经发包人核对即自行采购材料,再报发包人确认调整合同价款的,如发包人不同意,则不作调整。

4)施工机械台班单价或施工机械使用费发生变化超过省级或行业建设主管部门或其授权的工程造价管理机构规定的范围时,按其规定调整合同价款。

【例 5-6】 某工程项目合同中约定工程中所用钢材由承包人提供,所需品种见表 5-4。在施工期间,采购的各品种钢材的单价分别为 Φ6:4800 元/t,Φ16:4750 元/t,Φ22:4900 元/t。

试对合同约定的钢材单价进行调整。

表 5-4　　　　　　　　　　　**承包人提供主要材料和工程设备一览表**
（适用于造价信息差额调整法）

工程名称：某工程　　　　　　　　　标段：　　　　　　　　第 1 页共 1 页

序号	名称、规格、型号	单位	数量	风险系数（％）	基准单价（元）	投标单价（元）	发承包人确认单价(元)	备注
1	钢筋 φ6	t	15	≤5	4400	4500	4575	
2	钢筋 ±16	t	38	≤5	4600	4550	4550	
3	钢筋 ±22	t	26	≤5	4700	4700	4700	

【解】（1）钢筋 φ6：投标单价高于基准单价，现采购单价为 4800 元/t，则以投标单价为基准的钢材涨幅为：

$$(4800-4500)\div4500=6.67\%$$

由于涨幅已超过约定的风险系数，故应对单价进行调整：

$$4500+4500\times(6.67\%-5\%)=4575 \text{ 元}$$

（2）钢筋 ±16：投标单价低于基准单价，现采购单价为 4750 元/t，则以基准单价为基准的钢材涨幅为：

$$(4750-4600)\div4600=3.26\%$$

由于涨幅未超过约定的风险系数，故不应对单价进行调整。

（3）钢筋 ±22：投标单价等于基准单价，现采购单价为 4900 元/t，则以基准单价为基准的钢材涨幅为：

$$(4900-4700)\div4700=4.26\%$$

由于涨幅未超过约定的风险系数，故不应对单价进行调整。

2. 物价变化合同价款调整要求

（1）合同履行期间，因人工、材料、工程设备、机械台班价格波动影响合同价款时，应根据合同约定，按上述"1."中介绍的方法之一调整合同价款。

（2）承包人采购材料和工程设备的，应在合同中约定主要材料、工程设备价格变化的范围或幅度；当没有约定，且材料、工程设备单价变化超过 5％时，超过部分的价格应按照上述"1. 物价变化合同价款调整方法"中介绍的方法计算调整材料、工程设备费。

（3）发生合同工程工期延误的，应按照下列规定确定合同履行期的价格调整：

1）因非承包人原因导致工期延误的，计划进度日期后续工程的价格，应采用计划进度日期与实际进度日期两者的较高者。

2）因承包人原因导致工期延误的，计划进度日期后续工程的价格，应采用计划进度日期与实际进度日期两者的较低者。

（4）发包人供应材料和工程设备的，不适用上述第（1）和第（2）条规定，应由发包人按照实际变化调整，列入合同工程的工程造价内。

（九）暂估价

（1）按照《工程建设项目货物招标投标办法》（国家发改委、建设部等七部委 27 号令）第五条规定:"以暂估价形式包括在总承包范围内的货物达到国家规定规模标准的,应当由总承包中标人和工程建设项目招标人共同依法组织招标"。若发包人在招标工程量清单中给定暂估价的材料、工程设备属于依法必须招标的,应由发承包双方以招标的方式选择供应商,确定价格,并应以此为依据取代暂估价,调整合同价款。

所谓共同招标,不能简单理解为发承包双方共同作为招标人,最后共同与招标人签订合同。恰当的做法应当是由总承包中标人作为招标人,采购合同应当由总承包人签订。建设项目招标人参与的所谓共同招标可以通过恰当的途径体现建设项目招标人对这类招标组织的参与、决策和控制。建设项目招标人约束总承包人的最佳途径就是通过合同约定相关的程序。建设项目招标人的参与主要体现在对相关项目招标文件、评标标准和方法等能够体现招标目的和招标要求的文件进行审批,未经审批不得发出招标文件;评标时建设项目招标人也可以派代表进入评标委员会参与评标,否则,中标结果对建设项目招标人没有约束力,并且,建设项目招标人有权拒绝对相应项目拨付工程款,对相关工程拒绝验收。

(2)发包人在招标工程量清单中给定暂估价的材料、工程设备不属于依法必须招标的,应由承包人按照合同约定采购,经发包人确认单价后取代暂估价,调整合同价款。暂估材料或工程设备的单价确定后,在综合单价中只应取代暂估单价,不应再在综合单价中涉及企业管理费或利润等其他费用的变动。

(3)发包人在工程量清单中给定暂估价的专业工程不属于依法必须招标的,应按照前述"工程变更"中的相关规定确定专业工程价款,并应以此为依据取代专业工程暂估价,调整合同价款。

(4)发包人在招标工程量清单中给定暂估价的专业工程,依法必须招标的,应当由发承包双方依法组织招标选择专业分包人,并接受有管辖权的建设工程招标投标管理机构的监督,还应符合下列要求:

1)除合同另有约定外,承包人不参加投标的专业工程发包招标,应由承包人作为招标人,但拟定的招标文件、评标工作、评标结果应报送发包人批准。与组织招标工作有关的费用应当被认为已经包括在承包人的签约合同价(投标总报价)中。

2)承包人参加投标的专业工程发包招标,应由发包人作为招标人,与组织招标工作有关的费用由发包人承担。同等条件下,应优先选择承包人中标。

3)应以专业工程发包中标价为依据取代专业工程暂估价,调整合同价款。

(十)不可抗力

(1)因不可抗力事件导致的人员伤亡、财产损失及其费用增加,发承包双方应按下列原则分别承担并调整合同价款和工期:

1)合同工程本身的损害、因工程损害导致第三方人员伤亡和财产损失,以及运至施工场地用于施工的材料和待安装的设备的损害,应由发包人承担。

2)发包人、承包人人员伤亡应由其所在单位负责,并应承担相应费用。

3)承包人的施工机械设备损坏及停工损失,应由承包人承担。

4)停工期间,承包人应发包人要求留在施工场地的必要的管理人员及保卫人员的费用应由发包人承担。

5)工程所需清理、修复费用,应由发包人承担。

(2)不可抗力解除后复工的,若不能按期竣工,应合理延长工期。发包人要求赶工的,赶工费用应由发包人承担。

(十一)提前竣工(赶工补偿)

《建设工程质量管理条例》第十条规定:"建设工程发包单位不得迫使承包方以低于成本的价格竞标,不得任意压缩合理工期"。因此,为了保证工程质量,承包人除了根据标准规范、施工图纸进行施工外,还应当按照科学合理的施工组织设计,按部就班地进行施工作业。

(1)招标人应依据相关工程的工期定额合理计算工期,压缩的工期天数不得超过定额工期的20%,超过者,应在招标文件中明示增加赶工费用。赶工费用主要包括:①人工费的增加,如新增加投入人工的报酬,不经济使用人工的补贴等;②材料费的增加,如可能造成不经济使用材料而损耗过大,材料运输费的增加等;③机械费的增加,例如可能增加机械设备投入,不经济的使用机械等。

(2)发包人要求合同工程提前竣工的,应征得承包人同意后与承包人商定采取加快工程进度的措施,并应修订合同工程进度计划。发包人应承担承包人由此增加的提前竣工(赶工补偿)费用,除合同另有约定外,提前竣工补偿的金额可为合同价款的5%。

(3)发承包双方应在合同中约定提前竣工每日历天应补偿额度,此项费用应作为增加合同价款列入竣工结算文件中,应与结算款一并支付。

(十二)误期赔偿

(1)如果承包人未按照合同约定施工,导致实际进度迟于计划进度的,承包人应加快进度,实现合同工期。即使承包人采取了赶工措施,赶工费用仍应由承包人承担。如合同工程仍然误期,承包人应赔偿发包人由此造成的损失,并按照合同约定向发包人支付误期赔偿费,除合同另有约定外,误期赔偿可为合同价款的5%。即使承包人支付误期赔偿费,也不能免除承包人按照合同约定应承担的任何责任和应履行的任何义务。

(2)发承包双方应在合同中约定误期赔偿费,并应明确每日历天应赔额度。误期赔偿费应列入竣工结算文件中,并应在结算款中扣除。

(3)在工程竣工之前,合同工程内的某单项(位)工程已通过了竣工验收,且该单项(位)工程接收证书中表明的竣工日期并未延误,而是合同工程的其他部分产生了工期延误时,误期赔偿费应按照已颁发工程接收证书的单项(位)工程造价占合同价款的比例幅度予以扣减。

(十三)索赔

索赔是合同双方依据合同约定维护自身合法利益的行为,它的性质属于经济补偿行为,而非惩罚。

1. 索赔的条件

当合同一方向另一方提出索赔时,应有正当的索赔理由和有效证据,并应符合合同的相关约定。建设工程施工中的索赔是发承包双方行使正当权利的行为,承包人可向发包人索赔,发包人也可向承包人索赔。任何索赔事件的确立,其前提条件是必须有正当的索赔理由。对正当索赔理由的说明必须具有证据,因为进行索赔主要是靠证据说话。没有证据或证据不足,索赔是难以成功的。

2. 索赔的证据

(1)索赔证据的要求。一般有效的索赔证据都具有以下几个特征:

1)及时性:既然干扰事件已发生,又意识到需要索赔,就应在有效时间内提出索赔意向。在规定的时间内报告事件的发展影响情况,在规定时间内提交索赔的详细额外费用计算账单,对发包人或工程师提出的疑问及时补充有关材料。如果拖延太久,将增加索赔工作的难度。

2)真实性:索赔证据必须是在实际过程中产生,完全反映实际情况,能经得住对方的推敲。由于在工程过程中合同双方都在进行合同管理,搜集工程资料,所以双方应有相同的证据。使用不实的、虚假证据是违反商业道德甚至法律的。

3)全面性:所提供的证据应能说明事件的全过程。索赔报告中所涉及的干扰事件、索赔理由、索赔值等都应有相应的证据,不能凌乱和支离破碎,否则发包人将退回索赔报告,要求重新补充证据。这会拖延索赔的解决,损害承包商在索赔中的有利地位。

4)关联性:索赔的证据应当能互相说明,相互具有关联性,不能互相矛盾。

5)法律证明效力:索赔证据必须有法律证明效力,特别对准备递交仲裁的索赔报告更要注意这一点。

①证据必须是当时的书面文件,一切口头承诺、口头协议不算。

②合同变更协议必须由双方签署,或以会谈纪要的形式确定,且为决定性决议。一切商讨性、意向性的意见或建议都不算。

③工程中的重大事件、特殊情况的记录、统计应由工程师签署认可。

(2)索赔证据的种类。

1)招标文件、工程合同、发包人认可的施工组织设计、工程图纸、技术规范等。

2)工程各项有关的设计交底记录、变更图纸、变更施工指令等。

3)工程各项经发包人或合同中约定的发包人现场代表或监理工程师签认的签证。

4)工程各项往来信件、指令、信函、通知、答复等。

5)工程各项会议纪要。

6)施工计划及现场实施情况记录。

7)施工日报及工长工作日志、备忘录。

8)工程送电、送水、道路开通、封闭的日期及数量记录。

9)工程停电、停水和干扰事件影响的日期及恢复施工的日期记录。

10)工程预付款、进度款拨付的数额及日期记录。

11)工程图纸、图纸变更、交底记录的送达份数及日期记录。

12)工程有关施工部位的照片及录像等。

13)工程现场气候记录,如有关天气的温度、风力、雨雪等。

14)工程验收报告及各项技术鉴定报告等。

15)工程材料采购、订货、运输、进场、验收、使用等方面的凭据。

16)国家和省级或行业建设主管部门有关影响工程造价、工期的文件、规定等。

(3)索赔时效的功能。索赔时效是指合同履行过程中,索赔方在索赔事件发生后的约定期限内不行使索赔权即视为放弃索赔权利,其索赔权归于消灭的制度。一方面,索赔时效届满,即视为承包人放弃索赔权利,发包人可以此作为证据的代用,避免举证的困难;另一方面,只有促使承包人及时提出索赔要求,才能警示发包人充分履行合同义务,避免类似索赔事件的再次发生。

3. 承包人的索赔

(1)若承包人认为非承包人原因发生的事件造成了承包人的损失,承包人应在确认该事件发生后,持证明索赔事件发生的有效证据和依据正当的索赔理由,按合同约定的时间向发包人发出索赔通知。发包人应按合同约定的时间对承包人提出的索赔进行答复和确认。发包人在收到最终索赔报告后并在合同约定时间内,未向承包人作出答复,视为该项索赔已经认可。

这种索赔方式称之为单项索赔,即在每一件索赔事项发生后,递交索赔通知书,编报索赔报告书,要求单项解决支付,不与其他的索赔事项混在一起。单项索赔是施工索赔通常采用的方式。它避免了多项索赔的相互影响制约,所以解决起来比较容易。

当施工过程中受到非常严重的干扰,以致承包人的全部施工活动与原来的计划不大相同,原合同规定的工作与变更后的工作相互混淆,承包人无法为索赔保持准确而详细的成本记录资料,无法采用单项索赔的方式,而只能采用综合索赔。综合索赔俗称一揽子索赔。即对整个工程(或某项工程)中所发生的数起索赔事项,综合在一起进行索赔。采取这种方式进行索赔,是在特定的情况下被迫采用的一种索赔方法。

采取综合索赔时,承包人必须提出以下证明:①承包商的投标报价是合理的;②实际发生的总成本是合理的;③承包商对成本增加没有任何责任;④不可能采用其他方法准确地计算出实际发生的损失数额。

据合同约定,承包人应按下列程序向发包人提出索赔:

1)承包人应在知道或应当知道索赔事件发生后 28 天内,向发包人提交索赔意向通知书,说明发生索赔事件的事由。承包人逾期未发出索赔意向通知书的,丧失索赔的权利。

2)承包人应在发出索赔意向通知书后 28 天内,向发包人正式提交索赔通知书。索赔通知书应详细说明索赔理由和要求,并应附必要的记录和证明材料。

3)索赔事件具有连续影响的,承包人应继续提交延续索赔通知,说明连续影响的实际情况和记录。

4)在索赔事件影响结束后的 28 天内,承包人应向发包人提交最终索赔通知书,说明最终索赔要求,并应附必要的记录和证明材料。

(2)承包人索赔应按下列程序处理:

1)发包人收到承包人的索赔通知书后,应及时查验承包人的记录和证明材料。

2)发包人应在收到索赔通知书或有关索赔的进一步证明材料后的 28 天内,将索赔处理结果答复承包人,如果发包人逾期未作出答复,视为承包人索赔要求已被发包人认可。

3)承包人接受索赔处理结果的,索赔款项应作为增加合同价款,在当期进度款中进行支付;承包人不接受索赔处理结果的,应按合同约定的争议解决方式办理。

(3)承包人要求赔偿时,可以选择下列一项或几项方式获得赔偿:

1)延长工期。

2)要求发包人支付实际发生的额外费用。

3)要求发包人支付合理的预期利润。

4)要求发包人按合同的约定支付违约金。

(4)索赔事件发生后,在造成费用损失时,往往会造成工期的变动。当索赔事件造成的费用损失与工期相关联时,承包人应根据发生的索赔事件向发包人提出费用索赔要求的同时,提出工期延长的要求。发包人在批准承包人的索赔报告时,应将索赔事件造成的费用损失和工期延长联系起来,综合做出批准费用索赔和工期延长的决定。

（5）发承包双方在按合同约定办理了竣工结算后,应被认为承包人已无权再提出竣工结算前所发生的任何索赔。承包人在提交的最终结清申请中,只限于提出竣工结算后的索赔,提出索赔的期限应自发承包双方最终结清时终止。

4. 发包人的索赔

（1）根据合同约定,发包人认为由于承包人的原因造成发包人的损失,宜按承包人索赔的程序进行索赔。当合同中未就发包人的索赔事项作具体约定,按以下规定处理。

1）发包人应在确认引起索赔的事件发生后 28 天内向承包人发出索赔通知,否则,承包人免除该索赔的全部责任。

2）承包人在收到发包人索赔报告后的 28 天内,应作出回应,表示同意或不同意并附具体意见,如在收到索赔报告后的 28 天内,未向发包人作出答复,视为该项索赔报告已经认可。

（2）发包人要求赔偿时,可以选择下列一项或几项方式获得赔偿:

1）延长质量缺陷修复期限。

2）要求承包人支付实际发生的额外费用。

3）要求承包人按合同的约定支付违约金。

（3）承包人应付给发包人的索赔金额可从拟支付给承包人的合同价款中扣除,或由承包人以其他方式支付给发包人。

(十四)现场签证

由于施工生产的特殊性,施工过程中往往会出现一些与合同工程或合同约定不一致或未约定的事项,这时就需要发承包双方用书面形式记录下来,这就是现场签证。签证有多种情形,一是发包人的口头指令,需要承包人将其提出,由发包人转换成书面签证;二是发包人的书面通知如涉及工程实施,需要承包人就完成此通知需要的人工、材料、机械设备等内容向发包人提出,取得发包人的签证确认;三是合同工程招标工程量清单中已有,但施工中发现与其不符,比如土方类别、出现流砂等,需承包人及时向发包人提出签证确认,以便调整合同价款;四是由于发包人原因未按合同约定提供场地、材料、设备或停水、停电等造成承包人停工,需承包人及时向发包人提出签证确认,以便计算索赔费用;五是合同中约定材料、设备等价格,由于市场发生变化,需承包人向发包人提出采纳数量及其单价,以便发包人核对后取得发包人的签证确认;六是其他由于施工条件、合同条件变化需现场签证的事项等。

（1）承包人除发包人要求完成合同以外的零星项目、非承包人责任事件等工作的,发包人应及时以书面形式向承包人发出指令,并应提供所需的相关资料;承包人在收到指令后,应及时向发包人提出现场签证要求。

（2）承包人应在收到发包人指令后的 7 天内向发包人提交现场签证报告,发包人应在收到现场签证报告后的 48 小时内对报告内容进行核实,予以确认或提出修改意见。发包人在收到承包人现场签证报告后的 48 小时内未确认、也未提出修改意见的,应视为承包人提交的现场签证报告已被发包人认可。

（3）现场签证的工作如已有相应的计日工单价,现场签证中应列明完成该类项目所需的人工、材料、工程设备和施工机械台班的数量。

　　如现场签证的工作没有相应的计日工单价,应在现场签证报告中列明完成该签证工作所需的人工、材料设备和施工机械台班的数量及单价。

　　(4)合同工程发生现场签证事项,未经发包人签证确认,承包人便擅自施工的,除非征得发包人书面同意,否则发生的费用应由承包人承担。

　　(5)按照财政部、建设部印发的《建设工程价款结算办法》(财建[2004]369号)等十五条的规定:"发包人和承包人要加强施工现场的造价控制,及时对工程合同外的事项如实纪录并履行书面手续。凡由发、承包双方授权的现场代表签字的现场签证以及发、承包双方协商确定的索赔等费用,应在工程竣工结算中如实办理,不得因发、承包双方现场代表的中途变更改变其有效性。","13计价规范"规定:"现场签证工作完成后的7天内,承包人应按照现场签证内容计算价款,报送发包人确认后,作为增加合同价款,与进度款同期支付。"此举可避免发包方变相拖延工程款以及发包人以现场代表变更而不承认某些索赔或签证的事件发生。

　　(6)在施工过程中,当发现合同工程内容因场地条件、地质水文、发包人要求等不一致时,承包人应提供所需的相关资料,并提交发包人签证认可,作为合同价款调整的依据。

(十五)暂列金额

　　(1)已签约合同价中的暂列金额应由发包人掌握使用。

　　(2)暂列金额虽然列入合同价款,但并不属于承包人所有,也并不必然发生。只有按照合同约定实际发生后,才能成为承包人的应得金额,纳入工程合同结算价款中,发包人按照前述相关规定与要求进行支付后,暂列金额余额仍归发包人所有。

二、合同价款期中支付

(一)预付款

　　(1)预付款是发包人为解决承包人在施工准备阶段资金周转问题提供的协助,预付款用于承包人为合同工程施工购置材料、工程设备,购置或租赁施工设备以及组织施工人员进场。预付款应专用于合同工程。

　　(2)按照财政部、原建设部印发的《建设工程价款结算暂行办法》的相关规定,"13计价规范"中对预付款的支付比例进行了约定:包工包料工程的预付款的支付比例不得低于签约合同价(扣除暂列金额)的10%,不宜高于签约合同价(扣除暂列金额)的30%。预付款的总金额,分期拨付次数,每次付款金额、付款时间等应根据工程规模、工期长短等具体情况,在合同中约定。

　　(3)承包人应在签订合同或向发包人提供与预付款等额的预付款保函(如有)后向发包人提交预付款支付申请。

　　(4)发包人应在收到支付申请的7天内进行核实,向承包人发出预付款支付证书,并在签发支付证书后的7天内向承包人支付预付款。

　　(5)发包人没有按合同约定按时支付预付款的,承包人可催告发包人支付;发包人在预付款期满后的7天内仍未支付的,承包人可在付款期满后的第8天起暂停施工。发包人应承担由此增加的费用和延误的工期,并应向承包人支付合理利润。

　　(6)当承包人取得相应的合同价款时,预付款应从每一个支付期应支付给承包人的工程进度款中扣回,直到扣回的金额达到合同约定的预付款金额为止。通常约定承包人完成签约合同价款的比例在 20%～30%时，开始从进度款中按一定比例扣还。

（7）承包人的预付款保函（如有）的担保金额根据预付款扣回的数额相应递减，但在预付款全部扣回之前一直保持有效。发包人应在预付款扣完后的 14 天内将预付款保函退还给承包人。

(二)安全文明施工费

（1）财政部、国家安全生产监督管理总局印发的《企业安全生产费用提取和使用管理办法》（财企[2012]16 号）第十九条规定：建设工程施工企业安全费用应当按照以下范围使用：

1)完善、改造和维护安全防护设施设备支出（不含"三同时"要求初期投入的安全设施），包括施工现场临时用电系统、洞口、临边、机械设备、高处作业防护、交叉作业防护、防火、防爆、坊尘、防毒、防雷、防台风、防地质灾害、地下工程有害气体监测、通风、临时安全防护等设施设备支出。

2)配备、维护、保养应急救援器材、设备支出和应急演练支出。

3)开展重大危险源和事故隐患评估、监控和整改支出。

4)安全生产检查、评价（不包括新建、改建、扩建项目安全评价）、咨询和标准化建设支出。

5)配备和更新现场作业人员安全防护用品支出。

6)安全生产宣传、教育、培训支出。

7)安全生产适用的新技术、新标准、新工艺、新装备的推广应用支出。

8)安全设施及特种设备检测检验支出。

9)其他与安全生产直接相关的支出。

由于工程建设项目因专业及施工阶段的不同，对安全文明施工措施的要求也不一致，因此，"13 工程计量规范"针对不同的专业工程特点，规定了安全文明施工的内容和包含的范围。在实际执行过程中，安全文明施工费包括的内容及使用范围，既应符合国家现行有关文件的规定，也应符合"13 工程计量规范"中的规定。

（2）发包人应在工程开工后的 28 天内预付不低于当年施工进度计划的安全文明施工费总额的 60%，其余部分应按照提前安排的原则进行分解，并应与进度款同期支付。

（3）发包人没有按时支付安全文明施工费的，承包人可催告发包人支付；发包人在付款期满后的 7 天内仍未支付的，若发生安全事故，发包人应承担相应责任。

（4）承包人对安全文明施工费应专款专用，在财务账目中应单独列项备查，不得挪作他用，否则发包人有权要求其限期改正；逾期未改正的，造成的损失和延误的工期应由承包人承担。

(三)进度款

（1）发承包双方应按照合同约定的时间、程序和方法，根据工程计量结果，办理期中价款结算，支付进度款。

（2）发包人支付工程进度款，其支付周期应与合同约定的工程计量周期一致。工程量的正确计量是发包人向承包人支付工程进度款的前提和依据。计量和付款周期可采用分段或按月结算的方式。

1)按月结算与支付。即实行按月支付进度款，竣工后结算的办法。合同工期在两个年度以上的工程，在年终进行工程盘点，办理年度结算。

2)分段结算与支付。即当年开工、当年不能竣工的工程按照工程形象进度,划分不同阶段,支付工程进度款。

当采用分段结算方式时,应在合同中约定具体的工程分段划分,付款周期应与计量周期一致。

(3)已标价工程量清单中的单价项目,承包人应按工程计量确认的工程量与综合单价计算;综合单价发生调整的,以发承包双方确认调整的综合单价计算进度款。

(4)已标价工程量清单中的总价项目和采用经审定批准的施工图纸及其预算方式发包形成的总价合同应由承包人根据施工进度计划和总价构成、费用性质、计划发生时间和相应的工程量等因素按计量周期进行分解,分别列入进度款支付申请中的安全文明施工费和本周期应支付的总价项目的金额中,并形成进度款支付分解表,在投标时提交,非招标工程在合同洽商时提交。在施工过程中,由于进度计划的调整,发承包双方应对支付分解进行调整。

1)已标价工程量清单中的总价项目进度款支付分解方法可选择以下之一(但不限于):

①将各个总价项目的总金额按合同约定的计量周期平均支付。

②按照各个总价项目的总金额占签约合同价的百分比,以及各个计量支付周期内所完成的单价项目的总金额,以百分比方式均摊支付。

③按照各个总价项目组成的性质(如时间、与单价项目的关联性等)分解到形象进度计划或计量周期中,与单价项目一起支付。

2)采用经审定批准的施工图纸及其预算方式发包形成的总价合同,除由于工程变更形成的工程量增减予以调整外,其工程量不予调整。因此,总价合同的进度款支付应按照计量周期进行支付分解,以便进度款有序支付。

(5)发包人提供的甲供材料金额,应按照发包人签约提供的单价和数量从进度款支付中扣除,列入本周期应扣减的金额中。

(6)承包人现场签证和得到发包人确认的索赔金额应列入本周期应增加的金额中。

(7)进度款的支付比例按照合同约定,按期中结算价款总额计,不低于 60%,不高于 90%。

(8)承包人应在每个计量周期到期后的 7 天内向发包人提交已完工程进度款支付申请一式四份,详细说明此周期认为有权得到的款额,包括分包人已完工程的价款。支付申请应包括下列内容:

1)累计已完成的合同价款。

2)累计已实际支付的合同价款。

3)本周期合计完成的合同价款:

①本周期已完成单价项目的金额。

②本周期应支付的总价项目的金额。

③本周期已完成的计日工价款。

④本周期应支付的安全文明施工费。

⑤本周期应增加的金额。

4)本周期合计应扣减的金额:

①本周期应扣回的预付款。

②本周期应扣减的金额。

5)本周期实际应支付的合同价款。

上述"本周期应增加的金额"中包括除单价项目、总价项目、计日工、安全文明施工费外的全部应增金额,如索赔、现场签证金额,"本周期应扣减的金额"包括除预付款外的全部应减金额。

由于进度款的支付比例最高不超过90%,而且根据原建设部、财政部印发的《建设工程质量保证金管理暂行办法》第七条规定:"全部或者部分使用政府投资的建设项目,按工程价款结算总额5%左右的比例预留保证金",因此,"13计价规范"未在进度款支付中要求扣减质量保证金,而是在竣工结算价款中预留保证金。

(9)发包人应在收到承包人进度款支付申请后的14天内,根据计量结果和合同约定对申请内容予以核实,确认后向承包人出具进度款支付证书。若发承包双方对部分清单项目的计量结果出现争议,发包人应对无争议部分的工程计量结果向承包人出具进度款支付证书。

(10)发包人应在签发进度款支付证书后的14天内,按照支付证书列明的金额向承包人支付进度款。

(11)若发包人逾期未签发进度款支付证书,则视为承包人提交的进度款支付申请已被发包人认可,承包人可向发包人发出催告付款的通知。发包人应在收到通知后的14天内,按照承包人支付申请的金额向承包人支付进度款。

(12)发包人未按照规定支付进度款的,承包人可催告发包人支付,并有权获得延迟支付的利息;发包人在付款期满后的7天内仍未支付的,承包人可在付款期满后的第8天起暂停施工。发包人应承担由此增加的费用和延误的工期,向承包人支付合理利润,并应承担违约责任。

(13)发现已签发的任何支付证书有错、漏或重复的数额,发包人有权予以修正,承包人也有权提出修正申请。经发承包双方复核同意修正的,应在本次到期的进度款中支付或扣除。

三、竣工结算与支付

(一)竣工结算

竣工结算的编制与核对是工程造价计价中发、承包双方应共同完成的重要工作。按照交易的一般原则,任何交易结束,都应做到钱、货两清,工程建设也不例外。工程施工的发承包活动作为期货交易行为,当工程竣工验收合格后,承包人将工程移交给发包人时,发承包双方应将工程价款结算清楚,即竣工结算办理完毕。

(1)合同工程完工后,承包人应在经发承包双方确认的合同工程期中价款结算的基础上汇总编制完成竣工结算文件,应在提交竣工验收申请的同时向发包人提交竣工结算文件。

承包人未在合同约定的时间内提交竣工结算文件,经发包人催告后14天内仍未提交或没有明确答复的,发包人有权根据已有资料编制竣工结算文件,作为办理竣工结算和支付结算款的依据,承包人应予以认可。

因承包人无正当理由在约定时间内未递交竣工结算书,造成工程结算价款延期支付的,责任由承包人承担。

(2)发包人应在收到承包人提交的竣工结算文件后的28天内核对。发包人经核实,认为承包人还应进一步补充资料和修改结算文件,应在上述时限内向承包人提出核实意见,承包人在收到核实意见后的 28 天内应按照发包人提出的合理要求补充资料,修改竣工结算文件,并应再次提交给发包人复核后批准。

(3)发包人应在收到承包人再次提交的竣工结算文件后的 28 天内予以复核,将复核结果通知承包人,并应遵守下列规定:

1)发包人、承包人对复核结果无异议的,应在 7 天内在竣工结算文件上签字确认,竣工结算办理完毕。

2)发包人或承包人对复核结果认为有误的,无异议部分按照本条第 1)款规定办理不完全竣工结算;有异议部分由发承包双方协商解决;协商不成的,应按照合同约定的争议解决方式处理。

(4)《最高人民法院关于审理建设工程施工合同纠纷案件适用法律问题的解释》(法释〔2004〕14 号)第二十条规定:"当事人约定,发包人收到竣工结算文件后,在约定期限内不予答复,视为认可竣工结算文件的,按照约定处理。承包人请求按照竣工结算文件结算工程价款的,应予支持"。根据这一规定,要求发承包双方不仅应在合同中约定竣工结算的核对时间,并应约定发包人在约定时间内对竣工结算不予答复,视为认可承包人递交的竣工结算。"13 计价规范"对发包人未在竣工结算中履行核对责任的后果进行了规定,即:发包人在收到承包人竣工结算文件后的 28 天内,不核对竣工结算或未提出核对意见的,应视为承包人提交的竣工结算文件已被发包人认可,竣工结算办理完毕。

(5)承包人在收到发包人提出的核实意见后的 28 天内,不确认也未提出异议的,应视为发包人提出的核实意见已被承包人认可,竣工结算办理完毕。

(6)发包人委托工程造价咨询人核对竣工结算的,工程造价咨询人应在 28 天内核对完毕,核对结论与承包人竣工结算文件不一致的,应提交给承包人复核;承包人应在 14 天内将同意核对结论或不同意见的说明提交工程造价咨询人。工程造价咨询人收到承包人提出的异议后,应再次复核,复核无异议的,应在 7 天内在竣工结算文件上签字确认,竣工结算办理完毕;复核后仍有异议的,对于无异议部分按照规定办理不完全竣工结算;有异议部分由发承包双方协商解决;协商不成的,应按照合同约定的争议解决方式处理。

承包人逾期未提出书面异议的,应视为工程造价咨询人核对的竣工结算文件已经承包人认可。

(7)对发包人或发包人委托的工程造价咨询人指派的专业人员与承包人指派的专业人员经核对后无异议并签名确认的竣工结算文件,除非发承包人能提出具体、详细的不同意见,发承包人都应在竣工结算文件上签名确认,如其中一方拒不签认的,按下列规定办理:

1)若发包人拒不签认的,承包人可不提供竣工验收备案资料,并有权拒绝与发包人或其上级部门委托的工程造价咨询人重新核对竣工结算文件。

2)若承包人拒不签认的,发包人要求办理竣工验收备案的,承包人不得拒绝提供竣工验收资料,否则,由此造成的损失,承包人承担相应责任。

(8)合同工程竣工结算核对完成,发承包双方签字确认后,发包人不得要求承包人与另一个或多个工程造价咨询人重复核对竣工结算。这可以有效地解决了工程竣工结算中存在的一审再审、以审代拖、久审不结的现象。

(9)发包人对工程质量有异议,拒绝办理工程竣工结算的,已竣工验收或已竣工未验收但实际投入使用的工程,其质量争议应按该工程保修合同执行,竣工结算应按合同约定办理;已竣工未验收且未实际投入使用的工程以及停工、停建工程的质量争议,双方应就有争议的部分委托有资质的检测鉴定机构进行检测,并应根据检测结果确定解决方案,或按工程质量监督机构的处理决定执行后办理竣工结算,无争议部分的竣工结算应按合同约定办理。

(二)结算款支付

(1)承包人应根据办理的竣工结算文件向发包人提交竣工结算款支付申请。申请应包括下列内容:

1)竣工结算合同价款总额。

2)累计已实际支付的合同价款。

3)应预留的质量保证金。

4)实际应支付的竣工结算款金额。

(2)发包人应在收到承包人提交竣工结算款支付申请后7天内予以核实,向承包人签发竣工结算支付证书。

(3)发包人签发竣工结算支付证书后的14天内,应按照竣工结算支付证书列明的金额向承包人支付结算款。

(4)发包人在收到承包人提交的竣工结算款支付申请后7天内不予核实,不向承包人签发竣工结算支付证书的,视为承包人的竣工结算款支付申请已被发包人认可;发包人应在收到承包人提交的竣工结算款支付申请7天后的14天内,按照承包人提交的竣工结算款支付申请列明的金额向承包人支付结算款。

(5)工程竣工结算办理完毕后,发包人应按合同约定向承包人支付工程价款。发包人按合同约定应向承包人支付而未支付的工程款视为拖欠工程款。根据《最高人民法院关于审理建设工程施工合同纠纷案件适用法律问题的解释》(法释[2004]14号)第十七条:"当事人对欠付工程价款利息计付标准有约定的,按照约定处理;没有约定的,按照中国人民银行发布的同期同类贷款利率信息。发包人应向承包人支付拖欠工程款的利息,并承担违约责任。"和《中华人民共和国合同法》第二百八十六条:"发包人未按照合同约定支付价款的,承包人可以催告发包人在合理期限内支付价款。发包人逾期不支付的,除按照建设工程的性质不宜折价、拍卖的以外,承包人可以与发包人协议将该工程折价,也可以申请人民法院将该工程依法拍卖。建设工程的价款就该工程折价或者拍卖的价款优先受偿。"等规定,"13计价规范"中指出:"发包人未按照上述第(3)条和第(4)条规定支付竣工结算款的,承包人可催告发包人支付,并有权获得延迟支付的利息。发包人在竣工结算支付证书签发后或者在收到承包人提交的竣工结算款支付申请7天后的56天内仍未支付的,除法律另有规定外,承包人可与发包人协商将该工程折价,也可直接向人民法院申请将该工程依法拍卖。承包人应就该工程折价或拍卖的价款优先受偿。"

所谓优先受偿,最高人民法院在《关于建设工程价款优先受偿权的批复》(法释[2002]16号)中规定如下:

1)人民法院在审理房地产纠纷案件和办理执行案件中,应当依照《中华人民共和国合同法》第二百八十六条的规定,认定建筑工程的承包人的优先受偿权优于抵押权和其他债权。

2)消费者交付购买商品房的全部或者大部分款项后,承包人就该商品房享有的工程价款优先受偿权不得对抗买受人。

3)建筑工程价款包括承包人为建设工程应当支付的工作人员报酬、材料款等实际支出的费用,不包括承包人因发包人违约所造成的损失。

4)建设工程承包人行使优先权的期限为六个月,自建设工程竣工之日或者建设工程合同约定的竣工之日起计算。

(三)质量保证金

(1)发包人应按照合同约定的质量保证金比例从结算款中预留质量保证金。质量保证金用于承包人按照合同约定履行属于自身责任的工程缺陷修复义务的,为发包人有效监督承包人完成缺陷修复提供资金保证。原建设部、财政部印发的《建设工程质量保证金管理暂行办法》(建质〔2005〕7 号)第七条规定:"全部或者部分使用政府投资的建设项目,按工程价款结算总额 5% 左右的比例预留保证金。社会投资项目采用预留保证金方式的,预留保证金的比例可参照执行。"

(2)承包人未按照合同约定履行属于自身责任的工程缺陷修复义务的,发包人有权从质量保证金中扣除用于缺陷修复的各项支出。经查验,工程缺陷属于发包人原因造成的,应由发包人承担查验和缺陷修复的费用。

(3)在合同约定的缺陷责任期终止后,发包人应按照规定,将剩余的质量保证金返还给承包人。原建设部、财政部印发的《建设工程质量保证金管理暂行办法》(建质〔2005〕7 号)第九条规定:"缺陷责任期内,承包人认真履行合同约定的责任,到期后,承包人向发包人申请返还保证金。"

(四)最终结清

(1)缺陷责任期终止后,承包人已完成合同约定的全部承包工作,但合同工程的财务账目需要结清,因此承包人应按照合同约定向发包人提交最终结清支付申请。发包人对最终结清支付申请有异议的,有权要求承包人进行修正和提供补充资料。承包人修正后,应再次向发包人提交修正后的最终结清支付申请。

(2)发包人应在收到最终结清支付申请后的 14 天内予以核实,并应向承包人签发最终结清支付证书。

(3)发包人应在签发最终结清支付证书后的 14 天内,按照最终结清支付证书列明的金额向承包人支付最终结清款。

(4)发包人未在约定的时间内核实,又未提出具体意见的,应视为承包人提交的最终结清支付申请已被发包人认可。

(5)发包人未按期最终结清支付的,承包人可催告发包人支付,并有权获得延迟支付的利息。

(6)最终结清时,承包人被预留的质量保证金不足以抵减发包人工程缺陷修复费用的,承包人应承担不足部分的补偿责任。

(7)承包人对发包人支付的最终结清款有异议的,应按照合同约定的争议解决方式处理。

四、合同解除的价款结算与支付

合同解除是合同非常态的终止,为了限制合同的解除,法律规定了合同解除制度。根据解除权来源划分,可分为协议解除和法定解除。鉴于建设工程施工合同的特性,为了防止社会资源浪费,法律不赋予发承包人享有任意单方解除权,因此,除了协议解除,按照《最高人民法院关于审理建设工程施工合同纠纷案件适用法律问题的解释》第八条、第九条的规定,施工合同的解除有承包人根本违约的解除和发包人根本违约的解除两种。

(1)发承包双方协商一致解除合同的,应按照达成的协议办理结算和支付合同价款。

(2)由于不可抗力致使合同无法履行解除合同的,发包人应向承包人支付合同解除之日前已完成工程但尚未支付的合同价款,此外,还应支付下列金额:

1)招标文件中明示应由发包人承担的赶工费用。

2)已实施或部分实施的措施项目应付价款。

3)承包人为合同工程合理订购且已交付的材料和工程设备货款。

4)承包人撤离现场所需的合理费用,包括员工遣送费和临时工程拆除、施工设备运离现场的费用。

5)承包人为完成合同工程而预期开支的任何合理费用,且该项费用未包括在本款其他各项支付之内。

发承包双方办理结算合同价款时,应扣除合同解除之日前发包人应向承包人收回的价款。当发包人应扣除的金额超过了应支付的金额,承包人应在合同解除后的 86 天内将其差额退还给发包人。

(3)由于承包人违约解除合同的,对于价款结算与支付应按以下规定处理:

1)发包人应暂停向承包人支付任何价款。

2)发包人应在合同解除后 28 天内核实合同解除时承包人已完成的全部合同价款以及按施工进度计划已运至现场的材料和工程设备货款,按合同约定核算承包人应支付的违约金以及造成损失的索赔金额,并将结果通知承包人。发承包双方应在 28 天内予以确认或提出意见,并办理结算合同价款。如果发包人应扣除的金额超过了应支付的金额,则承包人应在合同解除后的 56 天内将其差额退还给发包人。

3)发承包双方不能就解除合同后的结算达成一致的,按照合同约定的争议解决方式处理。

(4)由于发包人违约解除合同的,对于价款结算与支付应按以下规定处理:

1)发包人除应按照上述第(2)条的有关规定向承包人支付各项价款外,应按合同约定核算发包人应支付的违约金以及给承包人造成损失或损害的索赔金额费用。该笔费用由承包人提出,发包人核实后与承包人协商确定后的 7 天内向承包人签发支付证书。

2)发承包双方协商不能达成一致的,按照合同约定的争议解决方式处理。

第四节　合同价款争议的解决

施工合同履行过程中出现争议是在所难免的,解决合同履行过程中争议的主要方法包括协商、调解、仲裁和诉讼四种。当发承包双方发生争议后,可以先进行协商和解从而达到消除争议的目的,也可以请第三方进行调解;若争议继续存在,发承包双方可以继续通过仲裁或诉讼的途径解决,当然,也可以直接进入仲裁或诉讼程序解决争议。不论采用何种方式解决发承包双方的争议,只有及时并有效的解决施工过程中的合同价款争议,才是工程建设顺利进行的必要保证。

一、监理或造价工程师暂定

从我国现行施工合同示范文本、监理合同示范文本、造价咨询合同示范文本的内容可以看出,合同中一般均会对总监理工程师或造价工程师在合同履行过程中发承包双方的争议如何处理有所约定。为使合同争议在施工过程中就能够由总监理工程师或造价工程师予以解决,"13 计价规范"对总监理工程师或造价工程师的合同价款争议处理流程及职责权限进行了如下约定:

(1)若发包人和承包人之间就工程质量、进度、价款支付与扣除、工期延期、索赔、价款调整等发生任何法律上、经济上或技术上的争议,首先应根据已签约合同的规定,提交合同约定职责范围内的总监理工程师或造价工程师解决,并应抄送另一方。总监理工程师或造价工程师在收到此提交件后 14 天内应将暂定结果通知发包人和承包人。发承包双方对暂定结果认可的,应以书面形式予以确认,暂定结果成为最终决定。

(2)发承包双方在收到总监理工程师或造价工程师的暂定结果通知之后的 14 天内未对暂定结果予以确认也未提出不同意见的,应视为发承包双方已认可该暂定结果。

(3)发承包双方或一方不同意暂定结果的,应以书面形式向总监理工程师或造价工程师提出,说明自己认为正确的结果,同时抄送另一方,此时该暂定结果成为争议。在暂定结果对发承包双方当事人履约不产生实质影响的前提下,发承包双方应实施该结果,直到按照发承包双方认可的争议解决办法被改变为止。

二、管理机构的解释和认定

(1)合同价款争议发生后,发承包双方可就工程计价依据的争议以书面形式提请工程造价管理机构对争议以书面文件进行解释或认定。工程造价管理机构是工程造价计价依据、办法以及相关政策的制定和管理机构。对发包人、承包人或工程造价咨询人在工程计价中,对计价依据、办法以及相关政策规定发生的争议进行解释是工程造价管理机构的职责。

(2)工程造价管理机构应在收到申请的 10 个工作日内就发承包双方提请的争议问题进行解释或认定。

(3)发承包双方或一方在收到工程造价管理机构书面解释或认定后仍可按照合同约定的争议解决方式提请仲裁或诉讼。除工程造价管理机构的上级管理部门作出了不同的解释或认定,或在仲裁裁决或法院判决中不予采信的外,工程造价管理机构作出的书面解释或认定应为最终结果,并应对发承包双方均有约束力。

三、协商和解

(1)合同价款争议发生后,发承包双方任何时候都可以进行协商。协商达成一致的,双方应签订书面和解协议,并明确和解协议对发承包双方均有约束力。

(2)如果协商不能达成一致协议,发包人或承包人都可以按合同约定的其他方式解决争议。

四、调解

按照《中华人民共和国合同法》的规定,当事人可以通过调解解决合同争议,但在工程建设领域,目前的调解主要出现在仲裁或诉讼中,即所谓司法调解;有的通过建设行政主管部门或工程造价管理机构处理,双方认可,即所谓行政调解。司法调解耗时较长,且增加了诉讼成本;行政调解受行政管理人员专业水平、处理能力等的影响,其效果也受到限制。因此,"13计价规范"提出了由发承包双方约定相关工程专家作为合同工程争议调解人的思路,类似于国外的争议评审或争端裁决,可定义为专业调解,这在我国合同法的框架内,为有法可依,使争议尽可能在合同履行过程中得到解决,确保工程建设顺利进行。

(1)发承包双方应在合同中约定或在合同签订后共同约定争议调解人,负责双方在合同履行过程中发生争议的调解。

(2)合同履行期间,发承包双方可协议调换或终止任何调解人,但发包人或承包人都不能单独采取行动。除非双方另有协议,在最终结清支付证书生效后,调解人的任期应即终止。

(3)如果发承包双方发生了争议,任何一方可将该争议以书面形式提交调解人,并将副本抄送另一方,委托调解人调解。

(4)发承包双方应按照调解人提出的要求,给调解人提供所需要的资料、现场进入权及相应设施。调解人应被视为不是在进行仲裁人的工作。

(5)调解人应在收到调解委托后28天内或由调解人建议并经发承包双方认可的其他期限内提出调解书,发承包双方接受调解书的,经双方签字后作为合同的补充文件,对发承包双方均具有约束力,双方都应立即遵照执行。

(6)当发承包双方中任一方对调解人的调解书有异议时,应在收到调解书后28天内向另一方发出异议通知,并应说明争议的事项和理由。但除非并直到调解书在协商和解或仲裁裁决、诉讼判决中作出修改,或合同已经解除,承包人应继续按照合同实施工程。

(7)当调解人已就争议事项向发承包双方提交了调解书,而任一方在收到调解书后28天内均未发出表示异议的通知时,调解书对发承包双方应均具有约束力。

五、仲裁、诉讼

(1)发承包双方的协商和解或调解均未达成一致意见,其中的一方已就此争议事项根据合同约定的仲裁协议申请仲裁,应同时通知另一方。进行协议仲裁时,应遵守《中华人民共和国仲裁法》的有关规定,如第四条:"当事人采用仲裁方式解决纠纷,应当双方自愿,达成仲裁协议。没有仲裁协议,一方申请仲裁的,仲裁委员会不予受理";第五条:"当事人达成仲裁协议,一方向人民法院起诉的,人民法院不予受理,但仲裁协议无效的除外";第六条:"仲裁委员会应当由当事人协议选定。仲裁不实行级别管辖和地域管辖"。

(2)仲裁可在竣工之前或之后进行,但发包人、承包人、调解人各自的义务不得因在工程实施期间进行仲裁而有所改变。当仲裁是在仲裁机构要求停止施工的情况下进行时,承包人应对合同工程采取保护措施,由此增加的费用应由败诉方承担。

(3)在前述(一)至(四)中规定的期限之内,暂定或和解协议或调解书已经有约束力的情况下,当发承包中一方未能遵守暂定或和解协议或调解书时,另一方可在不损害他可能具有的任何其他权利的情况下,将未能遵守暂定或不执行和解协议或调解书达成的事项提交仲裁。

(4)发包人、承包人在履行合同时发生争议,双方不愿和解、调解或者和解、调解不成,又没有达成仲裁协议的,可依法向人民法院提起诉讼。

第六章　土石方工程工程量计算

第一节　土石方工程概述

一、概述

土石方工程通常是道路、桥涵、市政管网工程、隧道工程的组成部分。市政土石方工程包括道路路基填挖、堤防填挖、市政管网开槽及回填,桥涵基坑开挖回填,施工现场的场地平整等。土石方工程有永久性(修路基、堤防)和临时性(开挖基坑、沟槽)两种。

二、挖土方工程施工

1. 土的工程分类

土的工程分类如图 6-1 所示。

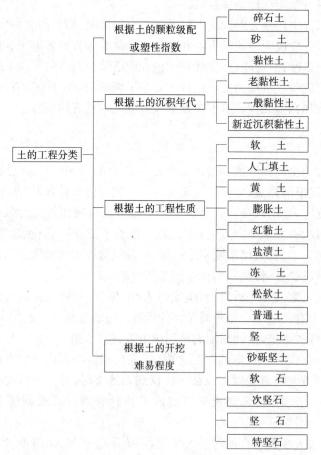

图 6-1　土的工程分类

在土方工程施工中,按土的开挖难易程度将土分为八类,见表 6-1。

表 6-1　　　　　　　　　　　　　　　　土的工程分类

土的分类	土(岩)的名称	紧固系数 f	质量密度 (kg/m³)
一类土 (松软土)	略有黏性的砂土;粉土、腐殖土及疏松的种植土;泥炭(淤泥)	0.5~0.6	600~1 500
二类土 (普通土)	潮湿的黏性土和黄土;软的盐土和碱土;含有建筑材料碎屑、碎石、卵石的堆积土和种植土	0.6~0.8	1 100~1 600
三类土 (坚土)	中等密实的黏性土或黄土;含有碎石、卵石或建筑材料碎屑的潮湿的黏性土或黄土	0.8~1.0	1 800~1 900
四类土 (砂砾坚土)	坚硬密实的黏性土或黄土;含有碎石、砾石(体积在 10%~30%,质量在 25kg 以下的石块)的中等密实黏性土或黄土;硬化的重盐土;软泥灰岩	1~1.5	1 900
五类土 (软石)	硬的石炭纪黏土;胶结不紧的砾岩;软的、节理多的石灰岩及贝壳石灰岩;坚实的白垩;中等坚实的页岩、泥灰岩	1.5~4.0	1 200~2 700
六类土 (次坚石)	坚硬的泥质页岩;坚实的泥灰岩;角砾状花岗岩;泥灰质石灰岩;黏土质砂岩;云母页岩及砂质页岩;风化的花岗岩、片麻岩及正长岩;滑石质的蛇纹岩;密实的石灰岩;硅质胶结的砾岩;砂岩;砂质石灰质页岩	4~10	2 200~2 900
七类土 (坚石)	白云岩;大理石;坚实的石灰岩、石灰质及石英质的砂岩;坚硬的砂质页岩;蛇纹岩;粗粒正长岩;有风化痕迹的安山岩及玄武岩;片麻岩、粗面岩;中粗花岗岩;坚实的片麻岩、粗面岩、辉绿岩;玢岩;中粗正长岩	10~18	2 500~2 900
八类土 (特坚石)	坚实的细粒花岗岩;花岗片麻岩;闪长岩;坚实的玢岩、角闪岩、辉长岩、石英岩;安山岩、玄武岩;最坚实的辉绿岩、石灰岩及闪长岩;橄榄石质玄武岩;特别坚实的辉长岩、石英岩及玢岩	18~25 以上	2 700~3 300

　　注:1. 土的级别相当于一般 16 级土石分类级别。
　　　2. 坚实系数 f 相当于普氏岩石强度系数。

2. 土方开挖方法

土方开挖有人工挖方和机械挖方两种方法。

(1)人工挖方

1)人工挖方的适用条件。人工挖方适用于一般建筑物、构筑物的基坑(槽)和各种管沟等。

2)施工准备。

①土方开挖前,应根据施工方案的要求,将施工区域内的地下、地上障碍物清除和处理完毕。

②地表面要清理平整,做好排水坡向,在施工区域内,要挖临时性排水沟。

③建筑物位置的标准轴线桩、构筑物的定位控制桩、标准水平桩及灰线尺寸,必须先经过检查,并办完预检手续。

④夜间施工时,应合理安排工序,防止错挖或超挖。施工场地应根据需要安设照明设施,在危险地段设置明显标志。

⑤开挖低于地下水位的基坑(槽)、管沟时,应根据当地工程地质资料,采取措施降低地下水位,一般要降至低于开挖底面的 0.5m,然后再开挖。

3)施工要点。

①在天然湿度的土中,开挖基坑(槽)和管沟时,当挖土深度不超过规定的数值时,可不放坡,不加支撑。当超出规定深度,在 5m 以内时,若土具有天然湿度,构造均匀,水文地质条件好,且无地下水,不加支撑的基坑(槽)和管沟,必须放坡。

②开挖浅的条形基础,如不放坡时,应先沿灰线直边切出槽边的轮廓线,一般黏性土可自上而下分层开挖,每层深度以 600mm 为宜,从开挖端部逆向倒退按踏步型挖掘。碎石类土先用镐翻松,正向挖掘,每层深度,视翻土厚度而定,每层应清底和出土,然后逐步挖掘。

③基坑(槽)管沟的直立壁和边坡,在开挖过程和敞露期间应防止塌陷,应加以保护。在挖方上侧弃土时,应保证边坡和直立壁的稳定。当土质良好时,抛于槽(沟)边的土方(或材料),应距槽(沟)边缘 0.8m 以外,高度不宜超过 1.5m。若在柱基周围、墙基或围墙一侧,不得堆土过高。

④开挖基坑(槽)或管沟时,应合理确定开挖顺序和分层开挖深度。当接近地下水位时,应先完成标高最低处的挖方,以便于在该处集中排水。开挖后,在挖到距槽底 500mm 水以内时,测量放线人员应配合抄出距槽底 500mm 水平线;自每条槽端部 200mm 处每隔 2~3m,在槽帮上钉水平标高小木橛。在挖至接近槽底标高时,用尺或事先量好的 500mm 标准尺杆,随时以小木橛上平校核槽底标高。最后由两端轴线(中心线)引桩拉通线,检查距槽边尺寸,确定槽宽标准,据此修整槽帮,最后清除槽底土方,修底铲平。

⑤开挖浅管沟时,与浅条形基础开挖基本相同,仅沟帮不切直修平。标高按龙门板下返沟底尺寸,符合设计标高后,再从两端龙门板下的沟底标高上返 500mm,拉小线用尺检查沟底标高,最后修整沟底。

⑥开挖放坡的坑(槽)和管沟时,应先按施工方案规定的坡度,粗略开挖,再分层按坡度要求做出坡度线,每隔 3m 左右做一条,以此线为准进行铲坡。深管沟挖土时,应在沟帮中间留出宽 800mm 左右的倒土台。

⑦在开挖大面积浅基坑时,沿坑三面开挖,挖出的土方装入手推车或翻斗车,由未开挖的一面运至弃土地点。

⑧开挖基坑(槽)的土方,在场地有条件堆放时,一定要留足回填需用的好土,多余的土方应一次运至弃土地点。

⑨土方开挖一般不宜在雨期进行,否则工作面不宜过大,应逐段、逐片的分期完成。雨期开挖基坑(槽)或管沟时,应注意边坡稳定。必要时可适当放缓边坡坡度或设置支撑。同时,应在坑(槽)外侧围筑土堤或开挖水沟,防止地面水流入。施工时应加强边坡、支撑、土堤等的检查。

⑩土方开挖不宜在冬期施工。如必须在冬期施工时,其施工方法应按冬期施工方案进行。

(2)机械挖方

1)机械挖方适用条件。

机械挖方主要适用于一般建筑的地下室、半地下室土方,基槽深度超过 2.5m 的住宅工程,条形基础槽宽超过 3m 或土方量超过 500m³ 的其他工程。

2)挖掘机械作业方法分为拉铲挖掘机开挖、正铲挖掘机开挖、反铲挖掘机开挖。

①拉铲挖掘机开挖方法见表 6-2。

表 6-2　　　　　　　　　　　　　拉铲挖掘机开挖方法

作业名称	示　例	适用范围	作业方法
沟端开挖法		适用于就地取土、填筑路基及修筑堤坝等	拉铲停在沟端,倒退着沿沟纵向开挖。开挖宽度可以达到机械挖土半径的两倍,能两面出土,汽车停放在一侧或两侧,装车角度小,坡度较易控制,并能开挖较陡的坡
沟侧开挖法		适于开挖土方就地堆放的基坑、槽以及填筑路堤等工程	拉铲停在沟侧,沿沟横向开挖,沿沟边与沟平行移动,如沟槽较宽,可在沟槽的两侧开挖。本法开挖宽度和深度均较小,一次开挖宽度约等于挖土半径,且开挖边坡不易控制
三角开挖法	 A、B、C——拉铲停放位置 1、2、3——开挖顺序	适于开挖宽度在 8m 左右的沟槽	拉铲按"之"字形移位,与开挖沟槽的边缘成45°角左右。本法拉铲的回转角度小,生产率高,而且边坡开挖整齐
分段挖土法		适于开挖宽度大的基坑、槽、沟渠工程	在第一段采取三角挖土,第二段机身沿 AB 线移动进行分段挖土。如沟底(或坑底)土质较硬,地下水位较低时,应使汽车停在沟下装土,铲斗装土后稍微提起即可装车,能缩短铲斗起落时间,又能减小臂杆的回转角度
层层挖土法		适于开挖较深的基坑,特别是圆形或方形基坑	拉铲从左到右,或从右到左逐层挖土,直至全深。本法可以挖得平整,拉铲斗的时间可以缩短。当土装满铲斗后,可以从任何高度提起铲斗,运送土时的提升高度可减小到最低限度,但落斗时要注意将拉斗钢绳与落斗钢绳一起放松,使铲斗垂直下落

（续）

作业名称	示　例	适用范围	作业方法
顺序挖土法	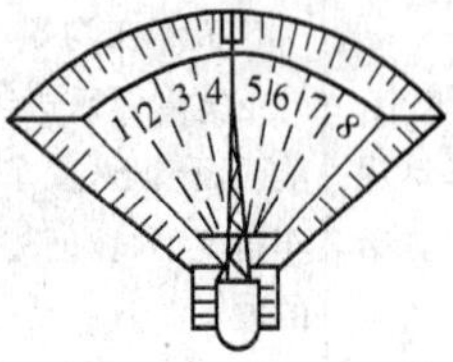	适于开挖土质较硬的基坑	挖土时先挖两边,保持两边低、中间高的地形,然后向中间挖土。本法挖土只两边遇到阻力,较省力,边坡可以挖得整齐,铲斗不会发生翻滚现象
转圈挖土法	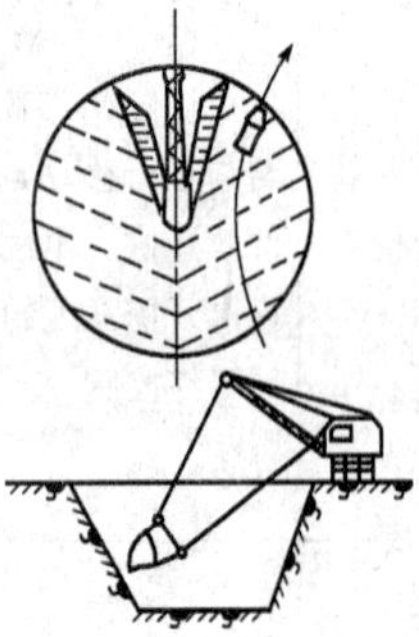	适于开挖较大、较深的圆形基坑	拉铲在边线外顺圆周转圈挖土,形成四周低中间高,可防止铲斗翻滚。当挖到5m以下时,则需配合人工在坑内沿坑周边往下挖一条宽50cm,深40～50cm的槽,然后进行开挖,直至槽底平,接着人工挖槽,再用拉铲挖土,如此循环作业至设计标高为止
扇形挖土法	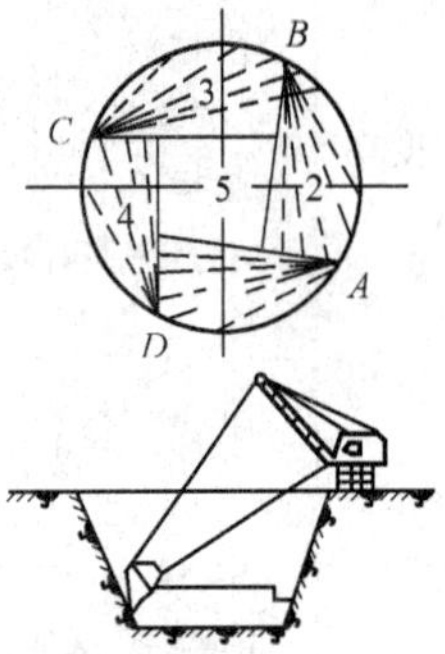	适于开挖直径和深度不大的圆形基坑或沟渠	拉铲先在一端挖成一个锐角形,然后挖土机沿直线按扇形后退,挖土直至完成。本法挖土机移动次数少,汽车在一个部位循环,道路少,装车高度小

②正铲挖掘机开挖方法见表 6-3。

表 6-3　　　　　　　正铲挖掘机开挖方法

作业名称	示　例	适用范围	作业方法
正向开挖,侧向装土法	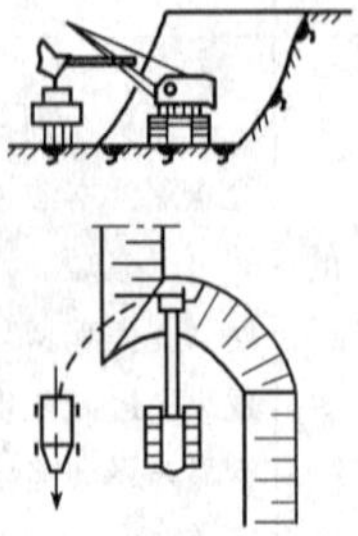	用于开挖工作面较大,深度不大的边坡、基坑(槽)、沟渠和路堑等,为最常用的开挖方法	正铲向前进方向挖土,汽车位于正铲的侧向装车。本法铲臂卸土回转角度最小(＜90°),装车方便,循环时间短,生产效率高

（续）

作业名称	示　例	适用范围	作业方法
正向开挖，反向装土法		用于开挖工作面狭小、且较深的基坑（槽）、管沟和路堑等	正铲向前进方向挖土，汽车停在正铲的后面。本法开挖工作面较大，但铲臂卸土回转角度较大（在180°左右），且汽车要侧行车，增加工作循环时间，生产效率降低（回转角度180°，效率约降低23%；回转角度130°，约降低13%）
分层开挖法		用于开挖大型基坑或沟渠，工作面高度大于机械挖掘的合理高度时采用	将开挖面按机械的合理高度分为多层开挖［图(a)］，当开挖面高度不能成为一次挖掘深度的整数倍时，则可在挖方的边缘或中部先开挖一条浅槽作为第一次挖土运输线路［图(b)］，然后再逐次开挖直至基坑底部
上下轮换开挖法		适于土层较高，土质不太硬，铲斗挖掘距离很短时使用	先将土层上部1m以下土挖深30～40cm，然后再挖土层上部1m厚的土，如此上下轮换开挖。本法挖土阻力小，易装满铲斗，卸土容易
顺铲开挖法		适于土质坚硬，挖土时不易装满铲斗，而且装土时间长时采用	铲斗从一侧向另一侧一斗挨一斗地顺序开挖，使每次挖土增加一个自由面，阻力减小，易于挖掘。也可依据土质的坚硬程度使每次只挖2～3个斗牙位置的土
间隔开挖法		适于开挖土质不太硬、较宽的边坡或基坑、沟渠等	即在扇形工作面上第一铲与第二铲之间保留一定距离，使铲斗接触土体的摩擦面减少，两侧受力均匀，铲土速度加快，容易装满铲斗，生产效率提高
多层挖土法		适于开挖高边坡或大型基坑	将开挖面按机械的合理开挖高度，分为多层同时开挖，以加快开挖速度，土方可以分层运出，也可分层递送，至最上层（或下层）用汽车运去，但两台挖土机沿前进方向，上层应先开挖保持30～50cm距离

（续）

作业名称	示　例	适用范围	作业方法
中心开挖法		适于开挖较宽的山坡地段或基坑、沟渠等	正铲先在挖土区的中心开挖,当向前挖至回转角度超过90°时,则转向两侧开挖,运土汽车按八字形停放装土。本法开挖移位方便,回转角度小(<90°)。挖土区宽度宜在40m以上,以便于汽车靠近正铲装车

③反铲挖掘机开挖方法见表6-4。

表 6-4　　　　　　　　　反铲挖掘机开挖方法

作业名称	示　例	适用范围	作业方法
沟端开挖法		适于一次成沟后退挖土,挖出土方随即运走时采用,或就地取土填筑路基或修筑堤坝等	反铲停于沟端,后退挖土,同时往沟一侧弃土或装汽车运走[图(a)]。挖掘宽度可不受机械最大挖掘半径限制,臂杆回转半径仅45°~90°,同时可挖到最大深度。对较宽基坑可采用图(b)方法,其最大一次挖掘宽度为反铲有效挖掘半径的两倍,但汽车须停在机身后面装土,生产效率降低。或采用几次沟端开挖法完成作业
沟侧开挖法		用于横挖土体和需将土方甩到离沟边较远的距离时使用	反铲停于沟侧沿沟边开挖,汽车停在机旁装土或往沟一侧卸土。本法铲臂回转角度小,能将土弃于距沟边较远的地方,但挖土宽度比挖掘半径小,边坡不好控制,同时机身靠沟边停放,稳定性较差
沟角开挖法		适于开挖土质较硬、宽度较小的沟槽(坑)	反铲位于沟前端的边角上,随着沟槽的掘进,机身沿着沟边往后作"之"字形移动。臂杆回转角度平均在45°左右,机身稳定性好,可挖较硬土体,并能挖出一定的坡度
多层接力开挖法		适于开挖土质较好、深10m以上的大型基坑、沟槽和渠道	用两台或多台挖土机设在不同作业高度上同时挖土,边挖土、边向上传递到上层,由地表挖土机连土带装车。上部可用大型反铲,中、下层用大型或小型反铲,以便挖土和装车,均衡连续作业,一般两层挖土可挖深10m,三层可挖深15m左右。本法开挖较深基坑,可一次开挖到设计标高,一次完成,可避免汽车在坑下装运作业,提高生产效率,且不必设专用垫道

第二节　土石方工程分项工程划分

一、全统市政定额*土石方工程划分

全统市政定额*土石方工程分为人工土石方和机械土石方。

1. 人工土石方

人工土石方工程包括人工挖土方,人工挖沟、槽土方,人工挖基坑土方,人工清理土堤基础,人工挖土堤台阶,人工铺草皮,人工装、运土方,人工挖运淤泥、流砂,人工平整场地、填土夯实、原土夯实。

(1)人工挖土方的工作内容包括:挖土、抛土、修整底边、边坡。

(2)人工挖沟、槽土方的工作内容包括:挖土、装土或抛土于沟、槽边 1m 以外堆放,修整底边、边坡。

(3)人工挖基坑土方的工作内容包括:挖土、装土或抛土于坑边 1m 以外堆放,修整底边、边坡。

(4)人工清理土堤基础的工作内容包括:挖除、检修土堤面废土层,清理场地,废土 30m 内运输。

(5)人工挖土堤台阶的工作内容包括:画线、挖土将刨松土方抛至下方。

(6)人工铺草皮的工作内容包括:铺设拍紧、花格接槽、洒水、培土、场内运输。

(7)人工装、运土方的工作内容包括:装车,运土,卸土,清理道路,铺、拆走道路板。

(8)人工挖运淤泥、流砂的工作内容包括:挖淤泥、流砂,装、运、卸淤泥、流砂,1.5m 内垂直运输。

(9)人工平整场地、填土夯实、原土夯实的工作内容如下:

1)场地平整:厚度 30cm 内的就地挖填,找平。

2)松填土:5m 内的就地取土,铺平。

3)填土夯实:填土、夯土、运水、洒水。

4)原土夯实:打夯。

2. 机械土石方

机械土石方工程包括推土机推土,铲运机铲运土方,挖掘机挖土,装载机装松散土,装载机装运土方,自卸汽车运土,抓铲挖掘机挖土、淤泥、流砂,机械平整场地、填土夯实、原土夯实,推土机推石渣,挖掘机挖石渣。

(1)推土机推土的工作内容包括:推土、弃土、平整、空回,工作面内排水。

(2)铲运机铲运土方的工作内容如下:

1)铲土、弃土、平整、空回。

2)推土机配合助铲、整平。

---

*　本书所指全统市政定额,如无特殊说明,均指《全国统一市政工程预算定额》。

3)修理边坡,工作面内排水。

(3)挖掘机挖土的工作内容如下:

1)挖土,将土堆放在一边或装车,清理机下余土。

2)工作面内排水,清理边坡。

(4)装载机装松散土的工作内容包括:铲土装车,修理边坡,清理机下余土。

(5)装载机装运土方的工作内容如下:

1)铲土、运土、卸土。

2)修理边坡。

3)人力清理机下余土。

(6)自卸汽车运土的工作内容包括:运土、卸土、场内道路洒水。

(7)抓铲挖掘机挖土、淤泥、流砂的工作内容包括:挖土、淤泥、流砂,堆放在一边或装车,清理机下余土。

(8)机械平整场地、填土夯实、原土夯实的工作内容如下:

1)平整场地:厚度30cm内的就地挖、填、找平,工作面内排水。

2)原土碾压:平土、碾压,工作面内排水。

3)填土碾压:回填、推平,工作面内排水。

4)原土夯实:平土、夯土。

5)填土夯实:摊铺、碎土、平土、夯土。

(9)推土机推石渣的工作内容包括:集渣、弃渣、平整。

(10)挖掘机挖石渣的工作内容如下:

1)集渣、挖渣、装车、弃渣、平整。

2)工作面内排水及场内道路维护。

(11)自卸汽车运石渣的工作内容包括:运渣、卸渣,场内行驶道路洒水养护。

二、计量规范 * 土石方工程划分

计量规范的土石方工程分为挖土方、挖石方、回填土及土石方运输。

1. 挖土方

挖土方工程包括挖一般土方、挖沟槽土方、挖基坑土方、暗挖土方和挖淤泥、流砂工程。

(1)挖一般土方、沟槽土方、基坑土方的工作内容包括:排地表水,土方开挖,围护(挡土板)及拆除,基底钎探,场内运输。

(2)暗挖土方的工作内容包括:排地表水,土方开挖,场内运输。

(3)挖淤泥、流砂的工作内容包括:开挖,运输。

2. 挖石方

挖石方工程包括挖一般石方、挖沟槽石方和挖基坑石方工程。

挖一般石方、沟槽石方、基坑石方的工作内容包括:排地表水,石方开凿,修整底、边,场内运输。

3. 回填方及土石方运输

回填方及土石方运输工程包括回填方和余方弃置。

×　　本书所指计量规范,如无特殊说明,均指《市政工程量计算规范》(GB 50857—2013)。

（1）回填方的工作内容包括：运输，回填，压实。

（2）余方弃置的工作内容包括：余方点装料运输至弃置点。

第三节　挖土方工程工程量计算

一、挖一般土方、沟槽和基坑工程量计算

1. 工程量计算规则

挖一般土方、沟槽和基坑工程工程量清单项目设置、项目特征描述的内容、计量单位及工程量计算规则，应按表 6-5 的规定执行。

表 6-5　　　　　　　　　　　　挖一般土方、沟槽和基坑

项目编码	项目名称	项目特征	计量单位	工程量计算规则	工作内容
040101001	挖一般土方	1. 土壤类别 2. 挖土深度	m³	按设计图示尺寸以体积计算	1. 排地表水 2. 土方开挖 3. 围护（挡土板）及拆除 4. 基底钎探 5. 场内运输
040101002	挖沟槽土方				
040101003	挖基坑土方			按设计图示尺寸以基础垫层底面积乘以挖土深度计算	

注：1. 沟槽、基坑、一般土方的划分为：底宽≤7m 且底长>3 倍底宽为沟槽，底长≤3 倍底宽且底面积≤150m² 为基坑。超出上述范围则为一般土方。

　　2. 土壤的分类应按表 6-6 确定。

　　3. 如土壤类别不能准确划分时，招标人可注明为综合，由投标人根据地勘报告决定报价。

　　4. 土方体积应按挖掘前的天然密实体积计算。

　　5. 挖沟槽、基坑土方中的挖土深度，一般指原地面标高至槽、坑底的平均高度（图 6-2）。

　　6. 挖沟槽、基坑、一般土方因工作面和放坡增加的工程量，是否并入各土方工程量中，按各省、自治区、直辖市或行业建设主管部门的规定实施。如并入各土方工程量中，编制工程量清单时，可按表 6-7、表 6-8 规定计算；办理工程结算时，按经发包人认可的施工组织设计规定计算。

　　7. 挖沟槽、基坑和一般土方清单项目的工作内容中仅包括了土方场内平衡所需的运输费用，如需土方外运时，按 040103002"余方弃置"项目编码列项。

表 6-6　　　　　　　　　　　　土壤分类表

土壤分类	土壤名称	开挖方法
一、二类土	粉土、砂土（粉砂、细砂、中砂、粗砂、砾砂）、粉质黏土地、弱中盐渍土、软土（淤泥质土地、泥炭、泥炭质土）软塑红黏土地、冲填土	用锹，少许用镐、条锄开挖。机械能全部直接铲挖满载者
三类土	黏土、碎砂土（圆砾、角砾）、混合土、可塑红黏土、硬塑红黏土、强盐渍土、素填土、压实填土	主要用镐、条锄，少许用锹开挖。机械需部分刨松方能铲挖满载者或可直接铲挖但不能满载者
四类土	碎石土（卵石、碎石、漂石、块石）、坚硬红黏土、超盐渍土、杂填土	全部用镐、条锄挖掘，少许用撬棍挖掘。机械需普通刨松方能铲挖满载者

注：本表土的名称及其含义按现行国家标准《岩土工程勘察规范》（GB 50021—2001）（2009 年局部修订版）定义。

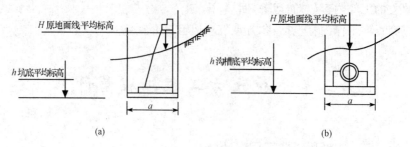

图 6-2 挖沟槽和基坑图示例

(a)桥台基坑挖方;(b)沟槽挖方

a—桥台垫层宽;b—桥台垫层长;$a×b×(H-h)$—管沟挖方工程量

表 6-7 放坡系数表

土类别	放坡起点 (m)	人工挖土	机 械 挖 土		
			在沟槽、坑内作业	在沟槽侧、坑边上作业	顺沟槽方向坑上作业
一、二类土	1.20	1:0.50	1:0.33	1:0.75	1:0.50
三类土	1.50	1:0.33	1:0.25	1:0.67	1:0.33
四类土	2.00	1:0.25	1:0.10	1:0.33	1:0.25

注:1. 沟槽、基坑中土类别不同时,分别按其放坡起点、放坡系数,依不同土类别厚度加权平均计算。

2. 计算放坡时,在交接处的重复工和量不予扣除,原槽、坑做基础垫层时,放坡自垫层上表面开始计算。

3. 本表按《全国统一市政工程预算定额》(GYD-301-1999)整理,并增加机械挖土顺沟槽方向坑上作业的放坡系数。

表 6-8 管沟施工每侧所需工作面宽度计算表 (单位:mm)

管道结构宽	混凝土管道基础90°	混凝土管道基础>90°	金属管道	构 筑 物	
				无防潮层	有防潮层
500 以内	400	400	300	400	600
1000 以内	500	500	400		
2500 以内	600	500	400		
2500 以上	700	600	500		

注:1. 管道结构宽:有管座按管道基础外缘,无管座按管道外径计算;构筑物按基础外缘计算。

2. 本表按《全国统一市政工程预算定额》(GYD-301-1999)整理,并增加管道结构宽 2500mm 以上的工作面宽度值。

2. 工程量清单项目释义

(1)挖一般土方。挖一般土方一般适用于路基挖方和广场挖方。路基挖方一般用平均横断面法计算;广场挖方一般采用方格网法进行计算。

(2)挖沟槽土方。挖沟槽土方适用于地下给排水管道、通信电线等挖土工程。市政工程施工常见的沟槽断面形式有直槽、梯形槽、混合槽、联合槽。

1)直槽。直槽即沟槽的边坡基本为直坡,一般情况下,开挖断面的边坡小于 0.05,直槽断面常用于工期短、深度浅的小管径工程,如地下水位低于槽底,且直槽深度不超过 1.5m。

2)梯形槽。梯形槽即大开槽,是槽帮具有一定坡度的开挖断面。开挖断面槽帮放坡,不需支撑。当地质条件良好时,纵使槽底在地下水以下,也可以在槽底挖成排水沟,进行表面排水,保证其槽帮土壤的稳定。

3)混合槽。混合槽是由直槽与大开槽组合而成的多层开挖断面,较深的沟槽宜采用此种混合槽分层开挖断面。混合槽一般多为深槽施工。采取混合槽施工时,上部槽尽可能采用机械施工开挖,下部槽的开挖常需同时考虑采用排水及支撑的施工措施。

4)联合槽。联合槽是由两条或多条管道共同埋设的沟槽,其断面形式要根据沟槽内埋设管道的位置、数量和各自的特点而定,多是由直槽或梯形槽按照一定的形式组合而成的开挖断面。

(3)挖基坑土方。挖基坑土方适用于桩基础、设备基础和满堂基础的挖土。挖基坑土方施工中应注意以下几点:

1)在基坑开挖期间,应设专人检查基坑稳定,如果发现问题能及时报有关施工负责人员,便于及时处理。

2)在施工中如发现局部边坡位移较大,须立即停止开挖,通知围护单位做好加固或加密锚杆处理,进行边坡喷混凝土,待稳定后继续开挖。如施工过程中发现水量过大,及时增设井点处理。

3)坑边不准堆积弃土,不准堆放建筑材料、存放机械、水泥罐及行车。基坑边外部荷载不得大于 15kPa。不得有长流水,防止渗水进入基坑及冲刷边坡,降低边坡稳定。

3. 计算实例

【例 6-1】　某建筑场地需进行平整,已知土壤类别为三类土,其方格网布置如图 6-2(a)所示,面积为 80m×40m,各方格的边长均为 20m。根据设计要求,泄水坡度为 $i_x=0.3\%$,$i_y=0.2\%$。场地的设计标高和自然地面标高如图 6-3 所示。试计算挖土方和回填土方工程量。

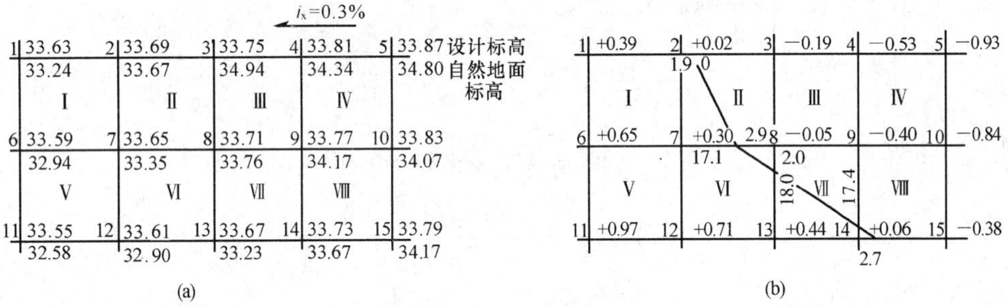

图 6-3　方格网布置

【解】以 5 点的 33.87m 为起点,算出每一点的设计标高,标注在图上。计算出每一点的施工高度,注在图 6-2(b)上。计算零点位置:

在 2~3 线上,$b=\dfrac{20\times0.02}{0.02+0.19}=1.9\text{m}$

在 7~8 线上,$b=\dfrac{20\times0.3}{0.3+0.05}=17.1\text{m}$

在 8~13 线上,$b=\dfrac{20\times0.44}{0.44+0.05}=18.0\text{m}$

在 9~14 线上,$b=\dfrac{20\times0.4}{0.4+0.06}=17.4\text{m}$

在 14~15 线上,$b=\dfrac{20\times0.06}{0.06+0.38}=2.7\text{m}$

计算各方格工程量:

方格 I、III、IV、V, 底面均为正方形。

$$V_{I(-)} = \frac{20 \times 20}{4} \times (0.39 + 0.02 + 0.3 + 0.65) = 136 \text{m}^3$$

$$V_{II(+)} = \frac{20 \times 20}{4} \times (0.19 + 0.53 + 0.4 + 0.05) = 117 \text{m}^3$$

$$V_{IV(+)} = \frac{20 \times 20}{4} \times (0.53 + 0.93 + 0.84 + 0.4) = 270 \text{m}^3$$

$$V_{V(-)} = \frac{20 \times 20}{4} \times (0.65 + 0.3 + 0.71 + 0.97) = 263 \text{m}^3$$

方格 II、VIII, 底面均为两个梯形。

$$V_{I(-)} = \frac{a}{8}(b+c)(h_1+h_2) = \frac{20}{8} \times (1.9 + 17.1) \times (0.02 + 0.3) = 15.2 \text{m}^3$$

$$V_{III(+)} = \frac{a}{8}(d+e)(h_3+h_4) = \frac{20}{8} \times (18.1 + 2.9) \times (0.19 + 0.05) = 12.6 \text{m}^3$$

$$V_{VIII(+)} = \frac{20}{8} \times (2 + 17.4) \times (0.05 + 0.4) = 21.88 \text{m}^3$$

$$V_{VIII(-)} = \frac{20}{8} \times (18 + 2.6) \times (0.44 + 0.06) = 25.75 \text{m}^3$$

方格 VI、VII 底面为一个三角形和一个五边形。

$$V_{VI(+)} = \frac{h}{6} \times b \times c = \frac{0.05}{6} \times 2.9 \times 2 = 0.05 \text{m}^3$$

$$V_{VII(-)} = \frac{a^2}{6}(2h_1 + h_2 + 2h_3 - h_4) + V_{(+)}$$

$$= \frac{20 \times 20}{6}(2 \times 0.3 + 0.71 + 2 \times 0.44 - 0.55) + 0.55 = 142.71 \text{m}^3$$

$$V_{VII(-)} = \frac{h}{6} \times b \times c = \frac{0.06}{6} \times 2.7 \times 2.6 = 0.07 \text{m}^3$$

$$V_{VII(+)} = \frac{20 \times 20}{6}(2 \times 0.4 + 0.84 + 2 \times 0.38 - 0.06) + 0.07 = 156.07 \text{m}^3$$

工程量汇总:

$$\sum V_{挖} = 117 + 270 + 12.6 + 21.83 + 0.05 + 156.07 = 577.55 \text{m}^3$$

$$\sum V_{填} = 136 + 263 + 15.2 + 25.75 + 142.71 + 0.07 = 582.73 \text{m}^3$$

工程量计算结果见表 6-9。

表 6-9 　　　　　　　　　　　　工程量计算表

项目编码	项目名称	项目特征描述	计量单位	工程量
040101001001	挖一般土方	三类土, 泄水坡度 $i_x = 0.3\%$, $i_y = 0.2\%$	m³	577.55
040103001001	回填方	三类土, 挖方回填	m³	582.73

【例6-2】 某排水工程开挖沟槽, 其截面图如图 6-4 所示, 已知槽长 20m, 采用人工挖土, 土质为三类土, 试计算该沟槽挖土方工程工程量。

【解】已知土质为三类土, 查表 6-7 得 $k = 0.33$。根据工程量计算规则:

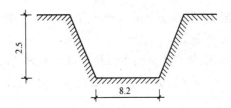

图 6-4　某沟槽示意图(单位:m)

$$V=\frac{1}{2}\times(2.5\times0.33\times2+8.2+8.2)\times2.5\times20=451.25m^3$$

工程量计算结果见表 6-10。

表 6-10　　　　　　　　　　　　　　　　工程量计算表

项目编码	项目名称	项目特征描述	计量单位	工程量
040101002001	挖沟槽土方	三类土,人工挖沟槽深度 2.5m	m³	451.25

【例 6-3】　某沟槽挖土方工程,断面图如图 6-5 所示,土方沟槽长度为 12m,其垫层为无筋混凝土,土质为三类土,计算挖土方工程工程量。

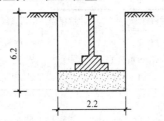

图 6-5　沟槽断面示意图(单位:m)

【解】根据工程量计算规则:

$$V=6.2\times2.2\times12=163.7m^3$$

工程量计算结果见表 6-11。

表 6-11　　　　　　　　　　　　　　　　工程量计算表

项目编码	项目名称	项目特征描述	计量单位	工程量
040101002001	挖沟槽土方	三类土,人工挖沟槽深度 6.2m。	m³	163.7

【例 6-4】　某满堂基础,其截面图如图 6-6 所示,基础垫层为无筋混凝土,长宽方向的外

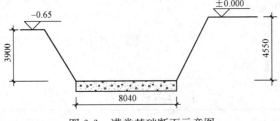

图 6-6　满堂基础断面示意图

边线尺寸为 8.04m 和 5.64m，垫层厚 20cm，该处土壤类别为三类土（放坡系数 $k=0.33$），人工挖土，试计算挖土方工程工程量。

【解】按工程量计算规则，设垫层土方为 V_1；垫层以上土方量为 V_2，则：

$$V=V_1+V_2=8.04×5.64×0.2+8.04×5.64×3.9=185.92m^3$$

工程量计算结果见表 6-12。

表 6-12　　　　　　　　　　　工程量计算表

项目编码	项目名称	项目特征描述	计量单位	工程量
040101003001	挖基坑土方	人工挖土，三类土，基坑深 3.9m	m³	185.92

二、暗挖土方工程量计算

1. 工程量计算规则

暗挖土方工程工程量清单项目设置、项目特征描述的内容、计量单位及工程量计算规则，应按表 6-13 的规定执行。

表 6-13　　　　　　　　　　　暗挖土方

项目编码	项目名称	项目特征	计量单位	工程量计算规则	工作内容
040101004	暗挖土方	1. 土壤类别 2. 平洞、斜洞（坡度） 3. 运距	m³	按设计图示断面乘以长度以体积计算	1. 排地表水 2. 土方开挖 3. 场内运输

注：1. 土壤的分类应按表 6-6 确定。

　　2. 如土壤类别不能准确划分时，招标人可注明为综合，由投标人根据地勘报告决定报价。

　　3. 土方体积应按挖掘前的天然密实体积计算。

　　4. 暗挖土方清单项目的工作内容中仅包括了土方场内平衡所需的运输费用，如需土方外运时，按 040103002"余方弃置"项目编码列项。

2. 工程量清单项目释义

暗挖土方是指市政隧道工程中的土方开挖以及市政管网采用不开槽方式埋设而进行的土方开挖。常用的施工方法有顶管法和盾构法。

3. 计算实例

【例 6-5】　某城市隧道工程施工采用暗挖土方，如图 6-7 所示为暗挖土方截面图，该隧道总长 600m，采用机械开挖，土质为四类土，计算该隧道暗挖土方工程量。

【解】根据工程量计算规则：

$$V=(4×3+\frac{1}{2}×3.14×2^2)×600=10968m^3$$

工程量计算结果见表 6-14。

表 6-14　　　　　　　　　　　工程量计算表

项目编码	项目名称	项目特征描述	计量单位	工程量
040101004001	暗挖土方	四类土	m³	10968

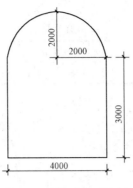

图 6-7 暗挖土方示意图

三、挖淤泥、流砂工程量计算

1. 工程量计算规则

挖淤泥、流砂工程工程量清单项目设置、项目特征描述的内容、计量单位及工程量计算规则，应按表 6-15 的规定执行。

表 6-15　　　　　　　　　　　　　　　　挖淤泥、流砂

项目编码	项目名称	项目特征	计量单位	工程量计算规则	工作内容
040101005	挖淤泥、流砂	1. 挖掘深度 2. 运距	m³	按设计图示位置、界限以体积计算	1. 开挖 2. 运输

注：1. 土方体积应按挖掘前的天然密实体积计算。

　　2. 挖方出现流砂、淤泥时，如设计未明确，在编制工程量清单时，其工程数量可为暂估值。结算时，应根据实际情况由发包人与承包人双方现场签证确认工程量。

　　3. 挖淤泥、流砂的运距可以不描述，但应注明由投标人根据施工现场实际情况自行考虑决定报价。

2. 工程量清单项目释义

淤泥是指一种稀软状，不易成形的灰黑色、有臭味、含有半腐朽的植物遗体（占 60% 以上），置于水中有动植物残体渣滓浮于水面，并常有气泡由水中冒出的泥土。

挖淤泥工程量均按设计图示的位置及界限以体积计算。

人工挖沟槽、基坑内淤泥、流砂，按土石方工程定额执行，但挖土深大于 1.5m 时，超过部分工程量按垂直深度每 1m 折合成水平距离 7m 增加工日，深度按全高计算。

3. 计算实例

【例 6-6】 某城市需新修一条河流支道，河道宽 5m，深 2.8m，全长 400m，地下水位为 −1.40m，如图 6-8 所示，地下水位下为淤泥，挖淤泥时采用人工开挖，机械排水，试计算挖淤泥工程量。

【解】 根据工程量计算规则：

$$V = (5.0 + 5.0 + 2 \times 0.25 \times 1.4) \times \frac{1}{2} \times 1.4 \times 400 = 2996 \text{m}^3$$

工程量计算结果见表 6-16。

表 6-16　　　　　　　　　　　**工程量计算表**

项目编码	项目名称	项目特征描述	计量单位	工程量
040101005001	挖淤泥、流砂	人工开挖，机械排水，深 1.4m	m³	2996

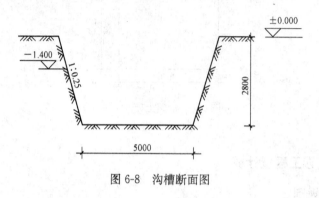

图 6-8　沟槽断面图

第四节　挖石方工程工程量计算

一、挖一般石方工程量计算

1. 工程量计算规则

挖一般石方工程工程量清单项目设置、项目特征描述的内容、计量单位及工程量计算规则，应按表 6-17 的规定执行。

表 6-17　　　　　　　　　　　**挖一般石方**

项目编码	项目名称	项目特征	计量单位	工程量计算规则	工作内容
040102001	挖一般石方	1. 岩石类别 2. 开凿深度	m³	按设计图示尺寸以体积计算	1. 排地表水 2. 石方开凿 3. 修整底、边 4. 场内运输

注：1. 沟槽、基坑、一般石方的划分为：底宽≤7m 且底长>3 倍底宽为沟槽；底长≤3 倍底宽且底面积≤150m² 为基坑；超出上述范围则为一般石方。

2. 岩石的分类应按表 6-18 确定。

3. 石方体积应按挖掘前的天然密实体积计算。

4. 挖一般石方因工作面和放坡增加的工程量，是否并入各石方工程量中，按各省、自治区、直辖市或行业建设主管部门的规定实施。如并入各石方工程量中，编制工程量清单时，其所需增加的工程数量可为暂估值，且在清单项目中予以注明；办理工程结算时，按经发包人认可的施工组织设计规定计算。

5. 挖一般石方清单项目的工作内容仅包括了石方场内平衡所需的运输费用，如需石方外运时，按 040103002"余方弃置"项目编码列项。

6. 石方爆破按现行国家标准《爆破工程工程量计算规范》(GB 50862—2013)相关项目编码列项。

表 6-18 岩石分类表

岩石分类		代表性岩石	开挖方法
极软岩		1. 全风化的各种岩石 2. 各种半成岩	部分用手凿工具、部分用爆破法开挖
软质岩	软岩	1. 强风化的坚硬岩或较硬岩 2. 中等风化—强风化的较软岩 3. 未风化—微风化的页岩、泥岩、泥质砂岩等	用风镐和爆破法开挖
	较软岩	1. 中等风化—强风化的坚硬岩或较硬岩 2. 未风化—微风化的凝灰岩、千枚岩、泥灰岩、砂质泥岩等	
硬质岩	较硬岩	1. 微风化的坚硬岩 2. 未风化—微风化的大理岩、板岩、石灰岩、白动岩、钙质砂岩等	用爆破法开挖
	坚硬岩	未风化—微风化的花岗岩、闪长岩、辉绿岩、玄武岩、安山岩、片麻岩、石英岩、石英砂岩、硅质砾岩、硅质石灰岩等	

注：本表依据现行国家标准《工程岩体分级级标准》(GB 50218—94)和《岩土工和勘察规范》(GB 50021—2001)(2009年局部修订版)整理。

2. 工程量清单项目释义

在市政工程中挖一般石方是指在设计 $0-0$ 线以下，其上口面积大于 $20m^2$ 的石方开挖。

3. 计算实例

【例 6-7】 某工程施工现场有如图 6-9 所示石方需要开挖，已知该岩石为微风化的坚硬岩，试计算挖石方工程量。

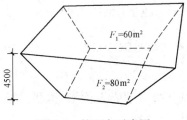

图 6-9 挖石方示意图

【解】根据工程量计算规则：

$$V = \frac{F_1 + F_2}{2} \times L$$

式中 V——相邻两截面间的石方工程量(m^3)；

F_1、F_2——相邻两截面的截面面积(m^2)；

L——相邻两截面的距离(m)。

则挖石方工程量

$$V = \frac{60 + 80}{2} \times 4.5 = 315m^3$$

工程量计算结果见表 6-19。

表 6-19　　　　　　　　　　　　**工程量计算表**

项目编码	项目名称	项目特征描述	计量单位	工程量
040102001001	挖一般石方	较硬岩,开挖深度 4.5m	m³	315

二、挖沟槽石方工程量计算

1. 工程量计算规则

挖沟槽石方工程工程量清单项目设置、项目特征描述的内容、计量单位及工程量计算规则,应按表 6-20 的规定执行。

表 6-20　　　　　　　　　　　　　　　**挖沟槽石方**

项目编码	项目名称	项目特征	计量单位	工程量计算规则	工作内容
040102002	挖沟槽石方	1. 岩石类别 2. 开凿深度	m³	按设计图示尺寸以基础垫层底面积乘以挖石深度计算	1. 排地表水 2. 石方开凿 3. 修整底、边 4. 场内运输

注:1. 沟槽、基坑、一般石方的划分为:底宽≤7m 且底长>3 倍底宽为沟槽;底长≤3 倍底宽且底面积≤150m² 为基坑;超出上述范围则为一般石方。

　　2. 岩石的分类应按表 6-18 确定。

　　3. 石方体积应按挖掘前的天然密实体积计算。

　　4. 挖沟槽石方因工作面和放坡增加的工程量,是否并入各石方工程量中,按各省、自治区、直辖市或行业建设主管部门的规定实施。如并入各石方工程量中,编制工程量清单时,其所需增加的工程数量可为暂估值,且在清单项目中予以注明;办理工程结算时,按经发包人认可的施工组织设计规定计算。

　　5. 挖沟槽石方清单项目的工作内容中仅包括了石方场内平衡所需的运输费用,如需石方外运时,按 040103002"余方弃置"项目编码列项。

　　6. 石方爆破按现行国家标准《爆破工程工程量计算规范》(GB 50862—2013)相关项目编码列项。

2. 计算实例

【例 6-8】　某工程施工现场干挖坚硬岩石沟槽,沟槽开挖长度为 80m,如图 6-10 所示为沟槽横断面图,试计算其工程量。

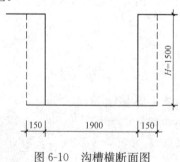

图 6-10　沟槽横断面图

【解】图 6-10 中 150mm 为允许超挖厚度,根据工程量计算规则,石方沟槽工程量为:
$$V = 1.5 \times (1.9 + 2 \times 0.15) \times 80 = 264.00 \text{m}^3$$

工程量计算结果见表 6-21。

表 6-21　　　　　　　　　　　　　　　　**工程量计算表**

项目编码	项目名称	项目特征描述	计量单位	工程量
040102002001	挖沟槽石方	干挖坚硬岩石沟槽,开挖深度1.5m	m³	264.00

【**例 6-9**】　某管道沟槽断面图如图 6-11 所示,管道长 233m,混凝土管管径 950mm,施工场地上层 1.2m,土质为四类土,下层为普通岩石,利用人工开挖,计算该管道沟槽的挖石方工程量。

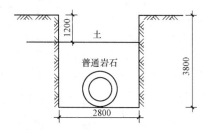

图 6-11　某管道沟槽断面图

【**解**】根据工程量计算规则:

$$V = 0.95 \times (3.8 - 1.2) \times 233 = 575.51 \text{m}^3$$

注:本例未考虑挖沟槽石方因工作面和放坡面增加的工程量。

工程量计算结果见表 6-22。

表 6-22　　　　　　　　　　　　　　　　**工程量计算表**

项目编码	项目名称	项目特征描述	计量计算	工程量
040102002001	挖沟槽石方	普通岩石,开挖深度3.8m	m³	575.51

三、挖基坑石方工程量计算

1. 工程量计算规则

挖基坑石方工程工程量清单项目设置、项目特征描述的内容、计量单位及工程量计算规则,应按表 6-23 的规定执行。

表 6-23　　　　　　　　　　　　　　　　**挖基坑石方**

项目编码	项目名称	项目特征	计量单位	工程量计算规则	工作内容
040102003	挖基坑石方	1. 岩石类别 2. 开凿深度	m³	按设计图示尺寸以基础垫层底面积乘以挖石深度计算	1. 排地表水 2. 石方开凿 3. 修整底、边 4. 场内运输

注:1. 沟槽、基坑、一般石方的划分为:底宽≤7m且底长>3倍底宽为沟槽;底长≤3倍底宽且底面积≤150m² 为基坑;超出上述范围则为一般石方。

　　2. 岩石的分类应按表 6-18 确定。

　　3. 石方体积应按挖掘前的天然密实体积计算。

　　4. 挖基坑石方因工作面和放坡增加的工程量,是否并入各石方工程量中,按各省、自治区、直辖市或行业建设主管部门的规定实施。如并入各石方工程量中,编制工程量清单时,其所需增加的工程数量可为暂估值,且在清单项目中予以注明;办理工程结算时,按经发包人认可的施工组织设计规定计算。

　　5. 挖基坑石方清单项目的工作内容仅包括了石方场内平衡所需的运输费用,如需石方外运时,按 040103002"余方弃置"项目编码列项。

　　6. 石方爆破按现行国家标准《爆破工程工程量计算规范》(GB 50862—2013)相关项目编码列项。

2. 计算实例

【例 6-10】　某基坑底面为正方形,预留工作面后边长为 2.3m,坑深 1.8m,施工现场为普通岩石,如图 6-12 所示为基坑断面图,试计算其工程量。

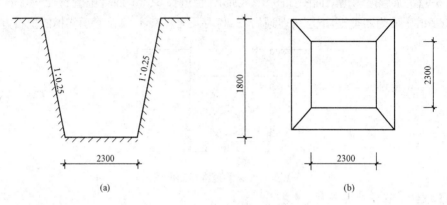

(a)　　　　　　　　　　　　　　　(b)

图 6-12　正方形基坑示意图

(a)断面图;(b)平面图

【解】根据工程量计算规则:

$$V=\frac{1}{3}\times[2.3^2+(2.3+2\times1.8\times0.25)^2+$$

$$\sqrt{2.3^2\times(2.3+2\times1.8\times0.25)^2}]\times1.8=13.734m^3$$

注:本例中考虑了因工作面和放坡面增加的工程量。

工程量计算结果见表 6-24。

表 6-24　　　　　　　　　　**工程量计算表**

项目编码	项目名称	项目特征描述	计量计算	工程量
040102003001	挖沟槽石方	普通岩石,基坑深 1.8m	m³	13.734

【例 6-11】　某基础底面为矩形,基础底面长为 3.0m,宽为 2.6m,基坑深 3.5m,土质为坚硬岩石,两边各留工作面宽度为 0.3m,人工挖方,基坑结构示意图如图 6-13 所示,试计算挖石方工程工程量。

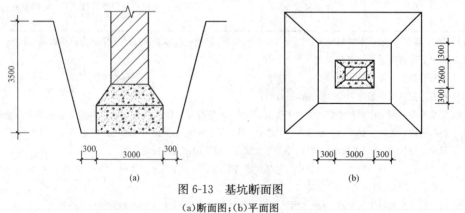

(a)　　　　　　　　　　　　　　　(b)

图 6-13　基坑断面图

(a)断面图;(b)平面图

【解】根据工程量计算规则：

$$V=abh=3.0\times2.6\times3.5=27.3m^3$$

式中　V——基坑体积(m^3)。

　　　a——基础底面长度(m)。

　　　b——基础底面宽度(m)。

　　　h——基坑深度(m)。

注：本例中未考虑因工作面和放坡面增加的工程量。

工程量计算结果见表 6-25。

表 6-25　　　　　　　　　　　　　工程量计算表

项目编码	项目名称	项目特征描述	计量单位	工程量
040102003001	挖基坑石方	坚硬岩石,基坑深 3.5m	m^3	27.3

第五节　回填方及土石方运输工程工程量计算

一、回填方工程量计算

1. 工程量计算规则

回填方工程工程量清单项目设置、项目特征描述的内容、计量单位及工程量计算规则,应按表 6-26 的规定执行。

表 6-26　　　　　　　　　　　　　回填方工程

项目编码	项目名称	项目特征	计量单位	工程量计算规则	工作内容
040103001	回填方	1. 密实度要求 2. 填方材料品种 3. 填方粒径要求 4. 填方来源、运距	m^3	1. 按挖方清单项目工程量加原地面线至设计要求标高间的体积,减基础、构筑物等埋入体积计算 2. 按设计图示尺寸以体积计算	1. 运输 2. 回填 3. 压实

注：1. 填方材料品种为土时,可以不描述。

2. 填方粒径,在无特殊要求情况下,项目特征可以不描述。

3. 对于沟、槽坑等开挖后再进行回填方的清单项目,其工程量计算规则按第 1 条确定;场地填方等按第 2 条确定。其中,对工程量计算规则 1,当原地面线高于设计要求标高时,则其体积为负值。

4. 回填方总工程量中若包括场内平衡和缺方内运两部分时,应分别编码列项。

5. 回填方的运距可以不描述,但应注明由投标人根据施工现场实际情况自行考虑决定报价。

6. 回填方如需缺方内运,且填方材料品种为土方时,是否在综合单价中计入购买土方的费用,由投标人根据工程实际情况自行考虑决定报价。

2. 工程量清单项目释义

用人工或机械等方式从挖方地段取土运过来的工作称为填方。当基础完工以后,为达到室内垫层以下标高的设计要求,必须进行土方的回填,回填土一般距离 5m 内取用,故称为就地取土。一般由场地低部分开始,由一端向另一端自下而上分层铺填。

填方工程施工应符合下列要求：

(1)分段填筑时,上、下层应错开不小于 1m 接缝,每层接缝处应做成斜坡形,辗迹重叠0.5～1m。

(2)填方中采用两种透水性不同填料分层填筑时,上层宜填筑透水性小的填料,下层宜填筑透水性较大的填料,填方基土表面应做成适当的排水坡度。

(3)填方施工过程中应检查排水措施,每层填筑厚度,含水量控制、压实程度。

3. 计算实例

【例 6-12】 某工程采用斗容量 $0.6m^3$ 的反铲挖掘机不装车挖圆形基坑,基坑支挡土板,在砌筑基础时,先铺筑 250mm 厚的水泥砂浆垫层,基础为圆形,直径 3m,以四类土质填土,密实度达98％,基坑的结构示意图如图 6-14 所示,试计算该基坑回填方工程量。

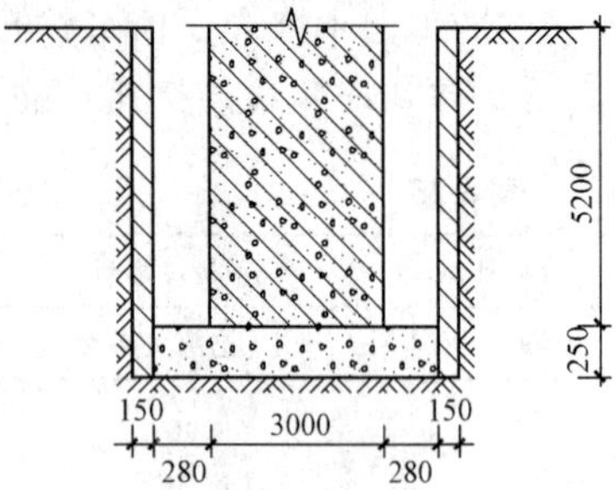

图 6-14　基坑结构示意图

【解】根据工程量计算规则：

$$V_{挖}=\pi\times(1.5+0.28+0.15)^2\times(5.2+0.25)$$
$$=63.78m^3$$

$$V_{填}=V_{挖}-\pi\times(1.5+0.28)^2\times0.25-\pi\times1.5^2\times5.2-[\pi\times(1.5+0.28+0.15)^2-\pi\times(1.5+0.28)^2]\times(5.2+0.25)$$
$$=16.756m^3$$

工程量计算结果见表6-27。

表 6-27　　　　　　　　　　　　工程量计算表

项目编码	项目名称	项目特征描述	计量单位	工程量
040103001001	回填方	四类土,密实度达98％	m^3	16.756

【例 6-13】 某管道工程,沟槽底面宽 3m,土质为三类土,铸铁管管径为 750mm,沟槽长 350m,槽深 3.2m,试计算其填方工程量。

【解】表 6-28 中为每米管道应扣除的土方量。根据工程量计算规则：

表 6-28　　　　　　　　　　管道扣除土方体积表　　　　　　　　　（单位：m^3）

管道名称	管道直径(mm)					
	501～600	601～800	801～1000	1001～1200	1201～1400	1401～1600
钢管	0.21	0.44	0.71	1.15	1.35	1.55
铸铁管	0.24	0.49	0.77			
混凝土管	0.33	0.60	0.92			

挖土方工程量 $V_0=bhl=3\times3.2\times350=3360m^3$

填方工程量:查表 6-28 可知,每米管道所占体积为 $0.49m^3$。

$$V_1=V_0-管径所占体积=3360-0.49\times350=3188.5m^3$$

工程量计算结果见表 6-29。

表 6-29 工程量计算表

项目编码	项目名称	项目特征描述	计量单位	工程量
040103001001	回填方	三类土	m³	3188.5

二、余方弃置工程量计算

余土是指土方工程在经过挖土、砌筑基础及各种回填土之后,尚有剩余的土方,需要运出场外。

1. 工程量计算规则

余方弃置工程工程量清单项目设置、项目特征描述的内容、计量单位及工程量计算规则,应按表 6-30 的规定执行。

表 6-30 余方弃置工程

项目编码	项目名称	项目特征	计量单位	工程量计算规则	工作内容
040103002	余方弃置	1. 废弃料品种 2. 运距	m³	按挖方清单项目工程量减利用回填方体积(正数)计算	余方点装料运输至弃置点

注:余方弃置的运距可以不描述,但应注明由投标人根据施工现场实际情况自行考虑决定报价。

2. 计算实例

【例 6-14】 如图 6-15 所示,某工程采用人工挖自来水钢管管道,其管道全长 70m,管径为 1000mm,管道底宽为 1.8m,已知原地面标高为 54.650m,设计地面要求标高为 53.800m,管道底标高为 52.500m,另外水平距离 10m,试计算余土弃置工程量。

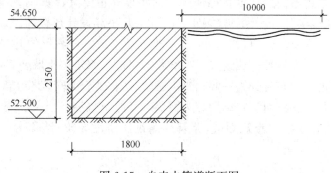

图 6-15　自来水管道断面图

【解】挖方工程量＝1.8×2.15×70＝270.90m³

查表 6-28 可知,每米钢管管道所占体积为 0.71m³,故

利用回填方体积＝1.8×(53.8－52.5)×70－0.71×70＝114.1m³

余土弃置工程量＝270.90－114.1＝156.8m³

工程量计算结果见表 6-31。

表 6-31 工程量计算表

项目编码	项目名称	项目特征描述	计量单位	工程量
040103002001	余方弃置	水平运距 10m	m³	156.8

第七章　道路工程工程量计算

第一节　道路工程概述

一、概述

道路通常是指为陆地交通运输服务,通行各种机动车、人畜力车、驮骑牲畜及行人的各种路的统称。道路就广义而言,有公路、城市道路、支用道路。它们在结构构造方面无本质区别,只是在道路的功能、所处地域、管辖权限等方面有所不同,它们是一条带状的实体构筑物。

道路工程按服务范围及其在国家道路网中所处的地位和作用分为以下几项:

(1)国道(全国性公路),包括高速公路和主要干线。

(2)省道(区域性公路)。

(3)县、乡道(地方性公路)。

(4)城市道路。

前三种统称公路,按年平均昼夜汽车交通量及使用任务、性质,又可划分为五个技术等级。不同等级的公路用不同的技术指标体现。这些指标主要有计算车速、行车道数及宽度、路基宽度、最小平曲线半径、最大纵坡、视距、路面等级、桥涵设计荷载等。

城市道路主体工程有车行道(快、慢车道)、非机动车道,分隔带(绿化带),附属工程有人行道,侧平石、排水系统及各类管线组成。特殊路段可能会修筑挡土墙。

城市道路车行道横向布置分为一幅、二幅、三幅、四幅式;根据道路功能、性质又可分为快速路、主干路、次干路、支路;而道路结构分为面层＋基层＋垫层＋土基。土基简称路基,是一种土工结构物,由填方或挖方修筑而成,路基须满足压实度要求;路面分为刚性路面和柔性路面。

二、道路工程施工

(1)道路施工有土石方工程、基层、面层、附属工程四大部分。各部分施工应遵守"先下后上,先深后浅,先主体后附属"原则。

(2)土石方工程有路基土方填筑,路堑开挖,土方挖运,压路机分层碾压,特殊路段可能出现软土地基处理或防护加固工程。路床整形碾压是路基土方工程完成后,进行基层铺筑前应工作的内容。基层有:石灰土、二灰碎石、三渣、水泥稳定碎石等要求压实后较紧密,孔隙率、透水性较小,强度比较稳定。

(3)常用的面层有沥青混凝土和水泥混凝土,现在一般是工厂拌制现场摊铺。

(4)附属工程包括平石、侧石、人行道、雨水井、涵洞、护坡、护底、排水沟、挡土墙。它们具有完善道路使用功能,保证道路主体结构稳定作用。

第二节　道路工程分项工程划分

一、全统市政定额道路工程划分

全统市政定额土石方工程分为路床(槽)整形、道路基层、道路面层、人行道侧缘石及其他。

1. 路床(槽)整形

路床(槽)整形工程包括路床(槽)整形,路基盲沟,弹软土基处理,砂底层,铺筑垫层料。

(1)路床(槽)整形的工作内容如下:

1)路床、人行道整形碾压:放样、挖高填低、推土机整平、找平、碾压、检验、人工配合处理机械碾压不到之处。

2)边沟成形:人工挖边沟土、培整边坡、整平沟底、余土弃运。

(2)路基盲沟的工作内容包括:放样、挖土、运料、填充夯实、弃土外运。

(3)弹软土基处理的工作内容如下:

1)掺石灰、改换炉渣、片石。

①人工操作:放样、挖土、掺料改换、整平、分层夯实、找平、清理杂物。

②机械操作:放样、机械挖土、掺料、推拌、分层排压、找平、碾压、清理杂物。

2)石灰砂桩:放样、挖孔、填料、夯实、清理余土至路边。

3)塑板桩。

①带门架:轨道铺拆、定位、穿塑料排水板、安装桩靴、打拔钢管、剪断排水板、门架、桩机移位。

②不带门架:定位、穿塑料排水板、安装桩靴、打拔钢管、剪断排水板、起重机、桩机移位。

4)粉喷桩:钻机就位、钻孔桩、加粉、喷粉、复搅。

5)土工布:清理整平路基、挖填锚固沟、铺设土工布、缝合及锚固土工布。

6)抛石挤淤:人工装石、机械运输、人工抛石。

7)水泥稳定土、机械翻晒。

①放样、运料(水泥)、拌和、找平、碾压、人工拌和处理碾压不到之处。

②放样、机械带铧犁翻拌晾晒、排压。

(4)砂底层的工作内容包括:放样、取(运)料、摊铺、洒水、找平、碾压。

(5)铺筑垫层料的工作内容包括:放样、取(运)料、摊铺、找平。

2. 道路基层

道路基层工程包括石灰土基层,石灰、炉渣、土基层,石灰、粉煤灰、土基层,石灰、炉渣基层,石灰、粉煤灰、碎石基层(拌合机拌和),石灰、粉煤灰、砂砾基层(拖拉机拌和犁耙)石灰、土、碎石基层,路(厂)拌粉煤灰三渣基层,顶层多合土养护,砂砾石底层(天然级配)、卵石底层、碎石底层、块石底层、炉渣底层、矿渣底层、山皮石底层沥青稳定碎石。

(1)石灰土基层,石灰、炉渣、土基层,石灰、粉煤灰、土基层,石灰、炉渣基层,石灰、粉煤灰、碎石基层(拌合机拌和),石灰、粉煤灰、砂砾基层(拖拉机拌和犁耙)的工作内容如下:

1)人工拌和:放样、清理路床、人工运料、上料、铺石灰、焖水、配料拌和、找平、碾压、人工处理碾压不到之处、清理杂物。

2)拖拉机拌和(带犁耙):放样、清理路床、运料、上料、机械整平土方、铺石灰、焖水、拌和、排压、找平、碾压、人工拌和处理碾压不到之处、清理杂物。

3)拖拉机原槽拌和(带犁耙):放样、清理路床、运料、上料、机械整平土方、铺石灰、拌和、排压、找平、碾压、人工拌和处理碾压不到之处、清理杂物。

4)拌和机拌和:放样、清理路床、运料、上料、机械整平土方、铺石灰、焖水、拌和机拌和、排压、找平、碾压、人工拌和处理碾压不到之处、清理杂物。

5)厂拌人铺:放线、清理路床、运料、上料、摊铺洒水、配合压路机碾压、初期养护。

(2)石灰、土、碎石基层的工作内容如下:

1)机拌:放线、运料、上料、铺石灰、焖水、拌合机拌和、找平、碾压、人工处理碾压不到之处、清除杂物。

2)厂拌:放线、运料、上料、配合压路机碾压、初级养护。

(3)路(厂)拌粉煤灰三渣基层的工作内容包括:放线、运料、上料、摊铺、焖水、拌和机拌和、找平、碾压、二层铺筑时下层扎毛、养护、清理杂物。

(4)顶层多合土养护的工作内容包括:抽水、运水、安拆抽水机胶管、洒水养护。

(5)砂砾石底层(天然级配)、卵石底层、碎石底层、块石底层、炉渣底层、矿渣底层、山皮石底层的工作内容包括:放样、清理路床、取料、运料、上料、摊铺、找平、碾压。

(6)沥青稳定碎石的工作内容包括:放样、清扫路基、人工摊铺、洒水、喷洒机喷油、嵌缝、碾压、侧缘石保护、清理。

3. 道路面层

道路面层工程包括简易路面(磨耗层),沥青表面处治,沥青贯入式路面,喷洒沥青油料,黑色碎石路面、粗粒式沥青混凝土路面、中粒式沥青混凝土路面、细粒式沥青混凝土路面,水泥混凝土路面,伸缩缝,水泥混凝土路面养护,水泥混凝土路面钢筋。

(1)简易路面(磨耗层)的工作内容包括:放样、运料、拌和、摊铺、找平、洒水、碾压。

(2)沥青表面处治的工作内容包括:清扫路基、运料、分层撒料、洒油、找平、接茬、收边。

(3)沥青贯入式路面的工作内容包括:清扫整理下承层、安拆熬油设备、熬油、运油、沥青喷洒机洒油、铺洒主层骨料及嵌缝料、整形、碾压、找补、初期养护。

(4)喷洒沥青油料的工作内容包括:清扫路基、运油、加热、洒布机喷油、移动挡板(或遮盖物)保护侧石。

(5)黑色碎石路面、粗粒式沥青混凝土路面、中粒式沥青混凝土路面、细粒式沥青混凝土路面的工作内容包括:清扫路基、整修侧缘石、测温、摊铺、接茬、找平、点补、夯边、撒垫料、碾压、清理。

(6)水泥混凝土路面的工作内容包括:放样、模板制作、安拆、模板刷油、混凝土纵缝涂沥青油、拌和、浇筑、捣固、抹光或拉毛。

(7)伸缩缝的工作内容如下:

1)切缝:放样、缝板制作、备料、熬制沥青、浸泡木板、拌和、嵌缝、烫平缝面。

2)PG道路嵌缝胶:清理缝道、嵌入泡沫背衬带、配制搅料PG胶、上料灌缝。

(8)水泥混凝土路面养护的工作内容包括:铺盖草袋、铺撒锯末、涂塑料液、铺塑料膜、养护。

(9)水泥混凝土路面钢筋的工作内容包括:钢筋除锈、安装传力杆、拉杆边缘钢筋、角隅加固钢筋、钢筋网。

4. 人行道侧缘石及其他

人行道侧缘石及其他工程包括人行道板安砌,异型彩色花砖安砌,侧缘石垫层,侧缘石,侧平石安砌,砌筑树池,消解石灰。

(1)人行道板安砌的工作内容包括:放样、运料、配料拌和、找平、夯实、安砌、灌缝、扫缝。

(2)异型彩色花砖安砌的工作内容包括:放样、运料、配料拌和、找平、夯实、安砌、灌缝、扫缝。

(3)侧缘石垫层的工作内容包括:运料、备料、拌和、摊铺、找平、洒水、夯实。

(4)侧缘石、侧平石安砌、砌筑树池的工作内容包括:放样、开槽、运料、调配砂、安砌、勾缝、养护、清理。

(5)消解石灰的工作内容包括:集中消解石灰、推土机配合、小堆沿线消解、人工闷翻。

二、计量规范道路工程划分

计量规范道路工程分为路基处理、道路基层、道路面层、人行道及其他、交通管理设施等项目。

1. 路基处理

路基处理包括预压地基、强夯地基、振冲密实(不填料)、掺石灰、掺干土、掺石、抛石挤淤、袋装砂井、塑料排水板、振冲桩(填料)、砂石桩、水泥粉煤灰碎石桩、深层水泥搅拌桩、粉喷桩、高压水泥旋喷桩、石灰桩、灰土(土)挤密桩、柱锤冲扩桩、地基注浆、褥垫层、土工合成材料、排水沟、截水沟和盲沟。

(1)预压地基工作内容为:设置排水竖井、盲沟、滤水管;铺设砂垫层、密封膜;堆载、卸载或抽气设备安拆、抽真空;材料运输。

(2)强夯地基工作内容为:铺设夯填材料;强夯;夯填材料运输。

(3)振冲密实(不填料)工作内容为:振冲加密;泥浆运输。

(4)掺石灰工作内容为:掺石灰;夯实。

(5)掺干土工作内容为:掺干土;夯实。

(6)掺石工作内容为:掺石;夯实。

(7)抛石挤淤工作内容为:抛石挤淤;填塞垫平、压实。

(8)袋装砂井工作内容为:制作砂袋;定位沉管;下砂袋;拔管。

(9)塑料排水板工作内容为:安装排水板;沉管插板;拔管。

(10)振冲桩(填料)工作内容为:振冲成孔、填料、振实;材料运输;泥浆运输。

(11)砂石桩工作内容为:成孔;填充、振实;材料运输。

(12)水泥粉煤灰碎石桩工作内容为:成孔;混合料制作、灌注、养护;材料运输。

(13)深层水泥搅拌桩工作内容为:预搅下钻、水泥浆制作、喷浆搅拌提升成桩;材料运输。

(14)粉喷桩工作内容为:预搅下钻、喷粉搅拌提升成桩;材料运输。

(15)高压水泥旋喷桩工作内容为:成孔;水泥浆制作、高压旋喷桩注浆;材料运输。

(16)石灰桩工作内容为:成孔;混合料制作、运输、夯填。

(17)灰土(土)挤密桩工作内容为:成孔;灰土拌和、运输、填充、夯实。

(18)柱锤冲扩桩工作内容为:安拔套管;冲孔、填料、夯实;桩体材料的制作、运输。

(19)地基注浆工作内容为:成孔;注浆导管制作、安装;浆液制作、压浆;材料运输。

(20)褥垫层工作内容为:材料拌和、运输;铺设;压实。

(21)土工合成材料工作内容为：基层整平；铺设；压实。

(22)排水沟、截水沟工作内容为：模板制作、安装、拆除；基础、垫层铺筑；混凝土拌和、运输、浇筑；侧墙浇捣或砌筑；勾缝、抹面；盖板安装。

(23)盲沟工作内容为：铺筑。

2. 道路基层

道路基层工程包括路床（槽）整形、石灰稳定土、水泥稳定土、石灰、粉煤灰、土、石灰、碎石、土、石灰、粉煤灰、碎（砾）石、粉煤灰、矿渣、砂砾石、卵石、碎石、块石、山皮石、粉煤灰三渣、水泥稳定碎（砾）石、沥青稳定碎石。

(1)路床（槽）整形工作内容为：放样；整修路拱；碾压成型。

(2)石灰稳定土、水泥稳定土、石灰、粉煤灰、土、石灰、碎石、土、石灰、粉煤灰、碎（砾）石、粉煤灰、矿渣、砂砾石、卵石、碎石、块石、山皮石、粉煤灰三渣、水泥稳定碎（砾）石、沥青稳定碎石工作内容为：拌和、运输、铺筑、找平、碾压、养护。

3. 道路面层

道路面层工程包括沥青表面处治、沥青贯入式、透层、粘层、封层、黑色碎石、沥青混凝土、水泥混凝土、块料面层、弹性面层。

(1)沥青表面处治工作内容为：喷油、布料；碾压。

(2)沥青贯入式工作内容为：摊铺碎石；喷油、布料；碾压。

(3)透层、粘层工作内容为：清理下承面；喷油、布料。

(4)封工作内容为：清理下承面；喷油、布料；压实。

(5)黑色碎石、沥青混凝土工作内容为：清理下承面；拌和、运输；摊铺、整形；压实。

(6)水泥混凝土工作内容为：模板制作、安装、拆除；混凝土拌和、运输、浇筑；拉毛；压痕或刻防滑槽；伸缝；缩缝；锯缝、嵌缝；路面养护。

(7)块料面层工作内容为：铺筑垫层；铺砌块料；嵌缝、勾缝。

(8)弹性面层工作内容为：配料；铺贴。

4. 人行道及其他

人行道及其他工程包括人行道整形碾压、人行道块料铺设、现浇混凝土人行道及进口坡、安砌侧（平、缘）石、现浇侧（平、缘）石、检查井升降、树池砌筑、预制电缆沟铺设。

(1)人行道整形碾压工作内容为：放样；碾压。

(2)人行道块料铺设工作内容为：基础、垫层铺筑；块料铺设。

(3)现浇混凝土人行道及进口坡工作内容为：模板制作、安装、拆除；基础、垫层铺筑；混凝土拌和、运输、浇筑。

(4)安砌侧（平、缘）石工作内容为：开槽；基础、垫层铺筑；侧（平、缘）石安砌。

(5)现浇侧（平、缘）石工作内容为：模板制作、安装、拆除；开槽；基础、垫层铺筑；混凝土拌和、运输、浇筑。

(6)检查井升降工作内容为：提升；降低。

(7)树池砌筑工作内容为：基础、垫层铺筑；树池砌筑；盖面材料运输、安装。

(8)预制电缆沟铺设工作内容为：基础、垫层铺筑；预制电缆沟安装；盖板安装。

5. 交通管理设施

交通管理设施工程包括人（手）孔井、电缆保护管、标杆、标志板、视线诱导器、标线、标记、横道线、清除标线、环形检测线圈、值警亭、隔离护栏、架空走线、信号灯、设备控制机箱、管内配线、防撞筒(墩)、警示柱、减速垄、监控摄像机、数码相机、道闸机、可变信息情报板、交通智能系统调试。

(1)人(手)孔井工作内容为:基础、垫层铺筑;井身砌筑;勾缝(抹面);井盖安装。

(2)电缆保护管工作内容为:敷设。

(3)标杆工作内容为:基础、垫层铺筑;制作;喷漆或镀锌;底盘、拉盘、卡盘及杆件安装。

(4)标志板工作内容为:制作、安装。

(5)视线诱导器工作内容为:安装。

(6)标线、标记、横道线工作内容为:清扫;放样;画线;护线。

(7)清除标线工作内容为:清除。

(8)环形检测线圈工作内容为:安装;调试。

(9)值警亭工作内容为:基础、垫层铺筑;安装。

(10)隔离护栏工作内容为:基础、垫层铺筑;制作、安装。

(11)架空走线工作内容为:架线。

(12)信号灯工作内容为:基础、垫层铺筑;灯架制作、镀锌、喷漆;底盘、拉盘、卡盘及杆件安装;信号灯安装、调试。

(13)设备控制机箱工作内容为:基础、垫层铺筑;安装;调试。

(14)管内配线工作内容为:配线。

(15)防撞筒(墩)、警示柱、减速垄工作内容为:制作、安装。

(16)监控摄像机工作内容为:安装;调试。

(17)数码相机、道闸机、可变信息情报板工作内容为:基础、垫层铺筑;安装;调试。

(18)交通智能系统调试工作内容为:系统调制。

第三节　道路基层及面层工程工程量计算

一、路基处理工程量计算

路基(又称路槽、路床、路胎、道胎)是指按照路线位置和一定技术要求修筑的作为路面基础的带状构筑物。路基是公路线形的主体,贯穿公路全线,与沿线的桥梁、涵洞和隧道等相连接。路基是路面的基础,它与路面共同承担汽车荷载的作用。路面用硬质材料铺筑于路基顶面的层状结构。路面靠路基来支承,没有稳固的路基就没有稳固的路面。

路基的横断面形式如图 7-1 所示。由于地形的变化,道路设计标高与天然地面标高的相互关系不同,一般常见的路基横断面形式有路堤和路堑两种,高于天然地面的填方路基称为路堤,如图 7-1(a)所示;低于天然地面的挖方路基称为路堑,如图 7-1(b)所示;介于两者之间的称为半填半挖路基,如图 7-1(c)所示。

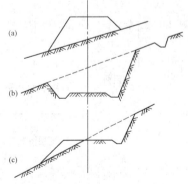

图 7-1　路基横断面形式
(a)路堤;(b)路堑;(c)半填半挖路基

1. 工程量计算规则

路基处理工程工程量清单项目设置、项目特征描述的内容、计量单位及工程量计算规则，应按表 7-1 的规定执行。

表 7-1 路基处理

项目编码	项目名称	项目特征	计量单位	工程量计算规则	工作内容
040201001	预压地基	1. 排水竖井种类、断面尺寸、排列方式、间距、深度 2. 预压方法 3. 预压荷载、时间 4. 砂垫层厚度	m²	按设计图示尺寸以加固面积计算	1. 设置排水竖井、盲沟、滤水管 2. 铺设砂垫层、密封膜 3. 堆载、卸载或抽气设备安拆、抽真空 4. 材料运输
040201002	强夯地基	1. 夯击能量 2. 夯击遍数 3. 地耐力要求 4. 夯填材料种类			1. 铺设夯填材料 2. 强夯 3. 夯填材料运输
040201003	振冲密实 (不填料)	1. 地层情况 2. 振密深度 3. 孔距 4. 振冲器功率			1. 振冲加密 2. 泥浆运输
040201004	掺石灰	含灰量	m³	按设计图示尺寸以体积计算	1. 掺石灰 2. 夯实
040201005	掺干土	1. 密实度 2. 掺土率			1. 掺干土 2. 夯实
040201006	掺石	1. 材料品种、规格 2. 掺石率			1. 掺石 2. 夯实
040201007	抛石挤淤	材料品种、规格			1. 抛石挤淤 2. 填塞垫平、压实
040201008	袋装砂井	1. 直径 2. 填充料品种 3. 深度	m	按设计图示尺寸以长度计算	1. 制作砂袋 2. 定位沉管 3. 下砂袋 4. 拔管
040201009	塑料 排水板	材料品种、规格			1. 安装排水板 2. 沉管插板 3. 拔管
040201010	振冲桩 (填料)	1. 地层情况 2. 空桩长度、桩长 3. 桩径 4. 填充材料种类	1. m 2. m²	1. 以米计量,按设计图示尺寸以桩长计算 2. 以立方米计量,按设计桩截面乘以桩长以体积计算	1. 振冲成孔、填料、振实 2. 材料运输 3. 泥浆运输

（续一）

项目编码	项目名称	项目特征	计量单位	工程量计算规则	工作内容
040201011	砂石桩	1. 地层情况 2. 空桩长度、桩长 3. 桩径 4. 成孔方法 5. 材料种类、级配	1. m 2. m^2	1. 以米计量，按设计图示尺寸以桩长（包括桩尖）计算 2. 以立方米计量，按设计桩截面乘以桩长（包括桩尖）以体积计算	1. 成孔 2. 填充、振实 3. 材料运输
040201012	水泥粉煤灰碎石桩	1. 地层情况 2. 空桩长度、桩长 3. 桩径 4. 成孔方法 5. 混合料强度等级	m	按设计图示尺寸以桩长（包括桩尖）计算	1. 成孔 2. 混合料制作、灌注、养护 3. 材料运输
040201013	深层水泥搅拌桩	1. 地层情况 2. 空桩长度、桩长 3. 桩截面尺寸 4. 水泥强度等级、掺量	m	按设计图示尺寸以桩长计算	1. 预搅下钻、水泥浆制作、喷浆搅拌提升成桩 2. 材料运输
040201014	粉喷桩	1. 地层情况 2. 空桩长度、桩长 3. 桩径 4. 粉体种类、掺量 5. 水泥强度等级、石灰粉要求	m	按设计图示尺寸以桩长计算	1. 预搅下钻、喷粉搅拌提升成桩 2. 材料运输
040201015	高压水泥旋喷桩	1. 地层情况 2. 空桩长度、桩长 3. 桩截面 4. 旋喷类型、方法 5. 水泥强度等级、掺量	m	按设计图示尺寸以桩长计算	1. 成孔 2. 水泥浆制作、高压旋喷注浆 3. 材料运输
040201016	石灰桩	1. 地层情况 2. 空桩长度、桩长 3. 桩径 4. 成孔方法 5. 掺合料种类、配合比	m	按设计图示尺寸以桩长（包括桩尖）计算	1. 成孔 2. 混合料制作、运输、夯填
040201017	灰土（土）挤密桩	1. 地层情况 2. 空桩长度、桩长 3. 桩径 4. 成孔方法 5. 灰土级配	m	按设计图示尺寸以桩长（包括桩尖）计算	1. 成孔 2. 灰土拌和、运输、填充、夯实

（续二）

项目编码	项目名称	项目特征	计量单位	工程量计算规则	工作内容
040201018	桩锤冲扩桩	1. 地层情况 2. 空桩长度、桩长 3. 桩径 4. 成孔方法 5. 桩体材料种类、配合比	m	按设计图示尺寸以桩长计算	1. 安拔套管 2. 冲孔、填料、夯实 3. 桩体材料制作、运输
040201019	地基注浆	1. 地层情况 2. 成孔深度、间距 3. 浆液种类及配合比 4. 注浆方法 5. 水泥强度等级、用量	1. m 2. m³	1. 以米计量，按设计图示尺寸以深度计算 2. 以立方米计量，按设计图示尺寸以加固体积计算	1. 成孔 2. 注浆导管制作、安装 3. 浆液制作、压浆 4. 材料运输
040201020	褥垫层	1. 厚度 2. 材料品种、规格及比例	1. m² 2. m³	1. 以平方米计量，按设计图示尺寸已铺设面积计算 2. 以立方米计量，按设计图示尺寸以铺设体积计算	1. 材料拌和、运输 2. 铺设 3. 压实
040102021	土工合成材料	1. 材料品种、规格 2. 搭接方式	m²	按设计图示尺寸以面积计算	1. 基层整平 2. 铺设 3. 固定
040201022	排水沟、截水沟	1. 断面尺寸 2. 基础、垫层：材料、品种、厚度 3. 砌体材料 4. 砂浆强度等级 5. 伸缩缝填塞 6. 盖板材质、规格	m	按设计图示以长度计算	1. 模板制作、安装、拆除 2. 基础、垫层铺筑 3. 混凝土拌和、运输、浇筑 4. 侧墙浇捣或砌筑 5. 勾缝、抹面 6. 盖板安装
040201023	盲沟	1. 材料品种、规格 2. 断面尺寸			铺筑

注：1. 地层情况按表 6-6 和表 6-18 的规定，并根据岩土工程勘察报告按单位工程各地层所占比例（包括范围值）进行描述。对无法准确描述的地层情况，可注明由投标人根据岩土工程勘察报告自行决定报价。

　　2. 项目特征中的桩长应包括桩尖，空桩长度＝孔深－桩长，孔深为自然地面至设计桩底的深度。

　　3. 如采用碎石、粉煤灰、砂等作为路基处理的填方材料时，应按本书第六章土石方工程中"回填方"项目编码列项（表 6-26）。

　　4. 排水沟、截水沟清单项目中，当侧墙为混凝土时，还应描述侧墙的混凝土强度等级。

2. 工程量清单项目释义

（1）预压地基。预压地基是指在原状土上加载，使土中水排出，以实现土的预先固结，减少建筑物地基后期沉降和提高地基承载力的地基处理方法。按加载方法的不同，预压地基分为堆载预压、真空预压和降水预压三种。

(2)强夯地基。强夯地基是利用重锤自由下落时的冲击能来夯实浅层填土地基,使表面形成一层较均匀的硬层来承受上部载荷的地基处理方法。

(3)振冲密实(不填料)。振冲密实是以起重机吊起振冲器,启动潜水电机带动偏心块,使振动器产生高频振动,同时启动水泵,通过喷嘴喷射高压水流,在边振边冲的共同作用下,将振动器沉到土中的预定深度,经清孔后,从地面向孔内逐段填入碎石,使其在振动作用下被挤密实,达到要求的密实度后即可提升振动器,如此反复直至地面,从而在地基中形成一个大直径的密实桩体与原地基构成复合地基,提高地基承载力,减少沉降,是一种快速、经济有效的加固方法。

(4)掺石灰(干土、石)。用干性石灰(干石灰粉)、干土或石吸收土壤中多余的水分,使土壤达到最佳含水量,满足压实的要求,增加路基稳定性。

干土采用就地挖出的黏性土及塑性指数大于4的粉土,土内不得含有松软杂质或使用耕植土;土料应过筛,其颗粒不宜大于15mm。

(5)抛石挤淤。抛石挤淤是软弱地基处理的一种方法,在路基底从中部向两侧抛投一定数量的碎石,将淤泥挤出路基范围,以提高路基强度。所用碎石宜采用不易风化的大石块,尺寸一般不小于0.3m。抛石挤淤法施工简单、迅速、方便,适用于常年积水的洼地,排水困难,厚度较薄,表层无硬壳,片石能沉达底部的泥沼或厚度为3~4m的软土。

(6)袋装砂井。袋装砂井是用透水型土工织物长袋装砂砾石,设置在软土地基中形成排水砂柱,以加速软土排水固结的地基处理方法。

(7)塑料排水板。为加速软弱地基的固结,使用带门架(或不带门架)的打桩设备将装有塑料排水板的钢管打入地基中,通过塑料排水板的纵、横向排水,加速地基沉降,提高路基强度。

(8)振冲桩(填料)。振冲桩是利用振动和压力水使砂层液化,使砂颗粒相互挤密,重新排列,孔隙减少。根据砂土性质不同,振冲桩有加填料和不加填料两种。

(9)砂石桩。砂石桩是碎石桩的一种,适用于松散砂土、素填土、杂填土等地基处理。

(10)水泥粉煤灰碎石桩。水泥粉煤灰碎石桩是在碎石桩的基础上发展起来的,是以一定配合比的石屑、粉煤灰和少量的水泥加水拌和后制成的一种具有一定胶结强度的桩体。这种桩是一种低强度混凝土桩,由它组成的复合地基能够较大幅度提高承载力。

(11)深层水泥搅拌桩。深层水泥搅拌桩是利用水泥作为固化剂,通过深层搅拌机械在地基中将软土或砂等和固化剂强制拌和,使软基硬结而提高地基强度的地基处理方法。该方法适用于处理软土地基、淤泥、砂土、淤泥质土、泥炭土和粉土。当用于处理泥炭土或地下水具有侵蚀性时,应通过试验确定其适用性。冬季施工时,应注意低温对处理效果的影响。

(12)粉喷桩。粉喷桩是软土地基处理方法之一,是利用钻机打孔将石灰、水泥(或其他材料)用粉体发送器和空压机压送到土壤中,形成加固柱体,从而实现地基的固结。

(13)高压水泥旋喷桩。高压水泥旋喷桩是以高压旋转的喷嘴将水泥浆喷入土层与土体混合,形成连续搭接的水泥加固体。高压水泥旋喷桩施工占地少、振动小、噪音较低,但容易污染环境,成本较高,对于特殊的不能使喷出浆液凝固的土质不宜采用。

(14)石灰桩。石灰桩指的是为加速软弱地基的固结,在地基上钻孔并灌入生石灰而形成的吸水柱体。

(15)灰土(土)挤密桩。灰土(土)挤密桩是指在基础底面形成若干个桩孔,然后将灰土

（土）填入并分层夯实，以提高地基承载力或水稳性的地基处理方法，其适用于处理地下水位以上的湿陷性黄土、素填土和杂填土等地基，处理深度宜为5～15m。

（16）桩锤冲扩桩。桩锤冲扩桩是反复将柱状重锤提到高处使其自由落下冲击成孔，然后分层填料夯实形成扩大桩体，与桩间土组成复合地基的地基处理方法。

（17）地基注浆。地基注浆是将配置好的化学浆液或水泥浆液，通过导管注入土体空隙中，与土体结合，发生生物化反应，从而提高土体强度，减小其压缩性和渗透性的地基处理方法。

（18）褥垫层。褥垫层是水泥粉煤灰碎石桩复合地基中解决地基不均匀的一种方法。如建筑物一边在岩石地基上，一边在黏土地基上时，即可采用在岩石地基上加褥垫层（级配砂石）的方法来解决。

（19）土工合成材料。土工合成材料是土木工程应用的合成材料的总称。作为一种土木工程材料，其是以人工合成的聚合物（如塑料、化纤、合成橡胶等）为原料，制成各种类型的产品，置于土体内部、表面或各种土体之间，发挥加强或保护土体的作用。

（20）排水沟、截水沟。

1）当路线受到多段沟渠或水道影响时，为保护路基不受水害，可以设置排水沟或改移渠道，以调节水流，整治水道。排水沟的主要用途在于引水，将路基范围内各种水源的水流（如边沟、截水沟、取土坑、边坡和路基附近积水），引至桥涵或路基范围以外的指定地点。

2）截水沟又称天沟，一般设置在挖方路基边坡坡顶以外，或山坡路堤上方的适当地点，用以拦截并排除路基上方流向路基的地面径流，减轻边沟的水流负担，保证挖方边坡和填方坡脚不受流水冲刷。降水量较少或坡面坚硬和边坡较低以致冲刷影响不大的路段，可以不设截水沟；反之，如果降水量较多，且暴雨频率较高，山坡覆盖层比较松软，坡面较高，水土流失比较严重的地段，必要时可设置两道或多道截水沟。

（21）盲沟。路基盲沟是指为路基设置的充填碎石、砾石等颗粒材料并辅以过滤层（有的其中埋设透水管）的排水、截水暗沟。

3. 计算实例

【例7-1】　某道路 K0＋250～K0＋780 段为混凝土路面，如图7-2所示为路基断面图，由于该路基的原天然地面的土质为软土，易造成路基沉陷，因而，在该土中掺石灰以提高天然地面的承载能力，路面宽为10m，两侧路肩各宽1m，若路基一侧加宽为1m，试计算掺石灰工程量。

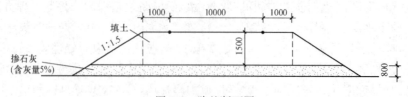

图 7-2　路基断面图

【解】根据工程量计算规则：

路基掺石灰体积＝（780－250）×［10＋1×2＋（1.5＋0.8）×1.5×2＋2×1］×0.8
　　　　　　＝8861.6m³

工程量计算结果见表7-2。

表 7-2 　　　　　　　　　　　　　　　　**工程量计算表**

项目编码	项目名称	项目特征描述	计量单位	工程量
040201004001	掺石灰	软土地基掺石灰处理	m³	8861.6

【**例 7-2**】 某道路全长 1100m,路面宽度为 24m。两侧路肩各宽 1.2m,路基加宽值为 30cm,由于该段土质比较疏松,为保证压实,通过强夯地基法使土基密实,以达到规定的压实度(大于 90%)。试计算强夯地基工程量。

【**解**】根据工程量计算规则:

$$路基地基面积 = 1100 \times (24 + 1.2 \times 2) = 29040.00m^2$$

工程量计算结果见表 7-3。

表 7-3 　　　　　　　　　　　　　　　　**工程量计算表**

项目编码	项目名称	项目特征描述	计量单位	工程量
040201002001	强夯地基	密实度大于 90%	m²	29040.00

【**例 7-3**】 某道路全长 800m,路面宽 18m,地基土中掺石,两侧路肩宽为 1m,掺石率为 10%,如图 7-3 所示为路堤断面图,试计算掺石工程量。

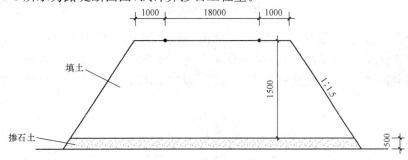

图 7-3　路堤断面图

【**解**】根据工程量计算规则:

$$路基掺石的体积 = 800 \times (18 + 1 \times 2 + 1.5 \times 1.5 \times 2 + 0.5 \times 1.5) \times 0.5 = 10100m^3$$

工程量计算结果见表 7-4。

表 7-4 　　　　　　　　　　　　　　　　**工程量计算表**

项目编码	项目名称	项目特征描述	计量单位	工程量
040201006001	掺石	掺石率为 10%	m³	10100

【**例 7-4**】 某路段为 K0+320～K0+550 之间,路面宽 21m,两侧路肩宽均为 1m,土中打入石灰桩进行路基处理,桩直径为 150mm,桩长(包括桩尖)为 2m,桩间距 150mm,如图 7-4 所示为路基断面图,试计算石灰桩工程量。

【**解**】根据工程量计算规则:

$$石灰桩个数 = [(21 + 1 \times 2)/0.3 + 1] \times [(550 - 320)/0.3 + 1] = 59622 \ 个$$

$$石灰桩长度 = 59622 \times 2 = 119244m$$

工程量计算结果见表7-5。

表 7-5　　　　　　　　　　　　工程量计算表

项目编码	项目名称	项目特征描述	计量单位	工程量
040201016001	石灰桩	桩直径为15cm,桩间距为15cm	m	119244

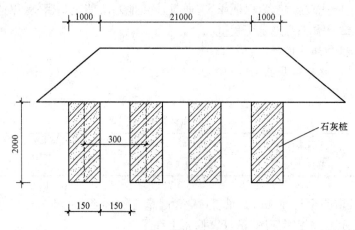

图 7-4　路基断面示意图

【例 7-5】　某道路为沥青贯入式路面,全长 1465m,路面宽度为 12m,两侧路肩各宽 1m。该道路为挖方路段,道路横断面如图 7-5 所示。由于该路段的雨量较大,为保护路基,在两侧设置截水沟与边沟,同时在该路的中央分隔带下设置盲沟,试计算截水沟及盲沟工程量。

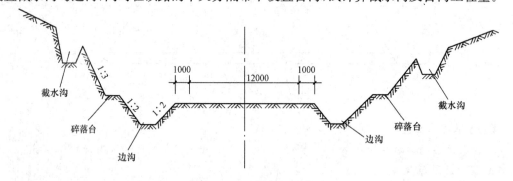

图 7-5　道路横断面示意图

【解】根据工程量计算规则:

$$截水沟长度 = 1465 \times 2 = 2930.00m$$

$$盲沟长度 = 1465.00m$$

工程量计算结果见表7-6。

表 7-6　　　　　　　　　　　　工程量计算表

项目编码	项目名称	项目特征描述	计量单位	工程量
040201022001	排水沟、截水沟	梯形断面	m	2930.00
040201023001	盲沟	碎石盲沟	m	1465.00

二、道路基层工程量计算

基层(又称基础、垫层、过滤层、隔离层、扎根层、主料层)是指设在面层以下的结构层,主要承受由面层传递的车辆荷载,并将荷载分布到垫层或路基上。当基层为多层时,最下面的一层为底基层。

1. 工程量计算规则

道路基层工程工程量清单项目设置、项目特征描述的内容、计量单位及工程量计算规则,应按表 7-7 的规定执行。

表 7-7　　　　　　　　　　　　　　　　道路基层

项目编码	项目名称	项目特征	计量单位	工程量计算规则	工作内容
040202001	路床(槽)整形	1. 部位 2. 范围	m²	按设计道路底基层图示尺寸以面积计算,不扣除各类井所占面积	1. 放样 2. 整修路拱 3. 碾压成型
040202002	石灰稳定土	1. 含灰量 2. 厚度			
040202003	水泥稳定土	1. 水泥含量 2. 厚度		按设计图示尺寸以面积计算,不扣除各类井所占面积	1. 拌和 2. 运输 3. 铺筑 4. 找平 5. 碾压 6. 养护
040202004	石灰、粉煤灰、土	1. 配合比 2. 厚度			
040202005	石灰、碎石、土	1. 配合比 2. 碎石规格 3. 厚度			
040202006	石灰、粉煤灰、碎(砾)石	1. 配合比 2. 碎(砾)石规格 3. 厚度			
040202007	粉煤灰	厚度			
040202008	矿渣				
040202009	砂砾石				
040202010	卵石	1. 石料规格 2. 厚度			
040202011	碎石				
040202012	块石				
040202013	山皮石				
040202014	粉煤灰三渣	1. 配合比 2. 厚度			
040202015	水泥稳定碎(砾)石	1. 水泥含量 2. 石料规格 3. 厚度			
040202016	沥青稳定碎石	1. 沥青品种 2. 石料规格 3. 厚度			

注:1. 道路工程厚度应以压实后为准。

　　2. 道路基层设计截面如为梯形时,应按其截面平均宽度计算面积,并在项目特征中对截面参数加以描述。

2. 工程量清单项目释义

(1)路床(槽)整形。路床(槽)整形是指按设计要求和规定标高,将边沟、边坡、路基起高垫低、夯实,碾压成型。路床(槽)整形的平均厚度一般在10cm以内。

(2)石灰稳定土。将消石灰粉或生石灰粉掺入各种粉碎或原来松散的土中,经拌和、压实及养护后得到的混合料,称为石灰稳定土。石灰稳定类基层是指在粉碎的或原来松散的骨料或土中掺入适量的石灰和水,经拌和、压实及养护,当其抗压强度符合规定时得到的路面结构层。

(3)水泥稳定土。在经过粉碎的或原来松散的土中,掺入足量的水泥和水,经拌和得到的混合料在压实和养护后,当其抗压强度符合规定的要求时,称为水泥稳定土。水泥稳定类基层是指在粉碎的或原来松散的骨料或土中掺入适量的水泥和水,经拌和后得到的混合料通过压实及养护,当其抗压强度达到要求时所得到的结构层。

(4)石灰、粉煤灰、土。石灰、粉煤灰、土是指将石灰、粉煤灰与其他掺入材料(土、集料)按适当比例、最佳含水量、合理工艺(拌和、压实及养护)制成的混合料,简称二灰稳定土,常见于道路结构的基层、底基层。

(5)石灰、碎石、土。石灰、碎石、土基层是指按设计厚度要求,将石灰、碎石、土按一定的配合比,经过路拌或厂拌均匀后,用机械或人工摊铺到路基上,经碾压、养护后形成的基层。

(6)石灰、粉煤灰、碎(砾)石。石灰、粉煤灰、碎(砾)石简称二次碎石,石灰、粉煤灰、碎(砾)石基层常用于北方寒冷地区的道路基层。

(7)粉煤灰。粉煤灰是从煤燃烧后的烟气中收捕下来的细灰,粉煤灰基层是指按设计厚度要求,将粉煤灰用机械或人工摊铺到路基上,经碾压、养护后形成的基层。

(8)矿渣。矿渣是指矿石经过选矿或冶炼后的残余物,是良好的筑路材料,用矿渣筑路整体强度好,板体强度高,水稳定性良好,具有抗冻膨胀的性能。

(9)砂砾石。砂砾石是一种颗粒状、无黏性材料。目前,国内公路建设中,对天然砂砾石或级配砂砾石通常采用的做法是:将砂砾石按一定的级配组成,然后掺加少量的粘结料(如水泥或二灰),以此组成的混合料作为道路基层,以天然砂砾石作为道路的底基层。

(10)卵石。卵石是自然形成的岩石颗粒,卵石的形状多为圆形,表面光滑,与水泥的黏结较差,拌制的混凝土拌和物流动性较好,但混凝土硬化后强度较低。卵石底基层是指按设计厚度要求,将卵石用机械或人工摊铺到路基上,经碾压、养护后形成的基层。

(11)碎石。碎石是由天然岩石(或卵石)经破碎、筛分而得,碎石多棱角,表面粗糙,与水泥黏结较好,拌制的混凝土拌和物流动性差,但混凝土硬化后强度较高。

(12)块石。块石是指符合工程要求的岩石,经开采并加工而成的形状大致方正的石块。块石基层多用手工铺砌,碎石嵌缝并压实。

(13)山皮石。也称山皮土,是指经过自然风化后的山上的表皮浅层比较细小混合石土。山皮石用于道路的底基层。

(14)粉煤灰三渣。由粉煤灰、熟石灰、石渣按一定配比混合,经过搅拌后形成的一种混合材料。

(15)水泥稳定碎(砾)石。水泥稳定碎(砾)石的石料规格是以粒径为15~40mm的碎石为粗集粒配制的混凝土,一般用作公路或城市道路的基层。

(16)沥青稳定碎石。由矿料和沥青组成具有一定级配要求的混合料。

3. 计算实例

【例 7-6】　某道路 K0＋000～K0＋300 为水泥混凝土结构,路面宽度为 12m,路肩各宽 1m,如图 7-6 所示为道路结构图。为保证压实,两侧各加宽 30cm,路面两边铺路缘石,试计算道路基层工程量。

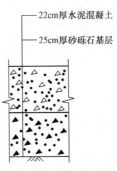

22cm厚水泥混凝土

25cm厚砂砾石基层

图 7-6　道路结构图

【解】根据工程量计算规则:

$$砂砾石基层面积＝(12+1×2+0.3×2)×300＝4380m^2$$

工程量计算结果见表 7-8。

表 7-8　　　　　　　　　　　　　　**工程量计算表**

项目编码	项目名称	项目特征描述	计量单位	工程量
040202009001	砂砾石	基层厚度25cm	m²	4380

【例 7-7】　某道路某段长 150m,宽 15m,路基一侧加宽值 1m,采用水泥混凝土作为面层,如图 7-7 所示为道路结构图。处理时在全线范围内铺玻璃纤维格栅,其上铺 25cm 厚石灰、碎石、土,然后用 15cm 厚水泥混凝土加封。试计算石灰、碎石、土基层工程量。

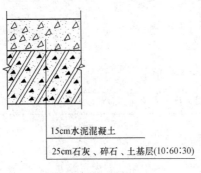

15cm水泥混凝土

25cm石灰、碎石、土基层(10:60:30)

图 7-7　道路结构图

【解】根据工程量计算规则:

$$石灰、碎石、土基层(10：60：30)面积＝150×(15+2×1)＝2550m^2$$

工程量计算结果见表 7-9。

表 7-9　　　　　　　　　　　　　工程量计算表

项目编码	项目名称	项目特征描述	计量单位	工程量
040202005001	石灰、碎石、土	基层厚度25cm	m²	2550

【例7-8】 某道路 K0+200～K2+000 为水泥混凝土结构,路面修筑宽度为12m,路肩各宽1m,两侧设边沟排水,如图 7-8 所示为道路结构示意图,如图 7-9 所示为道路横断面示意图,试计算道路工程量。

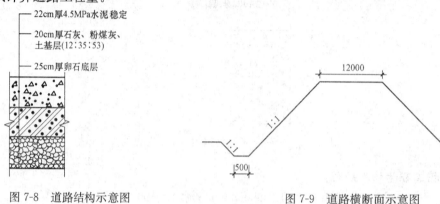

图 7-8　道路结构示意图　　　　　　　　　图 7-9　道路横断面示意图

【解】根据工程量计算规则:

$$卵石底基层面积=1800\times12=21600.00m^2$$

$$石灰、粉煤灰、土基层面积=1800\times12=21600.00m^2$$

$$水泥稳定土面积=1800\times12=21600.00m^2$$

$$边沟长度=2\times1800=3600.00m$$

工程量计算结果见表 7-10。

表 7-10　　　　　　　　　　　　　工程量计算表

序号	项目编码	项目名称	项目特征描述	计量单位	工程量
1	040202010001	卵石	25cm 厚卵石底层	m²	21600.00
2	040202002001	水泥稳定土	22cm 厚 4.5MPa 水泥稳定土	m²	21600.00
3	040202004001	石灰、粉煤灰、土	20cm 厚石灰、粉煤灰、土基层(12:35:53)	m²	21600.00
4	040201022001	排水沟、截水沟	土质排水边沟	m	3600.00

三、道路面层工程量计算

面层是路面结构层最上面的一个层次,直接承受车辆荷载及自然荷载,并将荷载传递到基层。因此,它要求比基层有更好的强度和刚度,能安全地把荷载传递到下部。另外,它还要求表面平整、有良好的抗滑性能,使车辆能顺利通过。

1. 工程量计算规则

道路面层工程工程量清单项目设置、项目特征描述的内容、计量单位及工程量计算规则,应按表 7-11 的规定执行。

表 7-11　　　　　　　　　　　　　　　　道路面层工程

项目编码	项目名称	项目特征	计量单位	工程量计算规则	工作内容
040203001	沥青表面处治	1. 沥青品种 2. 层数			1. 喷油、布料 2. 碾压
040203002	沥青贯入式	1. 沥青品种 2. 石料规格 3. 厚度			1. 摊铺碎石 2. 喷油、布料 3. 碾压
040203003	透层、粘层	1. 材料品种 2. 喷油量			1. 清理下承面 2. 喷油、布料
040203004	封层	1. 材料品种 2. 喷油量 3. 厚度			1. 清理下承面 2. 喷油、布料 3. 压实
040203005	黑色碎石	1. 材料品种 2. 石料规格 3. 厚度	m²	按设计图示尺寸以面积计算,不扣除各种井所占面积,带平石的面层应扣除平石所占面积	1. 清理下承面 2. 拌和、运输 3. 摊铺、整形 4. 压实
040203006	沥青混凝土	1. 沥青品种 2. 沥青混凝土种类 3. 石料粒径 4. 掺合料 5. 厚度			
040203007	水泥混凝土	1. 混凝土强度等级 2. 掺合料 3. 厚度 4. 嵌缝材料			1. 模板制作、安装、拆除 2. 混凝土拌和、运输、浇筑 3. 拉毛 4. 压痕或刻防滑槽 5. 伸缝 6. 缩缝 7. 锯缝、嵌缝 8. 路面养护
040203008	块料面层	1. 块料品种、规格 2. 垫层:材料品种、厚度、强度等级			1. 铺筑垫层 2. 铺砌块料 3. 嵌缝、勾缝
040203009	弹性面层	1. 材料品种 2. 厚度			1. 配料 2. 铺贴

注:水泥混凝土路面中传力杆和拉杆的制作、安装应按《市政工程工程量计算规则》(GB 50857—2013)附录 J 钢筋工程
　　中相关项目编码列项。

2. 工程量清单项目释义

(1)沥青表面处治。沥青表面处治是用沥青和集料按层铺法或拌合法铺筑而成的厚度不

超过 3m 的沥青面层。

（2）沥青贯入式。沥青贯入式是指用沥青灌入碎石（砾石）作面层的路面。

（3）透层、粘层。

1）透层。透层是指在非沥青材料的基层上浇洒低粘度的沥青，透入基层，使其表面形成的薄沥青层。它能增强基层与沥青面层的结合，增加基层的防水性能，同时，对基层也起保水养护作用和防止或减少基层临时行车时表面的磨耗。

2）粘层。粘层是在旧路面或在底面层和中间层上喷洒沥青所形成的薄沥青层，它是使沥青面层与下层表面粘结良好的措施。

（4）封层。封层是在路面或基层上修筑的一个沥青表面薄层或沥青砂等薄层，其作用是封闭表面空隙，防止水分浸入面层和基层，或用以养护石灰土类基层，或用以达到临时通车的目的，或者用以改善旧路（沥青路面或混凝土路面）路面外观。封层可分为上封层和下封层两种，前者修建在沥青面层之上；后者修建在基层之上。

（5）黑色碎石。黑色碎石面层一般分为两层铺筑：下层为沥青碎石，压实厚度为 3.5～5cm；上层采用沥青石屑时厚度控制在 1～1.5cm，采用沥青砂时厚度为 1cm。其也可在下层沥青碎石上面洒沥青（每平方米 0.5～1.0kg），用 7mm 以下小砾石（碎石）封面碾压平整。

（6）沥青混凝土。沥青混凝土面层宜采用双层（分为底层和面层）或三层（上面层、中面层、下面层）式结构，其中，应有一层及一层以上是Ⅰ型密级配沥青混凝土混合料。当各层均采用沥青碎石混合料时，沥青面层下必须作下封层。

（7）水泥混凝土。水泥混凝土面层是指以水泥混凝土面板和基（垫）层所组成的路面。包括普通混凝土、钢筋混凝土、连续配筋混凝土、预应力混凝土、钢纤维混凝土和装配式混凝土等。

（8）块料面层。块料面层是指用块状石料或混凝土预制块铺筑的路面。按照其使用材料性质、形状、尺寸、修琢程度的不同，分为条石、小方石、拳石、粗琢石及混凝土块料路面。

（9）弹性面层。弹性面层是利用橡胶、硅砂等作为主材的路面，具有降低噪声的作用。

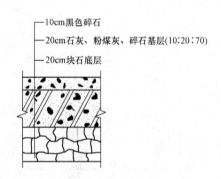

图 7-10　道路结构图

3. 计算实例

【例 7-9】　某道路 K0＋320～K0＋780 为黑色碎石路面，路面宽度为 15m，路肩宽度为 1m，如图 7-10 所示为道路结构图，计算道路面层工程量。

【解】根据工程量计算规则：

$$黑色碎石面层工程量＝（780－320）×15＝6900m^2$$

工程量计算结果见表 7-12。

表 7-12　　　　　　　　　　　　工程量计算表

项目编码	项目名称	项目特征描述	计量单位	工程量
040203005001	黑色碎石	面层厚度 10cm	m^2	6900

【**例7-10**】　某道路 K0+300～K0+725 为沥青混凝土路面,路面宽度为 12m,路肩宽度为 1m,如图 7-11 所示为道路结构图,为保证压实,两侧各加宽 30cm,试计算道路面层工程量。

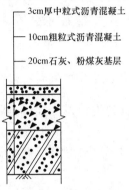

— 3cm厚中粒式沥青混凝土

— 10cm粗粒式沥青混凝土

— 20cm石灰、粉煤灰基层

图 7-11　道路结构图

【**解**】根据工程量计算规则:

$$沥青混凝土面层工程量=(725-300)\times12=5100m^2$$

工程量计算结果见表 7-13。

表 7-13　　　　　　　　　　　　　　　**工程量计算表**

项目编码	项目名称	项目特征描述	计量单位	工程量
040203006001	沥青混凝土	3cm厚中粒式沥青混凝土	m^2	5100

【**例7-11**】　某道路 K0+230～K0+760 之间为沥青贯入式结构,道路结构图如图 7-12 所示,路面宽度为 12m,路肩宽度为 1m。试计算道路面层工程量。

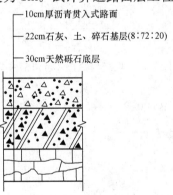

— 10cm厚沥青贯入式路面

— 22cm石灰、土、碎石基层(8:72:20)

— 30cm天然砾石底层

图 7-12　道路结构图

【**解**】根据工程量计算规则:

$$沥青贯入式路面面层工程量=(760-230)\times12=6360m^2$$

工程量计算结果见表 7-14。

表 7-14　　　　　　　　　　　　　　　**工程量计算表**

项目编码	项目名称	项目特征描述	计量单位	工程量
040203002001	沥青贯入式	10cm厚沥青贯入式面层	m^2	6360

第四节　人行道及其他工程工程量计算

一、人行道工程量计算

人行道是指用路缘石或护栏及其他类似设施加以分隔的专门供人行走的部分。人行道块料包括异型彩色花砖和普通型砖等。

(1)异型彩色花砖是一种装饰材料,由水泥混凝土浇灌成形,利用各种模板可做成 D 形、S 形、T 形等不同形状。

(2)普通型砖是砖砌体中的一种,其主要原料为黏土、页岩、煤矸石、粉煤灰等。并加入少量添加料,经配料、混合匀化、制坯、干燥、预热、焙烧而成。如图 7-13 所示为现浇混凝土人行道的结构图。人行道其他工程主要包括路缘石、步道、收水井等。

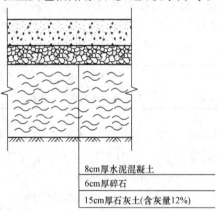

8cm厚水泥混凝土
6cm厚碎石
15cm厚石灰土(含灰量12%)

图 7-13　现浇混凝土人行道结果图

为了便于对排水管渠进行检查和清通,在管渠上必须设检查井,如图 7-14 所示。

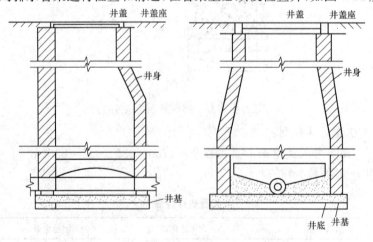

图 7-14　检查井构造图

1. 工程量计算规则

人行道工程工程量清单项目设置、项目特征描述的内容、计量单位及工程量计算规则，应按表 7-15 的规定执行。

表 7-15　　　　　　　　　　　　　　**人行道**

项目编码	项目名称	项目特征	计量单位	工程量计算规则	工作内容
040204001	人行道整形碾压	1. 部位 2. 范围	m²	按设计人行道图示尺寸以面积计算，不扣除侧石、树池和各类井所占面积	1. 放样 2. 碾压
040204002	人行道块料铺设	1. 块料品种、规格 2. 基础、垫层：材料、品种、厚度 3. 图形		按设计图示尺寸以面积计算，不扣除各类井所占面积，但应扣除侧石、树池所占面积	1. 基础、垫层铺筑 2. 块料铺设
040204003	现浇混凝土人行道及进口坡	1. 混凝土强度等级 2. 厚度 3. 基础、垫层：材料、品种、厚度			1. 模板制作、安装、拆除 2. 基础、垫层铺筑 3. 混凝土拌和、运输、浇筑

2. 计算实例

【例 7-12】　某道路全长 750m，路面宽度为 14.4m，人行道面层为混凝土步道砖，基层为石灰土，路基一侧加宽宽度为 1m，每边人行道宽度均为 3m，车行道宽度为 8m，缘石宽度为 20cm，如图 7-15 所示为人行道结构图，试计算人行道工程量。

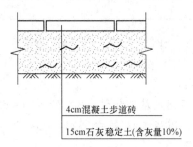

4cm混凝土步道砖

15cm石灰稳定土(含灰量10%)

图 7-15　人行道结构图

【解】 根据工程量计算规则：

$$混凝土步道砖面积 = 3 \times 2 \times 750 = 4500 m^2$$

$$石灰稳定土基层的面积 = (3+2 \times 1) \times 2 \times 750 = 7500 m^2$$

工程量计算结果见表 7-16。

表 7-16 工程量计算表

项目编码	项目名称	项目特征描述	计量单位	工程量
040202002001	石灰稳定土	基层厚度 15cm,石灰稳定土基层(含灰量 10%)	m²	7500
040204002001	人行道块料铺设	4cm 混凝土步道砖	m²	4500

【例 7-13】 某道路长 500m,路幅宽 25m,人行道两侧各宽 6m,路缘石宽为 20cm,如图 7-16所示为道路断面图,如图 7-17 所示为人行道结构示意图,试计算人行道工程量。

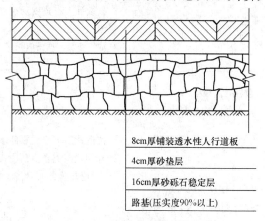

图 7-16 道路断面图

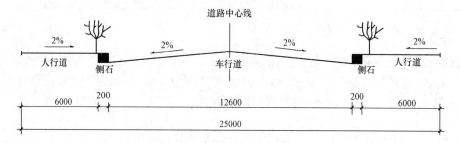

图 7-17 人行道结构示意图

【解】 根据工程量计算规则:

$$砂砾石稳定层工程量 = 6 \times 2 \times 500 = 6000 m²$$
$$人行道板工程量 = 6 \times 2 \times 500 = 6000 m²$$

工程量计算结果见表 7-17。

表 7-17 工程量计算表

项目编码	项目名称	项目特征描述	计量单位	工程量
040202009001	砂砾石	16cm 厚砂砾石稳定层	m²	6000
040204002001	人行道块料铺设	8cm 厚透水性人行道板	m²	6000

二、侧(平、缘)石工程量计算

侧缘石是指路面边缘与其他构造物分界处的标界石,一般用石块或混凝土块砌筑的。侧缘石安砌是将缘石沿路边高出路面砌筑、平缘石安砌将缘石沿路边与路面水平砌筑。

1. 工程量计算规则

侧(平、缘)石工程工程量清单项目设置、项目特征描述的内容、计量单位及工程量计算规则,应按表7-17的规定执行。

表 7-17　　　　　　　　　　　　　侧(平、缘)石

项目编码	项目名称	项目特征	计量单位	工程量计算规则	工作内容
040204004	安砌侧(平、缘)石	1. 材料品种、规格 2. 基础、垫层:材料、品种、厚度	m	按设计图示中心线长度计算	1. 开槽 2. 基础、垫层铺筑 3. 侧(平、缘)石安砌
040204005	现浇侧(平、缘)石	1. 材料品种 2. 尺寸 3. 形状 4. 混凝土强度等级 5. 基础、垫层:材料、品种、厚度			1. 模板制作、安装、拆除 2. 开槽 3. 基础、垫层铺筑 4. 混凝土拌和、运输、浇筑

2. 计算实例

【例 7-14】　某市道路 K0+000~K0+350 为沥青混凝土路面结构,路肩各宽 1m,每边各加宽 20cm,路面两边铺设缘石,如图 7-18 所示为道路结构图,试计算道路工程量。

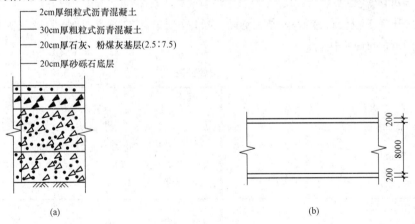

图 7-18　道路结构示意图
(a)道路结构图;(b)道路平面图

【解】根据工程量计算规则:

$$砂砾石底基层面积=(2+8+0.2×2)×350=3640.00m^2$$

$$石灰、粉煤灰、土基层面积=(2+8+0.2×2)×350=3640.00m^2$$

$$侧缘石长度＝350×2＝700.00m$$

工程量计算结果见表 7-18。

表 7-18 **工程量计算表**

项目编码	项目名称	项目特征描述	计量单位	工程量
040202009001	砂砾石	砂砾石底基层厚度 15cm	m²	3640.00
040202004001	石灰、粉煤灰、土	石灰、粉煤灰、土基层厚度 20cm	m²	3640.00
040204004001	安砌侧(平、缘)石	路缘石宽度 20cm	m	700.00

【例 7-15】 某道路长为 1843m,机动车道宽 12m,非机动车道两边各宽 3.5m,人行道各宽 4.2m,路基加宽值为 30cm,路缘石宽度为 20cm,试计算路缘石工程量。

【解】 根据工程量计算规则:

$$路缘石工程量＝1843×2＝3686.00m$$

工程量计算结果见表 7-19。

表 7-19 **工程量计算表**

项目编码	项目名称	项目特征描述	计量单位	工程量
040204004001	安砌侧(平、缘)石	混凝土路缘石安砌	m	3686.00

三、检查井升降工程量计算

为了便于对排水管进行检查和清通,在管渠上必须设检查井。检查井应设置在排水管道的交汇处、转弯和管径、坡度及高程变化处,以及直线管段上每隔一定距离处。

1. 工程量计算规则

检查井升降工程工程量清单项目设置、项目特征描述的内容、计量单位及工程量计算规则,应按表 7-20 的规定执行。

表 7-20 **检查井升降**

项目编码	项目名称	项目特征	计量单位	工程量计算规则	工作内容
040204006	检查井升降	1. 材料品种 2. 检查井规格 3. 平均升(降)高度	座	按设计图示路面标高与原有的检查井发生正负高差的检查井的数量计算	1. 提升 2. 降低

2. 计算实例

【例 7-16】 某道路全长为 1370m,路面宽度为 21m,行车道为 15m,人行道各宽 3m,在人行道边缘每 55m 设一检查井,且每一座检查井均与设计路面标高发生正负高差,试计算检查井工程量。

【解】 根据工程量计算规则:

$$检查井升降工程量＝(1370/55＋1)×2＝52 座$$

工程量计算结果见表 7-21。

表 7-21　　　　　　　　　　　　工程量计算表

项目编码	项目名称	项目特征描述	计量单位	工程量
040204006001	检查井升降	每一座检查井均与设计路面标高发生正负高差	座	52

四、树池砌筑工程量计算

树池砌筑是用各种砌筑材料将沿树围砌的构筑物。砌筑材料包括混凝土块、石质块、条石块、单双层立砖等。

1. 工程量计算规则

树池砌筑工程工程量清单项目设置、项目特征描述的内容、计量单位及工程量计算规则，应按表 7-22 的规定执行。

表 7-22　　　　　　　　　　　　树池砌筑

项目编码	项目名称	项目特征	计量单位	工程量计算规则	工作内容
040204007	树池砌筑	1. 材料品种 2. 树池尺寸 3. 树池盖面材料品种	个	按设计图示数量计算	1. 基础、垫层铺筑 2. 树池砌筑 3. 盖面材料运输、安装

2. 计算实例

【例 7-17】　某道路全长 693m，人行道与车道之间种植树木，如图 7-19 所示，每隔 5.5m 砌筑一个树池，试计算树池砌筑工程量。

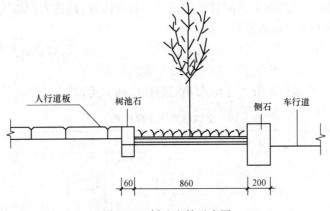

图 7-19　树池砌筑示意图

【解】根据工程量计算规则：

$$树池工程量＝(693/5.5＋1)×2＝254 个$$

工程量计算结果见表 7-23。

表 7-23　　　　　　　　　　　　　　工程量计算表

项目编码	项目名称	项目特征描述	计量单位	工程量
040204007001	树池砌筑	树池砌筑	个	254

五、预制电缆沟铺设工程量计算

电缆沟是指用于铺设电缆的专用通道。

预制电缆沟铺设工程工程量清单项目设置、项目特征描述的内容、计量单位及工程量计算规则，应按表 7-24 的规定执行。

表 7-24　　　　　　　　　　　　　　预制电缆沟铺设

项目编码	项目名称	项目特征	计量单位	工程量计算规则	工作内容
040204008	预制电缆沟铺设	1. 材料品种 2. 规格尺寸 3. 基础、垫层：材料、品种、厚度 4. 盖板品种、规格	m	按设计图示中心线长度计算	1. 基础、垫层铺筑 2. 预制电缆沟安装 3. 盖板安装

六、交通管理设施工程量计算

1. 交通管理设施形式

道路交通管理设施是管制和引导交通安全的设施，包括标杆、标线、交通标志、交通信号灯、护栏等。

（1）标杆。标杆是指道路两旁带有标志的立杆，常用于指示方向或有关限制的标记，杆底部装有尖铁脚的木杆。

（2）标线。标线与道路标志共同对驾驶员指示行驶位置、前进方向以及有关限制，具有引导并指示有秩序地安全行驶的重要作用。

路面标线形式主要有车行道中心线、车行道分界线、停止线、减速让行线、导流线、停车位标线、出口标线、入口标线、港式停靠站标线及车流向标线。

（3）交通标志。交通标志分为主标志和辅助标志两大类，其支撑图式见表 7-25。

表 7-25　　　　　　　　　　　　　　交通标志的支撑图式

名称	单柱式	双柱式	悬臂式	门　式	附着式
图式					将标志直接标注在结构物上

（4）交通信号灯。交通信号灯是指城市道路主、次干道交叉口一般都设置交通信号设备，指挥交叉口的通行。

（5）护栏。护栏是诱导驾驶员视线,增加驾驶员和乘客安全感,防止车辆驶出行车道或路肩,从而避免或减轻行车事故的设施。护栏按设置可分为路侧护栏和中央分隔带护栏。

2. 工程量计算规则

交通管理设施工程量清单项目设置、项目特征描述的内容、计量单位及工程量计算规则,应按表 7-26 的规定执行。

表 7-26　　　　　　　　　　　　　　交通管理设施

项目编码	项目名称	项目特征	计量单位	工程量计算规则	工作内容
040205001	人(手)孔井	1. 材料品种 2. 规格尺寸 3. 盖板材质、规格 4. 基础、垫层:材料品种、厚度	座	按设计图示数量计算	1. 基础、垫层铺筑 2. 井身砌筑 3. 勾缝(抹面) 4. 井盖安装
040205002	电缆保护管	1. 材料品种 2. 规格	m	按设计图示以长度计算	敷设
040205003	标杆	1. 类型 2. 材质 3. 规格尺寸 4. 基础、垫层:材料品种、厚度 5. 油漆品种	根	按设计图示数量计算	1. 基础、垫层铺筑 2. 制作 3. 喷漆或镀锌 4. 底盘、拉盘、卡盘及杆件安装
040205004	标志板	1. 类型 2. 材质、规格尺寸 3. 板面反光膜等级	块		制作、安装
040205005	视线诱导器	1. 类型 2. 材料品种	只		安装
040205006	标线	1. 材料品种 2. 工艺 3. 线型	1. m 2. m²	1. 以米计量,按设计图示以长度计算 2. 以平方米计量,按设计图示尺寸以面积计算	1. 清扫 2. 放样 3. 画线 4. 护线
040205007	标记	1. 材料品种 2. 类型 3. 规格尺寸	1. 个 2. m²	1. 以个计量,按设计图示数量计算 2. 以平方米计量,按设计图示尺寸以面积计算	
040205008	横道线	1. 材料品种 2. 形式	m²	按设计图示尺寸以面积计算	
040205009	清除标线	清除方法			清除

(续一)

项目编码	项目名称	项目特征	计量单位	工程量计算规则	工作内容
040205010	环形检测线圈	1. 类型 2. 规格、型号	个	按设计图示数量计算	1. 安装 2. 调试
040205011	值警亭	1. 类型 2. 规格 3. 基础、垫层：材料品种、厚度	座		1. 基础、垫层铺筑 2. 安装
040205012	隔离护栏	1. 类型 2. 规格、型号 3. 材料品种 4. 基础、垫层：材料品种、厚度	m	按设计图示以长度计算	1. 基础、垫层铺筑 2. 制作、安装
040205013	架空走线	1. 类型 2. 规格、型号			架线
040205014	信号灯	1. 类型 2. 灯架材质、规格 3. 基础、垫层：材料品种、厚度 4. 信号灯规格、型号、组数	套	按设计图示数量计算	1. 基础、垫层铺筑 2. 灯架制作、镀锌、喷漆 3. 底盘、拉盘、卡盘及杆件安装 4. 信号灯安装、调试
040205015	设备控制机箱	1. 类型 2. 材质、规格尺寸 3. 基础、垫层：材料品种、厚度 4. 配置要求	台		1. 基础、垫层铺筑 2. 安装 3. 调试
040205016	管内配线	1. 类型 2. 材质 3. 规格、型号	m	按设计图示以长度计算	配线
040205017	防撞筒（墩）	1. 材料品种 2. 规格、型号	个	按设计图示数量计算	制作、安装
040205018	警示柱	1. 类型 2. 材料品种 3. 规格、型号	根		制作、安装
040205019	减速垄	1. 材料品种 2. 规格、型号	m	按设计图示以长度计算	

（续二）

项目编码	项目名称	项目特征	计量单位	工程量计算规则	工作内容
040205020	监控摄像机	1. 类型 2. 规格、型号 3. 支架形式 4. 防护罩要求	台	按设计图示数量计算	1. 安装 2. 调试
040205021	数码相机	1. 规格、型号 2. 立杆材质、形式 3. 基础、垫层：材料品种、厚度	套		
040205022	道闸机	1. 类型 2. 规格、型号 3. 基础、垫层：材料品种、厚度			1. 基础、垫层铺筑 2. 安装 3. 调试
040205023	可变信息情报板	1. 类型 2. 规格、型号 3. 立（横）杆材质、形式 4. 配置要求 5. 基础、垫层：材料品种、厚度			
040505024	交通智能系统调试	系统类型	系统		系统调试

注：1. 本表清单项目如发生破除混凝土路面、土石方开挖、回填夯实等，应分别按《市政工程工程量计算规范》(GB 50857—2013)附录 K 拆除工程（参见本书第十四章）及附录 A 土石方工程（参见本书第六章）中相关项目编码列项。

2. 除清单项目特殊注明外，各类垫层应按《市政工程工程量计算规范》(GB 50857—2013)附录中相关项目编码列项。

3. 立电杆按《市政工程工程量计算规范》(GB 50857—2013)附录 H 路灯工程（参见本书第十三章）中相关项目编码列项。

4. 值警亭按半成品现场安装考虑，实际采用砖砌等形式的，按现行国家标准《房屋建筑与装饰工程工程量计算规范》(GB 50854—2013)中相关项目编码列项。

5. 与标杆相连的，用于安装标志板的配件应计入标志板清单项目内。

3. 计算实例

【例 7-18】　某道路全长 1170m，其中，每 45m 设一立电杆以架设电线、电话线和信号灯架空走线，试计算立电杆和信号灯架空走线工程量。

【解】根据工程量计算规则：

$$立电杆工程量 = 1170/45 + 1 = 27 \text{ 根}$$

$$信号灯架空走线工程量 = 1170\text{m}$$

工程量计算结果见表 7-27。

表 7-27 　　　　　　　　　　　　　　**工程量计算表**

项目编码	项目名称	项目特征描述	计量单位	工程量
040205003001	标杆	钢筋混凝土电杆	根	27
040205013001	架空走线	信号灯架空走线	m	1170

【**例 7-19**】　某道路全长为 836m,行车道的宽度为 12m,人行道宽度为 3m,沿路建设邮电设施。已知人行道下设有 18 座接线工作井,邮电管道为 6 孔 PVC 管,小号直通井 9 座,小号四通井 1 座,管内穿线的预留长度共为 33m。试计算 PVC 邮电塑料管、穿线管的铺排长度以及管内穿线长度。

【**解**】根据工程量计算规则:

$$邮电塑料管工程量＝836m$$
$$穿线管的铺排长度＝836×6＝5016m$$
$$管内穿线长度＝836×6＋33＝5049m$$

工程量计算结果见表 7-28。

表 7-28 　　　　　　　　　　　　　　**工程量计算表**

序号	项目编码	项目名称	项目特征描述	计量单位	工程量
1	040205002001	电缆保护管	PVC 邮电塑料管,6 孔	m	836
2	040205002002	电缆保护管	穿线管	m	5016
3	040205016001	管内配线	管内穿线	m	5049

【**例 7-20**】　城市中某段道路设有 63 个减速慢行标记,如图 7-20 所示,试计算标记工程量。

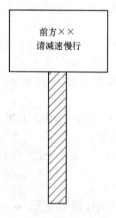

前方××
请减速慢行

图 7-20　慢行标记示意图

【**解**】根据工程量计算规则:

$$标记工程量＝63 个$$

工程量计算结果见表 7-29。

表 7-29   **工程量计算表**

项目编码	项目名称	项目特征描述	计量单位	工程量
040205007001	标记	行车标记(减速慢行)	个	63

【例 7-21】 如图 7-21 所示,某城市干道交叉路口人行道线宽 0.3m,长度均为 1.4m,试计算人行道线工程量。

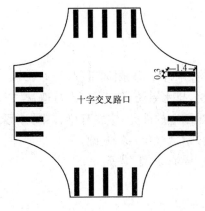

图 7-21 交叉口平面图

【解】 根据工程量计算规则:

$$人行道线工程量＝0.3×1.4×5×4＝8.4m^2$$

工程量计算结果见表 7-30。

表 7-30   **工程量计算表**

项目编码	项目名称	项目特征描述	计量单位	工程量
040205008001	横道线	人行横道线,长 1.4m,宽 0.3m	m²	8.4

第八章 桥涵工程工程量计算

第一节 桥涵工程概述

一、桥涵简介

桥梁包括桥面系、上部结构、下部结构、附属工程。

(1)桥面系是指桥面铺装层,排水系统,伸缩缝,人行道,栏杆,路灯等。

(2)上部结构是指桥(台)墩以上的部分,主要有梁、拱圈、拉索、加筋肋、桥面板等。

(3)下部结构主要有墩(台)帽、墩(台)身、基础。

(4)附属工程有锥坡、护岸、导流堤、丁堤等。

二、桥梁施工

桥梁施工基本作业包括模板工程、钢筋工程、混凝土工程和安装工程。

1. 模板工程

模板工程有木模板、钢模板、钢木结合模板。不管何种模板均应使模板在浇筑混凝土时不变形,因此都有支架定位。目前支架定位有木结构和钢管结构。

2. 钢筋工程

钢筋工程有普通钢筋与预应力钢筋两大类。前者用于钢筋混凝土结构,后者用于预应力混凝土结构。

(1)常用的普通钢筋有光圆钢筋和螺纹钢筋两大类,它们根据受力要求弯制成各种形式的受力筋和箍筋,然后通过电焊或绑扎组成骨架。

(2)预应力筋由冷拔螺纹筋、钢绞线和钢丝束组成。通过张拉使其受力值大大提高。

3. 混凝土工程

混凝土工程有普通混凝土和预应力混凝土之分。

(1)普通混凝土是由水泥、砂、石、水按一定比例经过拌和、浇筑、养护后达到不同强度的混凝土,与普通钢筋结合在一起承受多种荷载。

(2)预应力混凝土是通过先张法或后张法与预应力筋牢固结合,承受较大的荷载。

1)先张法施工时,先将普通筋和预应力筋置于其上,然后张拉规定值后入模、浇筑混凝土。

2)后张法施工时,先扎普通筋,后立模,并预先留孔,待混凝土达到一定强度后,穿入预应力筋并张拉至其规定值,继而压浆和封端。

4. 安装工程

(1)由于好多构件采用工厂化及装配式,因此,往往要进行构件的出坑、运输、安装等工作。

(2)出坑、运输、安装中,均可按设计规定的位置布置吊点或支承点。

(3)安装桥梁构件常有陆上安装法、水上安装法、高空安装法和其他法。陆上安装法有汽车吊、跨墩式门式吊车吊、移动支架法;水上安装法有浮吊、扒杆法、钓鱼法;高空安装法有联合架桥机法、索道法、悬臂拼装法;其他法有转体法。

第二节　桥涵工程分项工程划分

一、全统市政定额桥涵工程划分

全统市政定额桥涵护岸工程分为打桩工程、钻孔灌注桩工程、砌筑工程、钢筋工程、现浇混凝土工程、预制混凝土工程、立交箱涵工程、安装工程、临时工程、装饰工程。

1. 打桩工程

打桩工程包括打基础圆木桩,打木板桩,打钢筋混凝土方桩,打钢筋混凝土板桩,打钢筋混凝土管桩,打钢管桩,接桩,送桩,钢管桩内切割,钢管桩精割盖帽,钢管桩管内钻孔取土,钢管桩填心。

(1)打基础圆木桩的工作内容包括:制桩、安桩箍;运桩;移动桩架;安拆桩帽;吊桩、定位、校正、打桩、送桩;打拔缆风桩、松紧缆风桩;锯桩顶等。

(2)打木板桩的工作内容包括:木板桩制作;运桩;移动桩架;安拆桩帽;打拔导桩、安拆夹桩木;吊桩、定位、校正、打桩、送桩;打拔缆风桩、松紧缆风桩等。

(3)打钢筋混凝土方桩的工作内容包括:准备工作;捆桩、吊桩、就位、打桩、校正;移动桩架;安置或更换衬垫;添加润滑油、燃料;测量、记录等。

(4)打钢筋混凝土板桩的工作内容包括:准备工作;打拔导桩、安拆夹桩木;移动桩架;捆桩、吊桩、就位、打桩、校正;安置或更换衬垫;添加润滑油、燃料;测量、记录等。

(5)打钢筋混凝土管桩的工作内容包括:准备工作;安拆桩帽;捆桩、吊桩、就位、打桩、校正;移动桩架;安置或更换衬垫;添加润滑油、燃料;测量、记录等。

(6)打钢管桩的工作内容包括:桩架场地平整、堆放;配合打桩;打桩。

(7)接桩的工作内容如下:

1)浆锚接桩:对接、校正;安装夹箍及拆除;熬制及灌注硫磺胶泥。

2)焊接桩:对接、校正;垫铁片;安角铁、焊接。

3)法兰接桩:上下对接、校正;垫铁片;上螺栓、绞紧;焊接。

4)钢管桩、钢筋混凝土管桩电焊接桩:准备工具;磨焊接头;上、下节桩对接;焊接。

(8)送桩的工作内容包括:准备工作;安装、拆除送桩帽、送桩杆;安置或更换衬垫;添加润滑油、燃料;测量、记录;移动桩架等。

(9)钢管桩内切割的工作内容包括:准备机具;测定标高;钢管桩内排水;内切割钢管;截除钢筋、就地安放。

(10)钢管桩精割盖帽的工作内容包括:准备机具;测定标高划线、整圆;排水;精割;清泥;除锈;安放及焊接盖帽。

(11)钢管桩管内钻孔取土的工作内容包括:准备钻孔机具;钻机就位;钻孔取土;土方150m运输。

(12)钢管桩填心的工作内容包括:冲洗管桩内心;排水;混凝土填心。

2. 钻孔灌注桩工程

钻孔灌注桩工程包括埋设钢护筒,人工挖桩孔,回旋、冲击式钻机钻孔,卷扬机带冲抓锥冲孔,泥浆制作,灌注桩混凝土。

(1)埋设钢护筒的工作内容包括:准备工作;挖土;吊装;就位、埋设、接护筒;定位下沉;还土、夯实;材料运输;拆除;清洗堆放等全部操作过程。

(2)人工挖桩孔的工作内容包括:人工挖土、装土、清理;小量排水;护壁安装;卷扬机吊运土等。

(3)回旋、冲击式钻机钻孔的工作内容包括:准备工作;装拆钻架、就位、移动;钻进、提钻、出渣、清孔;测量孔径、孔深等。

(4)卷扬机带冲抓锥冲孔的工作内容包括:装、拆、移钻架,安卷扬机,串钢丝绳;准备抓具、冲抓、提钻、出渣、清孔等。

(5)泥浆制作的工作内容包括:搭、拆溜槽和工作平台;拌和泥浆;倒运护壁泥浆等。

(6)灌注桩混凝土的工作内容包括:安装、拆除导管、漏斗;混凝土配、拌、浇捣;材料运输等全部操作过程。

3. 砌筑工程

砌筑工程包括砌块(料)石、混凝土预制块,砖砌体,拱圈底模。

(1)浆砌块(料)石、混凝土预制块的工作内容包括:放样;安拆样架、样桩;选修石料、预制块;冲洗石料;配拌砂浆;砌筑;湿治养护等。

(2)砖砌体的工作内容包括:放样;安拆样架、样桩;浸砖;配拌砂浆;砌砖;湿治养护等。

(3)拱圈底模的工作内容包括:拱圈底模制作、安装;拆除。

4. 钢筋工程

钢筋工程包括钢筋制作、安装,铁件、拉杆制作、安装,预应力钢筋制作、安装,安装压浆管道和压浆。

(1)钢筋制作、安装的工作内容包括:钢筋解捆、除锈;调直、下料、弯曲;焊接、除渣;绑扎成型;运输入模。

(2)铁件、拉杆制作、安装的工作内容如下:

1)铁件:制作、除锈;钢板划线、切割;钢筋调直、下料、弯曲;安装、焊接、固定。

2)拉杆:下料、挑扣、焊接;除防锈漆;涂沥青;缠麻布;安装拉杆。

(3)预应力钢筋制作、安装的工作内容如下:

1)先张法:调直、下料;进入台座、按夹具;张拉、切断;整修等。

2)后张法:调直、切断;编束穿束;安装锚具;张拉、锚固;拆除、切割钢丝(束)、封锚。

(4)安装压浆管道和压浆的工作内容如下:

1)铁皮管、波纹管、三通管安装;定位固定。

2)胶管,管内塞钢筋或充气;安放定位;缠裹接头;抽拔;清洗胶管;清孔等。

3)管道压浆;砂浆配、拌、运、压浆等。

5. 现浇混凝土工程

现浇混凝土工程包括基础,承台,支撑梁与横梁,墩身、台身,拱桥,箱梁,板,板梁,板拱,挡墙,混凝土接头及灌缝,小型构件,桥面混凝土铺装,桥面防水层。

(1)基础的工作内容如下:

1)碎石:按放流槽;碎石装运、找平。

2)混凝土:装、运、抛块石;混凝土配、拌、运输、浇筑、捣固、抹平、养护。

3)模板:模板制作、安装、涂脱模剂;模板拆除、修理、整堆。

(2)承台,支撑梁与横梁、墩身、台身,拱桥,箱梁,板,板梁,板拱,挡墙,混凝土接头及灌缝,小型构件的工作内容如下:

1)混凝土:混凝土配、拌、运输、浇筑、捣固、抹平、养护。

2)模板:模板制作、安装、涂脱模剂;模板拆除、修理、整堆。

(3)桥面混凝土铺装的工作内容如下:

1)模板制作、安装、拆除。

2)混凝土配、拌、浇筑、捣固、湿治养护等。

(4)桥面防水层的工作内容包括:清理面层;熬、涂沥青;铺油毡或玻璃布;防水砂浆配拌、运料、抹平;涂粘接剂;橡胶裁剪、铺设等。

6. 预制混凝土工程

预制混凝土工程包括混凝土、模板。

(1)混凝土:混凝土配、拌、运输、浇筑、捣固、抹平、养护。

(2)模板:模板制作、安装、涂脱模剂;模板拆除、修理、整堆。

7. 立交箱涵工程

立交箱涵工程包括透水管铺设,箱涵制作,箱涵外壁及滑板面处理,气垫安装、拆除及使用,箱涵顶进,箱涵内挖土,箱涵接缝处理。

(1)透水管铺设的工作内容如下:

1)钢透水管:钢管钻孔;涂防锈漆;钢管埋设;碎石充填。

2)混凝土透水管:浇捣管道垫层;透水管铺设;接口坞砂浆;填砂。

(2)箱涵制作的工作内容如下:

1)混凝土:混凝土配、拌、运输、浇筑、捣固、抹平、养护。

2)模板:模板制作、安装、涂脱模剂;模板拆除、修理、整堆。

(3)箱涵外壁及滑板面处理的工作内容如下:

1)外壁面处理:外壁面清洗;拌制水泥砂浆,熬制沥青,配料;墙面涂刷。

2)滑板面处理:石蜡加热;涂刷;铺塑料薄膜层。

(4)气垫安装、拆除及使用的工作内容包括:设备及管理安装、拆除;气垫启动及使用。

(5)箱涵顶进的工作内容包括:安装顶进设备及横梁垫块;操作液压系统;安放顶铁,顶进,顶进完毕后设备拆除等。

(6)箱涵内挖土的工作内容如下:

1)人工挖土:安、拆挖土支架;铺钢轨,挖土,运土;机械配合吊土、出坑、堆放、清理。

2)机械挖土工配合修底边;吊土、出坑、堆放、清理。

(7)箱涵接缝处理的工作内容包括:混凝土表面处理;材料调制、涂刷;嵌缝。

8. 安装工程

安装工程包括安装排架立柱,安装柱式墩、台管节,安装矩形板、安心板、微弯板,安装梁,安装双曲拱构件,安装双桁架构件,安装板拱,安装小型构件,钢管栏杆及扶手安装,安装支座,安装泄水孔,安装伸缩缝,安装沉降缝。

(1)安装排架立柱的工作内容包括:安拆地锚;竖、拆及移动扒杆;起吊设备就位;整修构件;吊装、定位、固定;配、拌、运、填细石混凝土。

(2)安装柱式墩、台管节的工作内容包括:安拆地锚;竖、拆及移动扒杆;起吊设备就位;冲洗管节,整修构件;吊装、定位、固定;砂浆配、拌、运、勾缝、坐浆等。

(3)安装矩形板、安心板、微弯板的工作内容包括:安拆地锚;竖、拆及移动扒杆;起吊设备就位;整修构件;吊装、定位;铺浆、固定。

(4)安装梁的工作内容包括:安拆地锚;竖、拆及移动扒杆;搭、拆木垛;组装、拆卸船排;打、拔缆风桩;组装、拆卸万能杆件,装、卸,运,移动;安拆轨道、枕木、平车、卷扬机及索具;安装、就位、固定;调制环氧树脂等。

(5)安装双曲拱构件的工作内容包括:安拆地锚;竖、拆及移动扒杆;起吊设备就位;整修构件;起吊,拼装,定位;坐浆,固定;混凝土及砂浆配、拌、运料、填塞、捣固、抹缝、养护等。

(6)安装双桁架构件的工作内容包括:安、拆地锚;竖、拆及移动扒杆;整修构件;起吊,安装,就位,校正,固定;坐浆,填塞等。

(7)安装板拱的工作内容包括:安拆地锚;竖、拆及移动扒杆;起吊设备就位;整修构件;起吊,安装,就位,校正,固定;坐浆,填塞,养护等。

(8)安装小型构件的工作内容包括:起吊设备就位;整修构件;起吊,安装,就位,校正,固定;砂浆配、拌、运、捣固;焊接等。

(9)钢管栏杆及扶手安装的工作内容如下:

1)钢管栏杆:选料,切口,挖孔,切割;安装、焊接、校正、固定等(不包括混凝土捣脚)。

2)钢管扶手:切割钢管,钢板;钢管挖眼,调直;安装,焊接等。

(10)安装支座的工作内容包括:安装、定位、固定、焊接等。

(11)安装泄水孔的工作内容包括:清孔、熬涂沥青、绑扎、安装等。

(12)安装伸缩缝的工作内容包括:焊接、安装;切割临时接头;熬涂拌沥青及油浸;混凝土配、拌、运;沥青玛脂嵌缝;铁皮加工;固定等。

(13)安装沉降缝的工作内容包括:截、铺油毡或甘蔗板;熬涂沥青、安装整修等。

9. 临时工程

临时工程包括搭、拆桩基础支架平台,搭、手推磨垛,拱、板涵拱盔支架,桥梁支架,组装、拆卸船排,组装、拆卸柴油打桩机,组装、拆卸万能杆件,挂篮安装、拆除、推移,筑、拆胎、地模,凿除桩顶钢筋混凝土。

(1)搭、拆桩基础支架平台的工作内容包括:竖拆桩架;制桩、打桩;装、拆桩箍;装钉支柱,盖木,斜撑,搁梁太铺板;拆除脚手板及拔桩;搬运材料,整理,堆放;组装拆卸船排(水上)。

(2)搭、手推磨垛的工作内容包括:平整场地、搭设,拆除等。

(3)拱、板涵拱盔支架的工作内容包括:选料、制作、安装、校正、拆除、机械移动、清场、整堆等。

(4)桥梁支架的工作内容如下:

1)木支架:支架制作、安装、拆除;桁架式包括踏步、工作平台的制作、搭设、拆除;地锚埋设、拆除、缆风架设、拆除等。

2)钢支架:平整场地;搭、拆钢管支架;材料堆放等。

3)防撞墙悬挑支架:准备工作;焊接、固定;搭、拆支架,铺脚手板、安全网等。

(5)组装、拆卸船排的工作内容包括:选料、捆绑船排、就位、拆除、整理、堆放等。

(6)组装、拆卸柴油打桩机的工作内容包括:组装、拆除打桩机械及辅助机械,安拆地锚,打、拔缆风桩,试车,清场等。

(7)组装、拆卸万能杆件的工作内容包括:安装、拆除、整理、堆放等。

注:定额只含搭拆万能杆件摊销量,其使用费单位(t·d)由各省,自治区、直辖市自定,工程量按每立方米空间体积125kg计算。

(8)挂篮安装、拆除、推移的工作内容如下:

1)安装:定位、校正、焊接、固定(不包括制作)。

2)拆除:气割、整理。

3)推移:定位、校正、固定。

(9)筑、拆胎、地模的工作内容包括:平整场地;模板制作、安装、拆除;混凝土配、拌、运;筑、浇、砌、堆;拆除等。

(10)凿除桩顶钢筋混凝土的工作内容包括:拆除、旧料运输。

10. 装饰工程

装饰工程包括水泥砂浆抹面,水刷石,剁斧石,拉毛,水磨石,镶贴面层,水质涂料,油漆。

(1)水泥砂浆抹面的工作内容包括:清理及修理基底,补表面;堵墙眼;湿治;砂浆配、拌、抹灰等。

(2)水刷石、剁斧石的工作内容包括:清理基底及修补表面;刮底;嵌条;起线;湿治;砂浆配、拌、抹面;刷石;清场等。

(3)拉毛的工作内容包括:清理基底及修补表面;砂浆配、拌;打底抹面;湿治;罩面;拉毛;清场等。

(4)水磨石的工作内容包括:清理基底及修补表面;刮底;砂浆配、拌、抹面;压光;磨平;清场等。

(5)镶贴面层的工作内容包括:清理基底及修补表面;刮底;砂浆配、拌、抹平;砍、打及磨光块料边缘;镶贴;修嵌缝隙;涂污;打蜡擦亮;材料运输及清场等。

(6)水质涂料的工作内容包括:清理基底;砂浆配、拌;打底抹面;抹腻子;涂刷;清场等。

(7)油漆的工作内容包括:除锈,清扫;抹腻子;刷油漆等。

二、计量规范桥涵工程划分

计量规范桥涵护岸工程分为桩基、基坑与边坡支护、现浇混凝土构件、预制混凝土构件、砌筑、立交箱涵、钢结构、装饰及其他。

1. 桩基

桩基包括预制钢筋混凝土方桩、预制钢筋混凝土管桩、钢管桩、泥浆护壁成孔灌注桩、沉管灌注桩、干作业成孔灌注桩、挖孔桩土(石)方、人工挖孔灌注桩、钻孔压浆桩、灌注桩后注浆、截桩头和声测管。

(1)预制钢筋混凝土方桩,其工作内容包括:工作平台搭拆;桩就位;桩机移位;沉桩;接桩;送桩。

(2)预制钢筋混凝土管桩,其工作内容包括:工作平台搭拆;桩就位;桩机移位;桩尖安装;

沉桩;接桩;送桩;桩芯填充。

(3)钢管桩,其工作内容包括:工作平台搭拆;桩就位;桩机移位;沉桩;接桩;送桩;切割钢管、精割盖帽;管内取土、余土弃置;管内填芯、刷防护材料。

(4)泥浆护壁成孔灌注桩,其工作内容包括:工作平台搭拆;桩机移位;护筒埋设;成孔、固壁;混凝土制作、运输、灌注、养护;土方、废浆外运;打桩场地硬化及泥浆池、泥浆沟。

(5)沉管灌注桩,其工作内容包括:工作平台搭拆;桩机移位;打(沉)拔钢管;桩尖安装;混凝土制作、运输、灌注、养护。

(6)干作业成孔灌注桩,其工作内容包括:工作平台搭拆;桩机移位;成孔、扩孔;混凝土制作、运输、灌注、振捣、养护。

(7)挖孔桩土(石)方,其工作内容包括:排地表水;挖土、凿石;基底钎探;土(石)方外运。

(8)人工挖孔灌注桩,其工作内容包括:护壁制作、安装;混凝土制作、运输、灌注、振捣、养护。

(9)钻孔压浆桩,其工作内容包括:钻孔、下注浆管、投放骨料;浆液制作、运输、压浆。

(10)灌注桩后注浆,其工作内容包括:注浆导管制作、安装;浆液制作、运输、压浆。

(11)截桩头,其工作内容包括:截桩头;凿平;废料外运。

(12)声测管,其工作内容包括:检测管截断、封头;套管制作、焊接;定位、固定。

2. 基坑与边坡支护

基坑与边坡支护包括圆木桩、预制钢筋混凝土板桩、地下连续墙、咬合灌注桩、型钢水泥土搅拌墙、锚杆(索)、土钉和喷射混凝土。

(1)圆木桩,其工作内容包括工作平台搭拆;桩机移位;桩制作、运输、就位;桩靴安装;沉桩。

(2)预制钢筋混凝土板桩,其工作内容包括:工作平台搭拆;桩就位;桩机移位;沉桩;接桩;送桩。

(3)地下连续墙,其工作内容包括:导墙挖填、制作、安装、拆除;挖土成槽、固壁、清底置换;混凝土制作、运输、灌注、养护;接头处理;土方、废浆外运;打桩场地硬化及泥浆池、泥浆沟。

(4)咬合灌注桩,其工作内容包括:桩机移位;成孔、固壁;混凝土制作、运输、灌注、养护;套管压拔;土方、废浆外运;打桩场地硬化及泥浆池、泥浆沟。

(5)型钢水泥土搅拌墙,其工作内容包括:钻机移位;钻进;浆液制作、运输、压浆;搅拌、压浆;型钢插拔;土方、废浆外运。

(6)锚杆(索),其工作内容包括:钻孔、浆液制作、运输、压浆;锚杆(索)制作、安装;张拉锚固;锚杆(索)施工平台搭设、拆除。

(7)土钉,其工作内容包括:钻孔、浆液制作、运输、压浆;土钉制作、安装;土钉施工平台搭设、拆除。

(8)喷射混凝土,其工作内容包括:修整边坡;混凝土制作、运输、喷射、养护;钻排水孔、安装排水管;喷射施工平台搭设、拆除。

3. 现浇混凝土构件

现浇混凝土构件包括混凝土垫层、混凝土基础、混凝土承台、混凝土墩(台)帽、混凝土墩(台)身、混凝土支撑梁及横梁、混凝土墩(台)盖梁、混凝土拱拆拱座、混凝土拱桥拱肋、混凝土拱上构件、混凝土箱梁、混凝土连续板、混凝土板梁、混凝土板拱、混凝土挡墙墙身、混凝土挡墙压顶、混凝土楼梯、混凝土防撞护栏、桥面铺装、混凝土桥头搭板、混凝土搭板枕梁、混凝土桥塔身、混凝土连系梁、混凝土其他构件、钢管拱混凝土。

(1)混凝土垫层、混凝土基础、混凝土承台、混凝土墩(台)帽、混凝土墩(台)身、混凝土支撑梁及横梁、混凝土墩(台)盖梁、混凝土拱挢拱座、混凝土拱桥拱肋、混凝土拱上构件、混凝土箱梁、混凝土连续板、混凝土板梁、混凝土板拱,其工作内容包括:模板制作、安装、拆除;混凝土拌和、运输、浇筑;养护。

(2)混凝土挡墙墙身、混凝土挡墙压顶,其工作内容包括:模板制作、安装、拆除;混凝土拌和、运输、浇筑;养护;抹灰;泄水孔制作、安装;滤水层铺筑;沉降缝。

(3)混凝土楼梯、混凝土防撞护栏,其工作内容包括:模板制作、安装、拆除;混凝土拌和、运输、浇筑;养护。

(4)桥面铺装,其工作内容包括:模板制作、安装、拆除;混凝土拌和、运输、浇筑;养护;沥青混凝土铺装;碾压。

(5)混凝土桥头搭板、混凝土搭板枕梁、混凝土桥塔身、混凝土连系梁、混凝土其他构件,其工作内容包括:模板制作、安装、拆除;混凝土拌和、运输、浇筑;养护。

(6)钢管拱混凝土,其工作内容包括:混凝土拌和、运输、压注。

4. 预制混凝土构件

预制混凝土构件包括预制混凝土梁、预制混凝土柱、预制混凝土板、预制混凝土挡土墙墙身、预制混凝土其他构件。

(1)预制混凝土梁、预制混凝土柱、预制混凝土板,其工作内容包括:模板制作、安装、拆除;混凝土拌和、运输、浇筑;养护;构件安装;接头灌缝;砂浆制作;运输。

(2)预制混凝土挡土墙墙身,其工作内容包括:模板制作、安装、拆除;混凝土拌和、运输、浇筑;养护;构件安装;接头灌缝;泄水孔制作、安装;滤水层铺设;砂浆制作;运输。

(3)预制钢筋混凝土其他构件,其工作内容包括:模板制作、安装、拆除;混凝土拌和、运输、浇筑;养护;构件安装;接头灌浆;砂浆制作;运输。

5. 砌筑

砌筑工程包括垫层、干砌块料、浆砌块料、砖砌体和护坡。

(1)垫层,其工作内容包括:垫层铺筑。

(2)干砌块料、浆砌块料、砖砌体,其工作内容包括:砌筑;砌体勾缝;砌体抹面;泄水孔制作、安装;滤层铺设;沉降缝。

(3)护坡,其工作内容包括:修整边坡;砌筑;砌体勾缝;砌体抹面。

6. 立交箱涵

立交箱涵包括透水管、滑板、箱涵底板、箱涵侧墙、箱涵顶板、箱涵顶进和箱涵接缝。

(1)透水管,其工作内容包括:基础铺筑;管道铺设、安装。

(2)滑板,其工作内容包括:模板制作、安装、拆除;混凝土拌和、运输、浇筑;养护;涂石蜡层;铺塑料薄膜。

(3)箱涵底板,其工作内容包括:模板制作、安装、拆除;混凝土拌和、运输、浇筑;养护;防水层铺涂。

(4)箱涵侧墙、箱涵顶板,其工作内容包括:模板制作、安装、拆除;混凝土拌和、运输、浇筑;养护;防水砂浆;防水层铺涂。

(5)箱涵顶进,其工作内容包括:顶进设备安装、拆除;气垫安装、拆除;气垫使用;钢刃角制作、安装、拆除;挖土实顶;土方场内外运输;中继间安装、拆除。

(5)箱涵接缝,其工作内容包括:接缝。

7. 钢结构工程

钢结构工程包括钢箱梁、钢板梁、钢桁梁、钢拱、劲性钢结构、钢结构叠合梁、其他钢构件、悬(斜拉)索和钢拉杆。

(1)钢箱梁、钢板梁、钢桁梁、钢拱、劲性钢结构、钢结构叠合梁、其他钢构件,其工作内容包括:拼装;安装;探伤;涂刷防火涂料;补刷油漆。

(2)悬(斜拉)索,其工作内容包括:拉索安装;张拉、索力调整、锚固;防护壳制作、安装。

(3)钢拉杆,其工作内容包括:连接、紧锁件安装;钢拉杆安装;钢拉杆防腐;钢拉杆防护壳制作、安装。

8. 装饰

装饰工程包括水泥砂浆抹面、剁斧石饰面、镶贴面层、涂料和油漆。

(1)水泥砂浆抹面,其工作内容包括:基层清理;砂浆抹面。

(2)剁斧石饰面,其工作内容包括:基层清理;饰面。

(3)镶贴面层,其工作内容包括:基层清理;镶贴面层;勾缝。

(6)涂料,其工作内容包括:基层清理;涂料涂刷。

(7)油漆,其工作内容包括:除锈;刷油漆。

9. 其他

其他项目包括金属栏杆、石质栏杆、混凝土栏杆、橡胶支座、钢支座、盆式支座、桥梁伸缩装置、隔声屏障、桥面排(泄)水管、防水层。

(1)金属栏杆,其工作内容包括:制作、运输、安装;除锈、刷油漆。

(2)石质栏杆、混凝土栏杆,其工作内容包括:制作、运输、安装。

(3)橡胶支座、钢支座、盆式支座,其工作内容包括:支座安装。

(4)桥梁伸缩装置,其工作内容包括:制作、安装;混凝土拌和、运输、浇筑。

(5)隔声屏障,其工作内容包括:制作、安装;除锈、刷油漆。

(6)桥面排(泄)水管,其工作内容包括:进水口、排(泄)水管制作、安装。

(7)防水层,其工作内容包括:防水层铺涂。

第三节　桩基工程工程量计算

桩基一般由设置于土中的桩和承接上部结构的承台组成,如图 8-1 所示。桩顶埋入承台中,随着承台与地面的相对位置不同,而有底承台桩基和高承台桩基之分。前者的承台底面位于底面以下;而后者则高于底面以上,而且常处于水下。

由若干根设置于地基中的桩柱和承接建筑物(或构筑物)上部结构荷载的承台构成的基础为桩基础。它广泛用于荷载大、低级软弱、天然地基的承载力和变形不满足设计要求的情况。

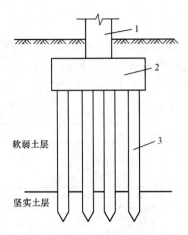

图 8-1　桩基的基本组成部分

1—上部结构；2—承台；3—桩

一、预制钢筋混凝土桩工程量计算

1. 工程量计算规则

预制钢筋混凝土桩工程量清单项目设置、项目特征描述的内容、计量单位及工程量计算规则，应按表 8-1 的规定执行。

表 8-1　　　　　　　　　　　　　　　　预制钢筋混凝土桩

项目编码	项目名称	项目特征	计量单位	工程量计算规则	工作内容
040301001	预制钢筋混凝土方桩	1. 地层情况 2. 送桩深度、桩长 3. 桩截面 4. 桩倾斜度 5. 混凝土强度等级	1. m 2. m³ 3. 根	1. 以米计量，按设计图示尺寸以桩长（包括桩尖）计算 2. 以立方米计量，按设计图示桩长（包括桩尖）乘以桩的断面积计算 3. 以根计量，按设计图示数量计算	1. 工作平台搭接 2. 桩就位 3. 桩机移位 4. 沉桩 5. 接桩 6. 送桩
040301002	预制钢筋混凝土管桩	1. 地层情况 2. 送桩深度、桩长 3. 桩外径、壁厚 4. 桩倾斜度 5. 桩尖设置及类型 6. 混凝土强度等级 7. 填充材料种类			1. 工作平台搭接 2. 桩就位 3. 桩机移位 4. 桩尖安装 5. 沉桩 6. 接桩 7. 送桩 8. 桩芯填充

注：1. 地层情况按表 6-6 和表 6-18 的规定，并根据岩土工程勘察报告按单位工程各地层所占比例（包括范围值）进行描述。对无法准确描述的地层情况，可注明由投标人根据岩土工程勘察报告自行决定报价。

2. 各类混凝土预制桩以成品桩考虑，应包括成品桩购置费，如果用现场预制，应包括现场预制桩的所有费用。

3. 项目特征中的桩截面、混凝土强度等级、桩类型等可直接用标准图代号或设计桩型进行描述。

4. 打试验桩和打斜桩应按相应项目编码单独列项，并应在项目特征中注明试验桩或斜桩（斜率）。

5. 项目特征中的桩长应包括桩尖，空桩长度=孔深－桩长，孔深为自然地面至设计桩底的深度。

6. 表中工作内容未含桩基础的承载力检测、桩身完整性检测。

2. 工程量清单项目释义

(1)预制钢筋混凝土桩。预制钢筋混凝土方桩是指采用振动或离心成型外周截面为正方形的用作桩基的预制钢筋混凝土构件。预制钢筋混凝土方桩分为预制钢筋混凝土实心方桩和预制钢筋混凝土空心方桩两大类。实心方桩和空心方桩的结构形式如图 8-2 和图 8-3 所示。

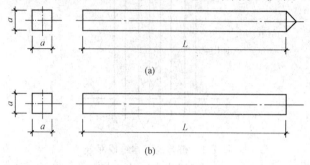

图 8-2　实心方桩的结构形式

(a)带桩尖；(b)不带桩尖

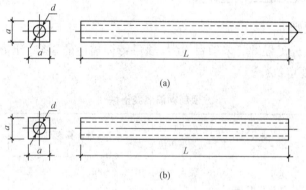

图 8-3　空心方桩的结构形式

(a)带桩尖；(b)不带桩尖

1)预制钢筋混凝土实心方桩的产品规格为：200mm × 200mm，250mm × 250mm，300mm×300mm，350mm×350mm，400mm×400mm，450mm×450mm，500mm×500mm 等规格。

2)预制钢筋混凝土空心方桩的产品规格为：300mm×300mm(ϕ150mm)，350mm×350mm(ϕ170mm)，400mm×400mm(ϕ200mm)，450mm×450mm(ϕ220mm)等规格。

(2)预制钢筋混凝土管桩。采用振动或离心成型外周截面为圆形的预制钢筋混凝土构件。

3. 计算实例

【例 8-1】　钢筋混凝土方桩的预制截面尺寸为 500mm×500mm，设计桩长 12m，送桩深度 12.5m，共 30 根，计算钢筋混凝土方桩工程量。

【解】若以立方米计量，则

$$钢筋混凝土方桩工程量＝0.5×0.5×12×30＝90m^3$$

若以米计量,则

$$钢筋混凝土方桩工程量=12×30=360m$$

若以根计量,则

$$钢筋混凝土方桩工程量=30根$$

工程量计算结果见表 8-2。

表 8-2　　　　　　　　　　　　　　工程量计算表

项目编码	项目名称	项目特征描述	计量单位	工程量
040301001001	预制钢筋混凝土方桩	桩截面尺寸为 500mm×500mm,设计桩长 12m,送桩深度 12.5m	m³(m、根)	90(360、30)

二、钢管桩工程量计算

1. 工程量计算规则

钢管桩工程量清单项目设置、项目特征描述的内容、计量单位及工程量计算规则,应按表 8-3的规定执行。

表 8-3　　　　　　　　　　　　　　钢管桩

项目编码	项目名称	项目特征	计量单位	工程量计算规则	工作内容
040301003	钢管桩	1. 地层情况 2. 送桩深度、桩长 3. 材质 4. 管径、壁厚 5. 桩倾斜度 6. 填充材料种类 7. 防护材料种类	1. t 2. 根	1. 以吨计量,按设计图示尺寸以质量计算 2. 以根计量,按设计图示数量计算	1. 工作平台搭接 2. 桩就位 3. 桩机移位 4. 沉桩 5. 接桩 6. 送桩 7. 切割钢管、精割盖帽 8. 管内取土、余土弃置 9. 管内填芯、刷防护材料

注:1. 地层情况按表 6-6 和表 6-18 的规定,并根据岩土工程勘察报告按单位工程各地层所占比例(包括范围值)进行描述。对无法准确描述的地层情况,可注明由投标人根据岩土工程勘察报告自行决定报价。

2. 打试验桩和打斜桩应按相应项目编码单独列项,并应在项目特征中注明试验桩或斜桩(斜率)。

3. 项目特征中的桩长应包括桩尖,空桩长度=孔深−桩长,孔深为自然地面至设计桩底的深度。

4. 表中工作内容未含桩基础的承载力检测、桩身完整性检测。

2. 工程量清单项目释义

钢管桩由钢管、企口榫槽、企口榫销构成,适用于码头港口建设中的基础。钢管桩一般用普通碳素钢,抗拉强度为 402MPa,屈服强度为 235.2MPa,或按设计要求选用。按加工工艺区分,有螺旋缝钢管和直缝钢管两种。

钢管桩的直径自 Φ406.4～Φ2032.0,壁厚自 6～25mm 不等,常用钢管桩的规格、性能见表 8-4。

表 8-4   **常用钢管桩规格**

钢管桩尺寸			质量		面积		
外径 （mm）	厚度 （mm）	内径 （mm）	（kg/m）	（m/t）	断面积 （cm²）	外包面积 （m²）	外表面积 （m²/m）
406.4	9	388.4	88.2	11.34	112.4	0.130	1.28
	12	382.4	117	8.55	148.7		
609.6	9	591.6	133	7.52	169.8	0.292	1.92
	12	585.6	177	5.65	225.3		
	14	581.6	206	4.85	262.0		
	16	577.6	234	4.27	298.4		
914.4	12	890.4	311	3.75	340.2	0.567	2.87
	14	886.4	351	3.22	396.0		
	16	882.4	420	2.85	451.6		
	19	876.4	297	2.38	534.5		

3. 计算实例

【例 8-2】 某钢管桩设计桩顶至桩底标高为 21m，钢管外径为 609.6mm，管壁厚为 12mm，共 18 根，试计算钢管桩工程量。

【解】 若以吨计量，则

$$钢管桩工程量＝177×21×18＝66906kg＝66.906t$$

若以根计量，则

$$钢管桩工程量＝18 根$$

工程量计算结果见表 8-5。

表 8-5   **工程量计算表**

项目编码	项目名称	项目特征描述	计量单位	工程量
040301003001	钢管桩	钢管外径为 609.6mm，桩长为 21m， 管壁厚为 12mm	t（根）	66.906（18）

三、钻孔灌注桩及灌注桩后注浆工程量计算

钻孔灌注桩是指用钻（冲）孔机具在土中钻进，边破碎土体边出土渣而成孔，然后在孔内放入钢筋骨架，灌注混凝土而形成的桩。钻孔灌注桩的施工设备简单，操作较方便，适用于各种黏性土、砂性土，也适用于碎石、卵石类土和岩层。

1. 工程量计算规则

钻孔灌注桩及灌注桩后注浆工程量清单项目设置、项目特征描述的内容、计量单位及工

程量计算规则,应按表 8-6 的规定执行。

表 8-6 钻孔灌注桩及灌注桩后注浆

项目编码	项目名称	项目特征	计量单位	工程量计算规则	工作内容
040301004	泥浆护壁成孔灌注桩	1. 地层情况 2. 空桩长度、桩长 3. 桩径 4. 成孔方法 5. 混凝土种类、强度等级		1. 以米计量,按设计图示尺寸以桩长(包括桩尖)计算 2. 以立方米计量,按不同截面在桩长范围内以体积计算 3. 以根计量,按设计图示数量计算	1. 工作平台搭拆 2. 桩机移位 3. 护筒埋设 4. 成孔、固壁 5. 混凝土制作、运输、灌注、养护 6. 土方、废浆外运 7. 打桩场地硬化及泥浆池、泥浆沟
040301005	沉管灌注桩	1. 地层情况 2. 空桩长度、桩长 3. 复打长度 4. 桩径 5. 沉管方法 6. 桩尖类型 7. 混凝土种类、强度等级	1. m 2. m³ 3. 根	1. 以米计量,按设计图示尺寸以桩长(包括桩尖)计算 2. 以立方米计量,按设计图示桩长(包括桩尖)乘以桩的断面积计算 3. 以根计量,按设计图示数量计算	1. 工作平台搭拆 2. 桩机移位 3. 打(沉)拔钢管 4. 桩尖安装 5. 混凝土制作、运输、灌注、养护
040301006	干作业成孔灌注桩	1. 地层情况 2. 空桩长度、桩长 3. 桩径 4. 扩孔直径、高度 5. 成孔方法 6. 混凝土种类、强度等级			1. 工作平台搭拆 2. 桩机移位 3. 成孔、扩孔 4. 混凝土制作、运输、灌注、振捣、养护
040301008	人工挖孔灌注桩	1. 桩芯长度 2. 桩芯直径、扩底直径、扩底高度 3. 护壁厚度、高度 4. 护壁材料种类、强度等级 5. 桩芯混凝土种类、强度等级	1. m³ 2. 根	1. 以立方米计量,按桩芯混凝土体积计算 2. 以根计量,按设计图示数量计算	1. 护壁制作、安装 2. 混凝土制作、运输、灌注、振捣、养护
040301009	钻孔压浆桩	1. 地层情况 2. 桩长 3. 钻孔直径 4. 骨料品种、规格 5. 水泥强度等级	1. m 2. 根	1. 以米计量,按设计图示尺寸以桩长计算 2. 以根计量,按设计图示数量计算	1. 钻孔、下注浆管、投放骨料 2. 浆液制作、运输、压浆

（续）

项目编码	项目名称	项目特征	计量单位	工程量计算规则	工作内容
040301010	灌注桩后注浆	1. 注浆导管材料、规格 2. 注浆导管长度 3. 单孔注浆量 4. 水泥强度等级	孔	按设计图示以注浆孔数计算	1. 注浆导管制作、安装 2. 浆液制作、运输、压浆

注：1. 地层情况按表6-6表6-18的规定，并根据岩土工程勘察报告按单位工程各地层所占比例（包括范围值）进行描述。对无法准确描述的地层情况，可注明由投标人根据岩土工程勘察报告自行决定报价。

2. 项目特征中的桩截面、混凝土强度等级、桩类型等可直接用标准图代号或设计桩型进行描述。

3. 打试验桩和打斜桩应按相应项目编码单独列项，并应在项目特征中注明试验桩或斜桩（斜率）。

4. 项目特征中的桩长应包括桩尖，空桩长度＝孔深－桩长，孔深为自然地面至设计桩底的深度。

5. 泥浆护壁成孔灌注桩是指在泥浆护壁条件下成孔，采用水下灌注混凝土的桩。其成孔方法包括冲击钻成孔、冲抓锥成孔、回旋钻成孔、潜水钻成孔、泥浆护壁的旋挖成孔等。

6. 沉管灌注桩的沉管方法包括锤击沉管法、振动沉管法、振动冲击沉管法、内夯沉管法等。

7. 干作业成孔灌注桩是指不用泥浆护壁和套管护壁的情况下，用钻机成孔后，下钢筋笼，灌注混凝土的桩，适用于地下水位以上的土层使用。其成孔方法包括螺旋钻成孔、螺旋钻成孔扩底、干作业的旋挖成孔等。

8. 混凝土灌注桩的钢筋笼制作、安装，按《市政工程工程量计算规范》（GB 50857－2013）附录J钢筋工程（参见本书第十三章）中相关项目编码列项。

9. 本表工作内容未含桩基础的承载力检测、桩身完整性检测。

2. 工程量清单项目释义

（1）泥浆护壁成孔灌注桩。泥浆护壁成孔灌注桩是指在泥浆护壁条件下成孔，采用水下灌注混凝土的桩。其成孔方法包括冲击钻成孔、冲抓锥成孔、回旋钻成孔、潜水钻成孔、泥浆护壁的旋挖成孔等。泥浆护壁成孔灌注桩的施工工艺流程如图8-4所示。

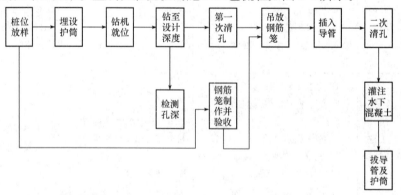

图8-4　泥浆护壁成孔灌注桩施工工艺流程图

（2）沉管灌注桩。沉管灌注桩又称套管成孔灌注桩，是国内广泛采用的一种灌注桩。沉管灌注桩的沉管方法包括锤击沉管法、振动沉管法、振动冲击沉管法、内夯沉管法等。沉管灌注桩的施工工艺流程为放线定位→钻机就位→锤击（振动）沉管→灌注混凝土→边拔管、边锤击（振动）、边灌注混凝土→下放钢筋笼→成桩。

（3）干作业成孔灌注桩。干作业成孔灌注桩是指不用泥浆护壁和套管护壁的情况下，用钻机成孔后，下放钢筋笼，灌注混凝土的桩，适用于地下水位以上的土层使用。其成孔方法包括螺旋钻成孔、螺旋钻成孔扩底、干作业的旋挖成孔等。

（4）人工挖孔灌注桩。人工挖孔灌注桩是指在桩位采用人工挖掘方法成孔（或端部扩大），然后安放钢筋笼、灌注混凝土而成桩。人工挖孔灌注桩宜用于地下水位以上的黏性土、粉土、填土、中等密实以上的砂土、风化岩层，也可在黄土、膨胀土和冻土中使用，适应性较强。

（5）钻孔压浆桩。钻孔压浆桩施工法是利用长螺旋钻孔机钻孔至设计深度，在提升钻杆的同时通过设在钻头上的喷嘴向孔内高压灌注制备好的以水泥浆为主剂的浆液，至浆液达到没有塌孔危险的位置或地下水位以上 0.5～1.0m 处；起钻后在孔内放置钢筋笼，投满粒料，并放入至少一根直通孔底的高压注浆胶管，用高压从孔底作二次补浆，直至浆液达到孔口为止。钻孔压浆桩施工具有无振动、无噪音、无排污，而且施工速度快，单桩承载力高等特点。

（6）灌注桩后注浆。灌注桩后压浆施工是在钻孔灌注桩成桩后，采用高压注浆泵通过预埋注浆管注入水泥浆液，通过浆液的劈裂、填充、压密、固结等作用，从而提高桩基侧摩阻力和端承载力。灌注桩后压浆可用于各类钻、挖、钻孔灌注桩及地下连续墙的沉渣（虚土）、泥皮和桩底、桩侧一定范围土体的加固。

3. 计算实例

【例 8-3】 某市政桥梁工程采用现场沉管灌注桩共 53 根，用柴油打桩机打孔，钢管外径 500mm，桩深 12m，采用扩大桩复打一次，试计算沉管灌注桩工程量。

【解】 若以立方米计量，则

$$沉管灌注桩工程量＝3.14×(0.5/2)^2×12×53＝124.82m^3$$

若以米计量，则

$$沉管灌注桩工程量＝12×53＝636m$$

若以根计量，则

$$沉管灌注桩工程量＝53 根$$

工程量计算结果见表 8-7。

表 8-7　　　　　　　　　　　　　　工程量计算表

项目编码	项目名称	项目特征描述	计量单位	工程量
040301005001	沉管灌注桩	钢管外径 500mm，桩深 12m	m³（m、根）	124.82（636、53）

【例 8-4】 如图 8-5 所示，某机械钻孔压浆桩，地质条件上部为普通土，下部要求入岩，桩高为 28m，桩径设计为 1m，试计算该钻孔压浆桩工程量。

图 8-5　某机械成孔压浆桩

【解】根据工程量计算规则：

$$机械钻孔压浆桩工程量＝28m$$

工程量计算结果见表8-8。

表8-8 工程量计算表

项目编码	项目名称	项目特征描述	计量单位	工程量
040301009001	钻孔压浆桩	地质条件上部为普通土，下部要求入岩，桩高为28m，桩径设计为1m	m	28

四、挖孔桩土(石)方工程量计算

挖孔桩土(石)方工程量清单项目设置、项目特征描述的内容、计量单位及工程量计算规则，应按表8-9的规定执行。

表8-9 挖孔桩土(石)方

项目编码	项目名称	项目特征	计量单位	工程量计算规则	工作内容
040301007	挖孔桩土(石)方	1. 土(石)类别 2. 挖孔深度 3. 弃土(石)运距	m^3	按设计图示尺寸(含护壁)截面积乘以挖孔深度以立方米计算	1. 排地表水 2. 挖土、凿石 3. 基底钎探 4. 土(石)方外运

五、截桩头工程量计算

截桩头工程量清单项目设置、项目特征描述的内容、计量单位及工程量计算规则，应按表8-10的规定执行。

表8-10 截桩头

项目编码	项目名称	项目特征	计量单位	工程量计算规则	工作内容
040301011	截桩头	1. 桩类型 2. 桩头截面、高度 3. 混凝土强度等级 4. 有无钢筋	1. m^3 2. 根	1. 以立方米计量，按设计桩截面乘以桩头长度以体积计算 2. 以根计量，按设计图示数量计算	1. 截桩头 2. 凿平 3. 废料外运

六、声测管工程量计算

声测管工程量清单项目设置、项目特征描述的内容、计量单位及工程量计算规则，应按表8-11的规定执行。

表8-11 截桩头

项目编码	项目名称	项目特征	计量单位	工程量计算规则	工作内容
040301012	声测管	1. 材质 2. 规格型号	1. t 2. m	1. 按设计图示尺寸以质量计算 2. 按设计图示尺寸以长度计算	1. 检测管截断、封头 2. 套管制作、焊接 3. 定位、固定

第四节 基坑与边坡支护工程量计算

一、基坑支护桩工程量计算

当拟开挖深基坑临边净距离内有建筑物、构筑物、管、线、缆或其他荷载,无法放坡的情况,且坑底有可靠结实的土层作为桩尖端嵌固点时,可使用基坑支护桩支护。基坑支护桩具有保证临边的建筑物、构筑物、管、线、缆的安全;在基坑开挖过程中及基坑的使用期间,维持临空的土体稳定,以保证施工的安全作用。

1. 工程量计算规则

基坑支护桩工程量清单项目设置、项目特征描述的内容、计量单位及工程量计算规则,应按表 8-12 的规定执行。

表 8-12   基坑支护桩

项目编码	项目名称	项目特征	计量单位	工程量计算规则	工作内容
040302001	圆木桩	1. 地层情况 2. 桩长 3. 材质 4. 尾径 5. 桩倾斜度	1. m 2. 根	1. 以米计量,按设计图示尺寸以桩长(包括桩尖)计算 2. 以根计量,按设计图示数量计算	1. 工作平台搭拆 2. 桩机移位 3. 桩制作、运输、就位 4. 桩靴安装 5. 沉桩
040302002	预制钢筋混凝土板桩	1. 地层情况 2. 送桩深度、桩长 3. 桩截面 4. 混凝土强度等级	1. m³ 2. 根	1. 以立方米计量,按设计图示桩长(包括桩尖)乘以桩的断面积计算 2. 以根计量,按设计图示数量计算	1. 工作平台搭拆 2. 桩就位 3. 桩机移位 4. 沉桩 5. 接桩 6. 送桩
040302004	咬合灌注桩	1. 地层情况 2. 桩长 3. 桩径 4. 混凝土种类、强度等级 5. 部位	1. m 2. 根	1. 以米计量,按设计图示尺寸以桩长计算 2. 以根计量,按设计图示数量计算	1. 桩机移位 2. 成孔、固壁 3. 混凝土制作、运输、灌注、养护 4. 套管压拔 5. 土方、废浆外运 6. 打桩场地硬化及泥浆池、泥浆沟

注:地层情况按表 6-6 和表 6-18 的规定,并根据岩土工程勘察报告按单位工程各地层所占比例(包括范围值)进行描述。对无法准确描述的地层情况,可注明由投标人根据岩土工程勘察报告自行决定报价。

2. 计算实例

【例 8-5】 某圆木桩,桩长 550mm,外径 160mm,桩尖长 60mm,共计 45 根,试计算打桩工程量。

【解】 若以米计量,则

$$圆木桩工程量＝(0.55＋0.06)×45＝27.45m$$

若以根计量,则

$$圆木桩工程量＝45 根$$

工程量计算结果见表 8-13。

表 8-13　　　　　　　　　　　　　　工程量计算表

项目编码	项目名称	项目特征描述	计量单位	工程量
040302001001	圆木桩	桩长 550mm,外径 160mm,桩尖长 60mm	m(根)	27.45(45)

二、地下连续墙工程量计算

地下连续墙是指在所规定位置利用专用的挖槽机械和泥浆(又称稳定液、触变泥浆等)护壁,开挖出一定长度(一般为 4～6m,称单元槽段)的深槽后,插入钢筋笼,并在充满泥浆的深槽中用导管法浇筑混凝土(混凝土浇筑从槽底开始,逐渐向上,泥浆也就被它置换出来),最后把这些槽段用特制的接头相互连接起来形成一道连续的现浇地下墙。

1. 工程量计算规则

地下连续墙工程量清单项目设置、项目特征描述的内容、计量单位及工程量计算规则,应按表 8-14 的规定执行。

表 8-14　　　　　　　　　　　　　　地下连续墙

项目编码	项目名称	项目特征	计量单位	工程量计算规则	工作内容
040302003	地下连续墙	1. 地层情况 2. 导墙类型、截面 3. 墙体厚度 4. 成槽深度 5. 混凝土种类、强度等级 6. 接头形式	m³	按设计图示墙中心线长乘以厚度乘以槽深,以体积计算	1. 导墙挖填、制作、安装、拆除 2. 挖土成槽、固壁、清底置换 3. 混凝土制作、运输、灌注、养护 4. 接头处理 5. 土方、废浆外运 6. 打桩场地硬化及泥浆池、泥浆沟

注:1. 地层情况按表 6-6 和表 6-18 的规定,并根据岩土工程勘察报告按单位工程各地层所占比例(包括范围值)进行描述。对无法准确描述的地层情况,可注明由投标人根据岩土工程勘察报告自行决定报价。

　　2. 地下连续墙的钢筋网制作、安装按《市政工程工程量计算规范》(GB 50857－3013)附录 J 钢筋工程(参见本书第十四章)中相关项目编码列项。

2. 计算实例

【例 8-6】 如图 8-6 所示为地下连续墙示意图,已知槽深 900mm,墙厚 240mm,C30 混凝土。试计算该连续墙工程量。

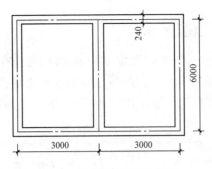

图 8-6　地下连续墙示意图

【解】根据工程量计算规则：

$$地下连续墙工程量=(3.0×2×2+6.0×2)×0.24×0.9$$
$$=5.18m^3$$

工程量计算结果见表 8-15。

表 8-15　　　　　　　　　　　　工程量计算表

项目编码	项目名称	项目特征描述	计量单位	工程量
040302003001	地下连续墙	槽深 900mm，墙厚 240mm，C30 混凝土	m³	5.18

【例 8-7】　某工程采用现浇混凝土连续墙，其平面图如图 8-7 所示，已知槽深 8m，槽宽 900m。试计算连续墙工程量。

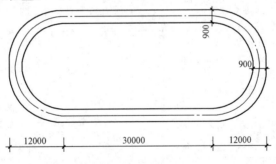

图 8-7　现浇混凝土连续墙示意图

【解】根据工程量计算规则：

$$连续墙工程量=30×8×0.9×2+3.14×[12^2-(12-0.9)^2]×8$$
$$=954.24m^3$$

工程量计算结果见表 8-16。

表 8-16　　　　　　　　　　　　工程量计算表

项目编码	项目名称	项目特征描述	计量单位	工程量
040302003001	地下连续墙	槽深 8m，槽宽 900m	m³	954.24

三、型钢水泥土搅拌墙工程量计算

型钢水泥土搅拌墙是一种基坑支护结构中的围护体,是整个基坑工程的一个分项,其设计、施工和质量检验应纳入整个基坑工程范畴。型钢水泥土搅拌墙工程量清单项目设置、项目特征描述的内容、计量单位及工程量计算规则,应按表 8-17 的规定执行。

表 8-17　　　　　　　　　　　型钢水泥土搅拌墙

项目编码	项目名称	项目特征	计量单位	工程量计算规则	工作内容
040302005	型钢水泥土搅拌墙	1. 深度 2. 桩径 3. 水泥掺量 4. 型钢材质、规格 5. 是否拔出	m³	按设计图示尺寸以体积计算	1. 钻机移位 2. 钻进 3. 浆液制作、运输、压浆 4. 搅拌、成桩 5. 型钢插拔 6. 土方、废浆外运

四、锚杆(索)、土钉支护工程量计算

1. 工程量计算规则

锚杆(索)、土钉支护工程量清单项目设置、项目特征描述的内容、计量单位及工程量计算规则,应按表 8-18 的规定执行。

表 8-18　　　　　　　　　　　锚杆(索)、土钉支护

项目编码	项目名称	项目特征	计量单位	工程量计算规则	工作内容
040302006	锚杆(索)	1. 地层情况 2. 锚杆(索)类型、部位 3. 钻孔直径、深度 4. 杆体材料品种、规格、数量 5. 是否预应力 6. 浆液种类、强度等级	1. m 2. 根	1. 以米计量,按设计图示尺寸以钻孔深度计算 2. 以根计量,按设计图示数量计算	1. 钻孔、浆液制作、运输、压浆 2. 锚杆(索)制作、安装 3. 张拉锚固 4. 锚杆(索)施工平台搭设、拆除
040302007	土钉	1. 地层情况 2. 钻孔直径、深度 3. 置入方法 4. 杆体材料品种、规格、数量 5. 浆液种类、强度等级			1. 钻孔、浆液制作、运输、压浆 2. 土钉制作、安装 3. 土钉施工平台搭设、拆除

2. 工程量清单项目释义

(1)锚杆(索)支护是在边坡、岩土深基坑等地表工程及隧道、采场等地下硐室施工中采用的一种加固支护方式。用金属件、木件、聚合物件或其他材料制成杆柱,打入地表岩体或硐室周围岩体预先钻好的孔中,利用其头部、杆体的特殊构造和尾部托板(亦可不用),或依赖于粘

结作用将围岩与稳定岩体结合在一起而产生悬吊效果、组合梁效果、补强效果,以达到支护的目的。具有成本低、支护效果好、操作简便、使用灵活、占用施工净空少等优点。

（2）土钉支护是指在开挖边坡表面铺钢筋网喷射细石混凝土,并每隔一定距离埋设土钉,使与边坡土体形成复合体,共同工作,从而有效提高边坡稳定的能力,增强土体破坏的岩性,变土体荷载为支护结构的一部分,对土体起到嵌固作用,对土坡进行加固,增加边坡支护锚固力,使基坑开挖后保持稳定。

3. 计算实例

【例8-8】　如图8-8所示,某工程基坑立壁采用多锚支护,锚孔直径80mm,深度2.5m,C25混凝土。试计算其工程量。

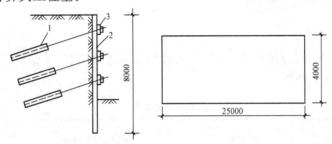

图8-8　某工程坑立壁

1—土层锚杆;2—挡土灌注桩或地下连续墙;3—钢横梁(撑)

【解】　根据工程量计算规则:

锚杆支护工程量=2.5m或3根。

工程量计算结果见表8-19。

表8-19　　　　　　　　　　　　　　工程量计算表

项目编码	项目名称	项目特征描述	计量单位	工程量
040302006001	锚杆(索)	锚孔直径80mm,深度2.5m,C25混凝土	m(根)	2.5(3)

五、喷射混凝土工程量计算

喷射混凝土是指用压力喷枪喷涂灌筑细石混凝土的施工法。常用于灌筑隧道内衬、墙壁、天棚等薄壁结构或其他结构的衬里以及钢结构的保护层。

喷射混凝土工程量清单项目设置、项目特征描述的内容、计量单位及工程量计算规则,应按表8-20的规定执行。

表8-20　　　　　　　　　　　　　　喷射混凝土

项目编码	项目名称	项目特征	计量单位	工程量计算规则	工作内容
040302008	喷射混凝土	1. 部位 2. 厚度 3. 材料种类 4. 混凝土类别、强度等级	m²	按设计图示尺寸以面积计算	1. 修整边坡 2. 混凝土制作、运输、喷射、养护 3. 钻排水孔、安装排水管 4. 喷射施工平台搭设、拆除

第五节 混凝土工程工程量计算

混凝土是指由胶凝材料、水和粗细骨料按适当比例配合,拌制成拌合物,经一定时间硬化而成的人造石材。常用混凝土强度等级有 C10、C15、C20、C25、C30、C35、C40、C50、C60 等,其中,C10、C15 为低强度的混凝土;C20、C25、C30 为常用中高强度的混凝土,也可用于桥梁建设的混凝土及预应力混凝土(C30 及以上);C40、C50、C60 等为高强度混凝土,常用于特殊建筑构件。

一、现浇混凝土构件工程量计算

1. 工程量计算规则

现浇混凝土构件工程量清单项目设置、项目特征描述的内容、计量单位及工程量计算规则,应按表 8-21 的规定执行。

表 8-21　　　　　　　　　　　现浇混凝土构件

项目编码	项目名称	项目特征	计量单位	工程量计算规则	工作内容
040303001	混凝土垫层	混凝土强度等级	m³	按设计图示尺寸以体积计算	1. 模板制作、安装、拆除 2. 混凝土拌和、运输、浇筑 3. 养护
040303002	混凝土基础	1. 混凝土强度等级 2. 嵌料(毛石)比例			
040303003	混凝土承台	混凝土强度等级			
040303004	混凝土墩(台)帽				
040303005	混凝土墩(台)身				
040303006	混凝土支撑梁及横梁	1. 部位 2. 混凝土强度等级			
040303007	混凝土墩(台)盖梁				
040303008	混凝土拱桥拱座	混凝土强度等级			
040303009	混凝土拱桥拱肋				
040303010	混凝土拱上构件	1. 部位 2. 混凝土强度等级			
040303011	混凝土箱梁				
040303012	混凝土连续板	1. 部位 2. 结构形式 3. 混凝土强度等级			
040303013	混凝土板梁				
040303014	混凝土板拱	1. 部位 2. 混凝土强度等级			

（续）

项目编码	项目名称	项目特征	计量单位	工程量计算规则	工作内容
040303015	混凝土挡墙墙身	1. 混凝土强度等级 2. 泄水孔材料品种、规格 3. 滤水层要求 4. 沉降缝要求	m³	按设计图示尺寸以体积计算	1. 模板制作、安装、拆除 2. 混凝土拌和、运输、浇筑 3. 养护 4. 抹灰 5. 泄水孔制作、安装 6. 滤水层铺筑 7. 沉降缝
040303016	混凝土挡墙压顶	1. 混凝土强度等级 2. 沉降缝要求			
040303017	混凝土楼梯	1. 结构形式 2. 底板厚度 3. 混凝土强度等级	1. m² 2. m³	1. 以平方米计量，按设计图示尺寸以水平投影面积计算 2. 以立方米计量，按设计图示尺寸以体积计算	1. 模板制作、安装、拆除 2. 混凝土拌和、运输、浇筑 3. 养护
040303018	混凝土防撞护栏	1. 断面 2. 混凝土强度等级	m	按设计图示尺寸以长度计算	
040303019	桥面铺装	1. 混凝土强度等级 2. 沥青品种 3. 沥青混凝土种类 4. 厚度 5. 配合比	m²	按设计图示尺寸以面积计算	1. 模板制作、安装、拆除 2. 混凝土拌和、运输、浇筑 3. 养护 4. 沥青混凝土铺装 5. 碾压
040303020	混凝土桥头搭板	混凝土强度等级	m³	按设计图示尺寸以体积计算	1. 模板制作、安装、拆除 2. 混凝土拌和、运输、浇筑 3. 养护
040303021	混凝土搭板枕梁				
040303022	混凝土桥塔身	1. 形状 2. 混凝土强度等级			
040303023	混凝土连系梁				
040303024	混凝土其他构件	1. 名称、部位 2. 混凝土强度等级			
040303025	钢管拱混凝土	混凝土强度等级			混凝土拌和、运输、压注

注：台帽、台盖梁均应包括耳墙、背墙。

2. 工程量清单项目释义

（1）混凝土垫层。混凝土垫层是钢筋混凝土基础、砌体基础等上部结构与地基土之间的过渡层，用素混凝土浇筑，作用是使其表面平整，便于上部结构向地基均匀传递荷载，也起到保护基础的作用，都是素混凝土的，无需加钢筋。如有钢筋则不能称其为垫层，应视为基础底板。

（2）混凝土基础。混凝土基础是指将荷载通过逐步扩大的基础直接传到土质较好的天然地基或经人工处理的地基上。其操作流程如下：

1）将地基垫层上支模板，安放钢筋笼（如果没有垫层，则基础的厚度放宽 30～40mm），浇灌混凝土，振捣密实。

2）待基础养护至 70% 的强度后，即可回填土，压实基础两侧的坑洞。

(3)混凝土承台。混凝土承台是把群桩基础所有基桩桩顶联成一体并传递荷载的结构。它是群桩基础的一个重要组成部分,应有足够的强度和刚度。

(4)混凝土墩(台)帽。混凝土墩(台)帽通过支座承托上部结构的荷载传递给墩身,是桥墩顶端的传力部位。

(5)混凝土墩(台)身。混凝土墩(台)身是指位于桥梁两端并与路基相接,起承受上部结构重力和外来力的钢筋混凝土构筑物。墩身与台身都是桥梁结构的一部分。墩身是桥墩的主体,通常采用料石、块石或混凝土建造。台身由前墙和侧墙构成。

(6)混凝土支撑梁及横梁。混凝土支撑梁及横梁是指横跨在桥梁上部结构中的起承重作用的条形钢筋混凝土构筑物。支撑梁也称主梁,是指起支撑两桥墩相对位移的大梁。横梁起承担横梁(次梁)上部的荷载,一般是搁在支撑梁上,其相对于支撑梁来说,跨度要小得多,一般为 320m。

(7)混凝土墩(台)盖梁。墩盖梁放在墩身顶部,台盖梁放在桥台上。盖梁的外形一般都为槽形或 T 形,其抗弯强度较大。墩盖梁中的盖梁常制作成槽形,通过吊装安放在墩台上,其抗弯和抗扭性能较好。

(8)混凝土拱桥拱座、拱肋。

1)拱桥是用拱圈或拱肋作为主要承重结构的桥梁。

2)拱座是位于拱桥端跨末端的拱脚支承结构物。拱座是指与拱肋相连部分,又称拱台。拱座由于受力较集中且外形不规则,通常采用混凝土及钢筋混凝土制作。

3)拱肋由钢筋混凝土预制而成,是拱桥中的主要受力构件,也是拱桥墩的重要组成部分。拱肋混凝土强度等级比拱波和拱板稍高,采用无支架施工时,拱肋应保证纵横向足够的稳定。

(9)混凝土拱上构件。混凝土拱上构件是指拱桥拱圈以上包括桥面的构造物,包括实腹式拱上构件和空腹式拱上构件。

(10)混凝土箱梁。混凝土箱梁是指上部结构采用箱形截面梁构成的梁式桥。箱梁的抗扭刚度大,可以承受正弯矩,且易于布置钢筋,适用于大跨度预应力钢筋混凝土桥和弯桥。

(11)混凝土连续板。混凝土连续板的厚度较一般民用建筑中的板要厚,当采用预应力施工方法时,板厚为 80~500mm(包括大型空心板)。连续板的截面形状一般为矩形,在顺桥向为连续结构,即在墩顶处上部结构是连续的,根据板内有无孔洞,分为实体连续板和空心连续板。连续板一般也为钢筋混凝土结构,空心连续板也可做成预应力混凝土结构。连续板的跨径一般在 16m 以内。

(12)混凝土板梁。混凝土板梁一般分为实心板梁和空心板梁。实心板梁由钢筋混凝土或预应力混凝土制成。

(13)混凝土板拱。板拱采用现浇混凝土,把拱肋拱波结合成整体的结构物。目前常用的有波形或折线形拱板。

(14)混凝土挡墙墙身、压顶。挡墙也就是俗称的护坡。传统的护坡主要有浆砌或干砌块石护坡、现浇混凝土护坡、预制混凝土块体护坡等。

(15)混凝土楼梯。现浇钢筋混凝土楼梯是将楼梯段、平台和平台梁现场浇筑成一个整体,其整体性好,抗震性强。其按构造的不同又分为板式楼梯和梁式楼梯两种。

(16)混凝土防撞护栏。通常安装于如物流通道两侧,生产设备周边,建筑墙角,门的两侧及货台边沿,等。一般桥梁上的防撞护栏指建筑在人行道和车行道之间的护栏,当汽车撞向护栏时又自动回到车行道,以确保人行道上行人的安全。

（17）桥面铺装。桥面铺装是指在主梁的翼缘板（即行车道板）上铺筑一层三角垫层的混凝土和沥青混凝土面层，以保护和防止主梁的行车道板不受车辆轮胎（或履带）的直接磨损和雨水的侵蚀，同时，还可使车辆轮重的集中荷载起到一定的分布作用。故三角垫层内一般要设置用直径 $\phi6\sim\phi8$ 做成 20cm×20cm 的钢筋网。三角垫层是指为了迅速排除桥面雨水，在进行桥面铺装时根据不同类型桥面沿横桥设置的 1.5％～3％的双向横坡。三角垫层一段采用不低于主梁混凝土强度等级的混凝土做成。

（18）混凝土桥头搭板。桥头搭板是指一端搭在桥头或悬臂梁端，另一端部分长度置于引道路面底基层或垫层上的混凝土或钢筋混凝土板。

（19）混凝土搭板枕梁。枕梁是属于桥梁的一部分，在桥头搭板远离桥台，靠路基一侧。

（20）混凝土桥塔身。一般来说，同等跨度桥梁的桥塔，悬索桥的要比斜拉桥的简单一些。首先从桥塔的高度（以桥面以上的桥塔高度为准）来说，悬索桥的桥塔高度大致为（1/9～1/11)i，而斜拉桥的桥塔高度大致为（1/4～1/5)L，（L 为桥梁的主孔跨度）。因此，悬索桥的桥塔高度大致仅为斜拉桥的一半。其次是从塔架（桥塔在桥梁横向的布置形式）的形状来说，由于斜拉桥有单索面与双索面、平面索与立体索等区别而在塔架的形式上类型繁多，出现有较简单的独柱式、双柱式、单层或多层门式构架，和较复杂的 H 形、A 形、倒 V 形以及倒 Y 形等塔架，而悬索桥的桥塔，迄今为止，绝大部分为单层或多层门式构架，另有一部分在两根塔柱之间具有交叉的桁式斜杆，但这种形式仅限于钢桥塔。另外，从构造上来说，悬索桥的桥塔只需考虑在塔顶上布置主缆的鞍座，而斜拉桥的则必须考虑在塔柱上设有量多且细节复杂的斜拉索的锚固构造。

塔身修建到一定的高度后，应采取稳定措施或设置安全风缆。在修建塔身过程中，应密切注意天气变化，发生大风或雷雨时，应停止安装作业。塔身横向挠曲的曲率半径 R 不小于 $20H$，H 指桥面算起的高度。

（21）混凝土连系梁。连系梁是联系结构构件之间的系梁，作用是增加结构的整体性。连系梁主要起连接单榀框架的作用，以增大建筑物的横向或纵向刚度；连系梁除承受自身重力荷载及上部的隔墙荷载作用外，不再承受其他荷载作用。连系梁是结构受力构件之间连接的一种形式，它一般不参与结构计算，往往是根据规定或经验设定的。

连续梁是具有三个或三个以上支座的梁，但连系梁不一定是三个或多个。宜在两桩桩基的承台短向设置连系梁，当短向的柱底剪力和弯矩较小时可不设连系梁；连系梁顶面宜与承台顶位于同一标高。连系梁宽度不宜小于 200mm，其高度可取承台中心距的 1/10～1/15。

（22）混凝土其他构件。混凝土其他构件包括侧石、地梁、端柱柱子等。侧石用混凝土预制块或料石做成。地梁是指连接两柱基之间的连系梁。端柱柱子的一端与其他构件连接，另一端悬空。

（23）钢管拱混凝土。钢管混凝土拱桥属于钢—混凝土组合结构中的一种。钢管混凝土拱桥是将钢管内填充混凝土，由于钢管的径向约束而限制受压混凝土的膨胀，使混凝土处于三向受压状态，从而显著提高混凝土的抗压强度。同时，钢管兼有纵向主筋和横向套箍的作用，也可作为施工模板，方便混凝土浇筑，施工过程中，钢管可作为劲性承重骨架，其焊接工作简单，吊装重量轻，从而能简化施工工艺，缩短施工工期。

3. 计算实例

【例 8-9】　某现浇 T 形支撑梁，支撑梁尺寸如图 8-9 所示，计算该 T 形支撑梁的混凝土工程量。

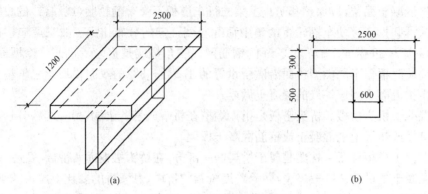

图 8-9　T 形支撑梁示意图

(a)轴测图;(b)剖面图

【解】根据工程量计算规则:

$$V=截面面积×构件长度$$

T 形支撑梁混凝土工程量=$(0.3×2.5+0.5×0.6)×12=12.6\text{m}^3$

工程量计算结果见表 8-22。

表 8-22 　　　　　　　　　　　　**工程量计算表**

项目编码	项目名称	项目特征描述	计量单位	工程量
040303006001	混凝土支撑梁及横梁	混凝土 T 形支撑梁	m³	12.6

【例 8-10】 某桥墩盖梁如图 8-10 所示,现场浇筑混凝土施工,计算该盖梁混凝土工程量。

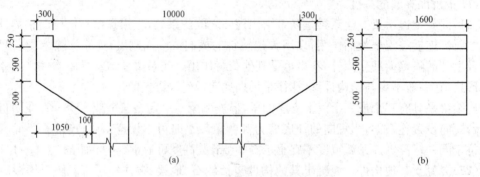

图 8-10　桥墩盖梁示意图

(a)正立面图;(b)侧立面图

【解】根据工程量计算规则:

$$V=[(0.5+0.5)×(10+0.3×2)-0.5×1.05+0.3×0.25×2]×1.6=16.36\text{m}^3$$

工程量计算结果见表 8-23。

表 8-23 　　　　　　　　　　　　**工程量计算表**

项目编码	项目名称	项目特征描述	计量单位	工程量
040303007001	混凝土墩(台)盖梁	桥墩盖梁,现浇	m³	16.36

【例8-11】　某市政桥梁工程桥面铺装构造如图8-11所示,试计算桥面铺装工程量。

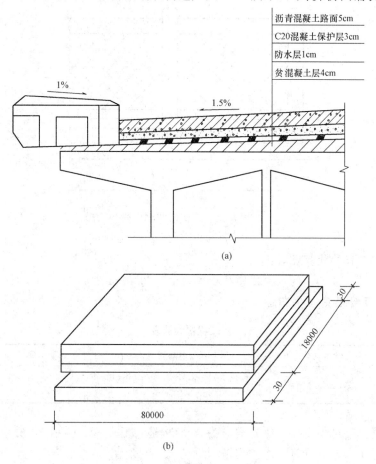

沥青混凝土路面5cm

C20混凝土保护层3cm

防水层1cm

贫混凝土层4cm

1%

1.5%

(a)

30

18000

30

80000

(b)

图8-11　桥面铺装构造

【解】根据工程量计算规则:

$$贫混凝土层 \ S_1 = 80 \times (18 + 0.03 + 0.03) = 1444.8 m^2$$

$$防水层 \ S_2 = 80 \times 18 = 1440 m^2$$

$$C20 混凝土保护层 \ S_3 = 80 \times 18 = 1440 m^2$$

$$沥青混凝土路面 \ S_4 = 80 \times 18 = 1440 m^2$$

工程量计算结果见表8-24。

表8-24　　　　　　　　　　　　工程量计算表

序号	项目编码	项目名称	项目特征描述	计量单位	工程量
1	040303019001	桥面铺装	贫混凝土层,4cm 厚	m²	1444.8
2	040303019002	桥面铺装	防水层,1cm厚	m²	1440
3	040303019003	桥面铺装	C20 混凝土保护层,3cm 厚	m²	1440
4	040303019004	桥面铺装	沥青混凝土路面,5cm 厚	m²	1440

【例8-12】　某城市桥梁具有双棱形花纹的栏杆图样,全长80m,如图8-12所示,双棱花

纹栏杆尺寸:80mm×900mm,100mm×100mm,试计算其工程量。

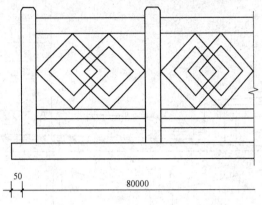

图 8-12　双棱形花纹栏杆

【解】根据工程量计算规则:

$$防撞护栏工程量=80.00m$$

工程量计算结果见表 8-25。

表 8-25　　　　　　　　　工程量计算表

项目编码	项目名称	项目特征描述	计量单位	工程量
040303018001	混凝土防撞护栏	双棱形花纹栏杆尺寸:80mm× 900mm,100mm×100mm	m	80.00

【例 8-13】　某混凝土斜拉桥的索塔为 Y 形构造,如图 8-13 所示,全桥长 600m,全桥有 3 个索塔,塔厚 1.2m,试计算索塔工程量。

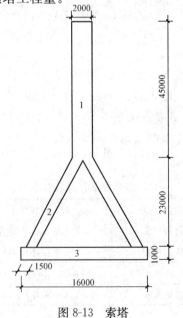

图 8-13　索塔

【解】根据工程量计算规则：

$$V_1 = 2 \times 45 \times 1.2 = 108 \mathrm{m}^3$$

$$V_2 = 1.5 \times 23 \times 1.2 = 41.4 \mathrm{m}^3$$

$$V_3 = 16 \times 1 \times 1.2 = 19.2 \mathrm{m}^3$$

$$V = (V_1 + 2V_2 + V_3) \times 3$$
$$= (108 + 2 \times 41.4 + 19.2) \times 3$$
$$= 630 \mathrm{m}^3$$

工程量计算结果见表 8-26。

表 8-26　　　　　　　　　　　　**工程量计算表**

项目编码	项目名称	项目特征描述	计量单位	工程量
040303022001	混凝土桥塔身	斜拉桥 Y 形索塔,塔厚 1.2m	m³	630

二、预制混凝土构件工程量计算

预制混凝土是指在施工现场安装之前,按照采暖、卫生和通风空调工程施工图纸及土建工程有关尺寸,进行预先下料,加工成组合部件或在预制加工厂定购的各种构件。这种方法可以提高机械化程度,加快施工现场安装速度、缩短工期,但要求土建工程施工尺寸准确。

预制混凝土构件是指工厂或施工现场根据合同约定和设计要求,预期加工的各类构件。

1. 工程量计算规则

预制混凝土构件工程量清单项目设置、项目特征描述的内容、计量单位及工程量计算规则,应按表 8-27 的规定执行。

表 8-27　　　　　　　　　　　　**预制混凝土构件**

项目编码	项目名称	项目特征	计量单位	工程量计算规则	工作内容
040304001	预制混凝土梁	1. 部位 2. 图集、图纸名称 3. 构件代号、名称 4. 混凝土强度等级 5. 砂浆强度等级	m³	按设计图示尺寸以体积计算	1. 模板制作、安装、拆除 2. 混凝土拌和、运输、浇筑 3. 养护 4. 构件安装 5. 接头灌缝 6. 砂浆制作 7. 运输
040304002	预制混凝土柱				
040304003	预制混凝土板				
040304004	预制混凝土挡土墙墙身	1. 图集、图纸名称 2. 构件代号、名称 3. 结构形式 4. 混凝土强度等级 5. 泄水孔材料种类、规格 6. 滤水层要求 7. 砂浆强度等级			1. 模板制作、安装、拆除 2. 混凝土拌和、运输、浇筑 3. 养护 4. 构件安装 5. 接头灌缝 6. 泄水孔制作、安装 7. 滤水层铺设 8. 砂浆制作 9. 运输

(续)

项目编码	项目名称	项目特征	计量单位	工程量计算规则	工作内容
040304005	预制混凝土其他构件	1. 部位 2. 图集、图纸名称 3. 构件代号、名称 4. 混凝土强度等级 5. 砂浆强度等级	m³	按设计图示尺寸以体积计算	1. 模板制作、安装、拆除 2. 混凝土拌和、运输、浇筑 3. 养护 4. 构件安装 5. 接头灌缝 6. 砂浆制作 7. 运输

2. 工程量清单项目释义

(1)预制混凝土梁的形式有 T 形和 I 形等。T 形梁和 I 形梁统称为肋形梁,是一种多梁式的主梁构件。

(2)预制混凝土柱是连接基础与上部结构的中间部分,在框架结构及桥梁工程中是主要的承重构件。柱子包括承重型柱子和装饰型柱子。承重型柱子截面形式包括圆形、方形、矩形等。

(3)预制混凝土板可分为实心板和空心板。实心预制混凝土板一般都设计成等厚的矩形截面,采用 C20 混凝土制作。实心预制混凝土板的宽度一般为 1m,边板则视桥的宽度而定,板与板之间接缝(企口缝)用混凝土连接。空心板是将板的横截面中间部分挖成空洞,以达到减轻自重,节约材料的目的。装配式空心板的标准宽度一般为 1m,通常用钢筋混凝土和预应力混凝土做成。

(4)预制混凝土挡土墙墙身。按作用不同,预制混凝土挡土墙可分为以下几项:

1)路肩墙:护肩及改善综合坡度。

2)路堤墙:收缩坡脚,防止边坡或基底(对于陡坡路堤)滑动,沿河路堤则可防水流冲刷等。

3)路堑墙:减少开挖,降低边坡高度。

4)山坡墙:支挡坡上覆盖层,可兼起拦石作用。

5)隧道及明洞口挡墙:缩短隧道或明洞口长度。

6)桥梁两端挡墙:护台及连接路堤,作为翼墙或桥台。

(5)预制混凝土其他构件。预制混凝土其他构件包括预制混凝土桁架拱构件、预制混凝土小型构件。

1)桁架拱片是桁架桥的主要承重结构,当桥宽一定时,桁架拱片数愈多,其总用数量也愈多,桁架拱片一般用整体的钢筋骨架。

2)预制混凝土小型构件包括桥涵缘(帽)石、漫水桥标志、栏杆柱及栏杆扶手等。

3. 计算实例

【例 8-14】某跨径为 12m 的预应力空心板桥,如图 8-14 所示为空心桥板的横截面,计算空心桥板工程量。

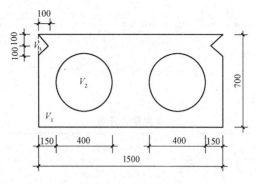

图 8-14　空心桥板横截面

【解】根据工程量计算规则：

$$V_1 = 1.5 \times 0.7 \times 12 = 12.60 \text{m}^3$$

$$V_2 = \pi \times \left(\frac{0.4}{2}\right)^2 \times 12 = 1.51 \text{m}^3$$

$$V_3 = \frac{1}{2} \times (0.1 + 0.1) \times 0.1 \times 12 = 0.12 \text{m}^3$$

$$V = V_1 - 2V_2 - 2V_3 = 12.6 - 1.51 \times 2 - 0.12 \times 2 = 9.34 \text{m}^3$$

工程量计算结果见表 8-28。

表 8-28　　　　　　　　　　　　　工程量计算表

项目编码	项目名称	项目特征描述	计量单位	工程量
040304003001	预制混凝土板	预应力空心桥板	m³	9.34

【例 8-15】　某 T 形预应力混凝土预制梁，如图 8-15 所示，梁高 95cm，计算该 T 形预应力混凝土预制梁工程量。

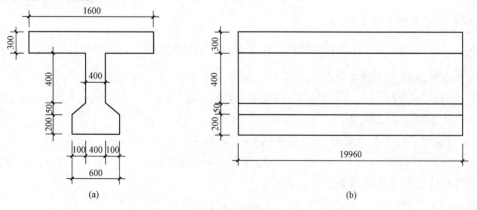

图 8-15　T 形预应力混凝土预制梁示意图

(a)剖面图；(b)立面图

【解】根据工程量计算规则：

T 形梁横截面面积：

$$S=0.3\times1.6+0.4\times0.4+\frac{1}{2}\times(0.4+0.6)\times0.05+0.2\times0.6=0.785\text{m}^2$$

T 形梁混凝土工程量：

$$V=SL=0.785\times19.96=15.67\text{m}^3$$

工程量计算结果见表 8-29。

表 8-29　　　　　　　　　工程量计算表

项目编码	项目名称	项目特征描述	计量单位	工程量
040304001001	预制混凝土梁	T 形梁，梁高 95cm	m³	15.67

【例 8-16】　某桥梁栏杆立柱及扶手采用混凝土工厂预制生产，其外观尺寸如图 8-16 所示。已知栏杆长 96m，布置在桥梁两侧。已知立柱高 1.6m，布置在栏杆端部，沿栏杆长度范围内立柱间距 4m，计算该栏杆（包括立柱）的混凝土工程量。

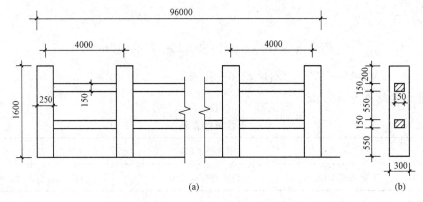

图 8-16　桥梁栏杆示意图
(a)栏杆立面图；(b)栏杆断面图

【解】根据工程量计算规则：

$$\text{单侧栏杆立柱个数}=\frac{96}{4}+1=25\text{ 个}$$

单个立柱混凝土工程量：

$$V=1.6\times0.3\times0.25=0.12\text{m}^3$$

栏杆扶手混凝土工程量：

$$V=0.15\times0.15\times(96-25\times0.25)\times2=4.04\text{m}^3$$

合计为：　　　　　　　　$2\times(25\times0.12+4.04)=14.08\text{m}^3$

工程量计算结果见表 8-30。

表 8-30　　　　　　　　　工程量计算表

项目编码	项目名称	项目特征描述	计量单位	工程量
040304005001	预制混凝土其他构件	栏杆长 96m，立柱高 16m，间距 4m	m³	14.08

第六节　砌筑工程工程量计算

一、垫层工程量计算

垫层在桥梁工程前期的作用是方便支模放线。垫层工程量清单项目设置、项目特征描述的内容、计量单位及工程量计算规则,应按表 8-31 的规定执行。

表 8-31　　　　　　　　　　　　　垫层

项目编码	项目名称	项目特征	计量单位	工程量计算规则	工作内容
040305001	垫层	1. 材料品种、规格 2. 厚度	m³	按设计图示尺寸以体积计算	垫层铺筑

注:"垫层"指碎石、块石等非混凝土类垫层。

二、块料砌筑工程量计算

1. 工程量计算规则

干砌块料、浆砌块料和砖砌体工程量清单项目设置、项目特征描述的内容、计量单位及工程量计算规则,应按表 8-32 的规定执行。

表 8-32　　　　　　　　　　干砌块料、浆砌块料和砖砌体

项目编码	项目名称	项目特征	计量单位	工程量计算规则	工作内容
040305002	干砌块料	1. 部位 2. 材料品种、规格 3. 泄水孔材料品种、规格 4. 滤水层要求 5. 沉降缝要求	m³	按设计图示尺寸以体积计算	1. 砌筑 2. 砌体勾缝 3. 砌体抹面 4. 泄水孔制作、安装 5. 滤层铺设 6. 沉降缝
040305003	浆砌块料	1. 部位 2. 材料品种、规格 3. 砂浆强度等级 4. 泄水孔材料品种、规格 5. 滤水层要求 6. 沉降缝要求			
040305004	砖砌体				

注:干砌块料、浆砌块料和砖砌体应根据工程部位不同,分别设置清单编码。

2. 计算实例

【例 8-17】　某桥梁桥头引道两侧护坡采用普通砖护墙形式,砌筑长度为 4.0m,砌成一砖厚墙,高度为 1.5m,共 4 段,墙体上有 200mm×200mm 的泄水孔,如图 8-17 所示,计算该桥梁护墙砌筑工程量。

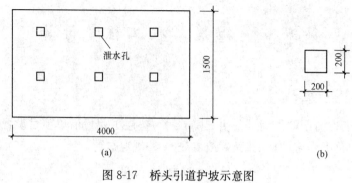

图 8-17　桥头引道护坡示意图

(a)护墙侧立面图;(b)泄水口平面图

【解】根据工程量计算规则:

$$护墙砌筑工程量=1.5×4×0.24×4=5.76m^3$$

工程量计算结果见表 8-33。

表 8-33　　　　　　　　　　　　工程量计算表

项目编码	项目名称	项目特征描述	计量单位	工程量
040305004001	砖砌体	普通砖护墙,长度 4.0m,高度 1.5m,共 4 段	m³	5.76

【例 8-18】　如图 8-18 所示为某拱桥一面的台身与台基础的砌筑材料和截面尺寸,试计算该桥的台身与台基础各砌筑材料工程量。

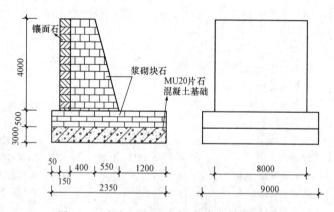

图 8-18　台身与台基础砌筑材料和截面尺寸

【解】根据工程量计算规则:

$$镶面石工程量=4×8=32m^2$$

$$浆砌块石工程量=\frac{1}{2}×[0.4+(0.55+0.4)]×4×8+2.35×0.5×9=32.18m^3$$

$$MU20 片石混凝土工程量=2.35×3×9=63.45m^3$$

工程量计算结果见表 8-34。

表 8-34　　　　　　　　　　　　　　工程量计算表

序号	项目编码	项目名称	项目特征描述	计量单位	工程量
1	040308003001	镶贴面层	桥墩,镶面石	m²	32
2	040305003001	浆砌块料	桥墩,浆砌块石	m³	32.18
3	040303002001	混凝土基础	C20 片石混凝土基础	m³	63.45

三、护坡工程量计算

护坡是指自河岸或路旁用石块、水泥等筑成的斜坡,主要作用是用来防治河流和雨水的冲刷。

铺砌前,应由测量人员放出,锥坡坡脚边线。按设计要求先铺砌护坡坡脚,然后根据坡长,坡度自下向上按设计尺寸分层铺砌。铺砌前应首先进行基底的检验及验收,符合质量要求后进行试砌,将片石在基面或按砌面上试砌。找出不平稳部位及其大小,再用手锤敲去尖凸部位。填槽塞缝用大小适宜的石块,以手锤填实缝隙,必须使砌石稳固,当下层砌完后,再砌上层。

护坡工程量清单项目设置、项目特征描述的内容、计量单位及工程量计算规则,应按表 8-35 的规定执行。

表 8-35　　　　　　　　　　　　　　　　护坡

项目编码	项目名称	项目特征	计量单位	工程量计算规则	工作内容
040305005	护坡	1. 材料品种 2. 结构形式 3. 厚度 4. 砂浆强度等级	m²	按设计图示尺寸以面积计算	1. 修整边坡 2. 砌筑 3. 砌体勾缝 4. 砌体抹面

第七节　立交箱涵工程工程量计算

立交箱涵指同一平面内相互交错的箱涵,或由几层相互叠交的箱涵构成,此种类型的箱涵比较复杂,施工比较困难。箱涵可分为单孔箱涵和多孔箱涵。

一、透水管工程量计算

透水管是一种具有倒滤透(排)水作用的新型管材,它克服了其他排水管材的诸多弊病,因其产品独特的设计原理和构成材料的优良性能,它排、渗水效果强,利用"毛细"现象和"虹吸"原理、集吸水、透水、排水为一气呵成,具有满足工程设计要求的耐压能力及透水性和反滤作用。

1. 工程量计算规则

透水管工程量清单项目设置、项目特征描述的内容、计量单位及工程量计算规则,应按表 8-36 的规定执行。

表 8-36 透水管

项目编码	项目名称	项目特征	计量单位	工程量计算规则	工作内容
040306001	透水管	1. 材料品种、规格 2. 管道基础形式	m	按设计图示尺寸以长度计算	1. 基础铺设 2. 管道铺设、安装

2. 工程量清单项目释义

(1)透水管的特点如下:

1)孔隙直径小,全方位透水,渗透性好。

2)抗压耐拉强度高,使用寿命长。

3)耐腐蚀和抗微生物侵蚀性好。

4)整体连续性好,接头少,衔接方便。

5)重量轻,施工方便。

6)质地柔软,与土结合性好等优点。

(2)透水管的构成分以下三部分:

1)内衬钢线:采用高强度镍铬合金高碳钢线,经磷酸防锈处理后外覆 PVC 保护层,防酸碱腐蚀;独特的钢线螺旋补强体构造确保管壁表面平整并承受相应的土体压力。

2)过滤层:采用土工无纺布作为过滤层,确保有效过滤并防止沉积物进入管内。

3)上下滤布:经纱采用高强力特多龙纱外覆 PVC(电阻加热法),纬纱采用特殊纤维,形成足够的抗拉强度。

二、箱涵滑板、底板、侧墙、顶板工程量计算

滑板是指滑升模板,即可上下滑动的模板。常用滑板结构包括铁轨滑板和混凝土地梁滑板。为了使混凝土与滑板面层有很好的脱模性,在滑板面层涂石蜡或垫层塑料薄膜。箱涵底板制作时,应在底板上设置胎模。胎模一定要平整,否则箱涵底部不光滑,受力也不均匀。

箱涵侧墙是指涵洞开挖后,在涵洞两侧砌筑的墙体用来防止两侧的土体坍塌。可以用砖砌侧墙,也可以用混凝土浇筑。

箱涵顶板是指箱涵的顶部,其厚度及其抗压强度要通过上部土压力的计算来确定。要在顶板上面抹一层防水砂浆及涂沥青防水层,从而防止上部地下水的渗透。

1. 工程量计算规则

箱涵滑板、底板、侧墙和顶板工程量清单项目设置、项目特征描述的内容、计量单位及工程量计算规则,应按表 8-37 的规定执行。

表 8-37　　　　　　　　　　　　　　**箱涵滑板、底板、侧墙和顶板**

项目编码	项目名称	项目特征	计量单位	工程量计算规则	工作内容
040306002	滑板	1. 混凝土强度等级 2. 石蜡层要求 3. 塑料薄膜品种、规格	m³	按设计图示尺寸以体积计算	1. 模板制作、安装、拆除 2. 混凝土拌和、运输、浇筑 3. 养护 4. 涂石蜡层 5. 铺塑料薄膜
040306003	箱涵底板				1. 模板制作、安装、拆除 2. 混凝土拌和、运输、浇筑 3. 养护 4. 防水层铺涂
040306004	箱涵侧墙	1. 混凝土强度等级 2. 混凝土抗渗要求 3. 防水层工艺要求			1. 模板制作、安装、拆除 2. 混凝土拌和、运输、浇筑 3. 养护 4. 防水砂浆 5. 防水层铺涂
040306005	箱涵顶板				

2. 计算实例

【例 8-19】　某道桥采用箱涵顶进法施工,在设计滑板时,在滑板底部每隔 7.5m 设置一个反梁,同时,在滑板施工过程中埋入带孔的寸管,滑板长 21m,宽 3.5m,如图 8-19 所示,试计算该滑板工程量。

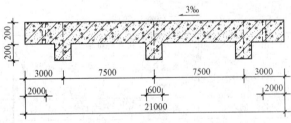

图 8-19　滑板结构示意图

【解】根据工程量计算规则:

$$滑板工程量 = (21 \times 0.2 + 0.6 \times 0.2 \times 3) \times 3.5 = 15.96 m^3$$

工程量计算结果见表 8-38。

表 8-38　　　　　　　　　　　　　　**工程量计算表**

项目编码	项目名称	项目特征描述	计量单位	工程量
040306002001	滑板	滑板长 21m,宽 3.5m	m³	15.96

【例 8-20】　某涵洞为箱涵形式,其箱涵底板表面为水泥混凝土板,如图 8-20 所示,厚度

为 20cm,C20 混凝土箱涵侧墙厚 50cm,C20 混凝土顶板厚 30cm,涵洞长为 21m,试计算各部分工程量。

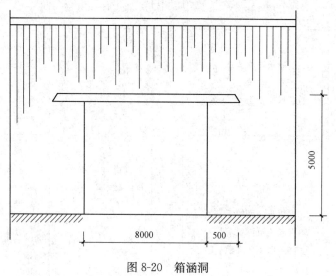

图 8-20　箱涵洞

【解】根据工程量计算规则：

$$箱涵底板\ V_1 = 8 \times 21 \times 0.2 = 33.60 \mathrm{m}^3$$

$$箱涵侧墙 V_2 = 21 \times 5 \times 0.5 = 52.50 \mathrm{m}^3$$

$$V = 2V_2 = 2 \times 52.50 = 105.00 \mathrm{m}^3$$

$$箱涵顶板 V_3 = (8 + 0.5 \times 2) \times 0.3 \times 21 = 56.70 \mathrm{m}^3$$

工程量计算结果见表 8-39。

表 8-39　　　　　　　　　　　　　　　　**工程量计算表**

序号	项目编码	项目名称	项目特征描述	计量单位	工程量
1	040306003001	箱涵底板	箱涵底板表面为水泥混凝土板,厚度为 20cm	m³	33.60
2	040306004001	箱涵侧墙	侧墙厚 50cm,C20 混凝土	m³	105.00
3	040306005001	箱涵顶板	顶板厚 30cm,C20 混凝土	m³	56.70

三、箱涵顶进工程量计算

箱涵顶进是用高压油泵、千斤顶、顶铁或顶柱等设备工具将预制箱涵顶推到指定位置的过程。顶进设备包括液压系统及顶力传递部分、顶力传递设备应按传力要求进行结构设计。并应按最大顶力和顶程确定所需规格及数量。箱涵顶进方法有五种,分别为一次顶入法、分次顶进法、气垫法、顶拉法和中继间法。

1. 工程量计算规则

箱涵顶进工程量清单项目设置、项目特征描述的内容、计量单位及工程量计算规则,应按表 8-40 的规定执行。

表 8-40　　　　　　　　　　　　　　　　　　箱涵顶进

项目编码	项目名称	项目特征	计量单位	工程量计算规则	工作内容
040306006	箱涵顶进	1. 断面 2. 长度 3. 弃土运距	kt·m	按设计图示尺寸以被顶箱涵的质量,乘以箱涵的位移距离分节累计计算	1. 顶进设备安装、拆除 2. 气垫安装、拆除 3. 气垫使用 4. 钢刃角制作、安装、拆除 5. 挖土实顶 6. 土方场内外运输 7. 中继间安装、拆除

2. 计算实例

【例 8-21】　某桥梁工程采用箱涵顶进施工,将重量为 420t、长度为 24m 的预制箱涵移至指定位置,为 4 节顶进,每节顶进距离 1.25m,试计算箱涵顶进工程量。

【解】根据工程量计算规则:

$$箱涵顶进工程量＝0.42×1.25×4＝2.1kt·m$$

工程量计算结果见表 8-41。

表 8-41　　　　　　　　　　　　　　　　　**工程量计算表**

项目编码	项目名称	项目特征描述	计量单位	工程量
040306006001	箱涵顶进	重 420t、长 24m 预制箱涵	kt·m	2.1

四、箱涵接缝工程量计算

箱涵接缝处理是指为防止箱涵漏水,在箱涵的接缝处及顶部喷沥青油,涂抹石棉水泥、防水膏或铺装石棉木丝板。

箱涵接缝工程量清单项目设置、项目特征描述的内容、计量单位及工程量计算规则,应按表 8-42 的规定执行。

表 8-42　　　　　　　　　　　　　　　　　　箱涵接缝

项目编码	项目名称	项目特征	计量单位	工程量计算规则	工作内容
040306007	箱涵接缝	1. 材质 2. 工艺要求	m	按设计图示止水带长度计算	接缝

【例 8-22】　某桥体分节接缝防水采用弹性防水材料,应按图 8-21 的要求施工,已知桥面宽度为 24m,需接缝 12 处,试计算箱涵接缝工程量。

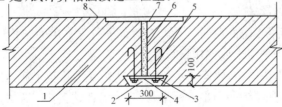

图 8-21　桥体接缝防水构造

1—边墙;2—防水;3—扁钢;4—橡胶止水带;5—预埋螺栓;

6—弹性防水材料;7—钢护板;8—防水层

【解】根据工程量计算规则：

$$箱涵接缝工程量＝24×12＝288m$$

工程量计算结果见表 8-43。

表 8-43　　　　　　　　　　　　　　**工程量计算表**

项目编码	项目名称	项目特征描述	计量单位	工程量
040306007001	箱涵接缝	弹性防水材料，接缝材料宽度300mm	m	288

第八节　钢结构工程工程量计算

一、钢构件工程量计算

钢结构是指用钢材建造的工程结构的统称。传统的钢结构采用热轧型钢和钢板，应用焊接或者栓接等方法，根据弹性理论设计而成。由于钢材具有强度高、比容重小、弹性模量大、塑性好及加工方便等优点，多以钢结构厂被应用于大跨、高耸、承受动载或重载的工程结构上以及移动式和大直径、高压容器管道等特种构筑物。

1. 工程量计算规则

钢构件工程量清单项目设置、项目特征描述的内容、计量单位及工程量计算规则，应按表 8-44 的规定执行。

表 8-44　　　　　　　　　　　　　　　　　**钢构件**

项目编码	项目名称	项目特征	计量单位	工程量计算规则	工作内容
040307001	钢箱梁	1. 材料品种、规格 2. 部位 3. 探伤要求 4. 防火要求 5. 补刷油漆品种、色彩、工艺要求	t	按设计图示尺寸以质量计算。不扣除孔眼的质量，焊条、铆钉、螺栓等不另增加质量	1. 拼装 2. 安装 3. 探伤 4. 涂刷防火涂料 5. 补刷油漆
040307002	钢板梁				
040307003	钢桁架				
040307004	钢拱				
040307005	劲性钢结构				
040307006	钢结构叠合梁				
040307008	其他钢构件				

2. 工程量清单项目释义

(1)钢箱梁。钢箱梁，又称钢板箱形梁，是大跨径桥梁常用的结构形式。一般用在跨度较大的桥梁上。外形像一个箱子故称作钢箱梁。

在大跨度缆索支承桥梁中，钢箱主梁的跨度达几百米乃至上千米，一般分为若干梁段制造和安装，其横截面具有宽幅和扁平的外形特点，高宽比达到 1：10 左右。

钢箱梁一般由顶板、底板、腹板和横隔板、纵隔板及加劲肋等通过全焊接的方式连接而成。其中，顶板为由盖板和纵向加劲肋构成的正交异性桥面板。

较典型的钢箱梁各板的厚度可为：盖板厚度 14mm，纵向 U 形肋厚度 6mm，上口宽

320mm,下口宽170mm,高260mm,间距620mm;底板厚10mm,纵向U形加劲肋;斜腹板厚14mm,中腹板厚9mm;横隔板间距4.0m,厚度12mm;梁高2～3.5m。

(2)钢板梁。钢板梁是指由钢板焊接、栓接或铆接,形成工字型的实腹式钢梁作为主要承重结构的桥梁。适用于中小跨径(铁路:40m,公路:50～80m)。

(3)钢桁梁。钢桁梁的组成包括:桥面、桥面系、主桁架、联结系、制动撑架及支座,如图8-22所示。

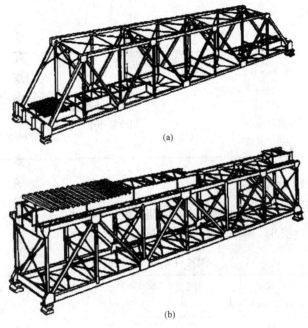

(a)

(b)

图8-22　钢桁架组成

(a)下承桁梁;(b)上承桁梁

(4)钢拱。钢拱的加工在工地加工场内利用胎架进行,焊制好的钢拱使用前在加工场内进行试拼,将整个隧道轮廓各节钢拱进行整体试拼,以检查连接部位是否吻合,加工误差符合规范要求的钢拱运到工地使用。

(5)劲性钢结构。劲性钢结构也就是使用型钢等,既能受压也能受拉的构件作为主体结构的钢结构。

(6)钢结构叠合梁。框架梁的横截面一般为矩形或T型,当楼盖结构为预制板装配式楼盖时,为减少结构所占的高度,增加建筑净空,框架梁截面常为十字形或花篮形,在装配整体式框架结构中,常将预制梁做成T形截面,在预制板安装就位后,再现浇部分混凝土,即形成所谓的叠合梁。

二、悬(斜拉)索工程量计算

斜拉桥,又称斜张桥,是将桥面用许多拉索直接拉在桥塔上的一种桥梁,是由承压的塔,受拉的索和承弯的梁体组合起来的一种结构体系。其可看作是拉索代替支墩的多跨弹性支承连续梁。其可使梁体内弯矩减小,降低建筑高度,减轻了结构重量,节省了材料。

斜拉桥由索塔、主梁、斜拉索组成。

悬索桥,悬索桥(吊桥)指的是以通过索塔悬挂并锚固于两岸(或桥两端)的缆索(或钢链)作为上部结构主要承重构件的桥梁。其缆索几何形状由力的平衡条件决定,一般接近抛物线。从缆索垂下许多吊杆,把桥面吊住,在桥面和吊杆之间常设置加劲梁,同缆索形成组合体系,以减小活载所引起的挠度变形。

悬(斜拉)索工程量清单项目设置、项目特征描述的内容、计量单位及工程量计算规则,应按表 8-45 的规定执行。

表 8-45　　　　　　　　　　　　　　　悬(斜拉)索

项目编码	项目名称	项目特征	计量单位	工程量计算规则	工作内容
040307008	悬(斜拉)索	1. 材料品种、规格 2. 直径 3. 抗拉强度 4. 防护方式	t	按设计图示尺寸以质量计算	1. 拉索安装 2. 张拉、索力调整、锚固 3. 防护壳制作、安装

三、钢拉杆工程量计算

钢拉杆是指由钢质杆体和连接件等组件组装的受拉构件。钢拉杆按杆体强度分为 345、460、550、650 四种强度级别。钢拉杆杆体力学性能见表 8-46。

表 8-46　　　　　　　　　　　　　　钢拉杆杆体力学性能

强度级别	杆体直径 d(mm)	屈服强度 R_{eH}(N/mm²)	抗拉强度 R_{m}(N/mm²)	断后伸长率 A(%)	断面收缩率 Z(%)	冲击吸收功 A_{KV}	
						温度(℃)	J
			不小于				
GLG345	20~210	345	470	21	—	0	34
						−20	
						−40	27
GLG460	20~180	460	610	19		0	34
						−20	
						−40	27
GLG550	20~150	550	750	17	50	0	34
						−20	
						−40	27
GLG650	20~120	650	850	15	45	0	34
						−20	
						−40	27

钢拉杆工程量清单项目设置、项目特征描述的内容、计量单位及工程量计算规则,应按表 8-47 的规定执行。

表 8-47　　　　　　　　　　　　　　　　　钢拉杆

项目编码	项目名称	项目特征	计量单位	工程量计算规则	工作内容
040307009	钢拉杆	1. 材料品种、规格 2. 直径 3. 抗拉强度 4. 防护方式	t	按设计图示尺寸以质量计算	1. 连接、紧锁件安装 2. 钢拉杆安装 3. 钢拉杆防腐 4. 钢拉杆防护壳制作、安装

第九节　装饰与桥梁附属工程工程量计算

一、装饰工程工程量计算

装饰设计是艺术创作，它要把艺术构思、艺术形象、形象美的韵律贯注到设计中去，给建筑以美的灵魂，从而满足建筑物的观赏功能，体现出建筑物的艺术价值、创造出优美的生活空间。建筑装饰材料从化学性质上可分为无机材料（如石材、陶瓷、玻璃、铝合金、不锈钢等）和有机材料（塑料、胶粘剂、有机高分子涂料等）。还有些材料是合成材料和复合材料。

1. 工程量计算规则

装饰工程工程量清单项目设置、项目特征描述的内容、计量单位及工程量计算规则，应按表 8-48 的规定执行。

表 8-48　　　　　　　　　　　　　　　　　装饰

项目编码	项目名称	项目特征	计量单位	工程量计算规则	工作内容
040308001	水泥砂浆抹面	1. 砂浆配合比 2. 部位 3. 厚度	m²	按设计图示尺寸以面积计算	1. 基层清理 2. 砂浆抹面
040308002	剁斧石饰面	1. 材料 2. 部位 3. 形式 4. 厚度			1. 基层清理 2. 饰面
040308003	镶贴面层	1. 材料 2. 规格 3. 厚度 4. 部位			1. 基层清理 2. 镶贴面层 3. 勾缝
040308004	涂料	1. 材料品种 2. 部位			1. 基层清理 2. 涂料涂刷
040308005	油漆	1. 材料品种 2. 部位 3. 工艺要求			1. 除锈 2. 刷油漆

注：如遇本清单项目缺项时，可按现行国家标准《房屋建筑与装饰工程工程量计算规范》（GB 50854—2013）中相关项目编码列项。

2. 计算实例

【例 8-23】 某道路灯柱表面涂料饰面,已知灯柱截面直径为 200mm,灯柱高为 4.5m,每侧有 15 根,试计算涂料工程量。

【解】根据工程量计算规则:

$$单根灯柱涂料工程量=\pi\times0.2\times4.5=2.83m^2$$
$$涂料总量=2\times15\times2.83=84.90m^2$$

工程量计算结果见表 8-49。

表 8-49　　　　　　　　　　　　　　　工程量计算表

项目编码	项目名称	项目特征描述	计量单位	工程量
040308004001	涂料	灯柱截面直径 200mm,灯柱高 4.5m	m²	84.90

【例 8-24】 对某城市桥梁进行桥梁装饰,如图 8-23 所示,其行车道采用水泥砂浆抹面,人行道采用剁斧石饰面,护栏采用镶贴面层,试计算各种饰料工程量。

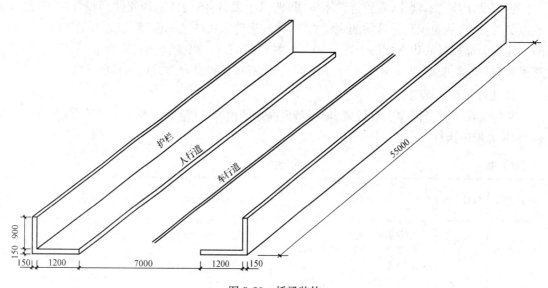

图 8-23　桥梁装饰

【解】根据工程量计算规则:

$$水泥砂浆工程量=7\times55=385m^2$$
$$剁斧石饰面工程量=2\times1.2\times55+4\times1.2\times0.15+2\times0.15\times55=149.2m^2$$
$$镶贴面层工程量=2\times0.9\times55+2\times0.15\times55+4\times0.15\times(0.9+0.15)=116.1m^2$$

工程量计算结果见表 8-50。

表 8-50　　　　　　　　　　　　　　　工程量计算表

序号	项目编码	项目名称	项目特征描述	计量单位	工程量
1	040308001001	水泥砂浆抹面	行车道采用水泥砂浆抹面	m²	385
2	040308002001	剁斧石饰面	人行道采用剁斧石饰面	m²	149.2
3	040308003001	镶贴面层	护栏采用镶贴面层	m²	116.1

二、桥栏杆工程量计算

栏杆是桥梁上的安全设施。栏杆在使用中起分隔、导向的作用,使被分割区域边界明确清晰,设计好的栏杆,很具有装饰意义。

1. 工程量计算规则

桥栏杆工程量清单项目设置、项目特征描述的内容、计量单位及工程量计算规则,应按表 8-51 的规定执行。

表 8-51　　　　　　　　　　　　　　　桥栏杆

项目编码	项目名称	项目特征	计量单位	工程量计算规则	工作内容
040309001	金属栏杆	1. 栏杆材质、规格 2. 油漆品种、工艺要求	1. t 2. m	1. 按设计图示尺寸以质量计算 2. 按设计图示尺寸以延长米计算	1. 制作、运输、安装 2. 除锈、刷油漆
040309002	石质栏杆	材料品种、规格	m	按设计图示尺寸以长度计算	制作、运输、安装
040309003	混凝土栏杆	1. 混凝土强度等级 2. 规格尺寸			

2. 计算实例

【例 8-25】　某桥梁钢筋栏杆如图 8-24 所示,采用 $\Phi 25$ 的钢筋(3.85kg/m)布设在 75.6m 长的桥梁两边,每两根混凝土栏杆间有 100 根钢筋,计算该栏杆中钢筋和混凝土工程量。

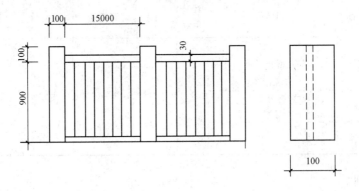

图 8-24　桥梁钢筋栏杆

【解】根据工程量计算规则:

混凝土栏杆工程量＝$2\times6\times(0.1\times0.1)+2\times10\times(15\times0.1\times0.03)$

$\qquad\qquad\qquad\qquad=1.02m^3$

钢筋工程量＝$2\times5\times100\times0.9\times3.85=3465kg=3.465t$

工程量计算结果见表 8-52。

表 8-52　　　　　　　　　　　　　　工程量计算表

项目编码	项目名称	项目特征描述	计量单位	工程量
040309003001	混凝土栏杆	混凝土栏杆	m	1.02
040309001001	金属栏杆	钢筋栏杆,布设在桥梁两边,直径25mm	t	3.465

三、桥梁支座工程量计算

架设于墩台上,顶面支承桥梁上部结构的装置。其功能为将上部结构固定于墩台,承受作用在上部结构的各种力,并将它可靠地传给墩台;在荷载、温度、混凝土收缩和徐变作用下,支座能适应上部结构的转角和位移,使上部结构可自由变形而不产生额外的附加内力。

按制作变形可能性分为:固定支座、单项活动支座、多项活动支座。

按支座所用材料分为:钢支座(平板支座、弧形支座、摇轴支座、辊轴支座)、是否带滑动能力划分支座(滑动支座、固定支座)、橡胶支座(板式橡胶支座、盆式橡胶支座、铅芯橡胶支座、高阻尼隔震橡胶支座)。

按支座结构形式分为:弧形支座、摇轴支座、辊轴支座、板式橡胶支座和四氟版式橡胶支座、盆式橡胶支座、球形钢支座、拉压支座等。

1. 工程量计算规则

桥梁支座工程量清单项目设置、项目特征描述的内容、计量单位及工程量计算规则,应按表 8-53 的规定执行。

表 8-53　　　　　　　　　　　　　　桥梁支座

项目编码	项目名称	项目特征	计量单位	工程量计算规则	工作内容
040309004	橡胶支座	1. 材质 2. 规格、型号 3. 形式	个	按设计图示数量计算	支座安装
040309005	钢支座	1. 规格、型号 2. 形式			
040309006	盆式支座	1. 材质 2. 承载力			

2. 计算实例

【例 8-26】　如图 8-25 所示为盆式橡胶支座,其有效纵向位移量从 40～200mm,支座的容许转角为 40°,设计摩擦系数为 0.07,在某桥梁段中,采用 18 个这种支座,试计算支座工程量。

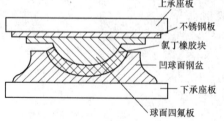

图 8-25　盆式橡胶支座

【解】根据工程量计算规则：

$$支座工程量＝18 个$$

工程量计算结果见表 8-54。

表 8-54 工程量计算表

项目编码	项目名称	项目特征描述	计量单位	工程量
040309004001	橡胶支座	盆式橡胶支座,竖向承载力	个	18

四、桥梁伸缩装置工程量计算

桥梁伸缩装置是指为满足桥面变形的要求,通常在两梁端之间、梁端与桥台之间或桥梁的铰接位置上设置伸缩装置。要求伸缩装置在平行、垂直于桥梁轴线的两个方向,均能自由伸缩,牢固可靠,车辆行驶过时应平顺、无突跳与噪声;要能防止雨水和垃圾泥土渗阻塞;安装、检查、养护、消除污物都要简易方便。在设置伸缩缝处,栏杆与桥面铺装都要断开。

桥梁伸缩装置的类型如下:

(1)镀锌薄钢板伸缩装置。在中小跨径的装配式简支梁桥上,当梁的变形量在 20～40mm 以内时常选用。

(2)钢伸缩装置:它的构造比较复杂,只有在温差较大的地区或跨径较大的桥梁上才采用。钢伸缩装置也适宜于在斜桥上使用。

(3)橡胶伸缩装置。它是以橡胶带作为跨缝材料。这种伸缩装置的构造简单,使用方便,效果好。在变形量较大的大跨度桥上,可以采用橡胶和钢板组合的伸缩装置。

1. 工程量计算规则

桥梁伸缩装置工程量清单项目设置、项目特征描述的内容、计量单位及工程量计算规则,应按表 8-55 的规定执行。

表 8-55 桥梁伸缩装置

项目编码	项目名称	项目特征	计量单位	工程量计算规则	工作内容
040309007	桥梁伸缩装置	1. 材料品种 2. 规格、型号 3. 混凝土种类 4. 混凝土强度等级	m	以米计量,按设计图示尺寸以延长米计算	1. 制作、安装 2. 混凝土拌和、运输、浇筑

2. 计算实例

【例 8-27】 某桥梁人行道部分采用如图 8-26 所示的伸缩装置,其纵向长度为 2.4m,试计算其工程量。

【解】根据工程量计算规则:

桥梁伸缩装置工程量＝2.4m

工程量计算结果见表 8-56。

图 8-26 桥梁伸缩装置

表 8-56　　　　　　　　　　**工程量计算表**

项目编码	项目名称	项目特征描述	计量单位	工程量
040309007001	桥梁伸缩装置	纵向长度为 2.4m	m	2.4

五、隔声屏障工程量计算

隔声屏障是一个隔声设施。它为了遮挡声源和接收者之间直达声,在声源和接收者之间插入一个设施,使声波传播有一个显著的附加衰减,从而减弱接收者所在的一定区域内的噪声影响。隔声屏障主要用于室外。

隔声屏障的分类如下:

(1)根据材质分,主要有:全金属隔声屏障、全玻璃钢隔声屏障、耐力板(PC)全透明隔声屏障、高强水泥隔声屏障、水泥木屑隔声屏障等。

(2)根据轮廓形式分,主要有:直立隔声屏障、直立小弧隔声屏障、全封闭隔声屏障。

(3)根据组合形式分,主要有:全透明隔声屏障、全不透明隔声屏障、吸隔声板与透明材料组合型隔声屏障。

(4)根据面板形式分,主要有:波浪板、百叶板、平板穿孔型隔声屏障。

隔声屏障工程量清单项目设置、项目特征描述的内容、计量单位及工程量计算规则,应按表 8-57 的规定执行。

表 8-57　　　　　　　　　　**隔声屏障**

项目编码	项目名称	项目特征	计量单位	工程量计算规则	工作内容
040309008	隔声屏障	1. 材料品种 2. 结构形式 3. 油漆品种、工艺要求	m^2	按设计图示尺寸以面积计算	1. 制作、安装 2. 除锈、刷油漆

六、桥面排水与防水工程量计算

1. 工程量计算规则

桥面排水与防水工程工程量清单项目设置、项目特征描述的内容、计量单位及工程量计算规则,应按表 8-58 的规定执行。

表 8-58　　　　　　　　　　**桥面排水与防水**

项目编码	项目名称	项目特征	计量单位	工程量计算规则	工作内容
040309009	桥面排(泄)水管	1. 材料品种 2. 管径	m	按设计图示以长度计算	进水口、排(泄)水管制作、安装
040309010	防水层	1. 部位 2. 材料品种、规格 3. 工艺要求	m^2	按设计图示尺寸以面积计算	防水层铺涂

2. 计算实例

【例 8-28】 某桥梁采用管径为 140mm 的钢筋混凝土泄水管,如图 8-27 所示为其立面图,试计算其工程量。

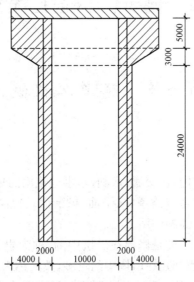

图 8-27　泄水管立面图

【解】 根据工程量计算规则:

$$桥面泄水管工程量=(24+3+5)×2=64m$$

工程量计算结果见表 8-59。

表 8-59　　　　　　　　　　　　　　工程量计算表

项目编码	项目名称	项目特征描述	计量单位	工程量
040309009001	桥面排(泄)水管	钢筋混凝土泄水管,管径 140mm	m	64

第九章 隧道工程工程量计算

第一节 隧道工程概述

一、隧道类别

隧道是修建在岩石或土体内,供交通、水利、军事等使用的地下建筑物。隧道工程具有克服高程障碍、缩短线路长度、改善线路条件(平面、纵断面)、提高运输效率、保证行车安全、避开特殊地质和地面建筑物等方面的作用。

隧道一般可分为两大类。一类是修建在岩层中的,称为岩石隧道;另一类是修建在土层中的,称为软土隧道。岩石隧道修建在山体中的较多,故又称为山岭隧道;软土隧道通常修建在水底或修建城市立交时采用,故又称为水底隧道和城市道路隧道。

隧道工程根据施工方法和埋藏条件不同,分为隧道和明洞。除此之外,隧道习惯上又按长度进行分类,可分为:特长隧道:$L>3000m$;长隧道:$1000m \leqslant L \leqslant 3000m$;中隧道:$250m < L < 1000m$;短隧道:$L \leqslant 250m$。

道路隧道结构,主要由主体构筑物和附属构筑物两大类组成。其中,主体构筑物是为了保持岩体的稳定和行车安全而修建的人工永久建筑物,通常指洞身补砌(图 9-1、图 9-2)和洞门构筑物。

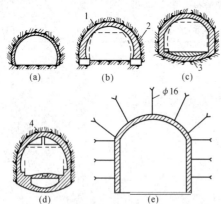

图 9-1 山岭隧道衬砌示意图

1—拱圈;2—侧墙;3—抑拱;4—通风道

图 9-2 采用金属衬砌环的水底隧道

二、隧道施工开挖方法

隧道施工就是要挖除坑道范围内的岩体,并尽量保持坑道围岩的稳定。显然,开挖是隧道施工的第一道工序,也是关键工序。在坑道的开挖过程中,围岩稳定与否,虽然主要取决于围岩本身的工程地质条件,但无疑开挖对围岩的稳定状态有着直接而重要的影响。

根据不同的地质条件,隧道的开挖方法可归纳为图 9-3 中的几种类型。

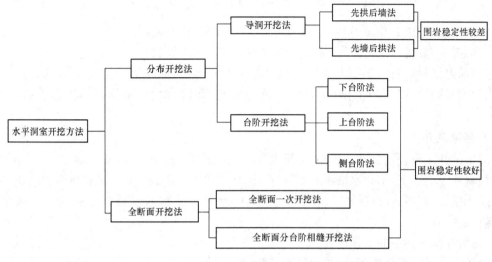

图 9-3　洞室开挖方法归纳

第二节　隧道工程分项工程划分

一、全统市政定额隧道工程划分

全统市政定额桥涵护岸工程分为隧道开挖及出渣,隧道内衬,隧道沉井,临时工程,垂直顶升,盾构法掘进,地下连续墙,地下混凝土结构,地基加固、监测,金属构件制作。

1. 隧道开挖及出渣

隧道开挖及出渣工程包括平硐、斜井、竖井全断面开挖,隧道内地沟开挖,隧道平硐出渣,隧道斜井、竖井出渣。

(1)平硐,斜井,竖井全断面开挖,隧道内地沟开挖的工作内容包括:选孔位、钻孔、装药、放炮、安全处理、爆破材料的领退。

(2)隧道平硐出渣的工作内容包括:装(人装含 5m 以内;机装含边角扒渣)、运、卸(含扒平),汽车运,清理道路。

(3)隧道斜井、竖井出渣的工作内容包括:装、卷扬机提升、卸(含扒平)及人工推运(距井口 50m 内)。

2. 隧道内衬

隧道内衬工程包括混凝土及钢筋混凝土衬砌,石料衬砌,喷射混凝土支护、砂浆锚杆、喷射平台,硐内材料运输,钢筋制作、安装。

(1)混凝土及钢筋混凝土衬砌的工作内容包括:钢拱架、钢模板安装、拆除、清理,砂石清洗、配料、混凝土搅拌、硐外运输、二次搅拌、浇捣养护,操作平台制作、安装、拆除等。

(2)石料衬砌的工作内容包括：运料、拌浆、表面修凿、搭拆简易脚手架、养护等。

(3)喷射混凝土支护、砂浆锚杆、喷射平台的工作内容包括：

1)喷射混凝土支护：配料、投料、搅拌、混合料 200m 内运输、喷射机操作、喷射混凝土、清洗岩面。

2)砂浆锚杆：选眼孔位、打眼、洗眼、调制砂浆、灌浆、顶装锚杆。

3)喷射平台：场内架料搬运、搭拆平台、材料清理、回库堆放。

(4)硐内材料运输的工作内容包括：人工装、卸车、运走、堆码、空回。

(5)钢筋制作、安装的工作内容包括：钢筋解捆、除锈、调直、制作、运输、绑扎或焊接成型等。

3. 隧道沉井

隧道沉井工程包括沉井基坑垫层，沉井制作，金属脚手架、砖封预留孔洞，吊车挖土下沉，水力机械冲吸泥下沉，不排水潜水员吸泥下沉，钻吸法出土下沉、触变泥浆制作和输送、环氧沥青防水层，砂石料填心（排水下沉），砂石料填心（不排水下沉），混凝土封底，钢封门安装，钢封门拆除。

(1)沉井基坑垫层的工作内容如下：

1)砂垫层：平整基坑、运砂、分层铺平、浇水振实、抽水。

2)刃脚基础垫层：配模、立模、拆模；混凝土吊运、浇捣、养护。

(2)沉井制作的工作内容如下：

1)配模、立模、拆模。

2)钢筋制作、绑扎。

3)商品混凝土泵送、浇、养护。

4)施工缝处理、凿毛。

(3)金属脚手架、砖封预留孔洞的工作内容如下：

1)金属脚手架：材料搬运、搭拆脚手架、拆除材料分类堆放。

2)砖封预留孔洞：调制砂浆、砌筑、水泥砂浆抹面、沉井后拆除清理。

(4)吊车挖土下沉的工作内容包括：吊车挖土、装车、卸土；人工挖刃脚及地梁下土体；纠偏控制沉井标高；清底修平、排水。

(5)水力机械冲吸泥下沉的工作内容包括：安装、拆除水力机械和管路；搭拆施工钢平台；水枪压力控制；水力机械冲吸泥下沉、纠偏等。

(6)不排水潜水员吸泥下沉的工作内容如下：

1)安装、拆除吸泥起重设备。

2)升、降移动吸泥管。

3)吸泥下沉纠偏。

4)控制标高。

5)排泥管、进水管装拆。

(7)钻吸法出土下沉的工作内容如下：

1)管路敷设、取水、机械移位。

2)破碎土体、冲吸泥浆、排泥。

3)测量检查。

4)下沉纠偏。

5)纠偏控制标高。

6)管路及泵维修。

7)清泥平整等。

(8)触变泥浆制作和输送、环氧沥青防水层的工作内容如下:

1)触变泥浆制作和输送:沉井泥浆管路预埋、泥浆池至井壁管路敷设、触变泥浆制作、输送、泥浆性能指标测试。

2)清洗混凝土表面、调制涂料、涂刷、搭拆简易脚手架。

(9)砂石料填心(排水下沉)的工作内容包括:装运砂石料、吊入井底、依次铺石料、黄砂、整平、工作面排水。

(10)砂石料填心(不排水下沉)的工作内容包括:装运石料、吊入井底、潜水员铺平石料。

(11)混凝土封底的工作内容如下:

1)商品混凝土干封底:混凝土输送、浇捣、养护。

2)水下混凝土封底:搭拆浇捣平台、导管及送料架;混凝土输送、浇捣;测量平整;抽水;凿除凸面混凝土;废混凝土块吊出井口。

(12)钢封门安装的工作内容包括:铁件焊接定位、钢封门吊装、横扁担梁定位、焊接、缝隙封堵。

(13)钢封门拆除的工作内容包括:切割、吊装定位钢梁及连接铁件、钢封门吊装堆放。

4. 临时工程

临时工程包括硐内通风筒安、拆年摊销,硐内风、水管道安、拆年摊销,硐内电路架设、拆除年摊销,硐内外轻便轨道铺、拆年摊销。

(1)硐内通风筒安、拆年摊销的工作内容包括:铺设管道、清扫污物、维修保养、拆除及材料运输。

(2)硐内风、水管道安、拆年摊销的工作内容包括:铺设管道、阀门、清扫污物、除锈、校正维修保养、拆除及材料运输。

(3)硐内电路架设、拆除年摊销的工作内容包括:线路沿壁架设、安装、随用、随移、安全检查、维修保养、拆除及材料运输。

(4)硐内外轻便轨道铺、拆年摊销的工作内容包括:铺设枕木、轻轨、校平调顺、固定、拆除、材料运输及保养维修。

5. 垂直顶升

垂直顶升工程包括顶升管节、复合管节制作,垂直顶升设备安装、拆除,管节垂直顶升,止水框、联系梁安装,阴极保护安装,滩地揭顶盖。

(1)顶升管节、复合管节制作的工作内容如下:

1)顶升管节制作:钢模板制作、装拆、清扫、刷油、骨架入模;混凝土拌制;吊运、浇捣、蒸养;法兰打孔。

2)复合管片制作:安放钢壳;钢模安拆、清理刷油;钢筋制作、焊接;混凝土拌制;吊运、浇捣、蒸养。

3)管节试拼装:吊车配合;管节试拼、编号对螺孔、检验校正;搭平台、场地平整。

（2）垂直顶升设备安装、拆除的工作内容如下：

1）顶升车架安装：清理修正轨道、车架组装、固定。

2）顶升车架拆除：吊拆、运输、堆放、工作面清理。

3）顶升设备安装：制作基座、设备吊运、就位。

4）顶升车架拆除：油路、电路拆除，基座拆除、设备吊运、堆放。

（3）管节垂直顶升的工作内容如下：

1）首节顶升：车架就位、转向法兰安装；管节吊运；拆除纵环向螺栓；安装闷头、盘根、压条、压板等操作设备；顶升到位等。

2）中间节顶升：管节吊运；穿螺栓、粘贴橡胶板；填丁、抹平、填孔、放顶块；顶升到位。

3）尾节顶升：管节吊运；穿螺栓、粘贴橡胶板；填丁、抹平、填孔、放顶块；顶升到位；安装压板；撑筋焊接并与管片连接。

（4）止水框、联系梁安装的工作内容如下：

1）止水框安装：吊运、安装就位；校正；搭拆脚手架。

2）联系梁安装：吊运、安装就位；焊接、校正；搭拆脚手架。

（5）阴极保护安装的工作内容如下：

1）恒电位仪安装：恒电位仪检查、安装；电器连接调试、接电缆。

2）电极安装：支架制作、电极体安装、接通电缆、封环氧。

3）隧道内电缆铺设：安装护套管、支架、电缆敷设、固定、接头、封口、挂牌等。

4）过渡箱制作安装：箱体制作、安装就位、电缆接线。

（6）滩地揭顶盖的工作内容包括：安装卷扬机、搬运、清除杂物；拆除螺栓、揭云顶盖；安装取水头。

6. 盾构法掘进

盾构法掘进工程包括盾构吊装，盾构吊拆，车架安装、拆除，干式出土盾构掘进，水力出土盾构掘进，平衡盾构掘进，衬砌压浆，柔性接缝环（施工阶段），柔性接缝环（正式阶段），洞口混凝土环圈，预制钢筋混凝土管片，预制管片成环水平拼装，管片短驳运输，管片设置密封条，管片嵌缝，负环管片拆除，隧道内管线路拆除。

（1）盾构吊装的工作内容包括：起吊机械设备及盾构载运车就位、盾构吊入井底基座、盾构安装。

（2）盾构吊拆的工作内容包括：拆除盾构与车架连杆、起吊机械及附属设备就位、盾构整体吊出井口、上托架装车。

（3）车架安装、拆除的工作内容如下：

1）安装：车架吊入井底、井下组装就位与盾构连接、车架上设备安装、电水气管安装。

2）拆除：车架及附属设备拆除、吊出井口，装车安放。

（4）干式出土盾构掘进的工作内容包括：操作盾构掘进机，切割土体，干式出土；管片拼装；螺栓紧固、装拉杆；施工管路铺设；照明、运输、供气通风；贯通测量、通信；井口土方装车；一般故障排除。

（5）水力出土盾构掘进的工作内容包括：操作盾构掘进机；高压供水、水力出土；管片拼装；螺栓紧固、装拉杆；施工管路铺设；照明、运输、供气通风；贯通测量、通信；井口土方装车；一般故障排除。

(6)平衡盾构掘进的工作内容包括:操作盾构掘进机;干式(水力)出土;管片拼装;螺栓紧固;施工管路铺设;照明、运输、供气通风;贯通测量、通信;井口土方装车;排泥水输出井口。

(7)衬砌压浆的工作内容包括:制浆、运浆;盾尾同步压浆;补压浆;封堵、清洗。

(8)柔性接缝环(施工阶段)的工作内容如下:

1)临时防水环板:盾构出洞后接缝处淤泥清理、钢板环圈定位、焊接、预留压浆孔。

2)临时止水缝:洞口安装止水带及防水圈、环板安装后堵压,防水材料封堵。

(9)柔性接缝环(正式阶段)的工作内容如下:

1)拆除临时钢环板:钢板环圈切割、吊拆堆放。

2)拆除洞口环管片:拆卸连接螺栓、吊车配合拆除管片、凿除涂料、壁面清洗。

3)安装钢环板:钢环板分块吊装、焊接固定。

4)柔性接缝环:壁内刷涂料、安放内外壁止水带、压乳胶水泥。

(10)洞口混凝土环圈的工作内容包括:配模、立模、拆模;钢筋制作、绑扎;洞口环圈混凝土浇捣、养护。

(11)预制钢筋混凝土管片的工作内容如下:

1)钢模安装、拆卸清理、刷油。

2)钢筋制作、焊接、预埋件安放、钢筋骨架入模。

3)测量检验。

4)混凝土拌制。

5)吊运浇捣。

6)入养护池蒸养。

7)出槽堆放、抗渗质检。

(12)预制管片成环水平拼装的工作内容包括:钢制台座,校准;管片场内运输;吊拼装、拆除;管片成环量测检验及数据记录。

(13)管片短驳运输的工作内容包括:从堆放起吊,行车配合、装车、驳运到场中转场地;垫道木、吊车配合按类堆放。

(14)管片设置密封条的工作内容包括:管片吊运堆放;编号、表面清理、涂刷粘接剂;粘贴泡沫挡土衬垫及防水橡胶条;管片边角嵌丁基腻子胶。

(15)管片嵌缝的工作内容包括:管片嵌缝槽表面处理、配料嵌缝。

(16)负环管片拆除的工作内容包括:拆除后盾钢支撑;清除管片内污垢杂物;拆除井内轨道;清除井内污泥;凿除后靠混凝土;切割连接螺栓;管片吊出井口;装车。

(17)隧道内管线路拆除的工作内容包括:贯通后隧道内水管、风管、走道板、拉杆、钢轨、轨枕、各种施工支架拆除、吊运出井口、装车或堆放、隧道内淤泥清除。

7. 地下连续墙

地下连续墙工程包括导墙、挖土成槽,钢筋笼制作、吊运就位,锁口管吊拔,浇捣混凝土连续墙,大型支撑基坑土方,大型支撑安装、拆除。

(1)导墙的工作内容如下:

1)导墙开挖:放样、机械挖土、装车、人工整修;浇捣混凝土基座;沟槽排水。

2)现浇导墙:配模单边立模;钢筋制作;设置分隔板;浇捣混凝土、养护;拆模、清理堆放。

(2)挖土成槽的工作内容包括:机具定位;安放跑板导轨;制浆、输送、循环分离泥浆;钻孔、挖土成槽、护壁整修测量;场内运输、堆土。

(3)钢筋笼制作、吊运就位的工作内容如下:

1)钢筋笼制作:切断、成型、绑扎、点焊、安装;预埋铁件及泡沫塑料板;钢筋笼试拼装。

2)钢筋笼吊运就位:钢筋笼驳运吊入槽;钢筋校正对接;安装护铁、就位、固定。

(4)锁口管吊拔的工作内容包括:锁口管对接组装、入槽就位、浇捣混凝土程中上下移动、拔除、拆卸、冲洗堆放。

(5)浇捣混凝土连续墙的工作内容如下:

1)清底置换:地下墙接缝清刷、空压机吹气搅拌吸泥,清底置换。

2)浇筑混凝土:浇捣架就位、导管安拆、商品混凝土浇筑、吸泥浆入池。

(6)大型支撑基坑土方的工作内容包括:操作机械引斗挖土、装车;人工推铲、扣挖支撑下土体;挖引水沟、机械排水;人工整修底面。

(7)大型支撑安装、拆除的工作内容如下:

1)安装:吊车配合、围令、支撑驳运卸车;定位放样;槽壁面凿出预埋件;钢牛腿焊接;支撑拼接、焊接安全栏杆、安装定位;活络接头固定。

2)拆除:切割、吊出支撑分段、装车及堆放。

8. 地下混凝土结构

地下混凝土结构包括基坑垫层,钢丝网水泥护坡,钢筋混凝土地梁、底板,钢筋混凝土墙,钢筋混凝土柱、梁、平台、顶板、楼梯、电缆沟、侧石,钢筋混凝土内衬弓形底板、支承墙,隧道内衬侧墙及顶内衬、行车道槽形板安装,隧道内车道,钢筋调整。

(1)基坑垫层的工作内容如下:

1)砂垫层:砂石料吊车吊运、摊铺平整分层浇水振实。

2)混凝土垫层:配模、立模、拆模、商品混凝土浇捣、养护。

(2)钢丝网水泥护坡的工作内容如下:

1)混凝土护坡:修整边坡、钢丝网片、混凝土浇捣抹平养护。

2)砂浆护坡:修整边坡、钢丝网片、砂浆配、拌、运、浇铺抹平养护。

(3)钢筋混凝土地梁、底板的工作内容如下:

1)地梁:水泥砂浆砌砖、钢筋制作、绑扎、混凝土浇捣养护。

2)底板:配模、立模、拆模、钢筋制作、绑扎、混凝土浇捣养护。

(4)钢筋混凝土墙的工作内容如下:

1)墙:配模、立模、拆模、钢筋制作、绑扎、混凝土浇捣养护、混凝土表面处理。

2)衬墙:地下墙封面凿毛、清洗;配模、立模、拆模;钢筋制作、绑扎;混凝土浇捣养护、表面处理。

(5)钢筋混凝土柱、梁、平台、顶板、楼梯、电缆沟、侧石的工作内容包括:配模、立模、拆模、钢筋制作、绑扎、混凝土浇捣养护、混凝土表面处理。

(6)钢筋混凝土内衬弓形底板、支承墙的工作内容包括:隧道内冲洗、配模、立模、拆模、钢筋制作、绑扎、混凝土浇捣养护。

(7)隧道内衬侧墙及顶内衬、行车道槽形板安装的工作内容如下:

1)顶内衬:牵引内衬滑模及操作平台;定位、上油、校正、脱卸清洗;混凝土泵送或集料电瓶车运至工作面浇捣养护;混凝土表面处理。

2)槽形板:槽形板吊入隧道内驳运;行车安装;混凝土充填;焊接固定;槽形板下支撑搭拆。

(8)隧道内车道的工作内容包括:配模、立模、拆模;钢筋制作、绑扎;混凝土浇捣、制缝、扫面;湿治、沥青灌缝。

(9)钢筋调整的工作内容包括:钢筋除锈;钢筋调直制作、绑扎或焊接成型;运输等。

9. 地基加固、监测

地基加固、监测工程包括分层注浆,压密注浆,双重管、三重管高压旋喷,地表监测孔布置,地下监测孔布置,监控测试。

(1)分层注浆的工作内容包括:定位、钻孔;注护壁泥浆;放置注浆阀管;配置浆液、插入注浆芯管;分层劈裂注浆;检测注浆效果等。

(2)压密注浆的工作内容包括:定位、钻孔;泥浆护壁;配置浆液、安插注浆管;分段压密注浆;检测注浆效果等。

(3)双重管、三重管高压旋喷的工作内容包括:泥浆槽开挖;定位、钻孔;配置浆液;接管旋喷、提升成桩;泥浆沉淀处理;检测注浆效果等。

(4)地表监测孔布置的工作内容如下:

1)土体分层沉降:测点布置、仪表标定、钻孔、导向管加工、预埋件加工埋设、安装导向管磁环、浇灌水泥浆、做保护圈盖、测读初读数。

2)土体水平位移:测点布置、仪表标定、钻孔、测斜管加工焊接、埋设测斜管、浇灌水泥浆、做保护圈盖、测读初读数。

3)孔隙水压力:测点布置、密封检查、钻孔、接线、预埋件加工、埋设、接线、埋设泥球形成止水隔离层、回填黄砂及原状土、做保护圈盖、测读初读数。

4)地表桩:测点布置、预埋标志点、做保护圈盖、测读初读数。

5)混凝土构件变形:测点布置、测点表面处理、粘贴应变片、密封、接线、读初读数。

6)建筑物侧斜:测点布置、手枪钻打孔、安装倾斜预埋件、测读初读数。

7)建筑物振动:测点布置、仪器标定、预埋传感器、测读初读数。

8)地下管线沉降位移:测点布置、开挖暴露管线、埋设抱箍标志头、回填、测读初读数。

9)混凝土构件钢筋应力:测点布置、钢笼上安装钢筋计、排线固定、保护圈盖、测读初读数。

10)混凝土构件混凝土应变:测点布置、钢笼上安装混凝土钢筋计、排线固定、保护圈盖、测读初读数。

11)钢支撑轴力:测点布置、仪器标定、安装预埋件、安装轴力计、排线、加预应力读初读数。

12)混凝土水化热:测点布置、仪器标定、安装埋设、做保护装置、测读初读数。

13)混凝土构件界面土压力(孔隙水压计):测点布置、预埋件加工、预埋件埋设、拆除预埋件、安装土压计(孔隙水压计)、测读初读数。

(5)地下监测孔布置的工作内容包括:基坑回弹、测点布置、仪器标定、钻孔、埋设、水泥灌浆、做保护圈盖、测读初读数。

(6)监控测试的工作内容包括:测试及数据采集、监测日报表、阶段处理报告、最终报告、资料立案归档。

10. 金属构件制作

金属构件制作工程包括顶升管节钢壳,钢管片,顶升止水框、联系梁、车架、走道板、钢跑板、盾构基座、钢围令、钢闸墙,钢轨枕、钢支架,钢扶梯、钢栏杆,钢支撑、钢封门。

(1)顶升管节钢壳的工作内容包括:划线、号料、切割、金加工、校正、焊接、钢筋成型、法兰与钢筋焊接成型等。

(2)钢管片的工作内容包括:划线、号料、切割、校正、滚圆弧、刨边、刨槽;上模具焊接成型、焊预埋件;钻孔;吊运油漆等。

(3)顶升止水框、联系梁、车架的工作内容包括:划线、号料、切割、校正、焊接成型、钻孔、吊运油漆等。

(4)走道板、钢跑板、盾构基座、钢围令、钢闸墙的工作内容包括:划线、号料、切割、折方、拼装、校正、焊接成型、油漆、堆放。

(5)钢轨枕、钢支架的工作内容包括:划线、号料、切割、校正、焊接成型、油漆、编号、堆放。

(6)钢扶梯、钢栏杆的工作内容包括:划线、切割、煨弯、分段组合、焊接、油漆。

(7)钢支撑、钢封门的工作内容包括:放样、落料、卷筒找圆、油漆、堆放。

二、计量规范隧道工程划分

计量规范隧道工程分为隧道岩石开挖、岩石隧道衬砌、盾构掘进、管节顶升、旁通道、隧道沉井、混凝土结构、沉管隧道。

1. 隧道岩石开挖

隧道岩石开挖包括平洞开挖、斜井开挖、竖井开挖、地沟开挖、小导管、管棚和注浆。

(1)平洞开挖、斜井开挖、竖井开挖、地沟开挖,其工程内容包括:爆破或机械开挖;施工面排水;出渣;弃渣场内堆放、运输;弃渣外运。

(2)小导管、管棚,其工作内容包括:制作;布眼;钻孔;安装。

(3)注浆,其工作内容包括:浆液制作;钻孔注浆;堵孔。

2. 岩石隧道衬砌

岩石隧道衬砌包括混凝土仰拱衬砌、混凝土顶拱衬砌、混凝土边墙衬砌、混凝土竖井衬砌、混凝土沟道、拱部喷射混凝土、边墙喷射混凝土、拱圈砌筑、边墙砌筑、砌筑沟道、洞门砌筑、锚杆、充填压浆、仰拱填充、透水管、沟道盖板、变形缝、施工缝和柔性防水层。

(1)混凝土仰拱衬砌、混凝土顶拱衬砌、混凝土边墙衬砌、混凝土竖井衬砌、混凝土沟道,其工程内容包括:模板制作、安装、拆除;混凝土拌和、运输、浇筑;养护。

(2)拱部喷射混凝土、边墙喷射混凝土,其工程内容包括:清洗基层、混凝土拌和、运输、浇筑、喷射;收回弹料;喷射施工平台搭设、拆除。

(3)拱圈砌筑、边墙砌筑、砌筑沟道、洞门砌筑,其工程内容包括:砌筑;勾缝;抹灰。

(4)锚杆,其工程内容包括:钻孔;锚杆制作、安装;压浆。

(5)充填压浆,其工程内容包括:打孔、安装;压浆。

(6)仰拱填充,其工程内容包括:配料;填充。

(7)透水管,其工程内容包括:安装。

(8)沟道盖板、变形缝、施工缝,其工程内容包括:制作、安装。

(9)柔性防水层,其工程内容包括:铺设。

3. 盾构掘进

盾构掘进包括盾构吊装及吊拆,盾构掘进、衬砌壁后压浆、预制钢筋混凝土管片、管片设置密封条、隧道洞口柔性接缝环、管片嵌缝、盾构机调头、盾构机转场运输和盾构基座。

(1)盾构吊装及吊拆,其工程内容包括:盾构机安装、拆除;车架安装、拆除;管线连接、调试、拆除。

(2)盾构掘进,其工程内容包括:掘进;管片拼装;密封舱添加材料;负环管片拆除;隧道内管线路铺设、拆除;泥浆制作;泥浆处理;土方、废浆外运。

(3)衬砌壁后压浆,其工程内容包括:制浆;送浆;压浆;封堵;清洗;运输。

(4)预制钢筋混凝土管片,其工程内容包括:运输;试拼装;安装。

(5)管片设置密封条,其工程内容包括:密封条安装。

(6)隧道洞口柔性接缝环,其工程内容包括:制作、安装临时防水环板;制作、安装、拆除临时止水缝;拆除临时钢环板;拆除洞口环管片;安装钢环板;柔性接缝环;洞口钢筋混凝土环圈。

(7)管片嵌缝,其工程内容包括:管片嵌缝槽表面处理、配料嵌缝;管片手孔封堵。

(8)盾构机调头,其工作内容包括:钢板、基座铺设;盾构拆卸;盾构调头、平行移位定位;盾构拼装;连接管线、调试。

(9)盾构机转场运输,其工作内容包括:盾构机安装、拆除;车架安装、拆除;盾构机、车架转场运输。

(10)盾构基座,其工作内容包括:制作;安装;拆除。

4. 管节顶升、旁通道

管节顶升、旁通道包括钢筋混凝土顶升管节、垂直顶升设备安装、拆除、管节垂直顶升、安装止水框、连系梁、阴极保护装置、安装取、排水头、隧道内旁通道开挖、旁通道结构混凝土、隧道内集水井、防爆门、钢筋混凝土复合管片、钢管片。

(1)钢筋混凝土顶升管节,其工作内容包括:钢模板制作;混凝土拌和、运输、浇筑;养护;管节试拼装;管节场内外运输。

(2)垂直顶升设备安装、拆除,其工作内容包括:基座制作和拆除;车架、设备吊装就位;拆除、堆放。

(3)管节垂直顶升,其工作内容包括:管节吊运;首节顶升;中间节顶升;尾节顶升。

(4)安装止水框、连系梁,其工作内容包括:制作、安装。

(5)阴极保护装置,其工作内容包括:恒电位仪安装;阳极安装;阴极安装;参变电极安装;电缆敷设;接线盒安装。

(6)安装取、排水头,其工作内容包括:顶升口揭顶盖;取排水头部安装。

(7)隧道内旁通道开挖,其工作内容包括:土体加固;支护;土方暗挖;土方运输。

(8)旁通道结构混凝土,其工作内容包括:模板制作、安装;混凝土拌和、运输、浇筑;洞门口接口防水。

(9)隧道内集水井,其工作内容包括:拆除管片建集水井;不拆管片建集水井。

(10)防爆门,其工作内容包括:防爆门制作;防爆门安装。

(11)钢筋混凝土复合管片,其工作内容包括:构件制作;试拼装;运输、安装。

(12)钢管片,其工作内容包括:钢管片制作;试拼装;探伤;运输、安装。

5. 隧道沉井

隧道沉井包括沉井井壁混凝土、沉井下沉、沉井混凝土封底、沉井混凝土底板、沉井填心、沉井混凝土隔墙和钢封门。

(1)沉井井壁混凝土,其工作内容包括:模板制作、安装、拆除;刃脚、框架、井壁混凝土浇筑;养护。

(2)沉井下沉,其工作内容包括:垫层凿除;排水挖土下沉;不排水下沉;触变泥浆制作、输送;弃土外运。

(3)沉井混凝土封底,其工作内容包括:混凝土干封底;混凝土水下封底。

(4)沉井混凝土底板,其工作内容包括:模板制作、安装、拆除;混凝土拌和、运输、浇筑;养护。

(5)沉井填心,其工作内容包括:排水沉井填心;不排水沉井填心。

(6)沉井混凝土隔墙,其工作内容包括:模板制作、安装、拆除;混凝土拌和、运输、浇筑;养护。

(7)钢封门,其工作内容包括:钢封门安装;钢封门拆除。

6. 混凝土结构

混凝土结构包括混凝土地梁、混凝土底板、混凝土柱、混凝土墙、混凝土梁、混凝土平台、顶板、圆隧道内架空路面和隧道内其他结构混凝土。

混凝土地梁、混凝土底板、混凝土柱、混凝土墙、混凝土梁、混凝土平台、顶板、圆隧道内架空路面和隧道内其他结构混凝土工作内容包括:模板制作、安装、拆除;混凝土拌和、运输、浇筑;养护。

7. 沉管隧道

沉管隧道包括预制沉管底垫层、预制沉管钢底板、预制沉管混凝土板底、预制沉管混凝土侧墙、预制沉管混凝土顶板、沉管外壁防锚层、鼻托垂直剪力键、端头钢壳、端头钢封门、沉管管段浮运临时供电系统、沉管管段浮运临时供排水系统、沉管管段浮运临时通风系统、航道疏浚、沉管河床基槽开挖、钢筋混凝土块沉石、基槽抛铺碎石、沉管管节浮运、管段沉放连接、砂肋软体排覆盖、沉管水下压石、沉管接缝处理和沉管底部压浆固封充填。

(1)预制沉管底垫层,其工作内容包括:场地平整;垫层铺设。

(2)预制沉管钢底板,其工作内容为钢底板制作、铺设。

(3)制沉管混凝土板底,其工作内容包括:模板制作、安装、拆除;混凝土拌和、运输、浇筑;养护;底板预埋注浆管。

(4)预制沉管混凝土侧墙、预制沉管混凝土顶板,其工作内容包括:模板制作、安装、拆除;混凝土拌和、运输、浇筑;养护。

(5)沉管外壁防锚层,其工作内容包括:铺设沉管外壁防锚层。

(6)鼻托垂直剪力键,其工作内容包括:钢剪力键制作;剪力键安装。

(7)端头钢壳,其工作内容包括:端头钢壳制作;端头钢壳安装;混凝土浇筑。

(8)端头钢封门,其工作内容包括:端头钢封门制作;端头钢封门安装;端头钢封门拆除。

(9)沉管管段浮运临时供电系统,其工作内容包括:发电机安装、拆除;配电箱安装、拆除;电缆安装、拆除;灯具安装、拆除。

(10)沉管管段浮运临时供排水系统,其工作内容包括:泵阀安装、拆除;管路安装、拆除。

(11)沉管管段浮运临时通风系统,其工作内容包括:进排风机安装、拆除;风管路安装、拆除。

(12)航道疏浚,其工作内容包括:挖泥船开收工;航道疏浚挖泥;土方驳运、卸泥。

(13)沉管河床基槽开挖,其工作内容包括:挖泥船开收工;沉管基槽挖泥;沉管基槽清淤;土方驳运、卸泥。

(14)钢筋混凝土块沉石,其工作内容包括:预制钢筋混凝土块;装船、驳运、定位沉石;水下铺平石块。

(15)基槽抛铺碎石,其工作内容包括:石料装运;定位抛石、水下铺平石料。

(16)沉管管节浮运,其工作内容包括:干坞放水;管段起浮定位;管段浮运;加载水箱制作、安装、拆除;系缆柱制作、安装、拆除。

(17)管段沉放连接,其工作内容包括:管段定位;管段压水下沉;管段端面对接;管节拉合。

(18)砂肋软体排覆盖,其工作内容包括:水下覆盖软体排。

(19)沉管水下压石,其工作内容包括:装石船开收工;定位抛石、卸石;水下铺石。

(20)沉管接缝处理,其工作内容包括:接缝拉合;安装止水带;安装止水钢板;混凝土拌和、运输、浇筑。

(21)沉管底部压浆固封充填,其工作内容包括:制浆;管底压浆;封孔。

第三节　隧道岩石开挖工程工程量计算

一、隧道开挖工程量计算

平洞(平巷)是指隧道设计轴线与水平线平行,或与水平线形成一个较小夹角的隧道。

斜洞开挖包括横洞开挖、平行导坑和斜井。横洞是在隧道侧面修筑的与之相交的坑道;平行导坑是与隧道平行修筑的坑道;斜井是在隧道侧面上方开挖的与之相连的倾斜坑道。当隧道硐身一侧有开阔的衫裤且覆盖不太厚时,可考虑设置斜井。

竖井是在隧道上方开挖的与隧道相连的竖向坑道、覆盖层较薄的长隧道,或者中间适应位置覆盖层不厚、具备提升设备、施工中又需增加工作面时,则可用竖井增加工作面的方案。竖井深度一般不超过150m,位置可设在隧道一侧,一般情况下与隧道的距离为15~25m之间,或设置在正上方。

1. 工程量计算规则

平洞开挖、斜井开挖、竖井开挖、地沟开挖工程量清单项目设置、项目特征描述的内容、计量单位及工程量计算规则,应按表9-1的规定执行。

表 9-1 平洞、斜井、竖井及地沟开挖

项目编码	项目名称	项目特征	计量单位	工程量计算规则	工作内容
040401001	平洞开挖	1. 岩石类别 2. 开挖断面 3. 爆破要求 4. 弃碴运距	m³	按设计结构断面尺寸乘以长度以体积计算	1. 爆破或机械开挖 2. 施工面排水 3. 出碴 4. 弃碴场内堆放、运输 5. 弃碴外运
040401002	斜井开挖				
040401003	竖井开挖				
040401004	地沟开挖	1. 断面尺寸 2. 岩石类别 3. 爆破要求 4. 弃碴运距			

注：弃碴运距可以不描述，但应注明由投标人根据施工现场实际情况自行考虑决定报价。

2. 计算实例

【例 9-1】 某隧道全长 135m，如图 9-4 所示为其隧道开挖断面图，此段岩石为硅质石灰岩，无地下水，在施工过程中，此隧道采取平洞开挖，光面爆破方法开挖，废土用自卸汽车运至距洞口 265m 处废弃场，试计算平洞开挖工程量。

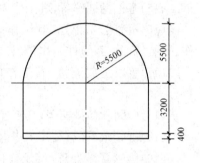

图 9-4 平洞开挖断面图

【解】根据工程量计算规则：

$$平洞开挖工程 = \left[\frac{1}{2} \times 3.14 \times (5.5 + 0.15)^2 + \right.$$
$$\left. (5.5 + 5.5 + 0.1 \times 2) \times (3.2 + 0.4) \right] \times 135$$
$$= 12209 \text{m}^3$$

工程量计算结果见表 9-2。

表 9-2 工程量计算表

项目编码	项目名称	项目特征描述	计量单位	工程量
040401001001	平洞开挖	硅质石灰岩，光面爆破开挖，运距 265m	m³	12209

【例 9-2】 某隧道长 500m，施工段岩石为坚硬玄武岩，线路纵坡为 2.0%，设计开挖断面面积为 65.84m²，根据施工要求，此隧道采取平洞开挖，光面爆破，如图 9-5 所示为其断面图，试计算其工程量。

【解】根据工程量计算规则：

$$平洞开挖工程 = 65.84 \times 500 = 32920 \text{m}^3$$

工程量计算结果见表 9-3。

表 9-3 工程量计算表

项目编码	项目名称	项目特征描述	计量单位	工程量
040401001001	平洞开挖	坚硬玄武岩，光面爆破	m³	32920

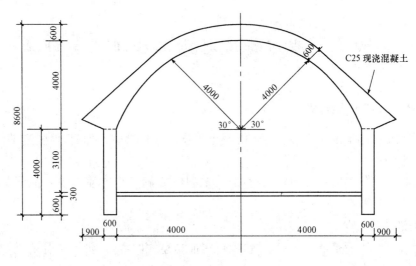

图 9-5　隧道断面图

二、导管及注浆工程量计算

注浆是指通过钻孔向有含水裂隙、空洞或不稳定的地层注入水泥浆或其他浆液，以堵水或加固地层的施工技术。注浆的目的主要是防渗、堵水、固结、防止滑坡、降低地表下沉、提高地基承载力、回填及加固。

小导管注浆施工时应注意以下几项：

(1)施工期间，尤其在注浆时，应对支护的工作状态进行检查。当发现支护变形或损坏时，应立即停止注浆，采取措施。

(2)注浆结束 4 小时后，方可进行掌子面的开挖。

(3)相邻两排小导管搭接长度应符合设计要求，且不小于 1m。

(4)钢管要与拱架焊接牢固，注浆后注浆孔要堵塞密实。

小导管、管棚及注浆工程工程量清单项目设置、项目特征描述的内容、计量单位及工程量计算规则，应按表 9-4 的规定执行。

表 9-4　　　　　　　　　　　　　　　　小导管、管棚及注浆

项目编码	项目名称	项目特征	计量单位	工程量计算规则	工作内容
040401005	小导管	1. 类型 2. 材料品种 3. 管径、长度	m	按设计图示尺寸以长度计算	1. 制作 2. 布眼 3. 钻孔 4. 安装
040401006	管棚				
040401007	注浆	1. 浆液种类 2. 配合比	m³	按设计注浆量以体积计算	1. 浆液制作 2. 钻孔注浆 3. 堵孔

第四节　岩石隧道衬砌工程工程量计算

一、隧道衬砌工程量计算

隧道衬砌是指隧硐成型后,用砖石、混凝土等建筑材料给硐壁加衬,使隧道不仅美观而且对围岩的支承力也加强。

砌筑是将砂浆作为胶结材料将块材结合成整体,以满足正常使用要求及承受各种荷载。块材分为砖、石及砌块三大类。

1. 工程量计算规则

隧道衬砌工程工程量清单项目设置、项目特征描述的内容、计量单位及工程量计算规则,应按表9-5 的规定执行。

表 9-5　　　　　　　　　　　　　　隧道衬砌

项目编码	项目名称	项目特征	计量单位	工程量计算规则	工作内容
040404001	混凝土仰拱衬砌	1. 拱跨径 2. 部位 3. 厚度 4. 混凝土强度等级	m³	按设计图示尺寸以体积计算	1. 模板制作、安装、拆除 2. 混凝土拌和、运输、浇筑 3. 养护
040402002	混凝土顶拱衬砌				
040402003	混凝土边墙衬砌	1. 部位 2. 厚度 3. 混凝土强度等级			
040402004	混凝土竖井衬砌	1. 厚度 2. 混凝土强度等级			
040402005	混凝土沟道	1. 断面尺寸 2. 混凝土强度等级			
040402008	拱圈砌筑	1. 断面尺寸 2. 材料品种、规格 3. 砂浆强度等级			1. 砌筑 2. 勾缝 3. 抹灰
040402009	边墙砌筑	1. 厚度 2. 材料品种、规格 3. 砂浆强度等级			
040402010	砌筑沟道	1. 断面尺寸 2. 材料品种、规格 3. 砂浆强度等级			
040402011	洞门砌筑	1. 形状 2. 材料品种、规格 3. 砂浆强度等级			

注:遇本表清单项目未列的砌筑构筑物时,应按《市政工程工程量计算规范》(GB 50857—2013)附录 C 桥涵工程中相关项目编码列项。

2. 计算实例

【例 9-3】　某隧道施工段 K0+020～K0+070 采用混凝土边墙衬砌,混凝土强度等级为 C20,石料最大粒径为 15mm,如图 9-6 所示为其断面尺寸,试计算其工程量。

【解】根据工程量计算规则:

边墙衬砌工程量＝50×2×4×(0.4+0.1)＝200.00m³

工程量计算结果见表 9-6。

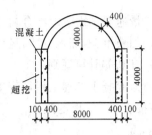

图 9-6　边墙衬砌示意图

表 9-6　　　　　　　　　　　　　　工程量计算表

项目编码	项目名称	项目特征描述	计量单位	工程量
040402003001	混凝土边墙衬砌	施工段 K0+020～K0+070 边墙衬砌,混凝土强度等级为 C20,石料最大粒径为 15mm	m³	200.00

【例 9-4】　某隧道长 148m,采用平洞开挖,开挖后砌筑拱圈,如图 9-7 所示为砌筑尺寸,试计算拱圈砌筑工程量。

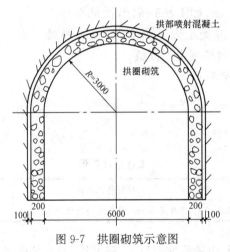

图 9-7　拱圈砌筑示意图

【解】根据工程量计算规则:

$$拱圈砌筑工程量＝(\frac{1}{2}×3.14×3.2^2-\frac{1}{2}×3.14×3^2)×148＝288.13m^3$$

工程量计算结果见表 9-7。

表 9-7　　　　　　　　　　　　　　工程量计算表

项目编码	项目名称	项目特征描述	计量单位	工程量
040402008001	拱圈砌筑	半径 3m	m³	288.13

二、喷射混凝土工程量计算

喷射混凝土是利用压缩空气的力量将混凝土高速喷射到岩面上,在连续高速冲击下,与岩面紧密牢固地粘结在一起,并充填岩面的裂隙和凹坑,使岩面形成完整而稳定的结构。

喷射混凝土的施工方法包括两种:一种是干料法;另一种是湿料法。干料法是由水泥、砂石及少量速凝剂组成的混合料,停放时间不得超过 20min;湿料法是预先将混合料加水搅拌,然后送到喷枪头,加入气压,进行喷射。目前多采用干料法施工。

1. 工程量计算规则

喷射混凝土工程工程量清单项目设置、项目特征描述的内容、计量单位及工程量计算规则,应按表 9-8 的规定执行。

表 9-8　　　　　　　　　　　　喷射混凝土

项目编码	项目名称	项目特征	计量单位	工程量计算规则	工作内容
040402006	拱部喷射混凝土	1. 结构形式 2. 厚度 3. 混凝土强度等级 4. 掺加材料品种、用量	m²	按设计图示尺寸以面积计算	1. 清洗基层 2. 混凝土拌和、运输、浇筑、喷射 3. 收回弹料 4. 喷射施工平台搭设、拆除
040402007	边墙喷射混凝土				

2. 计算实例

【例 9-5】 某隧道长 65m,如图 9-8 所示,拱部半径为 4.5m,厚 0.8m,衬喷 5cm,混凝土强度为 20MPa,石料最大粒径 15mm,计算拱部喷射混凝土工程量。

【解】根据工程量计算规则:

$$S = \frac{1}{2} \times 2 \times 3.14 \times 4.5 \times 65 = 918.45 \text{m}^2$$

工程量计算结果见表 9-9。

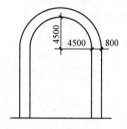

图 9-8　拱部喷射混凝土示意图

表 9-9　　　　　　　　　　　　工程量计算表

项目编码	项目名称	项目特征描述	计量单位	工程量
040402006001	拱部喷射混凝土	厚度 0.8m,混凝土强度为 20MPa	m²	918.45

【例 9-6】 某隧道工程,边墙喷射混凝土,隧道长 80m,如图 9-9 所示,边墙厚度为 0.6m,高 8m,衬喷 6cm,混凝土强度为 25MPa,石料最大粒径 25mm,计算边墙喷射混凝土工程量。

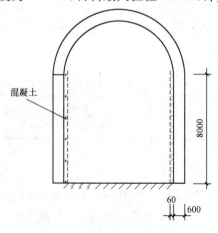

图 9-9　边墙喷射混凝土示意图

【解】根据工程量计算规则：

$$边墙喷射混凝土工程量＝2×8×80＝1280m^2$$

工程量计算结果见表 9-10。

表 9-10　　　　　　　　　　　　**工程量计算表**

项目编码	项目名称	项目特征描述	计量单位	工程量
040402007001	边墙喷射混凝土	边墙厚度为 0.6m,高 8m,衬喷 6cm,混凝土强度为 25MPa,石料最大粒径 25mm	m²	1280

三、锚杆工程量计算

锚杆支护是在开挖后的岩面上,用钻孔机按设计要求的深度、间距和角度向岩面钻孔。在孔内灌满砂浆后,插入锚杆,使砂浆、锚杆和岩石粘结为一体(砂浆锚杆),以制止或缓和岩体变形继续发展,使岩体仍然保持相当大的承载能力。

锚杆是用金属或其他高抗拉性能的材料制作的一种杆状构件。使用某些机械装置和粘结介质,通过一定的施工操作,将其安设在地下工程的围岩或其他工程结构体中。按其与被支护体的锚固形式分为端头锚固式锚杆、全长粘结式锚杆、摩擦式锚杆和混合式锚杆。

1. 工程量计算规则

锚杆工程工程量清单项目设置、项目特征描述的内容、计量单位及工程量计算规则,应按表 9-11 的规定执行。

表 9-11　　　　　　　　　　　　　　　　　**锚杆**

项目编码	项目名称	项目特征	计量单位	工程量计算规则	工作内容
040402012	锚杆	1. 直径 2. 长度 3. 锚杆类型 4. 砂浆强度等级	t	按设计图示尺寸以质量计算	1. 钻孔 2. 锚杆制作、安装 3. 压浆

2. 计算实例

【例 9-7】　某隧道拱部设置 7 根锚杆,采用 $\phi25$ 钢筋,长度为 2.2m,采用梅花形布置,如图 9-10 所示($\phi25$ 的单根钢筋理论质量为 3.85kg/m)。试计算锚杆工程量。

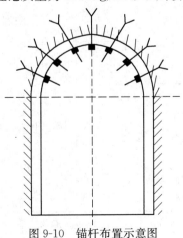

图 9-10　锚杆布置示意图

【解】根据工程量计算规则：

$$锚杆工程量＝7×2.2×3.85＝59.29kg＝0.059t$$

工程量计算结果见表9-12。

表 9-12 工程量计算表

项目编码	项目名称	项目特征描述	计量单位	工程量
040402012001	锚杆	φ25钢筋,长度为2.2m,采用梅花形布置	t	0.059

四、构筑物填充工程量计算

为防止隧道周围土体变形,防止地表沉降,在盾构隧道施工过程中,应及时对盾尾和管片衬砌之间的建筑空隙进行充填压浆,压浆还可以改善隧道衬砌的受力状态。构筑物填充工程工程量清单项目设置、项目特征描述的内容、计量单位及工程量计算规则,应按表9-13的规定执行。

表 9-13 构筑物填充

项目编码	项目名称	项目特征	计量单位	工程量计算规则	工作内容
040402013	充填压浆	1. 部位 2. 浆液成分强度	m³	按设计图示尺寸以体积计算	1. 打孔、安装 2. 压浆
040402014	仰拱填充	1. 填充材料 2. 规格 3. 强度等级		按设计图示回填尺寸以体积计算	1. 配料 2. 填充

五、排水与防水工程量计算

1. 工程量计算规则

排水与防水工程工程量清单项目设置、项目特征描述的内容、计量单位及工程量计算规则,应按表9-14的规定执行。

表 9-14 排水与防水

项目编码	项目名称	项目特征	计量单位	工程量计算规则	工作内容
040402015	透水管	1. 材质 2. 规格			安装
040402016	沟道盖板	1. 材质 2. 规格尺寸 3. 强度等级	m	按设计图示尺寸以长度计算	制作、安装
040402017	变形缝	1. 类别 2. 材料品种、规格 3. 工艺要求			
040402018	施工缝				
040402019	柔性防水层	材料品种、规格	m²	按设计图示尺寸以面积计算	铺设

2. 工程量清单项目释义

（1）透水管。透水管是一种具有倒滤透（排）水作用的新型管材,它克服了其他排水管材的诸多弊病,因其产品独特的设计原理和构成材料的优良性能,它排、渗水效果强,利用"毛细"现象和"虹吸"原理,集吸水、透水、排水等一气呵成,具有满足工程设计要求的耐压能力及透水性和反滤作用。

（2）沟道盖板。沟道盖板的堆放场地应平整夯实,盖板应分类堆放,堆放高度不宜超过6块。盖板转运时,应加强保护,防止碰撞。安装好的盖板应防止上方重物砸落。

（3）变形缝。变形缝是伸缩缝（温度缝）、沉降缝和抗震缝的总称,是为了防止因气温变化、地基不均匀沉降以及地震等因素使建筑物发生裂缝或导致破坏,设计时预先在变形敏感部位将建筑物断开,分成若干个相对独立的单元,且预留的缝隙能保证建筑物有足够的变形空间而设置的构造缝。

（4）施工缝。施工缝是指在混凝土浇筑过程中,因设计要求或施工需要分段浇筑而在先、后浇筑的混凝土之间所形成的接缝。

（5）柔性防水层。采用具有一定柔韧性和较大延伸率的防水材料,如防水卷材、有机防水涂料构成的防水层。

第五节　盾构掘进工程工程量计算

一、盾构吊装及吊拆工程量计算

盾构是一个既可以支承地层压力又可以在地层中推进的活动钢筒结构。钢筒的前端设置有支撑和开挖土体的装置,钢筒的中段安装有顶进所需千斤顶,钢筒尾部可以拼装预制或现浇隧道衬砌环。

盾构吊装及吊拆工程量清单项目设置、项目特征描述的内容、计量单位及工程量计算规则,应按表 9-15 的规定执行。

表 9-15　　　　　　　　　　　　　盾构吊装及吊拆

项目编码	项目名称	项目特征	计量单位	工程量计算规则	工作内容
040403001	盾构吊装及吊拆	1. 直径 2. 规格型号 3. 始发方式	台·次	按设计图示数量计算	1. 盾构机安装、拆除 2. 车架安装、拆除 3. 管线连接、调试、拆除

二、盾构掘进工程量计算

盾构掘进是以盾构这种施工机械在地面以下暗挖隧道的一种施工方法。软土地区就采用这种方法建造地下隧道,盾构掘进有干式出土盾构掘进、水力出土盾构掘进、刀盘式土压平衡盾构掘进和刀盘式泥水平衡盾构掘进。

1. 工程量计算规则

盾构掘进工程工程量清单项目设置、项目特征描述的内容、计量单位及工程量计算规则，应按表 9-16 的规定执行。

表 9-16　　　　　　　　　　　　　　盾构掘进

项目编码	项目名称	项目特征	计量单位	工程量计算规则	工作内容
040403002	盾构掘进	1. 直径 2. 规格 3. 形式 4. 掘进施工段类别 5. 密封舱材料品种 6. 弃土(浆)运距	m	按设计图示掘进长度计算	1. 掘进 2. 管片拼装 3. 密封舱添加材料 4. 负环管片拆除 5. 隧道内管线路铺设、拆除 6. 泥浆制作 7. 泥浆处理 8. 土方、废浆外运

2. 计算实例

【例 9-8】　某盾构施工示意图如图 9-11 所示，计算隧道盾构掘进工程量。

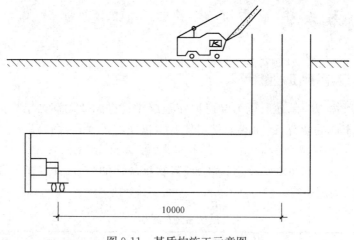

图 9-11　某盾构施工示意图

【解】根据工程量计算规则：

$$盾构掘进工程量＝10m。$$

工程量计算结果见表 9-17。

表 9-17　　　　　　　　　　　　　工程量计算表

项目编码	项目名称	项目特征描述	计量单位	工程量
040403002001	盾构掘进	掘进长度10m	m	10

三、衬砌壁后压浆工程量计算

衬砌压浆按压浆形式可以分为同步压浆和分块压浆两类，同步压浆是指盾构推进中由盾尾安装 1 组同步压浆泵进行压浆，分块压浆是指盾构推进中进行分块压浆。按浆液的不同配合比衬砌压浆可以分为石膏煤灰浆、石膏黏土粉煤灰浆、水泥粉煤灰浆和水泥砂浆。

1. 工程量计算规则

衬砌壁后压浆工程工程量清单项目设置、项目特征描述的内容、计量单位及工程量计算规则，应按表 9-18 的规定执行。

表 9-18　　　　　　　　　　　　衬砌壁后压浆工程

项目编码	项目名称	项目特征	计量单位	工程量计算规则	工作内容
040403003	衬砌壁后压浆	1. 浆液品种 2. 配合比	m³	按管片外径和盾构壳体外径所形成的充填体积计算	1. 制浆 2. 送浆 3. 压浆 4. 封堵 5. 清洗 6. 运输

2. 计算实例

【例 9-9】　某隧道工程采用盾构法施工，如图 9-12 所示为盾构尺寸，在盾构推进中由盾尾的同号压浆泵进行压浆，压浆长度为 7m，浆液为水泥砂浆，砂浆强度等级为 M5，石料最大粒径为 25mm，配合比为水泥∶砂子＝1∶3，水灰比为 0.5，计算衬砌压浆的工程量。

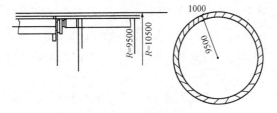

图 9-12　盾构尺寸图

【解】根据工程量计算规则：

$$衬砌压浆工程量＝\pi\times(10.5^2-9.5^2)\times7＝439.6m^3$$

工程量计算结果见表 9-19。

表 9-19　　　　　　　　　　　　工程量计算表

项目编码	项目名称	项目特征描述	计量单位	工程量
040403003001	衬砌壁后压浆	砂浆强度等级为 M5，石料最大粒径为 25mm，配合比为水泥∶砂子＝1∶3，水灰比为 0.5	m³	439.6

四、管片工程量计算

1. 工程量计算规则

管片工程工程量清单项目设置、项目特征描述的内容、计量单位及工程量计算规则，应按

表 9-20 的规定执行。

表 9-20					管片
项目编码	项目名称	项目特征	计量单位	工程量计算规则	工作内容
040403004	预制钢筋混凝土管片	1. 直径 2. 厚度 3. 宽度 4. 混凝土强度等级	m³	按设计图示尺寸以体积计算	1. 运输 2. 试拼装 3. 安装
040403005	管片设置密封条	1. 管片直径、宽度、厚度 2. 密封条材料 3. 密封条规格	环	按设计图示数量计算	密封条安装
040403007	管片嵌缝	1. 直径 2. 材料 3. 规格			1. 管片嵌缝槽表面处理、配料嵌缝 2. 管片手孔封堵

2. 工程量清单项目释义

(1)预制钢筋混凝土管片。预制钢筋混凝土管片采用高精度钢模和高强度混凝土,加工数量有限,钢模制作费用昂贵,管片快速脱模。管片按直径分为 6 个步距,即配筋、钢模安拆、厂拌混凝土浇捣、蒸发、养护等工作内容。复合管片一般由钢筋混凝土制成,混凝土采用厂拌混凝土,混凝土中含钢筋。

(2)管片设置密封条。管片设置密封条一般采用的材料有氯丁橡胶条和 821 防水橡胶条两种。

(3)管片嵌缝。管片嵌缝是指在隧道衬砌拼装后,管片缝隙嵌涂料、缝槽表面处理等。

3. 计算实例

【例 9-10】 某隧道工程采用预制钢筋混凝土管片,如图 9-13 所示为管片尺寸,混凝土强度等级为 C45,石料最大粒径为 10mm,试计算其工程量。

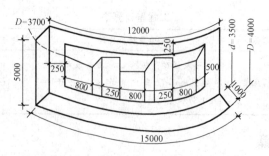

图 9-13　钢筋混凝土复合管片示意图

【解】根据工程量计算规则：

$$预制钢筋混凝土管片工程量=\frac{15\times4-12\times3.5}{2}\times5-3\times\left[\frac{0.8\times3.7}{2}\times(5-0.25\times2)-\right.$$

$$\left.\frac{3.5\times0.8}{2}\times(5-0.25\times2)\right]=43.92m^3$$

工程量计算结果见表 9-21。

表 9-21　　　　　　　　　　　　工程量计算表

项目编码	项目名称	项目特征描述	计量单位	工程量
040403004001	预制钢筋混凝土管片	混凝土强度等级为 C45,石料最大粒径为 10mm	m³	43.92

五、隧道洞口柔性接缝环工程量计算

柔性接缝环是指隧道与工作井的连接环,要用的材料有型钢、螺栓、枕木、环氧树脂、乳胶水泥、外防水氯丁酚醛胶、内防水橡胶止水带等。

隧道洞口柔性接缝环工程工程量清单项目设置、项目特征描述的内容、计量单位及工程量计算规则,应按表 9-22 的规定执行。

表 9-22　　　　　　　　　　　　隧道洞口柔性接缝环

项目编码	项目名称	项目特征	计量单位	工程量计算规则	工作内容
040403006	隧道洞口柔性接缝环	1. 材料 2. 规格 3. 部位 4. 混凝土强度等级	m	按设计图示以隧道管片外径周长计算	1. 制作、安装临时防水环板 2. 制作、安装、拆除临时止水缝 3. 拆除临时钢环板 4. 拆除洞口环管片 5. 安装钢环板 6. 柔性接缝环 7. 洞口钢筋混凝土环圈

六、盾构机调头与转场运输工程量计算

盾构隧道掘进机,简称盾构机,是一种隧道掘进的专用工程机械,现代盾构掘进机集光、机、电、液、传感、信息技术于一体,具有开挖切削土体、输送土碴、拼装隧道衬砌、测量导向纠偏等功能,涉及地质、土木、机械、力学、液压、电气、控制、测量等多门学科技术,而且要按照不同的地质进行"量体裁衣"式的设计制造,可靠性要求极高。盾构掘进机已广泛用于地铁、铁路、公路、市政、水电等隧道工程。

盾构机调头与转场运输工程量清单项目设置、项目特征描述的内容、计量单位及工程量计算规则,应按表 9-23 的规定执行。

表 9-23 盾构机调头与转场运输

项目编码	项目名称	项目特征	计量单位	工程量计算规则	工作内容
040403008	盾构机调头	1. 直径 2. 规格型号 3. 始发方式	台·次	按设计图示数量计算	1. 钢板、基座铺设 2. 盾构拆卸 3. 盾构调头、平行移运定位 4. 盾构拼装 5. 连接管线、调试
040403009	盾构机转场运输				1. 盾构机安装、拆除 2. 车架安装、拆除 3. 盾构机、车架转场运输

七、盾构基座工程量计算

盾构基座是指常用的钢结构，盾构基座工程量清单项目设置、项目特征描述的内容、计量单位及工程量计算规则，应按表 9-24 的规定执行。

表 9-24 盾构基座

项目编码	项目名称	项目特征	计量单位	工程量计算规则	工作内容
040403010	盾构基座	1. 材质 2. 规格 3. 部位	t	按设计图示尺寸以质量计算	1. 制作 2. 安装 3. 拆除

第六节 管节顶升、旁通道工程工程量计算

一、管节顶升工程量计算

顶升是隧道推进中的一项新工艺。这种不开槽的施工方法应用很广，遇到下列情况可采用：

(1)管道穿越铁路、公路、河流或建筑物时。

(2)街道狭窄，两侧建筑物多时。

(3)在交通量大的市区街道施工，管道不能改线又不能断绝交通时。

(4)现场条件复杂，与地面工程交叉作业，相互干扰，易发生危险时。

(5)管道覆土较深，开槽土方量大，并需要支撑时。

1. 工程量计算规则

管节顶升工程量清单项目设置、项目特征描述的内容、计量单位及工程量计算规则，应按表 9-25 的规定执行。

表 9-25　　　　　　　　　　　　　管节顶升

项目编码	项目名称	项目特征	计量单位	工程量计算规则	工作内容
040404001	钢筋混凝土顶升管节	1. 材质 2. 混凝土强度等级	m³	按设计图示尺寸以体积计算	1. 钢模板制作 2. 混凝土拌和、运输、浇筑 3. 养护 4. 管节试拼装 5. 管节场内外运输
040404002	垂直顶升设备安装、拆除	规格、型号	套	按设计图示数量计算	1. 基座制作和拆除 2. 车架、设备吊装就位 3. 拆除、堆放
040404003	管节垂直顶升	1. 断面 2. 强度 3. 材质	m	按设计图示以顶升长度计算	1. 管节吊运 2. 首节顶升 3. 中间节顶升 4. 尾节顶升

2. 计算实例

【例 9-11】　某隧道工程在 K0+50～K0+150 施工段,利用管节垂直顶升进行隧道推进,顶力可达 $4×10^3$ kN,管节采用钢筋混凝土制成,每节长 5m,如图 9-14 所示为管节垂直顶升断面,计算管节垂直顶升工程量。

【解】根据工程量计算规则:

管节顶升工程量=20.00m

工程量计算结果见表 9-26。

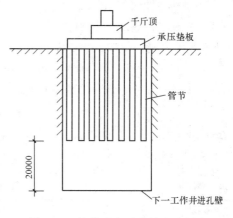

图 9-14　管节垂直顶升断面示意图

表 9-26　　　　　　　　　　　　　工程量计算表

项目编码	项目名称	项目特征描述	计量单位	工程量
040404003001	管节垂直顶升	顶力可达 $4×10^3$kN,管节采用钢筋混凝土制成	m	20.00

二、安装止水框及连系梁工程量计算

止水框的安装是用起吊设备将止水框吊运至所要安装的部位进行安装,安装时一般采用电焊方法将其固定,在安装的过程中,要对其进行校正。安装之前要搭脚手架,安装完毕后要把脚手架拆除掉。

连系梁的安装是用吊运设备将连系梁吊运至所要安装的部位,对连系梁进行焊接固定,在固定之前要对其进行校正,以免产生偏差。安装之前要搭设脚手架,安装后要把脚手架拆掉。

1. 工程量计算规则

安装止水框、连系梁工程量清单项目设置、项目特征描述的内容、计量单位及工程量计算规则,应按表 9-27 的规定执行。

表 9-27 安装止水框、连系梁

项目编码	项目名称	项目特征	计量单位	工程量计算规则	工作内容
040404004	安装止水框、连系梁	材质	t	按设计图示尺寸以质量计算	制作、安装

2. 计算实例

【例 9-12】 某隧道施工时,为了排水需要以及确保隧道顶部的稳定性,特设置如图 9-15 所示的止水框和连系梁,止水框材质选用密度为 $7.85 \times 10^3 \text{kg/m}^3$ 的优质钢材,连系梁材质选用密度为 $7.87 \times 10^3 \text{kg/m}^3$ 的优质钢材,试计算止水框和连系梁工程量(止水框板厚 10cm)。

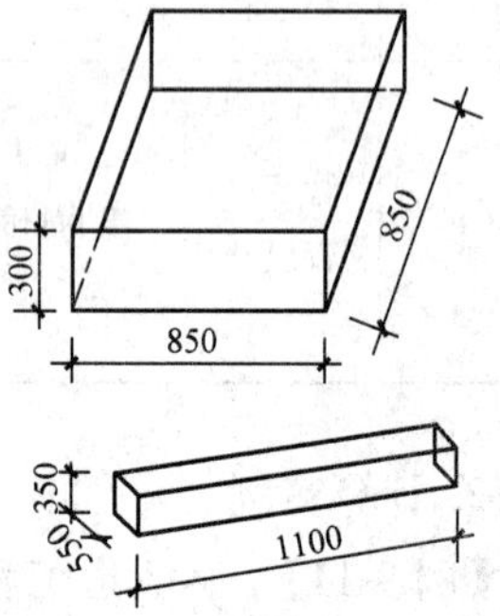

【解】根据工程量计算规则:

止水框工程量$=[(0.85 \times 0.3) \times 4 + 0.85 \times 0.85] \times 0.1 \times$
$$7.85 \times 10^3 = 1367.86 \text{kg} = 1.368 \text{t}$$

连系梁工程量$=0.35 \times 0.55 \times 1.1 \times 7.87 \times 10^3$
$$=1666.47 \text{kg} = 1.666 \text{t}$$

工程量$=1.368 + 1.666 = 3.034 \text{t}$

工程量计算结果见表 9-28。

图 9-15 止水框、连系梁示意图

表 9-28 工程量计算表

项目编码	项目名称	项目特征描述	计量单位	工程量
040404004001	安装止水框、连系梁	止水框材质密度为 $7.85 \times 10^3 \text{kg/m}^3$ 的优质钢材,连系梁材质密度为 $7.87 \times 10^3 \text{kg/m}^3$ 的优质钢材	t	3.034

三、阴极保护装置工程量计算

阴极保护是防止电化学腐蚀及生物贴腐出水口的一种有效手段。它包括恒电位仪、阳极、参变电极安装、过渡箱的制作安装和电缆敷设等内容。

阴极保护法是根据电化学腐蚀的原理,在腐蚀电池中阳极受腐蚀而损坏,而阴极则保持完好。利用阴极保护站产生的直流电源,使管节对土壤造成负电位的保护方法。

1. 工程量计算规则

阴极保护装置工程量清单项目设置、项目特征描述的内容、计量单位及工程量计算规则,应按表 9-29 的规定执行。

表 9-29 阴极保护装置

项目编码	项目名称	项目特征	计量单位	工程量计算规则	工作内容
040404005	阴极保护装置	1. 型号 2. 规格	组	按设计图示数量计算	1. 恒电位仪安装 2. 阳极安装 3. 阴极安装 4. 参变电极安装 5. 电缆敷设 6. 接线盒安装

2. 计算实例

【例 9-13】　隧道施工在垂直顶升后,需要安装阴极保护装置,一个阴极保护站设有 8 组阴极保护装置,试计算阴极保护装置工程量。

【解】根据工程量计算规则:

$$阴极保护装置工程量＝8 组$$

工程量计算结果见表 9-30。

表 9-30 工程量计算表

项目编码	项目名称	项目特征描述	计量单位	工程量
040404005001	阴极保护装置	一个阴极保护站设有 8 组阴极保护装置	组	8

四、安装取、排水头工程量计算

安装取、排水头工程工程量清单项目设置、项目特征描述的内容、计量单位及工程量计算规则,应按表 9-31 的规定执行。

表 9-31 安装取、排水头

项目编码	项目名称	项目特征	计量单位	工程量计算规则	工作内容
040404006	安装取、排水头	1. 部位 2. 尺寸	个	按设计图示数量计算	1. 顶升口揭顶盖 2. 取排水头部安装

五、隧道内旁通道开挖、集水井工程量计算

隧道内旁通道开挖是指在隧道内部开挖旁通道,以供行人及车辆通行。

旁通道混凝土结构是指旁通道用混凝土所建成的一类通道。

1. 工程量计算规则

隧道内旁通道开挖、集水井工程工程量清单项目设置、项目特征描述的内容、计量单位及工程量计算规则,应按表 9-32 的规定执行。

表 9-32　　　　　　　　　　　　　　隧道内旁通道、集水井

项目编码	项目名称	项目特征	计量单位	工程量计算规则	工作内容
040404007	隧道内旁通道开挖	1. 土壤类别 2. 土体加固方式	m³	按设计图示尺寸以体积计算	1. 土体加固 2. 支护 3. 土方暗挖 4. 土方运输
040404008	旁通道结构混凝土	1. 断面 2. 混凝土强度等级			1. 模板制作、安装 2. 混凝土拌和、运输、浇筑 3. 洞门接口防水
040404009	隧道内集水井	1. 部位 2. 材料 3. 形式	座	按设计图示数量计算	1. 拆除管片建集水井 2. 不拆管片建集水井

2. 计算实例

【例 9-14】　某隧道工程需开挖旁通道如图 9-16 所示，施工段 K0＋50～K0＋120 段为三类土，试计算其工程量。

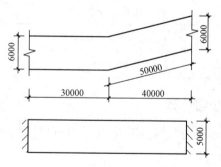

图 9-16　隧道内旁通道开挖示意图

【解】根据工程量计算规则：

隧道内旁通道开挖工程量＝5×6×(30＋40)＝2100.00m³

工程量计算结果见表 9-33。

表 9-33　　　　　　　　　　　　　　**工程量计算表**

项目编码	项目名称	项目特征描述	计量单位	工程量
040404007001	隧道内旁通道开挖	三类土	m³	2100.00

六、防爆门工程量计算

防爆门，也称抗爆门，是指安装在出风井口、以防甲烷、煤尘爆炸毁坏通风机的安全设施。采用特种工业钢板按照严格设置的力学数据制作，并配以高性能的五金配件，使用起来更加的实用和美观。

防爆门工程量清单项目设置、项目特征描述的内容、计量单位及工程量计算规则,应按表9-34的规定执行。

表 9-34 　　　　　　　　　　　　　防爆门

项目编码	项目名称	项目特征	计量单位	工程量计算规则	工作内容
040404010	防爆门	1. 形式 2. 断面	扇	按设计图示数量计算	1. 防爆门制作 2. 防爆门安装

七、钢筋混凝土复合管片、钢管片工程量计算

钢管片是预制衬砌管片的一种,预制衬砌管片按材料的不同分为混凝土管片、钢筋混凝土管片、钢管片、钢和钢筋混凝土组合管片。

1. 工程量计算规则

钢筋混凝土复合管片、钢管片工程量清单项目设置、项目特征描述的内容、计量单位及工程量计算规则,应按表9-35的规定执行。

表 9-35 　　　　　　　　　　　　钢筋混凝土复合管片、钢管片

项目编码	项目名称	项目特征	计量单位	工程量计算规则	工作内容
040404011	钢筋混凝土复合管片	1. 图集、图纸名称 2. 构件代号、名称 3. 材质 4. 混凝土强度等级	m³	按设计图示尺寸以体积计算	1. 构件制作 2. 试拼装 3. 运输、安装
040404012	钢管片	1. 材质 2. 探伤要求	t	按设计图示以质量计算	1. 钢管片制作 2. 试拼装 3. 探伤 4. 运输、安装

2. 计算实例

【例 9-15】　某隧道工程采用盾构掘进,需要制作钢管片,如图9-17所示为管片尺寸,采用高精度钢制作,试计算其工程量。

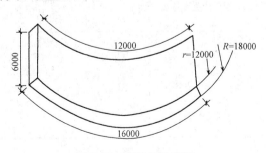

图 9-17　钢管片示意图

【解】根据工程量计算规则:

$$m=\rho V=7.78\times10^3\times6\times\left(\frac{1}{2}\times16\times18-\frac{1}{2}\times12\times12\right)$$
$$=3360.96\times10^3\,\mathrm{kg}$$
$$=3360.96\,\mathrm{t}$$

工程量计算结果见表 9-36。

表 9-36   **工程量计算表**

项目编码	项目名称	项目特征描述	计量单位	工程量
040404012001	钢管片	高精度钢	t	3360.96

第七节　隧道沉井工程工程量计算

沉井是软土地层建造地下构筑物的一种方法。即先在地面上浇筑一个上无盖、下无底的筒状结构物,采用机械挖土或水力冲洗泥的方法将井内的土取出,借助其自重下沉;下沉到设计标高后,再封底板、加顶板,使之成为一个地下构筑物。沉井按平面形状可分为矩形、圆形和圆端形三种;按建筑材料可分为无钢筋混凝土沉井和有钢筋混凝土沉井以及钢沉井;按井孔布置方式不同可分为单孔、双孔和多孔沉井。

一、沉井混凝土结构工程量计算

1. 工程量计算规则

沉井混凝土结构工程工程量清单项目设置、项目特征描述的内容、计量单位及工程量计算规则,应按表 9-37 的规定执行。

表 9-37   **沉井混凝土结构**

项目编码	项目名称	项目特征	计量单位	工程量计算规则	工作内容
040405001	沉井井壁混凝土	1. 形状 2. 规格 3. 混凝土强度等级	m³	按设计尺寸以外围井筒混凝土体积计算	1. 模板制作、安装、拆除 2. 刃脚、框架、井壁混凝土浇筑 3. 养护
040405003	沉井混凝土封底	混凝土强度等级		按设计图示尺寸以体积计算	1. 混凝土干封底 2. 混凝土水下封底
040405004	沉井混凝土底板				1. 模板制作、安装、拆除 2. 混凝土拌和、运输、浇筑 3. 养护
040405006	沉井混凝土隔墙				

2. 计算实例

【例 9-16】 某隧道工程,混凝土强度等级为 C20,石粒最大粒径为 25mm,沉井如图 9-18

所示,沉井下沉深度为15m,沉井封底及底板混凝土强度等级为C15,石料最大粒径为20mm,沉井填心采用碎石(20mm)和块石(200mm),不排水下沉,试计算其工程量。

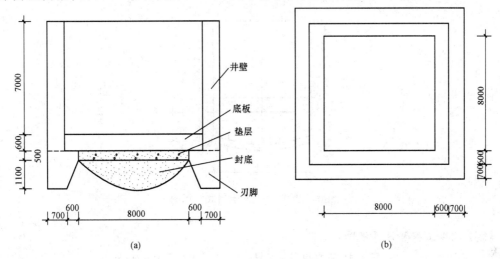

(a)　　　　　　　　　　　　　　　　　　　　(b)

图 9-18　沉井示意图

(a)沉井立面图;(b)沉井平面图

【解】根据工程量计算规则:

混凝土井壁工程量:

$$V_1 = (7+0.6) \times [(8+0.6+0.7+0.6+0.7) \times (8+0.6+0.7+0.6+0.7)] - (8+0.6 \times 2) \times (8+0.6 \times 2) \times (7+0.6) = 210.67 \text{m}^3$$

混凝土刃脚工程量:

$$V_2 = (1.1+0.5) \times (0.7+0.7+0.6)/2 \times 2 \times (8+0.6 \times 2+0.7 \times 2) + (1.1+0.5) \times (0.7+0.7+0.6)/2 \times 2 \times 8 = 59.52 \text{m}^3$$

沉井混凝土封底工程量:

$$V_3 = \frac{1}{6} \times 3.14 \times 1.1 \times (3 \times 4^2 + 1.1^2)$$
$$= 28.34 \text{m}^3$$

沉井混凝土底板工程量:

$$V_4 = (8+0.6 \times 2) \times (8+0.6 \times 2) \times 0.6 = 50.78 \text{m}^3$$

垫层工程量:

$$V_5 = 8 \times 8 \times 0.5 = 32 \text{m}^3$$

工程量计算结果见表9-38。

表 9-38　　　　　　　　　　　　　　　工程量计算表

项目编码	项目名称	项目特征描述	计量单位	工程量
040405001001	沉井井壁混凝土	矩形沉井,混凝土强度等级为C20	m³	270.19
040405003001	沉井混凝土封底	混凝土强度等级为C15	m³	28.34
040405004001	沉井混凝土底板	混凝土强度等级为C15	m³	50.78
040305001001	垫层	混凝土垫层,厚度500mm	m³	32

【例 9-17】　某圆形沉井混凝土封底如图 9-19 所示，计算沉井混凝土封底工程量。

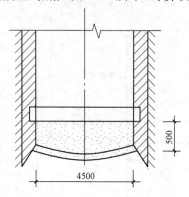

500

4500

图 9-19　沉井混凝土封底示意图

【解】根据工程量计算规则：

$$混凝土封底工程量＝3.14×2.25^2×0.5＝7.95m^3$$

工程量计算结果见表 9-39。

表 9-39　　　　　　　　　　　　　工程量计算表

项目编码	项目名称	项目特征描述	计量单位	工程量
040405003001	沉井混凝土封底	混凝土强度等级 C20，直径 4500mm	m³	7.95

二、沉井下沉工程量计算

1. 工程量计算规则

沉井下沉工程量清单项目设置、项目特征描述的内容、计量单位及工程量计算规则，应按表 9-40 的规定执行。

表 9-40　　　　　　　　　　　　　沉井下沉

项目编码	项目名称	项目特征	计量单位	工程量计算规则	工作内容
040405002	沉井下沉	1. 下沉深度 2. 弃土运距	m³	按设计图示井壁外围面积乘以下沉深度以体积计算	1. 垫层凿除 2. 排水挖土下沉 3. 不排水下沉 4. 触变泥浆制作、输送 5. 弃土外运

2. 计算实例

【例 9-18】　试计算【例 9-16】中沉井下沉工程量。

【解】根据工程量计算规则：

沉井下沉工程量＝(8＋0.6×2＋0.7×2)×(8＋0.6×2＋0.7×2)×15＝1685.40m³

工程量计算结果见表 9-41。

表 9-41　　　　　　　　　　　工程量计算表

项目编码	项目名称	项目特征描述	计量单位	工程量
040405002001	沉井下沉	下沉深度 15m	m³	1685.40

三、沉井填心工程量计算

1. 工程量计算规则

沉井填心工程量清单项目设置、项目特征描述的内容、计量单位及工程量计算规则,应按表 9-42 的规定执行。

表 9-42　　　　　　　　　　　沉井填心

项目编码	项目名称	项目特征	计量单位	工程量计算规则	工作内容
040405005	沉井填心	材料品种	m³	按设计图示尺寸以体积计算	1. 排水沉井填心 2. 不排水沉井填心

2. 计算实例

【例 9-19】　试计算【例 9-16】中沉井填心工程量。

【解】根据工程量计算规则:

$$沉井填心工程量 = (8+0.6 \times 2) \times (8+0.6 \times 2) \times 7 = 592.48 m³$$

工程量计算结果见表 9-43。

表 9-43　　　　　　　　　　　工程量计算表

项目编码	项目名称	项目特征描述	计量单位	工程量
040405005001	沉井填心	碎石、块石填心	m³	592.48

四、钢封门工程量计算

钢封门工程量清单项目设置、项目特征描述的内容、计量单位及工程量计算规则,应按表 9-44 的规定执行。

表 9-44　　　　　　　　　　　钢封门

项目编码	项目名称	项目特征	计量单位	工程量计算规则	工作内容
040405007	钢封门	1. 材质 2. 尺寸	t	按设计图示尺寸以质量计算	1. 钢封门安装 2. 钢封门拆除

第八节 混凝土结构工程量计算

一、隧道内混凝土结构工程量计算

隧道内混凝土结构主要包括混凝土地梁、混凝土底板、混凝土柱、混凝土墙、混凝土梁、混凝土平台、顶板及其他结构混凝土。

隧道内混凝土结构工程量清单项目设置、项目特征描述的内容、计量单位及工程量计算规则，应按表 9-45 的规定执行。

表 9-45 隧道内混凝土结构

项目编码	项目名称	项目特征	计量单位	工程量计算规则	工作内容
040406001	混凝土地梁				
040406002	混凝土底板				
040406003	混凝土柱	1. 类别、部位 2. 混凝土强度等级	m³	按设计图示尺寸以体积计算	1. 模板制作、安装、拆除 2. 混凝土拌和、运输、浇筑 3. 养护
040406004	混凝土墙				
040406005	混凝土梁				
040406006	混凝土平台、顶板				
040406008	隧道内其他结构混凝土	1. 部位、名称 2. 混凝土强度等级			

注：1. 隧道洞内道路路面铺装应按《市政工程工程量计算》(GB 50857—2013)附录 B 道路工程(参照本书第七章)相关清单项目编码列项。

2. 隧道洞内顶部和边墙内衬的装饰应按《市政工程工程量计算》(GB 50857—2013)附录 C 桥涵工程(参照本书第八章)相关清单项目编码列项。

3. 隧道内其他结构混凝土包括楼梯、电缆沟、车道侧石等。

4. 垫层、基础应按《市政工程工程量计算》(GB 50857—2013)附录 C 桥涵工程(参照本书第八章)相关清单项目编码列项。

5. 隧道内衬弓形底板、侧墙、支承墙应按本表混凝土底板、混凝土墙的相关清单项目编码列项，并在项目特征中描述其类别、部位。

二、圆隧道内架空路面工程量计算

圆隧道内架空路面工程量清单项目设置、项目特征描述的内容、计量单位及工程量计算规则，应按表 9-46 的规定执行。

表 9-46 圆隧道内架空路面

项目编码	项目名称	项目特征	计量单位	工程量计算规则	工作内容
040406007	圆隧道内架空路面	1. 厚度 2. 混凝土强度等级	m³	按设计图示尺寸以体积计算	1. 模板制作、安装、拆除 2. 混凝土拌和、运输、浇筑 3. 养护

第九节　沉管隧道工程量计算

一、沉管隧道结构工程工程量计算

1. 工程量计算规则

沉管隧道结构工程工程量清单项目设置、项目特征描述的内容、计量单位及工程量计算规则，应按表 9-47 的规定执行。

表 9-47　　　　　　　　　　　　　　沉管隧道结构

项目编码	项目名称	项目特征	计量单位	工程量计算规则	工作内容
040407001	预制沉管底垫层	1. 材料品种、规格 2. 厚度	m³	按设计图示沉管底面积乘以厚度以体积计算	1. 场地平整 2. 垫层铺设
040407002	预制沉管钢底板	1. 材质 2. 厚度	t	按设计图示尺寸以质量计算	钢底板制作、铺设
040407003	预制沉管混凝土板底	混凝土强度等级	m³	按设计图示尺寸以体积计算	1. 模板制作、安装、拆除 2. 混凝土拌和、运输、浇筑 3. 养护 4. 底板预埋注浆管
040407004	预制沉管混凝土侧墙				1. 模板制作、安装、拆除 2. 混凝土拌和、运输、浇筑 3. 养护
040407005	预制沉管混凝土顶板				
040407006	沉管外壁防锚层	1. 材质品种 2. 规格	m²	按设计图示尺寸以面积计算	铺设沉管外壁防锚层
040407007	鼻托垂直剪力键	材质		按设计图示尺寸以质量计算	1. 钢剪力键制作 2. 剪力键安装
040407008	端头钢壳	1. 材质、规格 2. 强度	t		1. 端头钢壳制作 2. 端头钢壳安装 3. 混凝土浇筑
040407009	端头钢封门	1. 材质 2. 尺寸			1. 端头钢封门制作 2. 端头钢封门安装 3. 端头钢封门拆除

2. 计算实例

【例 9-20】　某隧道工程，需要设置水底隧道，全长为 300m，采用预制沉管混凝土底板，混凝土强度等级采用 C60,石粒最大粒径为 15mm,分为 10 个管段,如图 9-20 所示为混凝土板底示意图,试计算其工程量。

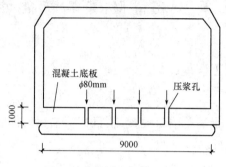

图 9-20　混凝土板底示意图

【解】根据工程量计算规则:

$$预制沉管混凝土板底工程量=300×9×1=2700m^3$$

工程量计算结果见表 9-48。

表 9-48　　　　　　　　　　**工程量计算表**

项目编码	项目名称	项目特征描述	计量单位	工程量
040407003001	预制沉管混凝土板底	混凝土强度等级采用 C60,石粒最大粒径为 15mm	m³	2700

二、沉管隧道施工临时系统工程量计算

沉管隧道施工临时设施工程量清单项目设置、项目特征描述的内容、计量单位及工程量计算规则,应按表 9-49 的规定执行。

表 9-49　　　　　　　　　　**沉管隧道施工临时设施**

项目编码	项目名称	项目特征	计量单位	工程量计算规则	工作内容
040407010	沉管管段浮运临时供电系统	规格	套	按设计图示管段数量计算	1. 发电机安装、拆除 2. 配电箱安装、拆除 3. 电缆安装、拆除 4. 灯具安装、拆除
040407011	沉管管段浮运临时供排水系统				1. 泵阀安装、拆除 2. 管路安装、拆除
040407012	沉管管段浮运临时通风系统				1. 进排风机安装、拆除 2. 风管路安装、拆除

三、沉管隧道施工工程量计算

沉管隧道施工工程量清单项目设置、项目特征描述的内容、计量单位及工程量计算规则,应按表 9-50 的规定执行。

表 9-50 沉管隧道施工

项目编码	项目名称	项目特征	计量单位	工程量计算规则	工作内容
040407013	航道疏浚	1. 河床土质 2. 工况等级 3. 疏浚深度	m³	按河床原断面与管段浮运时设计断面之差以体积计算	1. 挖泥船开收工 2. 航道疏浚挖泥 3. 土方驳运、卸泥
040407014	沉管河床基槽开挖	1. 河床土质 2. 工况等级 3. 挖土深度		按河床原断面与槽设计断面之差以体积计算	1. 挖泥船开收工 2. 沉管基槽挖泥 3. 沉管基槽清淤 4. 土方驳运、卸泥
040407015	钢筋混凝土块沉石	1. 工况等级 2. 沉石深度		按设计图示尺寸以体积计算	1. 预制钢筋混凝土块 2. 装船、驳运、定位沉石 3. 水下铺平石块
040407016	基槽抛铺碎石	1. 工况等级 2. 石料厚度 3. 沉石深度			1. 石料装运 2. 定位抛石、水下铺平石块
040407017	沉管管节浮运	1. 单节管段质量 2. 管段浮运距离	kt·m	按设计图示尺寸和要求以沉管管节质量和浮运距离的复合单位计算	1. 干坞放水 2. 管段起浮定位 3. 管段浮运 4. 加载水箱制作、安装、拆除 5. 系缆柱制作、安装、拆除
040407018	管段沉放连接	1. 单节管段重量 2. 管段下沉深度	节	按设计图示数量计算	1. 管段定位 2. 管段压水下沉 3. 管段端面对接 4. 管节拉合
040407019	砂肋软体排覆盖	1. 材料品种 2. 规格	m²	按设计图示尺寸以沉管顶面积加侧面外表面积计算	水下覆盖软体排
040407020	沉管水下压石		m³	按设计图示尺寸以顶、侧压石的体积计算	1. 装石船开收工 2. 定位抛石、卸石 3. 水下铺石
040407021	沉管接缝处理	1. 接缝连接形式 2. 接缝长度	条	按设计图示数量计算	1. 按缝拉合 2. 安装止水带 3. 安装止水钢板 4. 混凝土拌和、运输、浇筑
040407022	沉管底部压浆固封充填	1. 压浆材料 2. 压浆要求	m³	按设计图示尺寸以体积计算	1. 制浆 2. 管底压浆 3. 封孔

第十章 市政管网工程工程量计算

第一节 市政管网工程分项工程划分

一、全统市政定额市政管网工程划分

(一)给水工程

1. 管道安装

管道安装工程包括承插铸铁管安装(青铅接口),承插铸铁管安装(石棉水泥接口、膨胀水泥接口),承插、球墨铸铁管安装(胶圈接口),预应力(自应力)混凝土管安装(胶圈接口),塑料管安装(粘结),塑料管安装(胶圈接口),铸铁管新旧管连接(青铅接口、石棉水泥接口),铸铁管新旧管连接(膨胀水泥接口),钢管新旧管连接(焊接),管道试压。

(1)承插铸铁管安装(青铅接口)的工作内容包括:检查及清扫管材、切管、管道安装、化铅、打麻、打铅口。

(2)承插铸铁管安装(石棉水泥接口、膨胀水泥接口)的工作内容包括:检查及清扫管材、切管、管道安装、调制接口材料、接口、养护。

(3)承插、球墨铸铁管安装(胶圈接口)的工作内容包括:检查及清扫管材、切管、管道安装、上胶圈。

(4)预应力(自应力)混凝土管安装(胶圈接口)的工作内容包括:检查及清扫管材、管道安装、上胶圈、对口、调直、牵引。

(5)塑料管安装(粘结)的工作内容包括:检查及清扫管材、管道安装、粘结、调直。

(6)塑料管安装(胶圈接口)的工作内容包括:检查及清扫管材、管道安装、上胶圈、粘结、调直。

(7)铸铁管新旧管连接(青铅接口、石棉水泥接口)的工作内容包括:定位、断管、临时加固、安装管件、化铅、塞麻、打口、通水试验。

(8)铸铁管新旧管连接(膨胀水泥接口)的工作内容包括:定位、断管、安装管件、接口、临时加固、通水试验。

(9)钢管新旧管连接(焊接)的工作内容包括:定位、断管、安装管件、临时加固、通水试验。

(10)管道试压的工作内容包括:制堵盲板、安拆打压设备、灌水加压、清理现场。

(11)管道消毒冲洗的工作内容包括:溶解漂白粉、灌水消毒、冲洗。

2. 管件安装

管件安装工程包括铸铁管件安装(青铅接口),铸铁管件安装(石棉水泥接口、膨胀水泥接口),铸铁管件安装(胶圈接口),承插式预应力混凝土转换件安装(石棉水泥接口),塑料管件

安装,分水栓安装,马鞍卡子安装,二合三通安装,铸铁穿墙管安装,法兰式水表组成与安装(有旁通管有止回阀)。

(1)铸铁管件安装(青铅接口)的工作内容包括:切管、管口处理、管件安装、化铅、接口。

(2)铸铁管件安装(石棉水泥接口、膨胀水泥接口)的工作内容包括:切管、管口处理、管件安装、调制接口材料、接口、养护。

(3)铸铁管件安装(胶圈接口)的工作内容包括:选胶圈、清洗管口、上胶圈。

(4)承插式预应力混凝土转换件安装(石棉水泥接口)的工作内容包括:管件安装、接口、养护。

(5)塑料管件安装的工作内容如下:

1)粘结:切管、坡口、清理工作面、管件安装。

2)胶圈:切管、坡口、清理工作面、管件安装、上胶圈。

(6)分水栓安装的工作内容包括:定位、开关阀门、开孔、接驳、通水试验。

(7)马鞍卡子安装的工作内容包括:定位、安装、钻孔、通水试验。

(8)二合三通安装的工作内容包括:管口处理、定位、安装、钻孔、接口、通水试验。

(9)铸铁穿墙管安装的工作内容包括:切管、管件安装、接口、养护。

(10)法兰式水表组成与安装(有旁通管有止回阀)的工作内容包括:清洗检查、焊接、制垫加垫、水表、阀门安装、上螺栓。

3. 管道附属构筑物

管道附属构筑物工程包括砖砌圆形阀门井,砖砌矩形卧式阀门井、水表井,消火栓井,圆形排泥湿井,管道支墩(挡墩)。

(1)砖砌圆形阀门井的工作内容包括:混凝土搅拌、浇捣、养护、砌砖、勾缝、安装井盖。

(2)砖砌矩形卧式阀门井、水表井的工作内容包括:混凝土搅拌、浇捣、养护、砌砖、抹水泥砂浆、勾缝、安装盖板、安装井盖。

(3)消火栓井的工作内容包括:混凝土搅拌、浇捣、养护、砌砖、勾缝、安装井盖。

(4)圆形排泥湿井的工作内容包括:混凝土搅拌、浇捣、养护、砌砖、抹水泥砂浆、勾缝、安装井盖。

(5)管道支墩(挡墩)的工作内容包括:混凝土搅拌、浇捣、养护。

4. 管道内防腐

管道内防腐工程包括铸铁管(钢管)地面离心机械内涂、铸铁管(钢管)地面人工内涂。

(1)铸铁管(钢管)地面离心机械内涂的工作内容包括:刮管、冲洗、内涂、搭拆工作台。

(2)铸铁管(钢管)地面人工内涂的工作内容包括:清理管腔、搅拌砂浆、抹灰、成品堆放。

5. 取水工程

取水工程包括大口井内套管安装,辐射井管安装,钢筋混凝土渗渠管制作,渗渠滤料填充。

(1)大口井内套管安装的工作内容包括:套管、盲板安装、接口、封闭。

(2)辐射井管安装的工作内容包括:钻孔、井内辐射管安装、焊接、顶进。

(3)钢筋混凝土渗渠管制作安装的工作内容包括:混凝土搅拌、浇捣、养护、渗渠安装、连接找平。

(4)渗渠滤料填充的工作内容包括：筛选滤料、填充、整平。

(二)排水工程

1. 定型混凝土管道基础及铺设

定型混凝土管道基础及铺设工程包括定型混凝土管道基础，混凝土管道铺设，排水管道接口，管道闭水试验，排水管道出水口。

(1)定型混凝土管道基础的工作内容包括：配料、搅拌混凝土、捣固、养护、材料场内运输。

(2)混凝土管道铺设的工作内容包括：排管、下管、调直、找平、槽上搬运。

(3)排水管道接口的工作内容如下：

1)排水管道平(企)接口、预制混凝土外套环接口、现浇混凝土套环接口：清理管口、调运砂浆、填缝、抹带、压实、养护。

2)变形缝：清理管口、搅捣混凝土、筛砂、调制砂浆、熬制沥青、调配沥青麻丝、填塞、安放止水带、内外抹口、压实、养护。

3)承插接口：清理管口、调运砂浆、填缝、抹带、压实、养护。

(4)管道闭水试验的工作内容包括：调制砂浆、砌堵、抹灰、注水、排水、拆堵、清理现场等。

(5)排水管道出水口的工作内容如下：

1)砖砌：清底、铺装垫层、混凝土搅拌、浇筑、养护、调制砂浆、砌砖、抹灰、勾缝、材料运输。

2)石砌：清底、铺装垫层、混凝土搅拌、浇筑、养护、调制砂浆、砌石、抹灰、勾缝、材料运输。

2. 定型井

定型井的工作内容包括：混凝土搅拌、捣固、抹平、养护、调制砂浆、砌筑、抹灰、勾缝，井盖、井座、爬梯安装，材料场内运输等。

3. 非定型井、渠、管道基础及砌筑

非定型井、渠、管道基础及砌筑工程包括非定型井垫层，非定型井砌筑及抹灰，非定型井井盖(算)制作、安装，非定型渠(管)道垫层及基础，非定型渠道砌筑，非定型渠道抹灰与勾缝，渠道沉降缝，钢筋混凝土盖板、过梁的预制安装，混凝土管截断，检查井筒砌筑，方沟闭水试验。

(1)非定型井垫层的工作内容如下：

1)砂石垫层：清基、挂线、拌料、摊铺、找平、夯实、检查标高、材料运输等。

2)混凝土垫层：清基、挂线、配料、搅拌、捣固、抹平、养护、材料运输。

(2)非定型井砌筑及抹灰的工作内容如下：

1)砌筑：清理现场、配料、混凝土搅拌、养护、预制构件安装、材料运输。

2)勾缝及抹灰：清理墙面、筛砂、调制砂浆勾缝、抹灰、清扫落地灰、材料运输等。

3)井壁(墙)凿洞：凿洞、拌制砂浆、接管口、补齐管口、抹平墙面、清理场地。

(3)非定型井井盖(算)制作、安装的工作内容包括：配料、混凝土搅拌、捣固、抹面、养护、材料场内运输等。

(4)非定型渠(管)道垫层及基础的工作内容如下：

1)垫层：配料、混凝土搅拌、捣固、抹面、养护、材料场内运输等。

2)渠(管)道基础。

平基、负拱基础：清底、挂线、调制砂浆、选砌砖石、抹平、夯实、混凝土搅拌、捣固、养护、材

料运输、清理场地等。

混凝土枕基、管座:清理现场、混凝土搅捣、养护、预制构件安装、材料运输。

(5)非定型渠道砌筑的工作内容如下:

1)墙身、拱盖:清理基底、调制砂浆、筛砂、挂线砌筑,清整墙面、材料运输、清整场地。

2)现浇混凝土方沟:混凝土搅拌、捣固、养护、材料场运输。

3)砌筑墙帽:调制拌和砂浆、砌筑、清整场地、混凝土搅拌、捣固、养护、材料场运输、清理场地。

(6)非定型渠道抹灰与勾缝的工作内容如下:

1)抹灰:润湿墙面、调拌砂浆、抹灰、材料运输、清理场地。

2)勾缝:清理墙面、调拌砂浆、砌堵脚手孔、勾缝、材料运输、清理场地。

(7)渠道沉降缝的工作内容包括:熬制沥青麻丝、填塞、裁料、涂刷底油、铺贴安装、材料运输、清理场地。

(8)钢筋混凝土盖板、过梁的预制安装的工作内容如下:

1)预制:配料、混凝土搅拌、运输、捣固、抹面、养护。

2)安装:构件提升、就位、固定、铺底灰、调配砂浆、勾抹缝隙。

(9)混凝土管截断的工作内容包括:清扫管内杂物、划线、凿管、切断等操作过程。

(10)检查井筒砌筑的工作内容包括:调制砂浆、盖板以上的井筒砌筑、勾缝、爬梯、井盖、井座安装、场内材料运输等。

(11)方沟闭水试验的工作内容包括:调制砂浆、砌砖堵、抹面、接(拆)水管、拆堵、材(废)料运输。

4. 模板、钢筋、井字架工程

模板、钢筋、井字架工程包括现浇混凝土模板工程,预制混凝土模板工程,钢筋(铁件),井字架。

(1)现浇混凝土模板工程的工作内容如下:

1)基础:模板制作、安装、拆除、清理杂物、刷隔离剂、整理堆放、场内外运输。

2)构筑物及池类、管、渠道及其他:模板安装、拆除,涂刷隔离剂、清杂物、场内外运输等。

(2)预制混凝土模板工程的工作内容包括:工具式钢模板安装、清理、刷隔离剂、拆除、整理堆放、场内运输。

(3)钢筋(铁件)的工作内容如下:

1)现浇、预制构件钢筋:钢筋解捆、除锈、调直、下料、弯曲,点焊、除渣,绑扎成型、运输入模。

2)预应力钢筋。

先张法:制作、张拉、放张、切断等。

后张法及钢筋束:制作、编束、穿筋、张拉、孔道灌浆、锚固、放张、切断等。

3)预埋铁件制作、安装:加工、制作、埋设、焊接固定。

(4)井字架的工作内容如下:

1)木制:木脚手杆安装、铺翻板子、拆除、堆放整齐、场内运输。

2)钢管:各种扣件安装、铺翻板子、拆除、场内运输。

5. 排水构筑物

排水构筑物工程包括沉井,现浇钢筋混凝土池,预制混凝土构件,折板、壁板制作安装,滤料铺设,防水工程,施工缝,井、池渗漏试验。

(1)沉井的工作内容如下:

1)沉井垫木、灌砂。

垫木:人工挖槽弃土,铺砂、洒水、夯实、铺设和抽除垫木,回填砂。

灌砂工装、运、卸砂,人工灌、捣砂。

砂垫层:平整基坑、运砂、分层铺平、浇水、振实。

混凝土垫层:配料、搅捣、养护、凿除混凝土垫层。

2)沉井制作:混凝土搅拌、浇捣、抹平、养护、场内材料运输。

3)沉井下沉:搭拆平台及起吊设备、挖土、吊土、装车。

(2)现浇钢筋混凝土池的工作内容如下:

1)池底、池壁、柱梁、池盖、板、池槽:混凝土搅拌、浇捣、养护、场内材料运输。

2)导流筒:调制砂浆、砌砖、场内材料运输。

3)其他现浇钢筋混凝土构件:混凝土搅拌、运输、浇捣、养护、场内材料运输。

(3)预制混凝土构件的工作内容如下:

1)构件制作:混凝土搅拌、运输、浇捣、养护、场内材料运输。

2)构件安装:安装就位、找正、找平、清理、场内材料运输。

(4)折板、壁板制作安装的工作内容如下:

1)折板安装:找平、找正、安装、固定、场内材料运输。

2)壁板制作安装:木壁板制作,刨光企口,接装及各种铁件安装,划线、下料、拼装及各种铁件安装等。

(5)滤料铺设的工作内容包括:筛、运、洗砂石,清底层,挂线,铺设砂石,整形找平等。

(6)防水工程的工作内容包括:清扫及烘干基层,配料,熬油,清扫油毡,砂子筛洗;调制砂浆,抹灰找平,压光压实,场内材料运输。

(7)施工缝的工作内容包括:熬制沥青、玛瑞脂,调配沥青麻丝、浸木丝板、拌和沥青砂浆,填塞、嵌缝、灌缝,材料场内运输等。

(8)井、池渗漏试验的工作内容包括:准备工具、灌水、检查、排水、现场清理等。

6. 顶管工程

顶管工程包括工作坑、交汇坑土方及支撑安拆,顶进后座及坑内平台安拆,泥水切削机械及附属设施安拆,中继间安拆,顶进触变泥浆减阻,封闭式顶进,混凝土管顶进、钢管顶进、挤压顶进,方(拱)涵顶进,混凝土管顶管平口管接口,混凝土管顶管企口管接口,顶管接口(内)外套环,顶管钢板套环制作。

(1)工作坑、交汇坑土方及支撑安拆的工作内容如下:

1)人工挖土、少先吊配合吊土、卸土、场地清理。

2)备料、场内运输、支撑安拆、整理、指定地点堆放。

(2)顶进后座及坑内平台安拆的工作内容如下:

1)枋木后座:安拆顶进后座、安拆人工操作平台及千斤顶平台、清理现场。

2)钢筋混凝土后座:模板制、安、拆,钢筋除锈、制作、安装,混凝土拌和、浇捣、养护,安拆钢板后靠,搭拆人工操作平台及千斤顶平台,拆除混凝土后座,清理现场。

(3)泥水切削机械及附属设施安拆的工作内容包括:安拆工具管、千斤顶、顶铁、油泵、配电设备、进水泵、出泥泵、仪表操作台、油管闸阀、压力表、进水管、出泥管及铁梯等全部工序。

(4)中继间安拆的工作内容包括:安装、吊卸中继间,装油泵、油管,接缝防水,拆除中继间内的全部设备,吊出井口。

(5)顶进触变泥浆减阻的工作内容包括:安拆操作机械,取料、拌浆、清理。

(6)封闭式顶进的工作内容包括:卸管、接拆进水管、出泥浆管、照明设备,掘进、测量纠偏,泥浆出坑,场内运输等。

(7)混凝土管顶进的工作内容包括:下管、固定胀圈,安、拆、换顶铁,挖、运、吊土,顶进,纠偏。

(8)钢管顶进、挤压顶进的工作内容包括:修整工作坑、安拆顶管设备,下管、接口,安、拆、换顶铁,挖、运、吊土,顶进,纠偏。

(9)方(拱)涵顶进的工作内容如下:

1)顶进:修整工作坑、安拆顶管设备,下方(拱)涵,安、拆、换顶铁,挖、运、吊土,顶进,纠偏。

2)熬制沥青玛脂,裁油毡,制填石棉水泥,抹口。

(10)混凝土管顶管平口管接口的工作内容包括:配制沥青麻丝,拌和砂浆,填、打(打)管口,材料运输。

(11)混凝土管顶管企口管接口的工作内容如下:

1)配制沥青麻丝,拌和砂浆,填、打(打)管口,材料运输。

2)清理管口,调配嵌缝及粘结材料,制粘垫板,打(抹)内管口,材料运输。

(12)顶管接口(内)外套环的工作内容包括:清理接口,安放"O"形橡胶圈、安放钢制外套环,刷环氧沥青漆。

(13)顶管钢板套环制作的工作内容包括:划线、下料、坡口、压头、卷圆、找圆、组对、点焊、焊接、除锈、刷油、场内运输等。

7. 给排水机械设备安装

给排水机械设备安装工程包括拦污及提水设备,投药、消毒处理设备,水处理设备,排泥、撇渣和除砂机械,污泥脱水机械,闸门及驱动装置,其他。

(1)拦污及提水设备的工作内容如下:

1)格栅的制作安装:放样、下料、调直、打孔、机加工、组对、点焊、成品校正、除锈刷油。

2)格栅除污机、滤网清污机、螺旋泵:开箱点件、基础划线、场内运输、设备吊装就位、一次灌浆、精平、组装,附件组装、清洗、检查、加油,无负荷试运转。

(2)投药、消毒处理设备的工作内容如下:

1)加氯机:开箱点件、基础划线、场内运输、固定、安装。

2)水射器:开箱点件、场内运输、制垫、安装、找平、加垫、紧固螺栓。

3)管式混合器:外观检查、点件、安装、找平、加垫、紧固螺栓、水压试验。

4)搅拌机械:开箱点件、基础划线、场内运输、设备吊装就位、一次灌浆、精平、组装,附件组装、清洗、检查、加油,无负荷试运转。

（3）水处理设备的工作内容如下：

1）曝气器：外观检查、场内运输、设备吊装就位、安装、固定、找平、找正调试。

2）布气管安装：切管、坡口、调直、对口、挖眼接管、管道制作安装、盲板制作安装、水压试验、场内运输。

3）曝气机、生物转盘：开箱点件、基础划线、场内运输、设备吊装就位、一次灌浆、精平、组装，附件组装、清洗、检查、加油、无负荷试运转。

（4）排泥、撇渣和除砂机械的工作内容如下：

1）行车式吸泥机、行车式提板刮泥撇渣机：开箱点件、场内运输、枕木堆搭设、主梁组对、吊装，组件安装，无负荷试运转。

2）链条牵引式刮泥机：开箱点件、基础划线、场内运输、设备吊装就位、精平、组装，附件组装、清洗、检查、加油、无负荷试运转。

3）悬挂式中心传动刮泥机：开箱点件、基础划线、场内运输、枕木堆搭设、主梁组对、主梁吊装就位，精平组装，附件组装、清洗、检查、加油、无负荷试运转。

4）垂架式中心传动刮、吸泥机、周边传动吸泥机：开箱点件、基础划线、场内运输、8t 汽车吊进出池子，枕木堆搭设，脚手架搭设，设备组装，附件组装、清洗、检查、加油、无负荷试运转。

5）澄清池机械搅拌刮泥机：开箱点件、基础划线、场内运输、设备吊装、一次灌浆、精平组装，附件组装、清洗、检查、加油、无负荷试运转。

6）钟罩吸泥机：开箱点件、基础划线、场内运输、设备吊装，精平组装，附件组装、清洗、检查、加油、无负荷试运转。

（5）污泥脱水机械的工作内容包括：开箱点件、基础划线、场内运输、设备吊装，一次灌浆、精平组装，附件组装、清洗、检查、加油、无负荷试运转。

（6）闸门及驱动装置的工作内容包括：开箱点件、基础划线、场内运输、闸门安装，找平、找正，试漏，试运转。

（7）其他工作内容如下：

1）集水槽。

集水槽制作：放样、下料、折边、铣孔、法兰制作、组对、焊接、酸洗、材料场内运输等。

集水槽安装：清基、放线、安装、固定、场内运输等。

2）堰板。

齿型堰板制作：放样、下料、钻孔、清理、调直、酸洗、场内运输等。

齿型堰板安装：清基、放线、安装就位、固定、焊接或粘结、场内运输等。

3）穿孔管钻孔：切管、划线、钻孔、场内材料运输等。

4）斜板、斜管安装：斜板、斜管铺装，固定，场内材料运输等。

5）地脚螺栓孔灌浆：清扫、冲洗地脚螺栓孔、筛洗砂石、人工搅拌、捣固、找平、养护。

6）设备底座与基础间灌浆。

（三）燃气与集中供热工程

1. 管道安装

管道安装工程包括碳钢管安装，直埋式预制保温管安装，碳素钢板卷管安装，活动法兰承插铸铁管安装（机械接口），塑料管安装。

(1)碳钢管安装的工作内容包括:切管、坡口、对口、调直、焊接、找坡、找正、安装等操作过程。

(2)直埋式预制保温管安装的工作内容包括:收缩带下料、制塑料焊条、坡口及磨平、组对、安装焊接、套管连接、找正、就位、固定、塑料焊、人工发泡、做收缩带、防毒等操作过程。

(3)碳素钢板卷管安装的工作内容包括:切管、坡口、对口、调直、焊接、找坡、找正、直管安装等操作过程。

(4)活动法兰承插铸铁管安装(机械接口)的工作内容包括:上法兰、胶圈、紧螺栓、安装、试压等操作过程。

(5)塑料管安装的工作内容如下:

1)管口切削、对口、升温、熔接等操作过程。

2)管口切削、上电熔管件、升温、熔接等操作过程。

(6)套管内铺设钢板卷管:铺设工具制作安装、焊口、直管安装、牵引推进等操作过程。

2. 管件制作、安装

管件制作、安装工程包括焊接弯头制作,弯头(异径管)安装,三通安装,挖眼接管,钢管煨弯,铸铁管件安装(机械接口),盲(堵)板安装,钢塑过渡接头安装,防雨环帽制作、安装,直埋式预制保温管管件安装。

(1)焊接弯头制作的工作内容包括:量尺寸、切管、组对、焊接成型、成品码垛等操作过程。

(2)弯头(异径管)安装的工作内容包括:切管、管口修整、坡口、组对安装、点焊、焊接等操作过程。

(3)三通安装的工作内容包括:切管、管口修整、坡口、组对安装、点焊、焊接等操作过程。

(4)挖眼接管的工作内容包括:切割、坡口、组对安装、点焊、焊接等操作过程。

(5)钢管煨弯的工作内容如下:

1)机械煨弯:划线、涂机油、上管压紧、煨弯、修整等操作过程。

2)中频弯管机煨弯:划线、涂机油、上胎具、加热、煨弯、下胎具、成品检查等操作过程。

(6)铸铁管件安装(机械接口)的工作内容包括:管口处理、找正、找平,上胶圈、法兰,紧螺栓等操作过程。

(7)盲(堵)板安装的工作内容包括:切管、坡口、对口、焊接、上法兰、找平、找正,制、加垫,紧螺栓、压力试验等操作过程。

(8)钢塑过渡接头安装的工作内容包括:钢管接头焊接、塑料管接头熔接等操作过程。

(9)防雨环帽制作、安装的工作内容如下:

1)制作:包括放样、下料、切割、坡口、卷圆、组对、点焊、焊接等操作过程。

2)安装:包括吊装、组对、焊接等操作过程。

(10)直埋式预制保温管管件安装的工作内容包括:收缩带下料、制塑料焊条,切、坡中及打磨、组对、安装、焊接,连接套管、找正、就位、固定、塑料焊、人工发泡、做收缩带防毒等操作过程。

3. 法兰阀门安装

法兰阀门安装工程包括法兰安装,阀门安装,阀门水压试验,低压(中压)阀门解体、检查、清洗、研磨,阀门操纵装置安装。

(1)法兰安装的工作内容如下：

1)平焊法兰、对焊法兰：切管、坡口、组对、制加垫、紧固螺、焊接等操作过程。

2)绝缘法兰：切管、坡口、组对、制加绝缘垫片、垫圈，制加绝缘套管、组对、紧螺栓等操作过程。

(2)阀门安装的工作内容如下：

1)焊接法兰阀门安装：制加垫、紧螺栓等操作过程。

2)低压(中压)齿轮、电动传动阀门安装：除锈、制加垫、吊装、紧螺栓等操作过程。

(3)阀门水压试验的工作内容包括：除锈、切管、焊接、制加垫、固定、紧螺栓、压力试验等操作过程。

(4)低压(中压)阀门解体、检查、清洗、研磨的工作内容包括：阀门解体、检查、填料更换或增加、清洗、研磨、恢复、堵板制作、上堵板、试压等操作过程。

(5)阀门操纵装置安装的工作内容包括：部件检查及组合装配、找平、找正、安装、固定、试调、调整等操作过程。

4. 燃气用设备安装

燃气用设备安装工程包括凝水缸制作、安装，鬃毛过滤器、萘油分离器安装，安全水封、检漏管安装，煤气调长器安装。

(1)凝水缸制作、安装的工作内容如下：

1)低压(中压)碳钢凝水缸制作：放样、下料、切割、坡口、对口、点焊、焊接成型、强度试验等操作过程。

2)低压碳钢凝水缸安装：安装罐体、找平、找正、对口、焊接、量尺寸、配管、组装、防护罩安装等操作过程。

3)中压碳钢凝水缸安装：安装罐体、找平、找正、对口、焊接、量尺寸、配管、组装、头部安装、抽水缸小井砌筑等操作过程。

4)低压铸铁凝水缸安装(机械接口)：抽水立管安装、抽水缸与管道连接，防护罩、井盖安装等操作过程。

5)中压铸铁凝水缸安装(机械接口)：抽水立管安装、抽水缸与管道连接，凝水缸小井砌筑，防护罩、井座、井盖安装等操作过程。

6)低压铸铁凝水缸安装(青铅接口)：抽水立管安装、化铅、灌铅、打口、凝水缸小井砌筑，防护罩、井座、井盖安装等操作过程。

7)中压铸铁凝水缸安装(青铅接口)：抽水立管安装、头部安装、化铅、灌铅、打口、凝水缸小井砌筑，防护罩、井座、井盖安装等操作过程。

8)调压器安装：

雷诺调压器、T形调压器：安装、调试等操作过程。

箱式调压器：进、出管焊接。调试、调压箱体固定安装等操作过程。

(2)鬃毛过滤器、萘油分离器安装的工作内容包括：成品安装、调试等操作过程。

(3)安全水封、检漏管安装的工作内容包括：排尺、下料、焊接法兰、紧螺栓等操作过程。

(4)煤气调长器安装的工作内容包括：熬制沥青、灌沥青、量尺寸、断管、焊法兰、制加垫、找平、找正、紧螺栓等操作过程。

5. 集中供热用容器具安装

集中供热用容器具安装工程包括除污器组成安装,补偿器安装。

(1)除污器组成安装的工作内容如下:

1)除污器组成安装:清洗、切管、套丝、上零件、焊接、组对、制、加垫,找平、找正、器具安装、压力试验等操作过程。

2)除污器安装:切管、焊接、制、加垫,除污器、放风管、阀门安装,压力试验等操作过程。

(2)补偿器安装的工作内容如下:

1)焊接钢套筒补偿器安装:切管、补偿器安装、对口、焊接、制、加垫,紧螺栓、压力试验等操作过程。

2)焊接法兰式波纹补偿器安装:除锈、切管、焊法兰、吊装、就位、找正、找平、制、加垫,紧螺栓、水压试验等操作过程。

6. 管道试压、吹扫

管道试压、吹扫工程包括强度试验,气密性试验,管道吹扫,管道总试压及冲洗,牺牲阳极、测试桩安装。

(1)强度试验的工作内容包括:准备工具、材料,装、拆临时管线,制、安盲堵板,充气加压,检查、找漏、清理现场等操作过程。

(2)气密性试验的工作内容包括:准备工具、材料,装、拆临时管线,制、安盲堵板,充气试验、清理现场等操作过程。

(3)管道吹扫的工作内容包括:准备工具、材料,装、拆临时管线,制、安盲堵板,加压、吹扫、清理现场等操作过程。

(4)管道总试压及冲洗的工作内容包括:安装临时水、电源,制盲堵板、灌水、试压、检查放水、拆除水、电源,填写记录等操作过程。

(5)牺牲阳极、测试桩安装的工作内容包括:牺牲阳极表面处理、焊接、配添料,牺牲阳极包制作、安装,测试桩安装、夯填、沥青防腐处理等操作过程。

二、计量规范市政管网工程划分

1. 管道铺设

管道铺设包括混凝土管、钢管、铸铁管、塑料管、直埋式预制保温管、管道架空跨越、隧道(沟、管)内管道、水平导向钻进、夯管、顶(夯)管工作坑、预制混凝土工作坑、顶管、土壤加固、新旧管连接、临时放水管线、砌筑方沟、混凝土方沟、砌筑渠道、混凝土渠道、警示(示踪)带铺设。

(1)混凝土管,其工作内容包括:垫层、基础铺筑及养护;模板制作、安装、拆除;混凝土拌和、运输、浇筑、养护;预制管枕安装;管道铺设;管道接口;管道检验及试验。

(2)钢管、铸铁管,其工作内容包括:垫层、基础铺筑及养护;模板制作、安装、拆除;混凝土拌和、运输、浇筑、养护;管道铺设;管道检验及试验;集中防腐运输。

(3)塑料管,其工作内容包括:垫层、基础铺筑及养护;模板制作、安装、拆除;混凝土拌和、运输、浇筑、养护;管道铺设;管道检验及试验。

(4)直埋式预制保温管,其工作内容包括:垫层铺筑及养护;管道铺设;接口处保温;管道检验及试验。

(5)管道架空跨越,其工作内容包括:管道架设;管道检验及试验;集中防腐运输。

(6)隧道(沟、管)内管道,其工作内容包括:基础铺筑、养护;模板制作、安装、拆除;混凝土拌和、运输、浇筑、养护;管道铺设;管道检测及试验;集中防腐运输。

(7)水平导向钻进,其工作内容包括:设备安装、拆除;定位、成孔;管道接口;拉管;纠偏、监测;泥浆制作、注浆;管道检测及试验;集中防腐运输;泥浆、土方外运。

(8)夯管,其工作内容包括:设备安装、拆除;定位、夯管;管道接口;纠偏、监测;管道检测及试验;集中防腐运输;土方外运。

(9)顶(夯)管工作坑,其工作内容包括:支撑、围护;模板制作、安装、拆除;混凝土拌和、运输、浇筑、养护;工作坑内设备、工作台安装及拆除。

(10)预制混凝土工作坑,其工作内容包括:混凝土工作坑制作;下沉、定位;模板制作、安装、拆除;混凝土拌和、运输、浇筑、养护;工作坑内设备、工作台安装及拆除;混凝土构件运输。

(11)顶管,其工作内容包括:管道顶进;管道接口;中继间、工具管及附属设备安装拆除;管内挖、运土及土方提升;机械顶管设备调向;纠偏、监测;触变泥浆制作、注浆;洞口止水;管道检测及试验;集中防腐运输;泥浆、土方外运。

(12)土壤加固,其工作内容包括:打孔、调浆、灌注。

(13)新旧管连接,其工作内容包括:切管;钻孔;连接。

(14)临时放水管线,其工作内容包括:管线铺设、拆除。

(15)砌筑方向,其工作内容包括:模板制作、安装、拆除;混凝土拌和、运输、浇筑、养护;砌筑;勾缝、抹面;盖板安装;防水、止水;混凝土构件运输。

(16)混凝土方沟,其工作内容包括:模板制作、安装、拆除;混凝土拌和、运输、浇筑、养护;盖板安装;防水、止水;混凝土构件运输。

(17)砌筑渠道,其工作内容包括:模板制作、安装、拆除;混凝土拌和、运输、浇筑、养护;渠道砌筑;勾缝、抹面;防水、止水。

(18)混凝土渠道,其工作内容包括:模板制作、安装、拆除;混凝土拌和、运输、浇筑、养护;防水、止水;混凝土构件运输。

(19)警示(示踪)带铺设,其工作内容包括:铺设。

2. 管件、阀门及附件安装

(1)铸铁管管件、塑料管管件、转换件、阀门、法兰、水表、消火栓、补偿器(波纹管)、调压器、过滤器、分离器、安全水封、检漏(水)管,其工作内容包括:安装。

(2)钢管管件制作、安装、盲堵板制作、安装、凝水缸,其工作内容包括:制作、安装;

(3)除污器组成、安装,其工作内容包括:组成、安装。

3. 支架制作及安装

(1)砌筑支墩,其工作内容包括:模板制作、安装、拆除;混凝土拌和、运输、浇筑、养护;砌筑;勾缝、抹面。

(2)混凝土支墩,其工作内容包括:模板制作、安装、拆除;混凝土拌和、运输、浇筑、养护;预制混凝土支墩安装;混凝土构件运输。

(3)金属支架制作、安装,其工作内容包括:模板制作、安装、拆除;混凝土拌和、运输、浇筑、养护；支架制作、安装。

（4）金属吊架制作、安装，其工作内容包括：制作、安装。

4. 管道附属构筑物

（1）砌筑井，其工作内容包括：垫层铺筑；模板制作、安装、拆除；混凝土拌和、运输、浇筑、养护；砌筑、勾缝、抹面；井圈、井盖安装；盖板安装；踏步安装；防水、止水。

（2）混凝土井，其工作内容包括：垫层铺筑；模板制作、安装、拆除；混凝土拌和、运输、浇筑、养护；井圈、井盖安装；盖板安装；踏步安装；防水、止水。

（3）塑料检查井，其工作内容包括：垫层铺筑；模板制作、安装、拆除；混凝土拌和、运输、浇筑、养护；检查井安装；井筒、井圈、井盖安装。

（4）砖砌井筒，其工作内容包括：砌筑、勾缝、抹面；踏步安装。

（5）预制混凝土井筒，其工作内容包括：运输、安装。

（6）砌体出水口，其工作内容包括：垫层铺筑；模板制作、安装、拆除；混凝土拌和、运输、浇筑、养护；砌筑、勾缝、抹面。

（7）混凝土出水口，其工作内容包括：垫层铺筑；模板制作、安装、拆除；混凝土拌和、运输、浇筑、养护。

（8）整体化粪池，其工作内容包括：安装。

（9）雨水口，其工作内容包括：垫层铺筑；模板制作、安装、拆除；混凝土拌和、运输、浇筑、养护；砌筑、勾缝、抹面；雨水箅子安装。

第二节　管道铺设安装工程工程量计算

一、各种管道工程量计算

1. 工程量计算规则

各类管道铺设工程量清单项目设置、项目特征描述、计量单位及工程量计算规则，应按表10-1 的规定执行。

表 10-1　　　　　　　　　　　各类管道铺设

项目编码	项目名称	项目特征	计量单位	工程量计算规则	工作内容
040501001	混凝土管	1. 垫层、基础材质及厚度 2. 管座材质 3. 规格 4. 接口方式 5. 铺设深度 6. 混凝土强度等级 7. 管道检验及试验要求	m	按设计图示中心线长度以延长米计算。不扣除附属构筑物、管件及阀门等所占长度	1. 垫层、基础铺筑及养护 2. 模板制作、安装、拆除 3. 混凝土拌和、运输、浇筑、养护 4. 预制管枕安装 5. 管道铺设 6. 管道接口 7. 管道检验及试验

（续一）

项目编码	项目名称	项目特征	计量单位	工程量计算规则	工作内容
040501002	钢管	1. 垫层、基础材质及厚度 2. 材质及规格 3. 接口方式 4. 铺设深度 5. 管道检验及试验要求 6. 集中防腐运距		按设计图示中心线长度以延长米计算。不扣除附属构筑物、管件及阀门等所占长度	1. 垫层、基础铺筑及养护 2. 模板制作、安装、拆除 3. 混凝土拌和、运输、浇筑、养护 4. 管道铺设 5. 管道检验及试验 6. 集中防腐运输
040501003	铸铁管				
040501004	塑料管	1. 垫层、基础材质及厚度 2. 材质及规格 3. 连接形式 4. 铺设深度 5. 管道检验及试验要求			1. 垫层、基础铺筑及养护 2. 模板制作、安装、拆除 3. 混凝土拌和、运输、浇筑、养护 4. 管道铺设 5. 管道检验及试验
040501005	直埋式预置保温管	1. 垫层材质及厚度 2. 材质及规格 3. 接口方式 4. 铺设深度 5. 管道检验及试验要求			1. 垫层铺筑及养护 2. 管道铺设 3. 接口处保温 4. 管道检验及试验
040501006	管道架空跨越	1. 管道架设高度 2. 管道材质及规格 3. 接口方式 4. 管道检验及试验要求 5. 集中防腐运输	m	按设计图示中心线长度以延长米计算。不扣除管件及阀门等所占长度	1. 管道架设 2. 管道检验及试验 3. 集中防腐运输
040501007	隧道（沟、管）内管道	1. 基础材质及厚度 2. 混凝土强度等级 3. 材质及规格 4. 接口方式 5. 管道检验及试验要求 6. 集中防腐运输		按设计图示中心线长度以延长米计算。不扣除附属构筑物、管件及阀门等所占长度	1. 基础铺筑、养护 2. 模板制作、安装、拆除 3. 混凝土拌和、运输、浇筑、养护 4. 管道铺设 5. 管道检验及试验 6. 集中防腐运输
040501008	水平导向钻进	1. 土壤类别 2. 材质及规格 3. 一次成孔长度 4. 接口方式 5. 泥浆要求 6. 管道检验及试验要求 7. 集中防腐运输		按设计图示长度以延长米计算。扣除附属构筑物（检查井）所占长度	1. 设备安装、拆除 2. 定位、成孔 3. 管道接口 4. 拉管 5. 纠偏、监测 6. 泥浆制作、注浆 7. 管道检测及试验 8. 集中防腐运输 9. 泥浆、土方外运
040501009	夯管	1. 土壤类别 2. 材质及规格 3. 一次夯管长度 4. 接口方式 5. 管道检验及试验要求 6. 集中防腐运距			1. 设备安装、拆除 2. 定位、夯管 3. 管道接口 4. 纠偏、监测 5. 管道检测及试验 6. 集中防腐运输 7. 土方外运

（续二）

项目编码	项目名称	项目特征	计量单位	工程量计算规则	工作内容
040501010	顶（夯）管工作坑	1. 土壤类别 2. 工作坑平面尺寸及深度 3. 支撑、围护方式 4. 垫层、基础材质及厚度 5. 混凝土强度等级 6. 设备、工作台主要技术要求	座	按设计图示数量计算	1. 支撑、围护 2. 模板制作、安装、拆除 3. 混凝土拌和、运输、浇筑、养护 4. 工作坑内设备、工作台安装及拆除
040501011	预制混凝土工作坑	1. 土壤类别 2. 工作坑平面尺寸及深度 3. 垫层、基础材质及厚度 4. 混凝土强度等级 5. 设备、工作台主要技术要求 6. 混凝土构件运距			1. 混凝土工作坑制作 2. 下沉、定位 3. 模板制作、安装、拆除 4. 混凝土拌和、运输、浇筑、养护 5. 工作坑内设备、工作台安装及拆除 6. 混凝土构件运输
040501012	顶管	1. 土壤类别 2. 顶管工作方式 3. 管道材质及规格 4. 中继间规格 5. 工具管材质及规格 6. 触变泥浆要求 7. 管道检验及试验要求 8. 集中防腐运距	m	按设计图示长度以延长米计算。扣除附属构筑物（检查井）所占长度	1. 管道顶进 2. 管道接口 3. 中继间、工具管及附属设备安装拆除 4. 管内挖、运土及土方提升 5. 机械顶管设备调向 6. 纠偏、监测 7. 触变泥浆制作、注浆 8. 洞口止水 9. 管道内检测及试验 10. 集中防腐运输 11. 泥浆、土方外运
040501013	土壤加固	1. 土壤类别 2. 加固填充材料 3. 加固方式	1. m 2. m³	1. 按设计图示加固段长度以延长米计算 2. 按设计图示加固段体积以立方米计算	打孔、调浆、灌注
040501014	新旧管连接	1. 材质及规格 2. 连接方式 3. 带（不带）介质连接	处	按设计图示数量计算	1. 切管 2. 钻孔 3. 连接
040501015	临时放水管线	1. 材质及规格 2. 铺设方式 3. 接口形式	m	按放水管线长度以延长米计算，不扣除管件、阀门所占长度	管线铺设、拆除

注：1. 管道架空跨越铺设的支架制作、安装及支架基础、垫层应按《市政工程工程量计算规范》（GB 50857－2013）附录E.3 支架制作及安装相关清单项目编码列项。
2. 管道铺设项目中的做法如为标准设计，也可在项目特征中标注标准图集号。

2. 计算实例

【例10-1】　某市政给水铸铁管道布置如图10-1所示,试计算管道安装工程量。

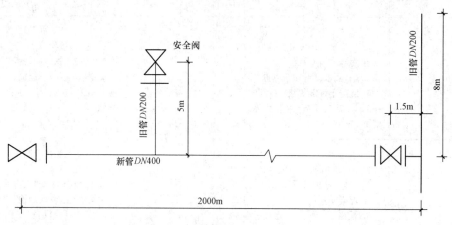

图10-1　某段给水管道布置图

【解】根据工程量计算规则:

$$铸铁管 DN400 工程量 = 2000 - 1.5 = 1998.5m$$

工程量计算结果见表10-2。

表10-2　　　　　　　　　　　　工程量计算表

项目编码	项目名称	项目特征描述	计量单位	工程量
040501003001	铸铁管	铸铁管 DN400	m	1998.5

【例10-2】　某市政排水工程主干管长度为800m,采用 $\phi600$ 混凝土管135°混凝土基础,在主干管上设置雨水检查井8座,规格为 $\phi1500$,单室雨水井20座,雨水口接入管为 $\phi225$UPVC加筋管,共8道,每道8m,如图10-2所示,试计算管道铺设工程量。

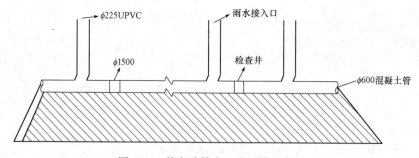

图10-2　某市政排水工程干管示意图

【解】根据工程量计算规则:

$$\phi600 混凝土管铺设工程量 = 800m$$
$$\phi225UPVC 加筋管铺设工程量 = 8×8 = 64m$$

工程量计算结果见表10-3。

表10-3　　　　　　　　　　　　工程量计算表

项目编码	项目名称	项目特征描述	计量单位	工程量
040501001001	混凝土管	ϕ600混凝土管	m	800
040501004001	塑料管	ϕ225UPVC加筋管	m	64

【例10-3】　如图10-3所示为某市政燃气管道主干管的一部分,试计算其工程量。

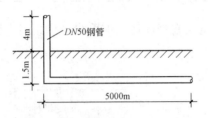

图10-3　燃气管道主干管示意图

【解】根据工程量计算规则:

燃气管道主干管工程量＝5000＋4＋1.5＝5005.5m

工程量计算结果见表10-4。

表10-4　　　　　　　　　　　　工程量计算表

项目编码	项目名称	项目特征描述	计量单位	工程量
040501002001	钢管	DN50钢管	m	5005.5

【例10-4】　某市政给水工程采用镀锌钢管铺设,如图10-4所示,主干管直径为500mm,支管直径为200mm,计算镀锌钢管铺设及新旧管连接工程量。

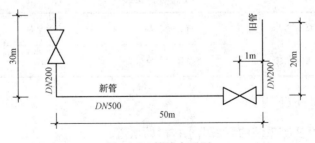

图10-4　管线布置图

【解】根据工程量计算规则:

DN500铺设工程量＝50－1＝49m

DN200铺设工程量＝30m

新旧管连接工程量＝1处

工程量计算结果见表 10-5。

表 10-5　　　　　　　　　　　　工程量计算表

项目编码	项目名称	项目特征描述	计量单位	工程量
040501002001	钢管	镀锌钢管、干管 DN500	m	49
040501002002	钢管	镀锌钢管、支管 DN200	m	30
040501014001	新旧管连接	镀锌钢管	处	1

【例 10-5】　某市政排水管渠在修建过程中采用斜拉索架空管,如图 10-5 所示,试计算其工程量。

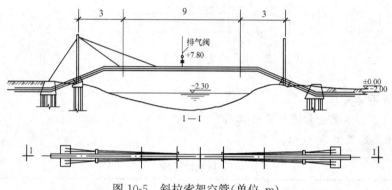

图 10-5　斜拉索架空管(单位:m)

【解】根据工程量计算规则:

$$管道架空跨越工程量 = 3 + 9 + 3 = 15m$$

工程量计算结果见表 10-6。

表 10-6　　　　　　　　　　　　工程量计算表

项目编码	项目名称	项目特征描述	计量单位	工程量
040501006001	管道架空跨越	斜拉索架空管	m	15

二、渠道工程量计算

渠道是指人工开凿有系统的用来引水排灌的水道。

砌筑渠道采用的材料包括砖、石、陶土块、混凝土块等,砌筑砂浆是由胶结料(水泥、石灰、石膏)、细骨料(砂、细矿渣)和水组成的混合物。

混凝土渠道是指在施工现场支模浇筑的渠道。

渠道工程工程量清单项目设置、项目特征描述、计量单位及工程量计算规则,应按表 10-7 的规定执行。

表 10-7 渠道工程

项目编码	项目名称	项目特征	计量单位	工程量计算规则	工作内容
040501016	砌筑方沟	1. 断面规格 2. 垫层、基础材质及厚度 3. 砌筑材料品种、规格、强度等级 4. 混凝土强度等级 5. 砂浆强度等级、配合比 6. 勾缝、抹面要求 7. 盖板材质及规格 8. 伸缩缝(沉降缝)要求 9. 防渗、防水要求 10. 混凝土构件运距	m	按设计图示尺寸以延长米计算	1. 模板制作、安装、拆除 2. 混凝土拌和、运输、浇筑、养护 3. 砌筑 4. 勾缝、抹面 5. 盖板安装 6. 防水、止水 7. 混凝土构件运输
040501017	混凝土方沟	1. 断面规格 2. 垫层、基础材质及厚度 3. 混凝土强度等级 4. 伸缩缝(沉降缝)要求 5. 盖板材质、规格 6. 防渗、防水要求 7. 混凝土构件运距			1. 模板制作、安装、拆除 2. 混凝土拌和、运输、浇筑、养护 3. 盖板安装 6. 防水、止水 7. 混凝土构件运输
040501018	砌筑渠道	1. 断面规格 2. 垫层、基础材质及厚度 3. 砌筑材料品种、规格、强度等级 4. 混凝土强度等级 5. 砂浆强度等级、配合比 6. 勾缝、抹面要求 7. 伸缩缝(沉降缝)要求 8. 防渗、防水要求			1. 模板制作、安装、拆除 2. 混凝土拌和、运输、浇筑、养护 3. 渠道砌筑 4. 勾缝、抹面 5. 防水、止水
040501019	混凝土渠道	1. 断面规格 2. 垫层、基础材质及厚度 3. 混凝土强度等级 4. 伸缩缝(沉降缝)要求 5. 防渗、防水要求 6. 混凝土构件运距			1. 模板制作、安装、拆除 2. 混凝土拌和、运输、浇筑、养护 3. 防水、止水 4. 混凝土构件运输
040501020	警示(示踪)带铺设	规格		按铺设长度以延长米计算	铺设

第三节　管件、阀门及附件安装工程量计算

一、管件、转换件安装工程量计算

1. 工程量计算规则

管件、转换件安装工程量清单项目设置、项目特征描述、计量单位及工程量计算规则,应按表 10-9 的规定执行。

表 10-9　　　　　　　　　　　　　管件、转换件安装

项目编码	项目名称	项目特征	计量单位	工程量计算规则	工作内容
040502001	铸铁管管件	1. 种类 2. 材质及规格 3. 接口形式	个	按设计图示数量计算	安装
040502002	钢管管件制作、安装				制作、安装
040502003	塑料管管件	1. 种类 2. 材质及规格 3. 连接方式			安装
040502004	转换件	1. 材质及规格 2. 接口形式			

2. 计算实例

【例 10-7】　某室外有一热力管道无缝钢管,其全长为 500m,中间设有两个方形补偿器,其臂长为 1.2m,采用焊接方式连接,如图 10-6 所示,试计算其工程量。

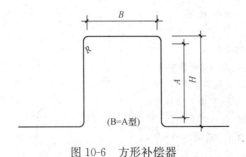

图 10-6　方形补偿器

【解】 根据工程量计算规则:

$$方形补偿器工程量 = 2 个$$

工程量计算结果见表 10-10。

表 10-10　　　　　　　　　　　　　　工程量计算表

项目编码	项目名称	项目特征描述	计量单位	工程量
040502002001	钢管管件制作、安装	方形补偿器	个	2

二、阀门安装工程量计算

阀门是给排水、采暖、煤气工程中应用极广泛的一种部件,其作用是关闭或者开启管路以及调节管道介质的流量和压力。

1. 工程量计算规则

阀门安装工程量清单项目设置、项目特征描述、计量单位及工程量计算规则,应按表 10-11 的规定执行。

表 10-11　　　　　　　　　　　　　　阀门安装

项目编码	项目名称	项目特征	计量单位	工程量计算规则	工作内容
040502005	阀门	1. 种类 2. 材质及规格 3. 连接方式 4. 试验要求	个	按设计图示数量计算	安装

2. 计算实例

【例 10-8】　某市政给水工程采用镀锌钢管铺设,主干管直径为 500mm,支管直径为 200mm,如图 10-4 所示,试计算阀门安装工程量。

【解】根据工程量计算规则:

$$DN500\ 管道阀门工程量＝1\ 个$$
$$DN200\ 管道阀门工程量＝1\ 个$$

工程量计算结果见表 10-12。

表 10-12　　　　　　　　　　　　　　工程量计算表

项目编码	项目名称	项目特征描述	计量单位	工程量
040502005001	阀门	DN500,阀门安装	个	1
040502005002	阀门	DN200,阀门安装	个	1

三、附件安装工程量计算

1. 工程量计算规则

附件安装工程量清单项目设置、项目特征描述的内容、计量单位及工程量计算规则,应按表 10-13 的规定执行。

表 10-13 　　　　　　　　　　　　附件安装工程

项目编码	项目名称	项目特征	计量单位	工程量计算规则	工作内容
040502006	法兰	1. 材质、规格、结构形式 2. 连接方式 3. 焊接方式 4. 垫片材质	个	按设计图示数量计算	安装
040502007	盲堵板制作、安装	1. 材质及规格 2. 连接方式			制作、安装
040502008	套管制作、安装	1. 形式、材质及规格 2. 管内填料材质			
040502009	水表	1. 规格 2. 安装方式			安装
040502010	消火栓	1. 规格 2. 安装部位、方式			安装
040502011	补偿器(波纹管)	1. 规格 2. 安装方式	套		
040502012	除污器组成、安装				组成、安装
040502013	凝水缸	1. 材料品种 2. 型号及规格 3. 连接方式			1. 制作 2. 安装
040502014	调压器	1. 规格 2. 型号 3. 连接方式	组		安装
040502015	过滤器				
040502016	分离器				
040502017	安全水封	规格			
040502018	检漏(水)管				

注:040502013 项目的凝水井应按《市政工程工程量计算规范》(GB 50857—2013)附录 E.4 管道附属构筑物(参见本章第五节)相关清单项目编码列项。

2. 工程量清单项目设置

(1)法兰。法兰又称法兰盘或突缘,是使管子与管子及与阀门相互连接的零件,连接于管端。法兰上有孔眼,螺栓使两法兰紧连。法兰间用衬垫密封。法兰分螺纹连接(丝接)法兰和焊接法兰及卡套法兰。

(2)盲堵板。盲板的正规名称是法兰盖,有的也称盲法兰。它是中间不带孔的法兰,用于封堵管道口。所起到的功能和封头及管帽是一样的,只不过盲板密封是一种可拆卸的密封装置,而封头的密封是不准备再打开的。密封面的形式种类较多,有平面、凸面、凹凸面、榫槽面和环连接面。材质有碳钢、不锈钢、合金钢、PVC 及 PPR 等。

(3)套管。套管用于带电导体穿过或引入与其电位不同的墙壁或电气设备的金属外壳,起绝缘和支持作用的一种绝缘装置。

(4)水表。水表采用活动壁容积测量室的直接机械运动过程或水流流速对翼轮的作用以计算流经自来水管道的水流体积的流量计。

（5）消火栓。消火栓是一种固定消防工具，主要作用是控制可燃物、隔绝助燃物、消除着火源。消防系统包括室外消火栓系统、室内消火栓系统、灭火器系统，有的还会有自动喷淋系统、水炮系统、气体灭火系统、火探系统、水雾系统等。消防栓主要供消防车从市政给水管网或室外消防给水管网取水实施灭火，也可以直接连接水带、水枪出水灭火。所以，室外消火栓系统也是扑救火灾的重要消防设施之一。

（6）补偿器。补偿器习惯上也称膨胀节或伸缩节。由构成其工作主体的波纹管（一种弹性元件）和端管、支架、法兰、导管等附件组成。属于一种补偿元件。利用其工作主体波纹管的有效伸缩变形，以吸收管线、导管、容器等由热胀冷缩等原因而产生的尺寸变化，或补偿管线、导管、容器等的轴向、横向和角向位移。也可用于降噪减振。在现代工业中用途广泛。供热上，为了防止供热管道升温时，由于热伸长或温度应力而引起管道变形或破坏，需要在管道上设置补偿器，以补偿管道的热伸长，从而减小管壁的应力和作用在阀件或支架结构上的作用力。

（7）除污器。除污器的作用是防止管道介质中的杂质进入传动设备或精密部位，使生产发生故障或影响产品的质量。

（8）凝水缸。凝水缸是燃气管网上的配套设施，原专门用于抽取人工煤气中的积水。

（9）调压器。感受蒸汽压力变化并调整气压的装置。

（10）过滤器。过滤器是输送介质管道上不可缺少的一种装置，通常安装在减压阀、泄压阀、定水位阀或其他设备的进口端，用来消除介质中的杂质，以保护阀门及设备的正常使用。

（11）分离器。分离器是把混合的物质分离成两种或两种以上不同物质的机器。

（12）安全水封。安全水封管顶部设有弹性自动复位的泄压阀，底部设有连接进气管的单向进气阀，单向进气阀上方设有带孔的分气板，水封管出气管路中设有滤水器，使用时燃气介质通过单向进气阀进入水封管底部后，经分气板均匀分布后穿过水层汇集到水封管上部，从出气管路流向用气设施，燃气中的水分在滤水器中滤出，当发生燃气爆鸣时，高压气体从泄压阀泄出，单向阀和水层阻断火焰与进气管路的连通，防止回火，这种水封安全性能好，可用作各种场合下，特别是燃气火焰切割和焊接加工中的防回火装置。

（13）检漏（水）管。检漏（水）管是指检漏系统中的真空管路。

3. 计算实例

【例 10-9】 某市政工程，需要设置 SX 系列地下式消火栓 10 个，型号为 SX65-16，如图 10-7 所示为地下式消火栓示意图，试计算其工程量。

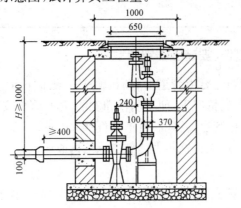

图 10-7　地下式消火栓示意图

【解】根据工程量计算规则：

消火栓安装工程量＝10 个

工程量计算结果见表 10-14。

表 10-14　　　　　　　　　　工程量计算表

项目编码	项目名称	项目特征描述	计量单位	工程量
040502010001	消火栓安装	SX65-16,地下式消火栓	个	10

第四节　支架制作及安装工程量计算

一、砌筑、混凝土支墩工程量计算

支墩是由砖、混凝土和浆砌块石等材料砌筑而出的构件,只要设置在承插式接口的给水管中。支墩按形式不同可分为水平弯管支墩、纵向向上弯管支墩、纵向向下弯管支墩及三通支墩等,支墩用砖砌或混凝土建造,支墩应砌筑在密实基础和原状土上。

砌筑支墩、混凝土支墩工程量清单项目设置、项目特征描述的内容、计量单位及工程量计算规则,应按表 10-15 的规定执行。

表 10-15　　　　　　　　　　砌筑支墩、混凝土支墩

项目编码	项目名称	项目特征	计量单位	工程量计算规则	工作内容
040503001	砌筑支墩	1. 垫层材质、厚度 2. 混凝土强度等级 3. 砌筑材料、规格、强度等级 4. 砂浆强度等级、配合比	m³	按设计图示尺寸以体积计算	1. 模板制作、安装、拆除 2. 混凝土拌和、运输、浇筑、养护 3. 砌筑 4. 勾缝、抹面
040503002	混凝土支墩	1. 垫层材质、厚度 2. 混凝土强度等级 3. 预制混凝土构件运距			1. 模板制作、安装、拆除 2. 混凝土拌和、运输、浇筑、养护 3. 预制混凝土支墩安装 4. 混凝土构件运输

二、金属支架、吊架制作、安装工程量计算

管道支架的形式及间距主要由管道的材料、输送介质工作压力及工作温度等因素决定,另外,在保证管道安全运行的情况下,便于制作和安装,尽量降低安装费用。

金属支架的作用是支撑管道,并限制管道的位移和变形、承受从管道传来的内压力,外载荷及温度变形的弹性力,通过它将这些力传到支承结构或地上。

1. 工程量计算规则

金属支架、吊架制作、安装工程量清单项目设置、项目特征描述的内容、计量单位及工程量计算规则,应按表 10-16 的规定执行。

表 10-16 金属支架、吊架制作、安装

项目编码	项目名称	项目特征	计量单位	工程量计算规则	工作内容
040503003	金属支架制作、安装	1. 垫层、基础材质及厚度 2. 混凝土强度等级 3. 支架材质 4. 支架形式 5. 预埋件材质及规格	t	按设计图示质量计算	1. 模板制作、安装、拆除 2. 混凝土拌和、运输、浇筑、养护 3. 支架制作、安装
040503004	金属吊架制作、安装	1. 吊架形式 2. 吊架材质 3. 预埋件材质及规格			制作、安装

2. 计算实例

【例 10-10】 某市政管网工程,主干管安装在角钢支架上,如图 10-8 所示,主干管直径为 500mm,计算角钢支架工程量(角钢理论质量为 2.654kg/m)。

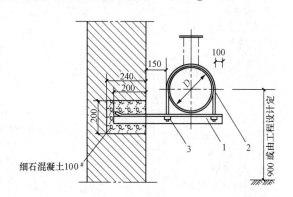

图 10-8 角钢支架

1—支架;2—夹环;3—螺母

【解】根据工程量计算规则:

$$角钢支架工程量 = (0.2+0.15+0.5+0.1) \times 2.654$$
$$= 2.521kg = 0.003t$$

工程量计算结果见表 10-17。

表 10-17 工程量计算表

项目编码	项目名称	项目特征描述	计量单位	工程量
040503003001	金属支架制作、安装	角钢支架	t	0.003

第五节　管道附属构筑物工程量计算

一、井类构筑物工程量计算

井是指为了排除污水,除管渠本身外,还需在管渠系统上设置的某些构筑物。

1. 工程量计算规则

井类构筑物工程量清单项目设置、项目特征描述的内容、计量单位及工程量计算规则,应按表 10-18 的规定执行。

表 10-18　　　　　　　　　井类构筑物

项目编码	项目名称	项目特征	计量单位	工程量计算规则	工作内容
040504001	砌筑井	1. 垫层、基础材质及厚度 2. 砌筑材料品种、规格、强度等级 3. 勾缝、抹面要求 4. 砂浆强度等级、配合比 5. 混凝土强度等级 6. 盖板材质、规格 7. 井盖、井圈材质及规格 8. 踏步材质、规格 9. 防渗、防水要求	座	按设计图示数量计算	1. 垫层铺筑 2. 模板制作、安装、拆除 3. 混凝土拌和、运输、浇筑、养护 4. 砌筑、勾缝、抹面 5. 井圈、井盖安装 6. 盖板安装 7. 踏步安装 8. 防水、止水
040504002	混凝土井	1. 垫层、基础材质及规格 2. 混凝土强度等级 3. 盖板、材质规格 4. 井盖、井圈材质及规格 5. 踏步材质、规格 6. 防渗、防水要求			1. 垫层铺筑 2. 模板制作、安装、拆除 3. 混凝土拌和、运输、浇筑、养护 4. 井圈、井盖安装 5. 盖板安装 6. 踏步安装 7. 防水、止水
040504003	塑料检查井	1. 垫层、基础材质及厚度 2. 检查井材质、规格 3. 井筒、井盖、井圈材质及规格			1. 垫层铺筑 2. 模板制作、安装、拆除 3. 混凝土拌和、运输、浇筑、养护 4. 检查井安装 5. 井筒、井圈、井盖安装
040504004	砖砌井筒	1. 井筒规格 2. 砌筑材料品种、规格 3. 砌筑、勾缝、抹面要求 4. 砂浆强度等级、配合比 5. 踏步材质、规格 6. 防渗、防水要求	m	按设计图示尺寸以延长米计算	1. 砌筑、勾缝、抹面 2. 踏步安装
040504005	预制混凝土井筒	1. 井筒规格 2. 踏步规格			1. 运输 2. 安装

注:管道附属构筑物为标准定型附属构筑物时,在项目特征中应标注标准图集编号及页码。

2. 计算实例

【例 10-11】　某市政工程需砌筑井筒 10m，已知井筒截面形状为圆形，直径为 1200mm，采用 M5.0 水泥砂浆、MU15 烧结普通砖砌筑，试计算砖砌井筒工程量。

【解】根据工程量计算规则：

$$砌筑井筒工程量＝10m$$

工程量计算结果见表 10-19。

表 10-19　　　　　　　　　　**工程量计算表**

项目编码	项目名称	项目特征描述	计量单位	工程量
040504004001	砖砌井筒	砖砌圆形井筒，井筒直径 1200mm，M5.0 水泥砂浆、MU15 烧结普通砖砌筑	m	10

【例 10-12】　某道路 K0＋150～K0＋4000 两侧每 50m 布置一座塑料检查井，试计算其工程量。

【解】根据工程量计算规则：

$$塑料检查井工程量＝(4000－150)÷50×2＝154 座$$

工程量计算结果见表 10-20。

表 10-20　　　　　　　　　　**工程量计算表**

项目编码	项目名称	项目特征描述	计量单位	工程量
040504003001	塑料检查井	塑料检查井	座	154

【例 10-13】　某给水工程中，直筒式砖砌圆形阀门井如图 10-9 所示，试计算其工程量。

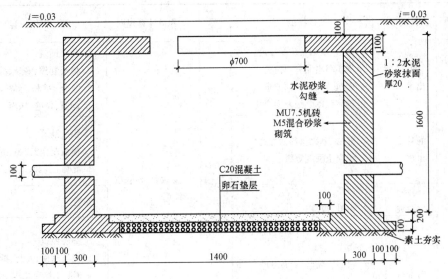

图 10-9　阀门井剖面图

【解】根据工程量计算规则：

$$砌筑井工程量＝1 座$$

工程量计算结果见表 10-21。

表 10-21 **工程量计算表**

项目编码	项目名称	项目特征描述	计量单位	工程量
040504001001	砌筑井	直筒式砖砌圆形阀门井	座	1

二、出水口、雨水口、化粪池工程量计算

排水管渠出水口的位置、形式和出口流速,应根据排水水质、下游用水情况,水体的流量和水位变化幅度、稀释和自净能力、水流方向、波浪情况、地形变迁和气象等因素确定,并要取得当地卫生主管部门和航运管理部门的同意。出水口与水体岸边连接处应采取防冲、消能、加固等措施,一般用浆砌块石做护墙和铺底。在受冻胀影响的地区,出水口应考虑耐冻胀材料砌筑,其基础必须设置在冰冻线下。在受潮汐影响的地区,在出水门的前一个检查井中应设置自动启闭的防潮闸门,以防止潮水倒灌。出水口分为多种形式,常见的有一字式出水口、八字式出水口和门字式出水口。

雨水口是指管道排水系统汇集地表水的设施,由进水算、井身及支管等组成。分为偏沟式、平箅式和联合式。

化粪池是处理粪便并加以过滤沉淀的设备。其原理是固化物在池底分解,上层的水化物体,进入管道流走,防止了管道堵塞,给固化物体(粪便等垃圾)有充足的时间水解。化粪池是指将生活污水分格沉淀,及对污泥进行厌氧消化的小型处理构筑物。

出水口、雨水口、化粪池工程量清单项目设置、项目特征描述的内容、计量单位及工程量计算规则,应按表 10-22 的规定执行。

表 10-22 **出水口、雨水口、化粪池**

项目编码	项目名称	项目特征	计量单位	工程量计算规则	工作内容
040504006	砌体出水口	1. 垫层、基础材质及厚度 2. 砌筑材料品种、规格 3. 砌筑、勾缝、抹面要求 4. 砂浆强度等级及配合比	座	按设计图示数量计算	1. 垫层铺筑 2. 模板制作、安装、拆除 3. 混凝土拌和、运输、浇筑、养护 4. 砌筑、勾缝、抹面
040504007	混凝土出水口	1. 垫层、基础材质及厚度 2. 混凝土强度等级			1. 垫层铺筑 2. 模板制作、安装、拆除 3. 混凝土拌和、运输、浇筑、养护
040504008	整体化粪池	1. 材质 2. 型号、规格			安装
040504009	雨水口	1. 雨水算子及圈口材质、型号、规格 2. 垫层、基础材质及厚度 3. 混凝土强度等级 4. 砌筑材料品种、规格 5. 砂浆强度等级及配合比			1. 垫层铺筑 2. 模板制作、安装、拆除 3. 混凝土拌和、运输、浇筑、养护 4. 砌筑、勾缝、抹面 5. 雨水算子安装

注:管道附属构筑物为标准定型附属构筑物时,在项目特征中应标注标准图集编号及页码。

第十一章 水处理工程工程量计算

第一节 水处理工程分项工程划分

一、水处理构筑物项目划分

水处理构筑物包括现浇混凝土沉井井壁及隔墙、沉井下沉、沉井混凝土底板、沉井内地下混凝土结构、沉井混凝土顶板、现浇混凝土池底、现浇混凝土池壁（隔墙）、现浇混凝土池柱、现浇混凝土池梁、现浇混凝土池盖板、现浇混凝土板、池槽、砌筑导流壁、筒、混凝土导流壁、筒、混凝土楼梯、金属扶梯、栏杆、其他现浇混凝土构件、预制混凝土板、预制混凝土槽、预制混凝土支墩、其他预制混凝土构件、滤板、拆板、壁板、滤料铺设、尼龙网板、刚性防水、柔性防水、沉降（施工）缝、井、池渗漏试验。

(1)现浇混凝土沉井井壁及隔墙，其工作内容包括：垫木铺设；模板制作、安装、拆除；混凝土拌和、运输、浇筑；养护；预留孔封口。

(2)沉井下沉，其工作内容包括：垫木拆除；挖土；沉井下沉；填充减阻材料；余方弃置。

(3)沉井混凝土底板、沉井内地下混凝土结构、沉井混凝土顶板、现浇混凝土池底、现浇混凝土池壁（隔墙）、现浇混凝土池柱、现浇混凝土池梁、现浇混凝土池盖板、现浇混凝土板，其工作内容包括：模板制作、安装、拆除；混凝土拌和、运输、浇筑；养护。

(4)池槽，其工作内容包括：模板制作、安装、拆除；混凝土拌和、运输、浇筑；养护；盖板安装；其他材料铺设。

(5)砌筑导流壁、筒，其工作内容包括：砌筑；抹面；勾缝。

(6)混凝土导流壁、筒，其工作内容包括：模板制作、安装、拆除；混凝土拌和、运输、浇筑；养护。

(7)混凝土楼梯，其工作内容包括：模板制作、安装、拆除；混凝土拌和、运输、浇筑或预制；养护；楼梯安装。

(8)金属扶梯、栏杆，其工作内容包括：制作、安装；除锈、防腐、刷油。

(9)其他现浇混凝土构件，其工作内容包括：模板制作、安装、拆除；混凝土拌和、运输、浇筑；养护。

(10)预制混凝土板、预制混凝土槽、预制混凝土支墩、其他预制混凝土构件，其工作内容包括：模板制作、安装、拆除；混凝土拌和、运输、浇筑；养护；构件安装；接头灌浆；砂浆制作；运输。

(11)滤板、拆板、壁板，其工作内容包括：制作；安装。

(12)滤料铺设，其工作内容包括：铺设。

(13)尼龙网板，其工作内容包括：制作；安装。

(14)刚性防水，其工作内容包括：配料；铺筑。

(15)柔性防水,其工作内容包括:涂、贴、粘、刷防水涂料。

(16)沉降(施工)缝,其工作内容包括:铺、嵌沉降(施工)缝。

(17)井、池渗漏试验,其工作内容包括:渗漏试验。

二、水处理设备项目划分

水处理设备包括格栅、格栅除污机、滤网清污机、压榨机、刮砂机、吸砂机、刮泥机、吸泥机、刮吸泥机、撇渣机、砂(泥)水分离器、曝气机、曝气器、布气管、滗水器、生物转盘、搅拌机、推进器、加药设备、加氯机、氯吸收装置、水射器、管式混合器、冲洗装置、带式压滤机、污泥脱水机、污泥浓缩机、污泥浓缩脱水一体机、污泥输送机、污泥切割机、闸门、旋转门、堰门、拍门、启闭机、升杆式铸铁泥阀、平底盖闸、集水槽、堰板、斜板、斜管、紫外线消毒设备、臭氧消毒设备、除臭设备、膜处理设备、在线水质检测设备。

(1)格栅,其工作内容包括:制作;防腐;安装。

(2)格栅除污机、滤网清污机、压榨机、刮砂机、吸砂机、刮泥机、吸泥机、刮吸泥机、撇渣机、砂(泥)水分离器、曝气机、曝气器、滗水器、生物转盘、搅拌机、推进器、加药设备、加氯机、氯吸收装置、水射器、管式混合器、冲洗装置、带式压滤机、污泥脱水机、污泥浓缩机、污泥浓缩脱水一体机、污泥输送机、污泥切割机、紫外线消毒设备、臭氧消毒设备、除臭设备、膜处理设备、在线水质检测设备,其工作内容包括:安装;无负荷试运转。

(3)布气管,其工作内容包括:钻孔;安装。

(4)闸门、旋转门、堰门、拍门、启闭机、升杆式铸铁泥阀、平底盖闸,其工作内容包括:安装;操纵装置安装;调试。

(5)集水槽、堰板,其工作内容包括:制作;安装。

(6)斜板、斜管,其工作内容包括:安装。

第二节 水处理工程工程量计算

一、水处理构筑物工程量计算

1. 工程量计算规则

水处理构筑物工程量清单项目设置、项目特征描述的内容、计量单位及工程量计算规则,应按表 11-1 的规定执行。

表 11-1 水处理构筑物

项目编码	项目名称	项目特征	计量单位	工程量计算规则	工作内容
040601001	现浇混凝土沉井井壁及隔墙	1. 混凝土强度等级 2. 防水、抗渗要求 3. 断面尺寸	m³	按设计图示尺寸以体积计算	1. 垫木铺设 2. 模板制作、安装、拆除 3. 混凝土拌和、运输、浇筑 4. 养护 5. 预留孔封口

（续一）

项目编码	项目名称	项目特征	计量单位	工程量计算规则	工作内容
040601002	沉井下沉	1. 土壤类别 2. 断面尺寸 3. 下沉深度 4. 减阻材料种类	m³	按自然面标高至设计垫层底标高间的高度乘以沉井外壁最大断面面积以体积计算	1. 垫木拆除 2. 挖土 3. 沉井下沉 4. 填充减阻材料 5. 余方弃置
040601003	沉井混凝土底板	1. 混凝土强度等级 2. 防水、抗渗要求		按设计图示尺寸以体积计算	1. 模板制作、安装、拆除 2. 混凝土拌和、运输、浇筑 3. 养护
040601004	沉井内地下混凝土结构	1. 部位 2. 混凝土强度等级 3. 防水、抗渗要求			
040601005	沉井混凝土顶板	1. 混凝土强度等级 2. 防水、抗渗要求			
040601006	现浇混凝土池底				
040601007	现浇混凝土池壁（隔墙）				
040601008	现浇混凝土池柱				
040601009	现浇混凝土池梁				
040601010	现浇混凝土池盖板				
040601011	现浇混凝土板	1. 名称、规格 2. 混凝土强度等级 3. 防水、防渗要求			
040601012	池槽	1. 混凝土强度等级 2. 防水、抗渗要求 3. 池槽断面尺寸 4. 盖板材质	m	按设计图示尺寸以长度计算	1. 模板制作、安装、拆除 2. 混凝土拌和、运输、浇筑 3. 养护 4. 盖板安装 5. 其他材料铺设

（续二）

项目编码	项目名称	项目特征	计量单位	工程量计算规则	工作内容
040601013	砌筑导流壁、筒	1. 砌体材料、规格 2. 断面尺寸 3. 砌筑、勾缝、抹面砂浆强度等级	m³	按设计图示尺寸以体积计算	1. 砌筑 2. 抹面 3. 勾缝
040601014	混凝土导流壁、筒	1. 混凝土强度等级 2. 防水、防渗要求 3. 断面尺寸			1. 模板制作、安装、拆除 2. 混凝土拌和、运输、浇筑 3. 养护
040601015	混凝土楼梯	1. 结构形式 2. 底板厚度 3. 混凝土强度等级	1. m² 2. m³	1. 以平方米计量，按设计图示尺寸以水平投影面积计算 2. 以立方米计量，按设计图示尺寸以体积计算	1. 模板制作、安装、拆除 2. 混凝土拌和、运输、浇筑 3. 养护 4. 楼梯安装
040601016	金属扶梯、栏杆	1. 材质 2. 规格 3. 防腐刷油材质、工艺要求	1. t 2. m	1. 以吨计量，按设计图示尺寸以质量计算 2. 以米计量，按设计图示尺寸以长度计算	1. 制作、安装 2. 除锈、防腐、刷油
040601017	其他现浇混凝土构件	1. 构件名称、规格 2. 混凝土强度等级			1. 模板制作、安装、拆除 2. 混凝土拌和、运输、浇筑 3. 养护
040601018	预制混凝土板	1. 图集、图纸名称 2. 构件代号、名称 3. 混凝土强度等级 4. 防水、抗渗要求	m³	按设计图示尺寸以体积计算	1. 模板制作、安装、拆除 2. 混凝土拌和、运输、浇筑 3. 养护 4. 构件安装 5. 接头灌浆 6. 砂浆制作 7. 运输
040601019	预制混凝土槽				
040601020	预制混凝土支墩				
040601021	其他预制混凝土构件	1. 部位 2. 图集、图纸名称 3. 构件代号、名称 4. 混凝土强度等级 5. 防水、抗渗要求			

（续三）

项目编码	项目名称	项目特征	计量单位	工程量计算规则	工作内容
040601022	滤板	1. 材质 2. 规格 3. 厚度 4. 部位	m²	按设计图示尺寸以面积计算	1. 制作 2. 安装
040601023	折板				
040601024	壁板				
040601025	滤料铺设	1. 滤料品种 2. 滤料规格	m³	按设计图示尺寸以体积计算	铺设
040601026	尼龙网板	1. 材料品种 2. 材料规格		按设计图示尺寸以面积计算	1. 制作 2. 安装
040601027	刚性防水	1. 工艺要求 2. 材料品种、规格	m²		1. 配料 2. 铺筑
040601028	柔性防水				涂、贴、粘、刷防水材料
040601029	沉降（施工）缝	1. 材料品种 2. 沉降缝规格 3. 沉降缝部位	m	按设计图示尺寸以长度计算	铺、嵌沉降（施工）缝
040601030	井、池渗漏试验	构筑物名称	m³	按设计图示储水尺寸以体积计算	渗漏试验

注：1. 沉井混凝土地梁工程量，应并入底板内计算。

　　2. 各类垫层应按《市政工程工程量计算规范》（GB 50857—2013）附录C桥涵工程相关编码列项。

2. 工程量清单项目设置

（1）沉井。沉井是一种搜集污水的装置，在基坑上建成，用长臂挖机下沉到一定标高，再用顶管连成一体，做好流槽，盖上盖子就可，盖子一般现浇，密实性好，预制工期短。

沉井基础是以沉井法施工的地下结构物和深基础的一种形式。是先在地表制作成一个井筒状的结构物（沉井），然后在井壁的围护下通过从井内不断挖土，使沉井在自重作用下逐渐下沉，达到预定设计标高后，再进行封底，构筑内部结构。广泛应用于桥梁、烟囱、水塔的基础；水泵房、地下油库、水池竖井等深井构筑物和盾构或顶管的工作井。

技术上比较稳妥可靠，挖土量少，对邻近建筑物的影响比较小，沉井基础埋置较深，稳定性好，能支承较大的荷载。

（2）水处理池。水处理池主要包括调节池、沉砂池、沉淀池、气浮池、生物反应池、混凝池、中和池、污泥浓缩池、污泥消化池等。

（3）导流构筑物。导流构筑物的作用是使水工建筑物能保持在干地上施工，用围堰来维护基坑，并将水流引向预定的泄水建筑物泄向下游。

3. 计算实例

【例11-1】　某混凝土池槽长12m，试计算其工程量。

【解】根据工程量计算规则：

$$混凝土池槽工程量＝12m$$

工程量计算结果见表 11-2。

表 11-2　　　　　　　　　工程量计算表

项目编码	项目名称	项目特征描述	计量单位	工程量
040601012001	池槽	混凝土池槽长 12m	m	12

【例 11-2】 某架空式配水井,井底为圆形平池底,该配水井底部由 4 根截面尺寸为 400mm×400mm 的方柱支撑,柱顶为截面尺寸 700mm×300mm 的矩形圈梁(C30),圈梁与柱浇筑在一起,如图 11-1 所示,试计算圈梁工程量。

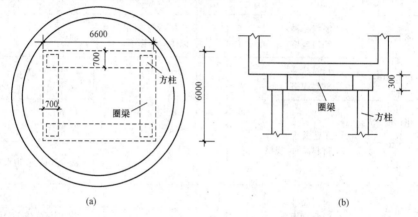

图 11-1　架空式配水井圈梁与方柱示意图
(a)平面图;(b)立面图

【解】根据工程量计算规则:

$$圈梁长度＝(6.6-0.7×2)×2+6.0×2=22.4m$$

$$圈梁混凝土工程量＝0.7×0.3×22.4=4.70m^3$$

工程量计算结果见表 11-3。

表 11-3　　　　　　　　　工程量计算表

项目编码	项目名称	项目特征描述	计量单位	工程量
040601009001	现浇混凝土池梁	架空式配水井圈梁,截面尺寸 700mm×300mm	m³	4.70

【例 11-3】 某半地下室锥坡池底,呈圆形,混凝土强度等级 C25,池底总厚度为 60cm,如图 11-2 所示。池底有混凝土垫层 20cm,伸出池底外周边 15cm,强度等级 C15,试计算池底工程量。

【解】根据工程量计算规则:

$$池底垫层混凝土工程量＝\pi×(\frac{8+0.15×2}{2})^2×0.2=10.82m^3$$

$$池底工程量＝圆锥体部分＋圆柱体部分$$

$$=\frac{1}{3}×\pi×(\frac{7.5}{2})^2×0.3+\pi×(\frac{8}{2})^2×0.3=19.49m^3$$

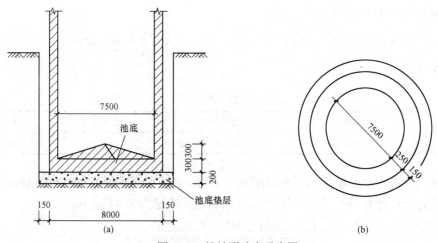

图 11-2　锥坡形池底示意图

(a)剖面图；(b)平面图

工程量计算结果见表 11-4。

表 11-4 　　　　　　　　　　　　**工程量计算表**

项目编码	项目名称	项目特征描述	计量单位	工程量
040303001001	混凝土垫层	混凝土强度等级 C15	m³	10.82
040601006001	现浇混凝土池底	池底总厚 60cm，圆锥高 30cm，池壁外径 8.0m，混凝土强度等级 C25	m³	19.49

【例 11-4】　某圆形雨水泵站采用预制钢筋混凝土沉井结构，其立面图如图 11-3 所示，试计算沉井下沉工程量。

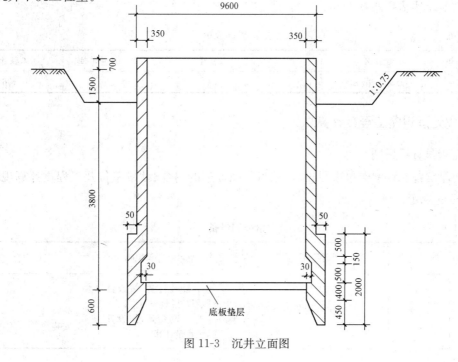

图 11-3　沉井立面图

【解】根据工程量计算规则：

沉井下沉工程量＝$(1.5+3.8)×(9.6+0.1)^2×3.14×\dfrac{1}{4}=391.46m^3$

工程量计算结果见表 11-5。

表 11-5　　　　　　　　　　　　　　工程量计算表

项目编码	项目名称	项目特征描述	计量单位	工程量
040601002001	沉井下沉	沉井直径 9600mm	m^3	391.46

【例 11-5】　某水池顶部钢筋栏杆如图 11-4 所示，均采用直径为 20mm 的钢筋制成，内部栏杆各边长为 2m，计算钢筋栏杆工程量（ϕ20 钢筋截面质量为 2.47kg/m）。

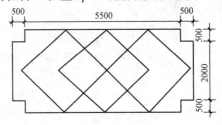

图 11-4　钢筋栏杆示意图

【解】根据工程量计算规则：

$$钢筋栏杆工程量＝2.47×[2×12+(0.5+0.5+5.5+0.5+0.5+2)×2]$$
$$＝106.21kg$$
$$＝0.106t$$

工程量计算结果见表 11-6。

表 11-6　　　　　　　　　　　　　　工程量计算表

项目编码	项目名称	项目特征描述	计量单位	工程量
040601016001	金属扶梯、栏杆	钢筋栏杆，ϕ20	t	0.106

二、水处理设备工程量计算

1. 工程量计算规则

水处理设备工程量清单项目设置、项目特征描述的内容、计量单位及工程量计算规则，应按表 11-7 的规定执行。

表 11-7　　　　　　　　　　　　　　水处理设备

项目编码	项目名称	项目特征	计量单位	工程量计算规则	工作内容
040602001	格栅	1. 材质 2. 防腐材料 3. 规格	1. t 2. 套	1. 以吨计量，按设计图示尺寸以质量计算 2. 以套计量，按设计图示数量计算	1. 制作 2. 防腐 3. 安装

(续一)

项目编码	项目名称	项目特征	计量单位	工程量计算规则	工作内容
040602002	格栅除污机	1. 类型 2. 材质 3. 规格、型号 4. 参数	台	按设计图示数量计算	1. 安装 2. 无负荷试运转
040602003	滤网清污机				
040602004	压榨机				
040602005	刮砂基				
040602006	吸砂机				
040602007	刮泥机				
040602008	吸泥机				
040602009	刮吸泥机	1. 类型 2. 材质 3. 规格、型号 4. 参数			
040602010	撇渣机				
040602011	砂(泥)水分离器				
040602012	曝气机				
040602013	曝气器		个		
040602014	布气管	1. 材质 2. 直径	m	按设计图示以长度计算	1. 钻孔 2. 安装
040602015	滗水器	1. 类型 2. 材质 3. 规格、型号 4. 参数	套	按设计图示数量计算	1. 安装 2. 无负荷试运转
040602016	生物转盘				
040602017	搅拌机		台		
040602018	推进器				
040602019	加药设备	1. 类型 2. 材质 3. 规格、型号 4. 参数	套		
040602020	加氯机				
040602021	氯吸收装置				
040602022	水射器	1. 材质 2. 公称直径	个		
040602023	管式混合器				
040602024	冲洗装置	1. 类型 2. 材质 3. 规格、型号 4. 参数	套		
040602025	带式压滤机				
040602026	污泥脱水机		台		
040602027	污泥浓缩机				
040602028	污泥浓缩脱水一体机				
040602029	污泥输送机				
040602030	污泥切割机				

（续二）

项目编码	项目名称	项目特征	计量单位	工程量计算规则	工作内容
040602031	闸门	1. 类型 2. 材质 3. 形式 4. 规格、型号	1. 座 2. t	1. 以座计量，按设计图示数量计算 2. 以吨计量，按设计图示尺寸以质量计算	1. 安装 2. 操纵装置安装 3. 调试
040602032	旋转门				
040602033	堰门				
040602034	拍门				
040602035	启闭机		台	按设计图示数量计算	
040602036	升杆式铸铁泥阀	公称直径	座		
040602037	平底盖闸				
040602038	集水槽	1. 材质 2. 厚度 3. 形式 4. 防腐材料	m²	按设计图示尺寸以面积计算	1. 制作 2. 安装
040602039	堰板				
040602040	斜板	1. 材料品种 2. 厚度			安装
040602041	斜管	1. 斜管材料品种 2. 斜管规格	m	按设计图示以长度计算	
040602042	紫外线消毒设备	1. 类型 2. 材质 3. 规格、型号 4. 参数	套	按设计图示数量计算	1. 安装 2. 无负荷试运转
040602043	臭氧消毒设备				
040602044	除臭设备				
040602045	膜处理设备				
040602046	在线水质检测设备				

2. 工程量清单项目释义

（1）格栅。格栅是由一组平行的金属栅条制成的框架，斜置在污水流经的渠道上，或泵站水池的进口处，用以截阻大块的呈悬浮或漂浮状态的污染物。

（2）格栅除污机、滤网清污机。格栅除污机、滤网清污机是通过格栅、滤网将固体与液体分离的一种除污机械。

（3）压榨机。压榨机是用于实现固液分离的机械。

（4）刮砂机、刮泥机。刮砂机、刮泥机是一种污水处理的专业设备，用于排砂、排泥。

（5）吸砂机、吸泥机。吸砂机是一种曝气沉砂池设备；吸泥机用于污水处理厂、自来水厂平流沉淀池，将沉降在池底的污泥刮到泵吸泥口，通过泵吸，边行车边吸泥，然后将污泥排出池外。

（6）刮吸泥机。刮吸泥机主要包括链板式刮吸泥机、全桥式周边传动刮泥机、全桥式周边传动虹吸泥机、行车式吸泥机、行车式虹吸泥机、中心传动刮泥机。

(7)撇渣机。城市污水处理工程中用于除渣、除油的机械。

(8)砂(泥)水分离器。城市污水处理工程中用于砂(泥)浆处理的设备。

(9)曝气机、曝气器。曝气机、曝气器是城市污水处理工程中给水排水曝气充氧的必备设备,适用于工业废水处理和生活污水处理,也可用于河道、湖泊等地表水的处理、地下水除铁除锰的给水处理;可用于活性污泥法曝气池曝气搅拌、调节池均质搅拌、污水处理厂的曝气沉砂、好氧池曝气、混凝池搅拌、化学法的反应池搅拌等场合。

(10)布气管。布气管是将空气打入污泥中所用的钢管管道。

(11)滗水器。滗水器又称滗析器,是序批式活性污泥法环境工程工艺中最关键的机械设备之一。可以分为虹吸式滗水器、旋转式滗水器、自浮式滗水器、机械式滗水器。

(12)生物转盘。一种好氧处理污水的生物反应器,由水槽和一组圆盘构成,圆盘下部浸没在水中,圆盘上部暴露在空气中,圆盘表面生长有生物群落,转动的转盘周而复始的吸附和生物氧化有机污染物,使污水得到净化。

(13)搅拌机。污水处理搅拌机作为主要的污水处理设备,用途极广,适用于工业和城市以及农村污水处理场曝气池和厌氧池污水的处理。

(14)推进器。推进器一般用来提供动力,提高速度。

(15)加药设备。城市污水处理工程中常用的加药装置。

(16)加氯机。加氯机是将氯气加入水中的设备。

(17)氯吸收装置。氯吸收装置又称漏氯吸收装置、泄氯吸收装置、漏氯中和装置、氯气吸收装置,是一种发生氯气泄漏事故时的安全应急设备,可以对泄漏氯气进行吸收处理。

(18)水射器。水射器又称射流器,它是由喷嘴、吸入室、扩压管三部分组成。水射器具有两个重要功能:产生工作所需的真空和产生溶液。

(19)管式混合器。具有快速高效,耗能低的管道螺旋混合。对于两种介质的混合时间短,扩散效果达90%以上。可节省药剂用量20%～30%,而且结构简单,占地面积小。采用玻璃钢材质具有加工方便、坚固耐用、耐腐蚀等优点。

(20)带式压滤机。带式压滤机操作自动化,人力最节省,带式压滤机维持管理容易;机械性能优异耐久性良,占地省;适用各种污泥脱水,效率高,处理量大;多重脱水,脱水能力强,污泥饼含水率低;节省能源,耗电力少,低速运转,无振动无噪声;带型滤布连续运转,自动洗涤,操作方便;带式压滤机滤布蛇行自动校正,操作顺畅;滤布安装、换取容易,保养简单,药剂加量少,操作成本低,价格合理。

(21)污泥脱水机。各种污泥对脱水机的适应有一定的不同,目前国内污泥脱水机的常用机型有:离心式、滤带式、螺旋环碟式及板框式。

(22)污泥浓缩机。污泥浓缩机是一种中心传动式连续或间歇式工作的浓缩和澄清设备。污泥浓缩机主要是针对污泥浓度在1%,或浓度低于1%的污泥,提高其含固率,也就是污泥浓度,经污泥浓缩机浓缩后流出浓度在3%以上,便于后续的机械脱水,提高机械脱水的工作效率和使用效果。

(23)污泥浓缩脱水一体机。污泥浓缩脱水一体机是一种应用在污水处理领域中的,将污泥通过离心和挤压后脱水的设备。

(24)污泥输送机。污泥输送机用于污泥运送的设备。

(25)污泥切割机。污泥切割机是离心污泥脱水系统的重要配套设备。

(26)闸门。闸门是机用于关闭和开放泄(放)水通道的控制设施,是水工建筑物的重要组成部分,可用以拦截水流、控制水位、调节流量、排放泥砂和飘浮物等。

(27)堰门。堰门设置在堰口用以调节堰的高度的闸门。堰门共分三类:铸铁堰门(TYZ)、钢制直动式堰门(TYG)、钢制旋转堰门(TYX)。

(28)拍门。拍门设在水泵出水管出口处,利用水力和门体自重启闭的单向活门。

(29)启闭机。启闭机用于控制各类大、中型铸铁闸门及钢制闸门的升降达到开启与关闭的目的。

(30)集水槽。集水槽是用来均匀搜集溢面清水的设备,主要用于沉淀池的出水端,常采用条形孔式或锯齿式。集水槽槽体采用优质不锈钢板经大型数控设备剪切、冷冲、焊接而成。具有高强度,高精度,耐腐蚀,外形美观,使用寿命长,安装简便等特点。

(31)堰板。堰板是只在流水的渠道中设置的由木板、金属板或水泥板制成的带有矩形缺口或三角形缺口的板状物。

(32)紫外线消毒设备。紫外线消毒设备是利用高强度的紫外线杀菌灯照射,破坏细菌和病毒的 DNA 等内部结构,从而达到杀灭水中病原微生物的消毒装置。适用于城镇污水处理厂出水、城市污水再生利用水、工业废水处理等。

(33)臭氧消毒设备。臭氧消毒设备能在水中提取非常纯净的臭氧气体,进行室内消毒净化。可以有效预防由于室内空气污染而引发的化学物质过敏症、头晕、呼吸急促、肺气肿、癌症等疾病。

(34)膜处理设备。目前较为典型的膜处理设备是反渗透水处理。

3. 计算实例

【例 11-6】 计算如图 11-5 所示的布气管试验管段工程量,布气管采用 $\phi20$ 的优质钢管。

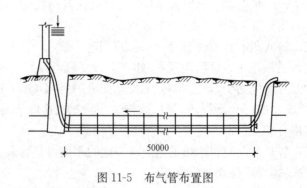

50000

图 11-5　布气管布置图

【解】根据工程量计算规则:

$$试验段布气管工程量 = 50m$$

工程量计算结果见表 11-8。

表 11-8　　　　　　　　　　　　　工程量计算表

项目编码	项目名称	项目特征描述	计量单位	工程量
040602014001	布气管	钢管，$\phi 20mm$	m	50

【例 11-7】　在给水工程中，常采用水射器投加的方法加入混凝剂，如图 11-6 所示为水射器投加混凝剂简图，试计算水射器工程量。

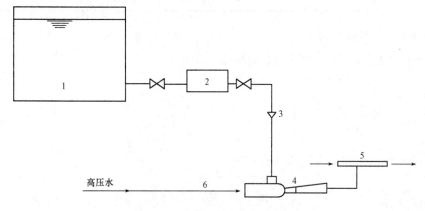

图 11-6　水射器投加混凝剂简图

1—溶液池；2—投药箱；3—漏斗；4—水射器($DN40$)；5—压水管；6—高压水管

【解】根据工程量计算规则：

$$水射器工程量＝1 个。$$

工程量计算结果见表 11-9。

表 11-9　　　　　　　　　　　　　工程量计算表

项目编码	项目名称	项目特征描述	计量单位	工程量
040602022001	水射器	$DN40$	个	1

【例 11-8】　如图 11-7 所示为集水槽的平面图和立面图，试计算其工程量。

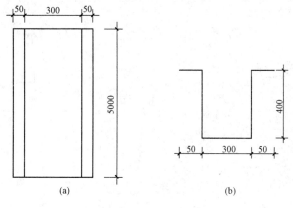

图 11-7　集水槽示意图

(a)平面图；(b)立面图

【解】根据工程量计算规则：

$$集水槽工程量＝5×0.05×2＋0.3×5＋0.4×5×2＝6m^2$$

工程量计算结果见表11-10。

表 11-10 工程量计算表

项目编码	项目名称	项目特征描述	计量单位	工程量
040602038001	集水槽	钢材	m^2	6

【例 11-9】 某市政管网工程中采用 $\phi10$ 的优质钢筋制作如图 11-8 所示的格栅,共需 400 套,试计算其工程量($\phi10$ 的钢筋截面质量为 0.617kg/m)。

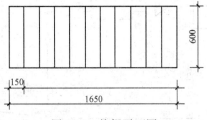

图 11-8 格栅平面图

【解】根据工程量计算规则：

$$格栅制作工程量＝0.617×(1.65＋0.6×12＋1.65)×400＝2591.4kg$$
$$＝2.6t$$

工程量计算结果见表11-11。

表 11-11 工程量计算表

项目编码	项目名称	项目特征描述	计量单位	工程量
040602001001	格栅	$\phi10$ 钢筋	t(套)	2.6(400)

第十二章　生活垃圾处理工程工程量计算

第一节　生活垃圾处理工程分项工程划分

一、垃圾卫生填埋工程项目划分

垃圾卫生填埋包括场地平整、垃圾坝、压实黏土防渗层、高密度聚乙烯(HDPD)膜、钠基膨润土防水毯(GCL)、土工合成材料、袋装土保护层、帷幕灌浆垂直防渗、碎(卵)石导流层、穿孔管铺设、无孔管铺设、盲沟、导气石笼、浮动覆盖膜、燃烧火炬装置、监测井、堆体整形处理、覆盖植被层、防风网、垃圾压缩设备。

(1)场地平整,其工作内容包括:找坡、平整;压实。

(2)垃圾坝,其工作内容包括:模板制作、安装、拆除;地基处理;摊铺、夯实、碾压、整形、修坡;砌筑、填缝、铺浆;浇筑混凝土;沉降缝;养护。

(3)压实黏土防渗层,其工作内容包括:填筑、平整;压实。

(4)高密度聚乙烯(HDPD)膜、钠基膨润土防水毯(GCL)、土工合成材料,其工作内容包括:裁剪;铺设;连(搭)接。

(5)袋装土保护层,其工作内容包括:运输;土装袋;铺设或铺筑;袋装土放置。

(6)帷幕灌浆垂直防渗,其工作内容包括:钻孔;清孔;压力注浆。

(7)碎(卵)石导流层,其工作内容包括:运输;铺筑。

(8)穿孔管铺设、无孔管铺设,其工作内容包括:铺设;连接;管件安装。

(9)盲沟,其工作内容包括:垫层、粒料铺筑;管材铺设、连接;粒料填充;外层材料包裹。

(10)导气石笼,其工作内容包括:外层材料包裹;导气管铺设;石料填充。

(11)浮动覆盖膜,其工作内容包括:浮动膜安装;布置重力压管;四周锚固。

(12)燃烧火炬装置,其工作内容包括:浇筑混凝土;安装;调试。

(13)监测井,其工作内容包括:钻孔;井筒安装;填充滤料。

(14)堆体整形处理,其工作内容包括:挖、填及找坡;边坡整形;压实。

(15)覆盖植被层,其工作内容包括:铺筑;压实。

(16)防风网,其工作内容包括:安装。

(17)垃圾压缩设备,其工作内容包括:安装;调试。

二、垃圾焚烧项目划分

垃圾焚烧包括汽车衡、自动感应洗车装置、破碎机、垃圾卸料门、垃圾抓斗起重机、焚烧炉体。

上述项目工作内容包括:安装;调试。

第二节　　生活垃圾处理工程工程量计算

一、垃圾卫生填埋工程量计算

垃圾卫生填埋是为防止地下水和大气污染,利用坑洼地填埋城市垃圾,是一种既可处置废物,又可覆土造地的保护环境措施。

垃圾卫生填埋工程量清单项目设置、项目特征描述的内容、计量单位及工程量计算规则,应按表 12-1 的规定执行。

表 12-1　　　　　　　　　　　　　　垃圾卫生填埋

项目编码	项目名称	项目特征	计量单位	工程量计算规则	工作内容
040701001	场地平整	1. 部位 2. 坡度 3. 压实度	m²	按设计图示尺寸以面积计算	1. 找坡、平整 2. 压实
040701002	垃圾坝	1. 结构类型 2. 土石种类、密实度 3. 砌筑形式、砂浆强度等级 4. 混凝土强度等级 5. 断面尺寸	m³	按设计图示尺寸以体积计算	1. 模板制作、安装、拆除 2. 地基处理 3. 摊铺、夯实、碾压、整形、修坡 4. 砌筑、填缝、铺浆 5. 浇筑混凝土 6. 沉降缝 7. 养护
040701003	压实黏土防渗层	1. 厚度 2. 压实度 3. 渗透系数			1. 填筑、平整 2. 压实
040701004	高密度聚乙烯(HDPD)膜	1. 铺设位置 2. 厚度、防渗系数 3. 材料规格、强度、单位重量 4. 连(搭)接方式	m²	按设计图示尺寸以面积计算	1. 裁剪 2. 铺设 3. 连(搭)接
040701005	钠基膨润土防水毯(GCL)				
040701006	土工合成材料				
040701007	袋装土保护层	1. 厚度 2. 材料品种、规格 3. 铺设位置			1. 运输 2. 土装袋 3. 铺设或铺筑 4. 袋装土放置
040701008	帷幕灌浆垂直防渗	1. 地质参数 2. 钻孔孔径、深度、间距 3. 水泥浆配比	m	按设计图示尺寸以长度计算	1. 钻孔 2. 清孔 3. 压力注浆

（续一）

项目编码	项目名称	项目特征	计量单位	工程量计算规则	工作内容
040701009	碎（卵）石导流层	1. 材料品种 2. 材料规格 3. 导流层厚度或断面尺寸	m³	按设计图示尺寸以体积计算	1. 运输 2. 铺筑
040701010	穿孔管铺设	1. 材质、规格、型号 2. 直径、壁厚 3. 穿孔尺寸、间距 4. 连接方式 5. 铺设位置	m	按设计图示尺寸以长度计算	1. 铺设 2. 连接 3. 管件安装
040701011	无孔管铺设	1. 材质、规格 2. 直径、壁厚 3. 连接方式 4. 铺设位置			
040701012	盲沟	1. 材质、规格 2. 垫层、粒料规格 3. 断面尺寸 4. 外层包裹材料性能指标			1. 垫层、粒料铺筑 2. 管材铺设、连接 3. 粒料填充 4. 外层材料包裹
040701013	导气石笼	1. 石笼直径 2. 石料粒径 3. 导气管材质、规格 4. 反滤层材料 5. 外层包裹材料性能指标	1. m 2. 座	1. 以米计量，按设计图示尺寸以长度计算 2. 以座计量，按设计图示数量计算	1. 外层材料包裹 2. 导气管铺设 3. 石料填充
040701014	浮动覆盖膜	1. 材质、规格 2. 锚固方式	m²	按设计图示尺寸以面积计算	1. 浮动膜安装 2. 布置重力压管 3. 四周锚固
040701015	燃烧火炬装置	1. 基座形式、材质、规格、强度等级 2. 燃烧系统类型、参数	套		1. 浇筑混凝土 2. 安装 3. 调试
040701016	监测井	1. 地质参数 2. 钻孔孔径、深度 3. 监测井材料、直径、壁厚、连接方式 4. 滤料材质	口	按设计图示数量计算	1. 钻孔 2. 井筒安装 3. 填充滤料
040701017	堆体整形处理	1. 压实度 2. 边坡坡度			1. 挖、填及找坡 2. 边坡整形 3. 压实
040701018	覆盖植被层	1. 材料品种 2. 厚度 3. 渗透系数	m²	按设计图示尺寸以面积计算	1. 铺筑 2. 压实
040701019	防风网	1. 材质、规格 2. 材料性能指标			安装

（续二）

项目编码	项目名称	项目特征	计量单位	工程量计算规则	工作内容
040701020	垃圾压缩设备	1. 类型、材质 2. 规格、型号 3. 参数	套	按设计图示数量计算	1. 安装 2. 调试

注：1. 边坡处理应按附录 C 桥涵工程中相关项目编码列项。
　　2. 填埋场渗沥液处理系统应按附录 F 水处理工程中相关项目编码列项。

二、垃圾焚烧工程量计算

垃圾焚烧是一种较古老传统的处理垃圾方法，是现代各国相继建造焚烧炉，垃圾焚烧法已成为城市垃圾处理的主要方法之一。将垃圾用焚烧法处理后，垃圾能减量化，节省用地，还可消灭各种病原体，将有毒有害物质转化为无害物。现代的垃圾焚烧炉皆配有良好的烟尘净化装置，减轻对大气的污染。

垃圾焚烧工程量清单项目设置、项目特征描述的内容、计量单位及工程量计算规则，应按表 12-2 的规定执行。

表 12-2　　　　　　　　　　　　　垃圾焚烧

项目编码	项目名称	项目特征	计量单位	工程量计算规则	工作内容
040702001	汽车衡	1. 规格、型号 2. 精度	台	按设计图示数量计算	1. 安装 2. 调试
040702002	自动感应洗车装置	1. 类型 2. 规格、型号 3. 参数	套		
040702003	破碎机		台		
040702004	垃圾卸料门	1. 尺寸 2. 材质 3. 自动开关装置	m²	按设计图示尺寸以面积计算	
040702005	垃圾抓斗起重机	1. 规格、型号、精度 2. 跨度、高度 3. 自动称重、控制系统要求	套	按设计图示数量计算	
040702006	焚烧炉体	1. 类型 2. 规格、型号 3. 处理能力 4. 参数			

第十三章　路灯工程工程量计算

第一节　路灯工程分项工程划分

一、变配电设备工程项目划分

变配电设备工程包括杆上变压器、地上变压器、组合型成套箱式变电站、高压成套配电柜、低压成套控制柜、落地式控制箱、杆上控制箱、杆上配电箱、悬挂嵌入式配电箱、落地式配电箱、控制屏、继电、信号屏、低压开关柜(配电屏)、弱电控制返回屏、控制台、电力电容器、跌落式熔断器。避雷器、低压熔断器、隔离开关、负荷开关、真空断路器、限位开关、控制器、接触器、磁力启动器、分流器、小电器、照明开关、插座、线缆断线报警装置、铁构件制作、安装、其他电器。

(1)杆上变压器,其工作内容包括:支架制作、安装;本体安装;油过滤;干燥;网门、保护门制作、安装;补刷(喷)油漆;接地。

(2)地上变压器,其工作内容包括:基础制作、安装;本体安装;油过滤;干燥;网门、保护门制作、安装;补刷(喷)油漆;接地。

(3)组合型成套箱式变电站,其工作内容包括:基础制作、安装;本体安装;进箱母线安装;补刷(喷)油漆;接地。

(4)高压成套配电柜,其工作内容包括:基础制作、安装;本体安装;补刷(喷)油漆;接地。

(5)低压成套控制柜、落地式控制箱,其工作内容包括:基础制作、安装;本体安装;附件安装;焊、压接线端子;端子接线;补刷(喷)油漆;接地。

(6)杆上控制箱,其工作内容包括:支架制作、安装;本体安装;附件安装;焊、压接线端子;端子接线;进出线管管架安装;补刷(喷)油漆;接地。

(7)杆上配电箱、悬挂嵌入式配电箱,其工作内容包括:支架制作、安装;本体安装;焊、压接线端子;端子接线;补刷(喷)油漆;接地。

(8)落地式配电箱,其工作内容包括:基础制作、安装;本体安装;焊、压接线端子;端子接线;补刷(喷)油漆;接地。

(9)控制屏、继电、信号屏,其工作内容包括:基础制作、安装;本体安装;端子板安装;焊、压接线端子;盘柜配线、端子接线;小母线安装;屏边安装;补刷(喷)油漆;接地。

(10)低压开关柜(配电屏),其工作内容包括:基础制作、安装;本体安装;端子板安装;焊、压接线端子;盘柜配线、端子接线;屏边安装;补刷(喷)油漆;接地。

(11)弱电控制返回屏,其工作内容包括:基础制作、安装;本体安装;端子板安装;焊、压接线端子;盘柜配线、端子接线;小母线安装;屏边安装;补刷(喷)油漆;接地。

(12)控制台,其工作内容包括:基础制作、安装;本体安装;端子板安装;焊、压接线端子;盘柜配线、端子接线;小母线安装;补刷(喷)油漆;接地。

(13)电力电容器、跌落式熔断器,其工作内容包括:本体安装、调试;接线;接地。

(14)避雷器,其工作内容包括:本体安装、调试;接线;补刷(喷)油漆;接地。

(15)低压熔断器,其工作内容包括:本体安装;焊、压接线端子;接线。

(16)隔离开关、负荷开关、真空断路器,其工作内容包括:本体安装、调试;接线;补刷(喷)油漆;接地。

(17)限位开关、控制器、接触器、磁力启动器、分流器、小电器,其工作内容包括:本体安装;焊、压接线端子;接线。

(18)照明开关、插座,其工作内容包括:本体安装;接线。

(19)线缆断线报警装置,其工作内容包括:本体安装、调试;接线。

(20)铁构件制作、安装,其工作内容包括:制作;安装;补刷(喷)油漆。

(21)其他电器,其工作内容包括:本体安装;接线。

二、10kV 以下架空线路工程项目划分

10kV 以下架空线路工程包括电杆组立、横担组装、导线架设。

(1)电杆组立,其工作内容包括:工地运输;垫层、基础浇筑;底盘、拉盘、卡盘安装;电杆组立;电杆防腐;拉线制作、安装;引下线支架安装。

(2)横担组装,其工作内容包括:横担安装;瓷瓶、金具组装。

(3)导线架设,其工作内容包括:工地运输;导线架设;导线跨越及进户线架设。

三、电缆工程项目划分

电缆工程包括电缆、电缆保护管、电缆排管、管道包封、电缆终端头、电缆中间头、铺砂、盖保护板(砖)。

(1)电缆,其工作内容包括:揭(盖)盖板;电缆敷设。

(2)电缆保护管,其工作内容包括:保护管敷设;过路管加固。

(3)电缆排管,其工作内容包括:垫层、基础浇筑;排管敷设。

(4)管道包封,其工作内容包括:灌注;养护。

(5)电缆终端头、电缆中间头,其工作内容包括:制作;安装;接地。

(6)铺砂、盖保护板(砖),其工作内容包括:铺砂;盖保护板(砖)。

四、配管、配线工程项目划分

配管、配线工程包括配管、配线、接线箱、接线盒、带形母线。

(1)配管,其工作内容包括:预留沟槽;钢索架设(拉紧装置安装);电线管路敷设;接地。

(2)配线,其工作内容包括:钢索架设(拉紧装置安装);支持体(绝缘子等)安装;配线。

(3)接线箱、接线盒,其工作内容包括:本体安装。

(4)带形母线,其工作内容包括:支持绝缘子安装及耐压试验;穿通板制作、安装;母线安

装;引下线安装;伸缩节安装;过渡板安装;拉紧装置安装;刷分相漆。

五、照明器具安装工程项目划分

照明器具安装工程包括常规照明灯、中杆照明灯、高杆照明灯、景观照明灯、桥栏杆照明灯、地道涵洞照明灯。

(1)常规照明灯、中杆照明灯,其工作内容包括:垫层铺筑;基础制作、安装;立灯杆;杆座制作、安装;灯架制作、安装;灯具附件安装;焊、压接线端子;接线;补刷(喷)油漆;灯杆编号;接地;试灯。

(2)高杆照明灯,其工作内容包括:垫层铺筑;基础制作、安装;立灯杆;杆座制作、安装;灯架制作、安装;灯具附件安装;焊、压接线端子;接线;补刷(喷)油漆;灯杆编号;升降机构接线调试;接地;试灯。

(3)景观照明灯、桥栏杆照明灯、地道涵洞照明灯,其工作内容包括:灯具安装;焊、压接线端子;接线;补刷(喷)油漆;接地;试灯。

六、防雷接地装置工程项目划分

防雷接地装置工程包括接地极、接地母线、避雷引下线、避雷针、降阻剂。

(1)接地极,其工作内容包括:接地极(板、桩)制作、安装;补刷(喷)油漆。

(2)接地母线,其工作内容包括:接地母线制作、安装;补刷(喷)油漆。

(3)避雷引下线,其工作内容包括:避雷引下线制作、安装;断接卡子、箱制作、安装;补刷(喷)油漆。

(4)避雷针,其工作内容包括:本体安装;跨接;补刷(喷)油漆。

(5)降阻剂,其工作内容包括:施放降阻剂。

七、电气调整试验项目划分

电气调整试验包括变压器系统调试、供电系统调试、接地装置调试、电缆试验。

(1)变压器系统调试、供电系统调试,其工作内容包括:系统调试。

(2)接地装置调试,其工作内容包括:接地电阻测试。

(3)电缆试验,其工作内容包括:试验。

第二节　变配电设备工程工程量计算

变配电设备是用来改变电压和分配电能的电气设备,由变压器、高低压开关设备、保护电器、测量仪表、母线、蓄电池及整流器等组成。

一、变压器、变电站工程量计算

变压器是利用电磁感应的原理来改变交流电压的装置,主要构件是初级线圈、次级线圈和铁芯(磁芯)。变压器是变电所(站)的主要设备,其作用是改变电压,将电网的电压经变压器降压或升压,以满足各种用电设备的需求。

变压器按用途可分为两类:一类是电力变压器,主要用于输配电系统的升、降电压,如带调压器的变压器、发电厂用的升压变压器等;另一类是特种变压器,即专用变压器,主要用于变更电源的频率,整流设备的电源,电焊设备的电源,电炉电源或作电压互感器、电流互感器等,如电炉变压器、试验变压器、自耦变压器等。

1. 工程量计算规则

变压器、变电站工程工程量清单项目设置、项目特征描述内容、计量单位及工程量计算规则,应按表 13-1 的规定执行。

表 13-1　　　　　　　　　　　　变压器、变电站工程

项目编码	项目名称	项目特征	计量单位	工程量计算规则	工作内容
040801001	杆上变压器	1. 名称 2. 型号 3. 容量(kV·A) 4. 电压(kV) 5. 支架材质、规格 6. 网门、保护门材质、规格 7. 油过滤要求 8. 干燥要求	台	按设计图示数量计算	1. 支架制作、安装 2. 本体安装 3. 油过滤 4. 干燥 5. 网门、保护门制作、安装 6. 补刷(喷)油漆 7. 接地
040801002	地上变压器	1. 名称 2. 型号 3. 容量(kV·A) 4. 电压(kV) 5. 基础形式、材质、规格 6. 网门、保护门材质、规格 7. 油过滤要求 8. 干燥要求			1. 基础制作、安装 2. 本体安装 3. 油过滤 4. 干燥 5. 网门、保护门制作、安装 6. 补刷(喷)油漆 7. 接地
040801003	组合型成套箱式变电站	1. 名称 2. 型号 3. 容量(kV·A) 4. 电压(kV) 5. 组合形式 6. 基础形式、材质、规格			1. 基础制作、安装 2. 本体安装 3. 进箱母线安装 4. 补刷(喷)油漆 5. 接地

2. 计算实例

【例 13-1】　某工程需要安装一台型号为 $10/0.4kV$,$315kV·A$ 的杆上变压器。试计算其工程量。

【解】根据工程量计算规则：

$$\text{杆上变压器安装工程量} = 1\text{ 台}$$

工程量计算结果见表 13-2。

表 13-2　　　　　　　　　　　　　　　工程量计算表

项目编码	项目名称	项目特征描述	计量单位	工程量
040801001001	杆上变压器	型号为 10/0.4kV，315kV·A，需做干燥处理，绝缘油过滤	台	1

二、配电柜、配电箱工程量计算

配电柜是电动机控制中心的统称。配电柜适用于负荷比较分散、回路较少的场合。

配电箱是按电气接线要求将开关设备、测量仪表、保护电器和辅助设备组装在封闭或半封闭金属柜中或屏幅上，构成低压配电箱。正常运行时，可借助手动或自动开关接通或分断电路；故障或不正常运行时，可借助保护电器切断电路或报警。

配电柜、配电箱工程工程量清单项目设置、项目特征描述内容、计量单位及工程量计算规则，应按表 13-3 的规定执行。

表 13-3　　　　　　　　　　　　　　　配电柜、配电箱工程

项目编码	项目名称	项目特征	计量单位	工程量计算规则	工作内容
040801004	高压成套配电柜	1. 名称 2. 型号 3. 规格 4. 母线配置方式 5. 种类 6. 基础形式、材质、规格	台	按设计图示数量计算	1. 基础制作、安装 2. 本体安装 3. 补刷(喷)油漆 4. 接地
040801008	杆上配电箱	1. 名称 2. 型号 3. 规格 4. 安装方式 5. 支架材质、规格 6. 接线端子材质、规格 7. 端子板外部接线材质、规格			1. 支架制作、安装 2. 本体安装 3. 焊、压接线端子 4. 端子接线 5. 补刷(喷)油漆 6. 接地
040801009	悬挂嵌入式配电箱				
040801010	落地式配电箱	1. 名称 2. 型号 3. 规格 4. 基础形式、材质、规格 5. 接线端子材质、规格 6. 端子板外部接线材质、规格			1. 基础制作、安装 2. 本体安装 3. 焊、压接线端子 4. 端子接线 5. 补刷(喷)油漆 6. 接地

三、配电装置工程量计算

配电装置是用来计量和控制电能的分配装置,由母线、开关设备、保护电器、测量仪表和其他附件等组成。其布置应满足电力系统正常运行的要求,便于检修,不危及人身及周围设备的安全。配电装置应设在发电厂、变配电所等处。

1. 工程量计算规则

配电装置工程工程量清单项目设置、项目特征描述内容、计量单位及工程量计算规则,应按表 13-4 的规定执行。

表 13-4 配电装置工程

项目编码	项目名称	项目特征	计量单位	工程量计算规则	工作内容
040801005	低压成套控制柜	1. 名称 2. 型号 3. 规格 4. 种类 5. 基础形式、材质、规格 6. 接线端子材质、规格 7. 端子板外部接线材质、规格	台	按设计图示数量计算	1. 基础制作、安装 2. 本体安装 3. 附件安装 4. 焊、压接线端子 5. 端子接线 6. 补刷(喷)油漆 7. 接地
040801006	落地式控制箱	1. 名称 2. 型号 3. 规格 4. 基础形式、材质、规格 5. 回路 6. 附件种类、规格 7. 接线端子材质、规格 8. 端子板外部接线材质、规格			
040801007	杆上控制箱	1. 名称 2. 型号 3. 规格 4. 回路 5. 附件种类、规格 6. 支架材质、规格 7. 进出线管管架材质、规格、安装高度 8. 接线端子材质、规格 9. 端子板外部接线材质、规格			1. 支架制作、安装 2. 本体安装 3. 附件安装 4. 焊、压接线端子 5. 端子接线 6. 进出线管管架安装 7. 补刷(喷)油漆 8. 接地

(续一)

项目编码	项目名称	项目特征	计量单位	工程量计算规则	工作内容
040801011	控制屏				1. 基础制作、安装 2. 本体安装 3. 端子板安装 4. 焊、压接线端子 5. 盘柜配线、端子接线 6. 小母线安装 7. 屏边安装 8. 补刷(喷)油漆 9. 接地
040801012	继电、信号屏				
040801013	低压开关柜(配电屏)	1. 名称 2. 型号 3. 规格 4. 种类 5. 基础形式、材质、规格 6. 接线端子材质、规格 7. 端子板外部接线材质、规格 8. 小母线材质、规格 9. 屏边规格	台	按设计图示数量计算	1. 基础制作、安装 2. 本体安装 3. 端子板安装 4. 焊、压接线端子 5. 盘柜配线、端子接线 6. 屏边安装 7. 补刷(喷)油漆 8. 接地
040801014	弱电控制返回屏				1. 基础制作、安装 2. 本体安装 3. 端子板安装 4. 焊、压接线端子 5. 盘柜配线、端子接线 6. 小母线安装 7. 屏边安装 8. 补刷(喷)油漆 9. 接地
040801015	控制台	1. 名称 2. 型号 3. 规格 4. 种类 5. 基础形式、材质、规格 6. 接线端子材质、规格 7. 端子板外部接线材质、规格 8. 小母线材质、规格			1. 基础制作、安装 2. 本体安装 3. 端子板安装 4. 焊、压接线端子 5. 盘柜配线、端子接线 6. 小母线安装 7. 补刷(喷)油漆 8. 接地

（续二）

项目编码	项目名称	项目特征	计量单位	工程量计算规则	工作内容
040801016	电力电容器	1. 名称 2. 型号 3. 规格 4. 质量	个	按设计图示数量计算	1. 本体安装、调试 2. 接线 3. 接地
040801017	跌落式熔断器	1. 名称 2. 型号 3. 规格 4. 安装部位	组		1. 本体安装、调试 2. 接线 3. 补刷(喷)油漆 4. 接地
040801018	避雷器	1. 名称 2. 型号 3. 规格 4. 电压(kV) 5. 安装部位			1. 本体安装、调试 2. 接线 3. 补刷(喷)油漆 4. 接地
040801019	低压熔断器	1. 名称 2. 型号 3. 规格 4. 接线端子材质、规格	个		1. 本体安装 2. 焊、压接线端子 3. 接线
040801020	隔离开关	1. 名称 2. 型号	组		1. 本体安装、调试 2. 接线 3. 补刷(喷)油漆 4. 接地
040801021	负荷开关	3. 容量(A)			
040801022	真空断路器	4. 电压(kV) 5. 安装条件 6. 操作机构名称、型号 7. 接线端子材质、规格	台		
040801023	限位开关	1. 名称 2. 型号 3. 规格 4. 接线端子材质、规格	个		
040801024	控制器		台		
040801025	接触器				
040801026	磁力启动器				
040801027	分流器	1. 名称 2. 型号 3. 规格 4. 容量(A) 5. 接线端子材质、规格	个		1. 本体安装 2. 焊、压接线端子 3. 接线
040801028	小电器	1. 名称 2. 型号 3. 规格 4. 接线端子材质、规格	个 (套、台)		
040801029	照明开关	1. 名称 2. 型号 3. 规格 4. 安装方式	个		1. 本体安装 2. 接线
040801030	插座				
040801031	线缆断线报警装置	1. 名称 2. 型号 3. 规格 4. 参数	套		1. 本体安装、调试 2. 接线

(续三)

项目编码	项目名称	项目特征	计量单位	工程量计算规则	工作内容
040801032	铁构件制作、安装	1. 名称 2. 材质 3. 规格	kg	按设计图示尺寸以质量计算	1. 制作 2. 安装 3. 补刷(喷)油漆
040801033	其他电器	1. 名称 2. 型号 3. 规格 4. 安装方式	个(套、台)	按设计图示数量计算	1. 本体安装 2. 接线

注：1. 小电器包括按钮、测量表计、继电器、电磁锁、屏上辅助设备、辅助电压互感器、小型安全变压器等。

2. 其他电器安装指本节未列的电器项目，必须根据电器实际名称确定项目名称。明确描述项目特征、计量单位、工程量计算规则、工作内容。

3. 铁构件制作、安装适用于路灯工程的各种支架、铁构件的制作、安装。

4. 设备安装未包括地脚螺栓安装、浇筑(二次灌浆、抹面)，如需安装应按现行国家标准《房屋建筑与装饰工程工程量计算规范》(GB 50854－2013)中相关项目编码列项。

5. 盘、箱、柜的外部进出线预留长度见表13-5。

表 13-5　　　　　　盘、箱、柜的外部进出线预留长度

序号	项　　目	预留长度(m/根)	说　　明
1	各种箱、柜、盘、板、盒	高+宽	盘面尺寸
2	单独安装的铁壳开关、自动开关、刀开关、启动器、箱式电阻器、变阻器	0.5	从安装对象中心算起
3	继电器、控制开关、信号灯、按钮、熔断器等小电器	0.3	
4	分支接头	0.2	分支线预留

2. 计算实例

【例 13-2】　如图 13-1 所示，安装高压配电柜 2 台，型号为 GFC-15(F)，额定电压为 3～10kV，试计算其工程量。

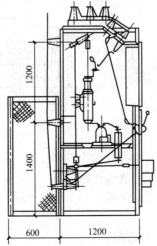

图 13-1　高压配电柜示意图

【解】高压成套配电柜工程量计算结果见表 13-6。

表 13-6　　　　　　　　　　　　　　　工程量计算表

项目编码	项目名称	项目特征描述	计量单位	工程量
040801004001	高压成套配电柜	高压成套配电柜,GFC-15(F),额定电压 3～10kV	台	2

【例 13-3】　欲安装真空断路器 1 台,电流容量 1000A,试计算其工程量。

【解】断路器安装工程量计算结果见表 13-7。

表 13-7　　　　　　　　　　　　　　　工程量计算表

项目编码	项目名称	项目特征描述	计量单位	工程量
040801022001	真空断路器	真空断路器,电流容量 1000A	台	1

【例 13-4】　某额定电压 1140V,额定电流 250A 的馈电网络,安装 1 台型号为 CKJ5-250A 低压真空交流接触器供远距离接通和分断电路,以及频繁启动和停止交流电动机之用。试计算其工程量。

【解】接触器安装工程量计算结果见表 13-8。

表 13-8　　　　　　　　　　　　　　　工程量计算表

项目编码	项目名称	项目特征描述	计量单位	工程量
040801025001	接触器	真空接触器,CKJ5-250A	台	1

【例 13-5】　如图 13-2 所示,在墙上安装 1 组 10kV 户外交流高压负荷开关,其型号为 FW1-10,试计算其工程量。

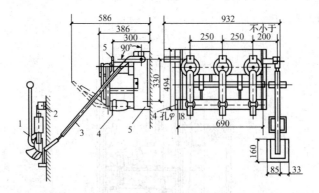

图 13-2　在墙上安装 10kV 负荷开关图

1—操动机构;2—辅助开关;3—连杆;4—接线板;5—负荷开关

【解】负荷开关工程量计算结果见表 13-9。

表 13-9　　　　　　　　　　　　　　　　工程量计算表

项目编码	项目名称	项目特征描述	计量单位	工程量
040801021001	负荷开关	FW1-10 户外交流高压负荷开关	组	1

【例 13-6】　如图 13-3 所示，安装熔断器组，其型号为 RW3-10G，试计算其工程量。

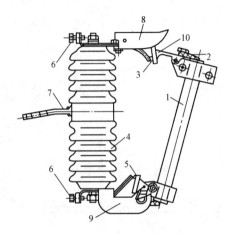

图 13-3　RW3-10G 型跌落式熔断器

1—熔管；2—熔丝元件；3—上部固定触头；4—绝缘瓷件；

5—下部固定触头；6—端部压线螺栓；7—紧固板；

8—锁紧机构；9—熔体管转轴支架；10—活动触头

【解】熔断器工程量计算结果见表 13-10。

表 13-10　　　　　　　　　　　　　　　　工程量计算表

项目编码	项目名称	项目特征描述	计量单位	工程量
040801017001	跌落式熔断器	高压熔断器，RW3-10G	组	2

【例 13-7】　建筑物防雷工程平面图和立面图如图 13-4 和图 13-5 所示，图上设施附说明。试计算其工程量。

施工说明：

(1)避雷带、引下线均采用 —25×4 扁钢，镀锌或做防雷处理。

(2)引下线在地面上 1.7m 至地面下 0.3m 一段，用 φ50 硬塑料管保护。

(3)本工程采用 —25×4 扁钢做水平接地体，围建筑物一周埋设，其接地电阻不大于 10Ω。施工后达不到要求时，可增设接地极。

(4)施工采用国家标准图集 D562、D563，并应与土建密切结合。

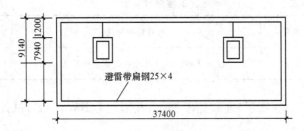

图 13-4　建筑物防雷电系统平面图

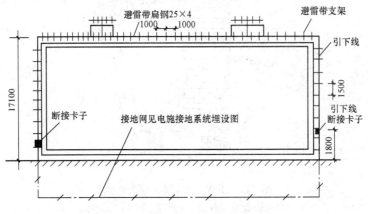

图 13-5　建筑物防雷电系统立面图

【解】避雷器工程量计算结果见表 13-11。

表 13-11　　　　　　　　　　工程量计算表

项目编码	项目名称	项目特征描述	计量单位	工程量
040801018	避雷器	避雷器,采用—25×4 扁钢	组	1

第三节　线路工程工程量计算

一、10kV 以下架空线路工程量计算

架空配电线路直接接向用户供电的电力线路,是用电杆将导线悬空架设,按电压等级分 1kV 及以下的低压架空配电线路 1kV 以上的高压架空配电线路。

架空线路主要由电杆、导线、横担、瓷瓶、拉线、金具等部分组成。配电线路导线主要是用绝缘线和裸线两类,在市区或居民区应尽量用绝缘线,以保证安全。

架空线路的特点是:设备材料简单,成本低;容易发现故障,维修方便但容易受外界环境的影响,如气温、风速、雨雪、覆冰等机械损伤;供电可靠性较差,需要占用地表面积,而且影响市容美观。

1. 工程量计算规则

10kV 以下架空线路工程工程量清单项目设置、项目特征描述的内容、计量单位及工程量计算规则,应按表 13-12 的规定执行。

表 13-12　　　　　　　　　　　10kV 以下架空线路工程

项目编码	项目名称	项目特征	计量单位	工程量计算规则	工作内容
040802001	电杆组立	1. 名称 2. 规格 3. 材质 4. 类型 5. 地形 6. 土质 7. 底盘、拉盘、卡盘规格 8. 拉线材质、规格、类型 9. 引下线支架安装高度 10. 垫层、基础:厚度、材料品种、强度等级 11. 电杆防腐要求	根	按设计图示数量计算	1. 工地运输 2. 垫层、基础浇筑 3. 底盘、拉盘、卡盘安装 4. 电杆组立 5. 电杆防腐 6. 拉线制作、安装 7. 引下线支架安装
040802002	横担组装	1. 名称 2. 规格 3. 材质 4. 类型 5. 安装方式 6. 电压(kV) 7. 瓷瓶型号、规格 8. 金具型号、规格	组		1. 横担安装 2. 瓷瓶、金具组装
040802003	导线架设	1. 名称 2. 型号 3. 规格 4. 地形 5. 导线跨越类型	km	按设计图示尺寸另加预留量以单线长度计算	1. 工地运输 2. 导线架设 3. 导线跨越及进户线架设

注:导线架设预留长度见表 13-13。

表 13-13　　　　　　　　　　　导线架设预留长度

项目		预留长度(m/根)
高压	转角	2.5
	分支、终端	2.0
低压	分支、终端	0.5
	交叉跳线转角	1.5
与设备连线		0.5
进户线		2.5

2. 计算实例

【例 13-8】　有一新建工厂,工厂需架设 300/500V 三相四线线路,需 10m 高水泥杆 10 根,杆距为 60m,试计算其工程量。

【解】电杆组立工程量计算结果见表 13-14。

表 13-14　　　　　　　　　　　　工程量计算表

项目编码	项目名称	项目特征描述	计量单位	工程量
040802001001	电杆组立	10m 高水泥杆,杆距 60m	根	10

【例 13-9】　外线工程平面图如图 13-6 所示,混凝土电杆高 12m,间距 45m,属于丘陵地区架设施工,选用 BLX-(3×70+1×35),室外杆上变压器容量为 320kV·A。试计算其工程量。

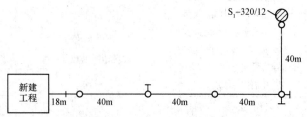

图 13-6　外线工程平面图

【解】电杆组立工程量计算结果见表 13-15。

表 13-15　　　　　　　　　　　　工程量计算表

项目编码	项目名称	项目特征描述	计量单位	工程量
040802001001	电杆组立	混凝土电杆,电杆高 12m,间距 45m	根	4

【例 13-10】　有一新建工厂,工厂需架设 380/220V 三相四线线路,导线使用裸铜绞线(3×120+1×70),10m 高水泥杆 10 根,杆距为 60m,杆上铁横担水平安装一组,末根杆上有阀型避雷器 5 组,试计算横担组装、导线架设工程量。

【解】由题可知:

(1)横担组装:10×1=10 组

(2)电杆组立:10 根

(3)导线架设工程量计算:

10 根杆共为 9×60=540m

120mm² 导线:$L=3×540=1620m=1.62km$

70mm² 导线:$L=1×540=540m=0.54km$

(4)避雷器安装:5 组。

横担组装、导线架设工程量计算结果见表 13-16。

表 13-16 　　　　　　　　　　　　　　**工程量计算表**

项目编码	项目名称	项目特征描述	计量单位	工程量
040802002001	横担组装	横担水平安装	组	10
040802003001	导线架设	380V/220V,裸铜绞线,120mm²	km	1.62
040802003002	导线架设	380V/220V,裸铜绞线,70mm²	km	0.54
040806004001	避雷针	阀型避雷器	套	5

二、电缆工程量计算

电缆是一种导线,是把一根或者数根绝缘导线合成一个类似相应绝缘层线芯,再在外面包上密封的包布(铝、塑料和橡胶)。

电缆的种类很多,按其用途可分为电力电缆和控制电缆两大类。按电压可分为 500V、1000V、6000V、10000V 等数种,最高电压可达到 110kV、220kV、330kV 多种;按线芯材料分为铝芯电力电缆和铜芯电力电缆。

1. 工程量计算规则

电缆工程工程量清单项目设置、项目特征描述的内容、计量单位及工程量计算规则,应按表 13-17 的规定执行。

表 13-17 　　　　　　　　　　　　　　**电缆工程**

项目编码	项目名称	项目特征	计量单位	工程量计算规则	工作内容
040803001	电缆	1. 名称 2. 型号 3. 规格 4. 材质 5. 敷设方式、部位 6. 电压(kV) 7. 地形	m	按设计图示尺寸另加预留及附加量以长度计算	1. 揭(盖)盖板 2. 电缆敷设
040803002	电缆保护管	1. 名称 2. 型号 3. 规格 4. 材质 5. 敷设方式 6. 过路管加固要求	m	按设计图示尺寸以长度计算	1. 保护管敷设 2. 过路管加固
040803003	电缆排管	1. 名称 2. 型号 3. 规格 4. 材质 5. 垫层、基础:厚度、材料品种、强度等级 6. 排管排列形式			1. 垫层、基础浇筑 2. 排管敷设

（续）

项目编码	项目名称	项目特征	计量单位	工程量计算规则	工作内容
040803004	管道包封	1. 名称 2. 规格 3. 混凝土强度等级	m	按设计图示尺寸以长度计算	1. 灌注 2. 养护
040803005	电缆终端头	1. 名称 2. 型号 3. 规格 4. 材质、类型 5. 安装部位 6. 电压(kV)	个	按设计图示数量计算	1. 制作 2. 安装 3. 接地
040803006	电缆中间头	1. 名称 2. 型号 3. 规格 4. 材质、类型 5. 安装方式 6. 电压(kV)			
040803007	铺砂、盖保护板(砖)	1. 种类 2. 规格	m	按设计图示尺寸以长度计算	1. 铺砂 2. 盖保护板(砖)

注:1. 电缆穿刺线夹按电缆中间头编码列项。
2. 电缆保护管敷设方式清单项目特征描述时应区分直埋保护管、过路保护管。
3. 顶管敷设应按《市政工程工程量计算规范》(GB 50857—2013)附录 E.1 管道铺设(参见本书第十章第二节)中相关项目编码列项。
4. 电缆井应按《市政工程工程量计算规范》(GB 50857—2013)附录 E.4 管道附属构筑物(参见本书第十章第五节)中相关项目编码列项,如有防盗要求的应在项目特征中描述。
5. 电缆敷设预留量及附加长度见表 13-18。

表 13-18   **电缆敷设预留量及附加长度**

序号	项目	预留(附加)长度(m)	说明
1	电缆敷设弛度、波形弯度、交叉	2.5%	按电缆全长计算
2	电缆进入建筑物	2.0	规范规定最小值
3	电缆进入沟内或吊架时引上(下)预留	1.5	规范规定最小值
4	变电所进线、出线	1.5	规范规定最小值
5	电力电缆终端头	1.5	检修余量最小值
6	电缆中间接头盒	两端各留 2.0	检修余量最小值
7	电缆进控制、保护屏及模拟盘等	高+宽	按盘面尺寸
8	高压开关柜及低压配电盘、箱	2.0	盘下进出线

(续)

序号	项目	预留(附加)长度(m)	说明
9	电缆至电动机	0.5	从电动机接线盒算起
10	厂用变压器	3.0	从地坪算起
11	电缆绕过梁柱等增加长度	按实计算	按被绕物的断面情况计算增加长度

2. 计算实例

【例 13-11】 某电缆敷设工程如图 13-7 所示,采用电缆沟铺砂盖砖直埋并列敷设 8 根 $XV_{29}(3 \times 35 + 1 \times 10)$ 电力电缆,变电所配电柜至室内部分电缆穿 $\phi40$ 钢管保护,共 8m 长,室外电缆敷设共 120m 长,在配电间有 13m 穿 $\phi40$ 钢管保护,试计算其工程量。

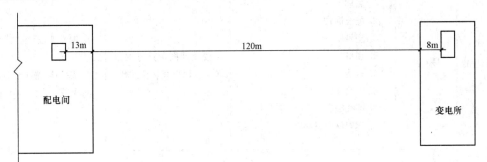

图 13-7　某电缆敷设工程

【解】 根据工程量计算规则:

$$电缆敷设工程量 = (8 + 120 + 13) \times 8 = 1128m$$

工程量计算结果见表 13-19。

表 13-19　　　　　　　　　　　　　**工程量计算表**

项目编码	项目名称	项目特征描述	计量单位	工程量
040803001001	电缆	$XV_{29}(3 \times 35 + 1 \times 10)$ 电力电缆,直埋并列敷设	m	1128
040803002001	电缆保护管	$\phi40$ 钢管	m	13

三、配管、配线工程量计算

配管即线管敷设。配管工作一般从配电箱开始,逐段配至用电设备处,有时也可以从用电设备端开始,逐段配至配电箱处。

工程设计时,选择何种配线类型应综合考虑配电导线的额定电压、配电方式、电力负荷的种类和大小、敷设环境、敷设方式以及与附近电气装置、设施之间能否产生有害电磁感应等因素。既要满足可靠性的要求,又要兼顾经济性,并要考虑施工和维修方便。

1. 工程量计算规则

配管、配线工程程量清单项目设置、项目特征描述的内容、计量单位及工程量计算规则,应按表 13-20 的规定执行。

表 13-20 配管、配线工程

项目编码	项目名称	项目特征	计量单位	工程量计算规则	工作内容
040804001	配管	1. 名称 2. 材质 3. 规格 4. 配置形式 5. 钢索材质、规格 6. 接地要求	m	按设计图示尺寸以长度计算	1. 预留沟槽 2. 钢索架设(拉紧装置安装) 3. 电线管路敷设 4. 接地
040804002	配线	1. 名称 2. 配线形式 3. 型号 4. 规格 5. 材质 6. 配线部位 7. 配线线制 8. 钢索材质、规格		按设计图示尺寸另加预留量以单线长度计算	1. 钢索架设(拉紧装置安装) 2. 支持体(绝缘子等)安装 3. 配线
040804003	接线箱	1. 名称 2. 规格 3. 材质 4. 安装形式	个	按设计图示数量计算	本体安装
040804004	接线盒				
040804005	带形母线	1. 名称 2. 型号 3. 规格 4. 材质 5. 绝缘子类型、规格 6. 穿通板材质、规格 7. 引下线材质、规格 8. 伸缩节、过渡板材质、规格 9. 分相漆品种	m	按设计图示尺寸另加预留量以单相长度计算	1. 支持绝缘子安装及耐压试验 2. 穿通板制作、安装 3. 母线安装 4. 引下线安装 5. 伸缩节安装 6. 过渡板安装 7. 拉紧装置安装 8. 刷分相漆

注:1. 配管安装不扣除管路中间的接线箱(盒)、灯头盒、开关盒所占长度。

2. 配管名称指电线管、钢管、塑料管等。

3. 配管配置形式指明、暗配、钢结构支架、钢索配管、埋地敷设、水下敷设、砌筑沟内敷设等。

4. 配线名称指管内穿线、塑料护套配线等。

5. 配线形式指照明线路、木结构、砖、混凝土结构、沿钢索等。

6. 配线进入箱、柜、板的预留长度见表 13-21,母线配置安装的预留长度见表 13-22。

表 13-21　　　　　　　　　配线进入箱、柜、板的预留长度(每一根线)

序号	项目	预留长度(m)	说明
1	各种开关箱、柜、板	高+宽	盘面尺寸
2	单独安装(无箱、盘)的铁壳开关、闸刀开关、启动器、线槽进出线盒等	0.3	从安装对象中心算起
3	由地面管子出口引至动力接线箱	1.0	从管口计算
4	电源与管内导线连接(管内穿线与软、硬母线接点)	1.5	从管口计算

表 13-22　　　　　　　　　　母线配置安装预留长度

序号	项目	预留长度(m)	说明
1	带形母线终端	0.3	从最后一个支持点算起
2	带形母线与分支线连接	0.5	分支线预留
3	带形母线与设备连接	0.5	从设备端子接口算起
4	接地母线、引下线附加长度	3.9%	按接地母线、引下线全长计算

2. 计算实例

【例 13-12】　如图 13-8 所示,配电箱 M1、M2 规格均为 800mm×800mm×150mm(宽×高×厚),悬挂嵌入式安装,配电箱底边距地高度 1.30m,水平距离 12m。试计算配管工程量。

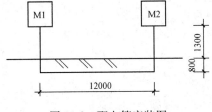

图 13-8　配电箱安装图

【解】根据工程量计算规则:

$$电气配管工程量=(1.3+0.8)×2+12=16.2m$$

工程量计算结果见表 13-23。

表 13-23　　　　　　　　　　工程量计算表

项目编码	项目名称	项目特征描述	计量单位	工程量
040804001001	配管	配电箱 M1、M2 规格均为 800mm×800mm×150mm	m	16.2

【例 13-13】　如图 13-8 所示,已知两配电箱之间线路采用 BV(3×10−1×4)-SC32-DQA,试计算配线工程量。

【解】根据工程量计算规则:

管内穿绝缘导线 BV-4mm^2 工程量=(1.3+0.8)×2+12=16.2m

管内穿绝缘导线 BV-10mm^2 工程量=[(1.3+0.8)×2+12]×3=48.6m

工程量计算结果见表 13-24。

表 13-24　　　　　　　　　　　　**工程量计算表**

项目编码	项目名称	项目特征描述	计量单位	工程量
040804002001	配线	管内穿绝缘导线 BV-4mm^2	m	16.2
040804002002	配线	管内穿绝缘导线 BV-10mm^2	m	48.6

第四节　照明器具安装工程工程量计算

一、常规照明灯、中杆、高杆照明灯工程量计算

1. 工程量计算规则

常规照明灯、中杆、高杆照明灯安装工程量清单项目设置、项目特征描述的内容、计量单位及工程量计算规则，应按表 13-25 的规定执行。

表 13-25　　　　　　　　　　　**常规照明灯、中杆、高杆照明灯安装**

项目编码	项目名称	项目特征	计量单位	工程量计算规则	工作内容
040805001	常规照明灯	1. 名称 2. 型号 3. 灯杆材质、高度 4. 灯杆编号 5. 灯架形式及臂长 6. 光源数量 7. 附件配置 8. 垫层、基础：厚度、材料品种、强度等级 9. 杆座形式、材质、规格 10. 接线端材质、规格 11. 编号要求 12. 接地要求	套	按设计图示数量计算	1. 垫层铺筑 2. 基础制作、安装 3. 立灯杆 4. 杆座制作、安装 5. 灯架制作、安装 6. 灯具附件安装 7. 焊、压接线端子 8. 接线 9. 补刷（喷）油漆 10. 灯杆编号 11. 接地 12. 试灯
040805002	中杆照明灯				
040805003	高杆照明灯				1. 垫层铺筑 2. 基础制作、安装 3. 立灯杆 4. 杆座制作、安装 5. 灯架制作、安装 6. 灯具附件安装 7. 焊、压接线端子 8. 接线 9. 补刷（喷）油漆 10. 灯杆编号 11. 升降机构接线调试 12. 接地 13. 试灯

2. 工程量清单项目设置

(1)常规照明灯是指安装在高度≤15m 的灯杆上的照明器具。

(2)中杆照明灯是指安装在高度≤19m 的灯杆上的照明器具。

(3)高杆照明灯是指安装在高度>19m 的灯杆上的照明器具。

3. 计算实例

【例 13-14】 某市政广场需设置 15m 以下灯杆 30 根,每个木灯杆安装照明器具 2 套,19m 以上金属灯杆 5 根,每个灯杆安装照明器具 2 套,试计算其工程量。

【解】根据工程量计算规则:

$$常规照明灯工程量＝30×2＝60 套$$
$$高杆照明灯工程量＝5×2＝10 套$$

工程量计算结果见表 13-26。

表 13-26　　　　　　　　　　　　**工程量计算表**

项目编码	项目名称	项目特征描述	计量单位	工程量
040805001001	常规照明灯	木灯杆	套	60
040805003001	高杆照明灯	金属灯杆	套	10

二、景观照明灯工程量计算

景观照明灯是指利用不同的造型、相异的光色与亮度来造景的照明器具。

景观照明灯工程量清单项目设置、项目特征描述的内容、计量单位及工程量计算规则,应按表 13-27 的规定执行。

表 13-27　　　　　　　　　　　　**景观照明灯**

项目编码	项目名称	项目特征	计量单位	工程量计算规则	工作内容
040805004	景观照明灯	1. 名称 2. 型号 3. 规格 4. 安装形式 5. 接地要求	1. 套 2. m	1. 以套计量,按设计图示数量计算 2. 以米计量,按设计图示尺寸以延长米计算	1. 灯具安装 2. 焊、压接线端子 3. 接线 4. 补刷(喷)油漆 5. 接地 6. 试灯

三、桥栏杆照明灯、地道涵洞照明灯工程量计算

1. 工程量计算规则

桥栏杆照明灯、地道涵洞照明灯工程量清单项目设置、项目特征描述的内容、计量单位及工程量计算规则,应按表 13-28 的规定执行。

表 13-28 桥栏杆照明灯、地道涵洞照明灯

项目编码	项目名称	项目特征	计量单位	工程量计算规则	工作内容
040805005	桥栏杆照明灯	1. 名称 2. 型号 3. 规格 4. 安装形式 5. 接地要求	套	按设计图示数量计算	1. 灯具安装 2. 焊、压接线端子 3. 接线 4. 补刷(喷)油漆 5. 接地 6. 试灯
040805006	地道涵洞照明灯				

2. 工程量清单项目设置

(1)桥栏杆灯。桥栏杆灯是指用于桥上照明所用的灯具。

(2)地道涵洞灯。城市道路中的地道涵洞灯主要有荧光灯、低压钠灯,在隧道出入口处的适应性照明宜选用高压钠灯或荧光高压汞灯。

1)日光灯。日光灯用于隧道照明的主要优点是表面发光面积大、照度均匀度好,最适合作缓和照明光带用。要求环境温度最好在 18~25℃。

2)低压钠灯。低压钠灯常用在长隧道或汽车排烟雾较多的地方。自镇流式和外镇流式高压汞灯可用于烟雾较少的地方。

地道涵洞的布灯还要考虑易于检修或更换灯具,要考虑隧道及立交桥洞结构形式与安全。立交桥洞下灯具通常布置在两侧的墙上与洞顶相交处。隧道内采用点光源时,布灯的距离尽可能小,形成光点的连续性,否则司机感觉光点闪跳而妨碍视觉极不舒服。当隧道线路起伏、弯道、分流、合流时,由于路面的视线受到了限制,这时灯具的排列所起到的诱导作用是很必要的。为此,要研究灯具的安装间距、形状等,使司机能分辨出路线变化趋势。

3. 计算实例

【例 13-15】 某桥涵工程,设计用 40 套地道涵洞照明灯,灯架为成套升降型,混凝土基础,试计算其工程量。

【解】地道涵洞照明灯工程量计算结果见表 13-29。

表 13-29 工程量计算表

项目编码	项目名称	项目特征描述	计量单位	工程量
040805006001	地道涵洞照明灯	灯架为成套升降型	套	40

第五节 防雷接地装置工程工程量计算

一、接地工程工程量计算

接地装置有接地体和接地线组成。接地装置宜用钢材,在有腐蚀性较强的场所,应采用热镀锌的钢接地体或适当加大截面,接地装置的导体截面按符合热稳定和机械强度的要求应

不小于表 13-30 中所列数值。

表 13-30　　　　　　　　　　钢接地体和接地线的最小规格

种类规格及单位		地　上		地　下
		室内	室外	
圆钢直径(mm)		5	6	8 (10)
扁刚	截面(mm²)	24	48	48
	厚度(mm)	3	4	4 (5)
角钢厚度(mm)		2	2.5	4 (6)
钢管管壁厚度(mm)		2.5	2.5	3.5 (4.5)

注:1. 表中括号内的数值是指直流电力网中经常流过电流的接地线和接地体的最小规格。
　　2. 电力线路杆塔的接地体引出线的截面不应小于 50mm²,引出线应热镀锌。

接地工程工程量清单项目设置、项目特征描述的内容、计量单位及工程量计算规则,应按表 13-31 的规定执行。

表 13-31　　　　　　　　　　　　　接地

项目编码	项目名称	项目特征	计量单位	工程量计算规则	工作内容
040806001	接地极	1. 名称 2. 材质 3. 规格 4. 土质 5. 基础接地形式	根(块)	按设计图示数量计算	1. 接地极(板、桩)制作、安装 2. 补刷(喷)油漆
040806002	接地母线	1. 名称 2. 材质 3. 规格	m	按设计图示尺寸另加附加量以长度计算	1. 接地母线制作、安装 2. 补刷(喷)油漆

二、防雷工程工程量计算

1. 工程量计算规则

防雷工程工程量清单项目设置、项目特征描述的内容、计量单位及工程量计算规则,应按表 13-32 的规定执行。

表 13-32　　　　　　　　　　　　　防雷工程

项目编码	项目名称	项目特征	计量单位	工程量计算规则	工作内容
040806003	避雷引下线	1. 名称 2. 材质 3. 规格 4. 安装高度 5. 安装形式 6. 断接卡子、箱材质、规格	m	按设计图示尺寸另加附加量以长度计算	1. 避雷引下线制作、安装 2. 断接卡子、箱制作、安装 3. 补刷(喷)油漆

（续）

项目编码	项目名称	项目特征	计量单位	工程量计算规则	工作内容
040806004	避雷针	1. 名称 2. 材质 3. 规格 4. 安装高度 5. 安装形式	套（基）	按设计图示数量计算	1. 本体安装 2. 跨接 3. 补刷（喷）油漆

2. 工程量清单项目释义

（1）避雷引下线。避雷引下线是将避雷针接收的雷电流引向接地装置的导体，按照材料可以分为：镀锌接地引下线和镀铜接地引下线、铜材引下线（此引下线成本高，一般不采用）、超绝缘引下线。

1）镀锌引下线常用的有镀锌圆钢（直径 8mm 以上）、镀锌扁钢，建议采用镀锌圆钢。

2）镀铜引下线常用的有镀铜圆钢、镀铜钢绞线（也叫铜覆钢绞线），这种材料成本比镀锌的高，但导电性和抗腐蚀性都比镀锌材料好很多，现在是比较常用的。

3）超绝缘引下线的绝缘性能比较好，超绝缘引下线采用多层特殊材质的绝缘材料，保证了它强大的绝缘性能，满足了产品设计要求的相当于 0.75m 空气的绝缘距离。产品外部设计特殊的防紫外线和抗老化层，有效地提高了产品抗老化性能，使用寿命大大提高。此种产品适用于安全要求比较高的场所，成本比铜材贵一些。

（2）避雷针。避雷针又名防雷针，是用来保护建筑物等避免雷击的装置。在高大建筑物顶端安装一根金属棒，用金属线与埋在地下的一块金属板连接起来，利用金属棒的尖端放电，使云层所带的电和地上的电逐渐中和，从而不会引发事故。避雷针规格必须符合国家相关标准，每一个级别的防雷需要的避雷针规格都不一样。

三、降阻剂工程量计算

降阻剂由多种成分组成，其中含有细石墨、膨润土、固化剂、润滑剂、导电水泥等。它是一种良好的导电体，将它使用于接地体和土壤之间，一方面能够与金属接地体紧密接触，形成足够大的电流流通面；另一方面它能向周围土壤渗透，降低周围土壤电阻率，在接地体周围形成一个变化平缓的低电阻区域。

降阻剂工程量清单项目设置、项目特征描述的内容、计量单位及工程量计算规则，应按表13-33 的规定执行。

表 13-33   降阻剂

项目编码	项目名称	项目特征	计量单位	工程量计算规则	工作内容
040806005	降阻剂	名称	kg	按设计图示数量以质量计算	施放降阻剂

第六节　电气调整试验工程工程量计算

一、变压器系统调试工程量计算

1. 工程量计算规则

变压器系统调试工程工程量清单项目设置、项目特征描述的内容、计量单位及工程量计算规则，应按表 13-34 的规定执行。

表 13-34　　　　　　　　　　变压器系统调试

项目编码	项目名称	项目特征	计量单位	工程量计算规则	工作内容
040807001	变压器系统调试	1. 名称 2. 型号 3. 容量（kV·A）	系统	按设计图示数量计算	系统调试

2. 计算实例

【例 13-16】　某工程安装 3 台电力变压器，并对其中进行检查接线及调试，试计算其工程量。

【解】根据工程量计算规则：

$$电力变压器系统调试工程量＝3 台$$

工程量计算结果见表 13-35。

表 13-35　　　　　　　　　　工程量计算表

项目编码	项目名称	项目特征描述	计量单位	工程量
040807001001	变压器系统调试	电力变压器系统调试	系统	3

二、供电系统调试工程量计算

供电系统调试工程工程量清单项目设置、项目特征描述的内容、计量单位及工程量计算规则，应按表 13-36 的规定执行。

表 13-36　　　　　　　　　　供电系统调试

项目编码	项目名称	项目特征	计量单位	工程量计算规则	工作内容
040807002	供电系统调试	1. 名称 2. 型号 3. 电压（kV）	系统	按设计图示数量计算	系统调试

三、接地装置调试工程量计算

1, 工程量计算规则

接地装置系统调试工程工程量清单项目设置、项目特征描述的内容、计量单位及工程量计算规则，应按表 13-37 的规定执行。

表 13-37   供电系统调试

项目编码	项目名称	项目特征	计量单位	工程量计算规则	工作内容
040807003	接地装置调试	1. 名称 2. 类别	系统(组)	按设计图示数量计算	接地电阻测试

2. 计算实例

【例 13-17】　如图 13-9 所示为某配电所主要接线图,试计算防雷及接地系统调试工程量。

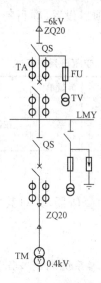

图 13-9　某配电所主要接线图

【解】接地装置调试主要包括避雷器调试和接地调试,根据工程量计算规则,工程量计算结果见表 13-38。

表 13-38   工程量计算表

项目编码	项目名称	项目特征描述	计量单位	工程量
040807003001	接地装置调试	接地装置调试	系统	1

四、电缆试验工程量计算

电缆试验工程工程量清单项目设置、项目特征描述的内容、计量单位及工程量计算规则,应按表 13-39 的规定执行。

表 13-39   电缆试验

项目编码	项目名称	项目特征	计量单位	工程量计算规则	工作内容
040807004	电缆试验	1. 名称 2. 电压(kV)	次(根、点)	按设计图示数量计算	试验

第十四章 钢筋、拆除工程工程量计算

第一节 钢筋、拆除工程分项工程划分

一、钢筋工程分项工程划分

钢筋工程包括现浇构件钢筋、预制构件钢筋、钢筋网片、钢筋笼、先张法预应力钢筋（钢丝、钢绞线）、后张法预应力钢筋（钢丝束、钢绞线）、型钢、植筋、预埋铁件、高强螺栓。

（1）现浇构件钢筋、预制构件钢筋、钢筋网片、钢筋笼、预埋铁件、高强螺栓，其工作内容包括：制作；运输；安装。

（2）先张法预应力钢筋（钢丝、钢绞线），其工作内容包括：张拉台座制作、安装、拆除；预应力筋制作、张拉。

（3）后张法预应力钢筋（钢丝束、钢绞线），其工作内容包括：预应力筋孔道制作、安装；锚具安装；预应力筋制作、张拉；安装压浆管道；孔道压浆。

（4）型钢，其工作内容包括：制作；运输；安装、定位。

（5）植筋，其工作内容包括：定位、钻孔、清孔；钢筋加工成型；注胶、植筋；抗拔试验；养护。

二、拆除工程分项工程划分

1. 全统市政定额拆除工程的划分

全统市政定额拆除工程包括拆除旧路、拆除人行道、拆除侧缘石、拆除混凝土管道、拆除金属管道、镀锌管拆除、拆除砖石构筑物、拆除混凝土障碍物、伐树、挖树蔸、路面凿毛、路面铣刨沥青路面。

（1）拆除工程。

1）拆除沥青柏油类路面层的工作内容包括：拆除；清底；运输；旧料清理成堆。

2）人工拆除混凝土类路面层的工作内容包括：拆除；清底；运输；旧料清理成堆。

3）机械拆除混凝土类路面层的工作内容包括：拆除；清底；运输；废渣清理成堆。

4）人工拆除基层和面层的工作内容包括：拆除；清底；运输；废渣清理成堆。

（2）拆除人行道的工作内容包括：拆除；清底；运输；旧料清理成堆。

（3）拆除侧缘石的工作内容包括：刨出；刮净；运输；旧料清理成堆。

（4）拆除混凝土管道的工作内容包括：平整场地；清理工作坑；剔口；吊管；清理官腔污泥；旧料就近堆放。

（5）拆除金属管道的工作内容包括：平整场地；清理工作坑；安拆导链；剔口；吊管；清理官腔污泥；旧料就近堆放。

（6）镀锌管拆除的工作内容包括：据管；拆管；清理；堆放。

(7)拆除砖石构筑物的工作内容如下:

1)检查井:拆除井体、管口、旧料清理成堆。

2)构筑物:拆除、旧料清理成堆。

(8)拆除混凝土障碍物的工作内容包括:拆除;运输;旧料堆放整齐。

(9)伐树、挖树蔸的工作内容包括:锯倒;砍枝;截断;刨挖;清理异物;就近堆放整齐。

(10)路面凿毛的工作内容包括:凿毛;清扫废渣。

(11)钢筋工程钢筋工程定额模式下的工作内容见第七章桥涵护岸工程。

2. 计量规范拆除工程划分

拆除工程包括拆除路面、拆除人行道、拆除基层、铣刨路面、拆除侧、平(缘)石、拆除管道、拆除砖石结构、拆除混凝土结构、拆除井、拆除电杆、拆除管片。

拆除工程各项目的工作内容包括:拆除、清理;运输。

第二节　钢筋、拆除工程工程量计算

一、钢筋工程工程量计算

钢筋是配置在钢筋混凝土及预应力钢筋混凝土构件中的钢条或钢丝的总称。

(1)钢筋牌号。钢筋的牌号分为 HPB235、HPB300、HRB335、HRBF335、HRB400、HRBF400、HRB500、HRBF500 级,HPB235、HPB300 级钢筋为光圆钢筋。低碳热轧圆盘条按其屈服强度代号为 Q215、Q235,供建筑用钢筋为 Q235。HRB335、HRBF335、HRB400、HRBF400、HRB500、HRBF500 级为热轧带肋钢筋。

(2)钢筋分类。钢筋的种类比较多,按照不同的标准可分为不同的类型。

1)按化学成分可分为碳素钢钢筋和普通低合金钢钢筋两种。

①碳素钢钢筋是由碳素钢轧制而成。碳素钢钢筋按含碳量多少又分为:低碳钢钢筋($w_c < 0.25\%$);中碳钢钢筋($w_c = 0.25\% \sim 0.60\%$);高碳钢钢筋($w_c > 0.60\%$)。常用的有 Q235、Q215 等品种。含碳量越高,强度及硬度也越高,但塑性、韧性、冷弯及焊接性等均降低。

②普通低合金钢钢筋是在低碳钢和中碳钢的成分中加入少量元素(硅、锰、钛、稀土等)制成的钢筋。普通低合金钢筋的主要优点是强度高,综合性能好,用钢量比碳素钢少 20% 左右。常用的有 24MnSi、25MnSi、40MnSi 等品种。

2)按生产工艺可分为热轧钢筋、余热处理钢筋、冷拉钢筋、冷拔钢丝、碳素钢丝、刻痕钢丝、钢绞线、冷轧带肋钢筋、冷轧扭钢筋等。

①热轧钢筋是用加热钢坯轧成的条形钢筋。由轧钢厂经过热轧成材供应,钢筋直径一般为 550mm。其分直条和盘条两种。

②余热处理钢筋又称调质钢筋,是经热轧后立即穿水,进行表面控制冷却,然后利用芯部余热自身完成回火处理所得的成品钢筋。其外形为月牙肋。

③冷拉钢筋是将热轧钢筋在常温下进行强力拉伸使其强度提高的一种钢筋。

④冷拔低碳钢丝由直径 68mm 的普通热轧圆盘条经多次冷拔而成,分甲、乙两个等级。

⑤碳素钢丝是由优质高碳钢盘条经淬火、酸洗、拔制、回火等工艺而制成的。按生产工艺

可分为冷拉及矫直回火两个品种。

⑥刻痕钢丝是把热轧大直径高碳钢加热，并经铅浴淬火，然后冷拔多次，钢丝表面再经过刻痕处理而制得的钢丝。

⑦钢绞线是把光圆碳素钢丝在绞线机上进行捻合而成。

1. 工程量计算规则

钢筋工程工程量清单项目设置、项目特征描述的内容、计量单位及工程量计算规则，应按表 14-1 的规定执行。

表 14-1　　　　　　　　　　　　　　　　钢筋工程

项目编码	项目名称	项目特征	计量单位	工程量计算规则	工作内容
040901001	现浇构件钢筋	1. 钢筋种类 2. 钢筋规格	t	按设计图示尺寸以质量计算	1. 制作 2. 运输 3. 安装
040901002	预制构件钢筋				
040901003	钢筋网片				
040901004	钢筋笼				
040901005	先张法预应力钢筋（钢丝、钢绞线）	1. 部位 2. 预应力筋种类 3. 预应力筋规格			1. 张拉台座制作、安装、拆除 2. 预应力筋制作、张拉
040901006	后张法预应力钢筋（钢丝束、钢绞丝）	1. 部位 2. 预应力筋种类 3. 预应力筋规格 4. 锚具种类、规格 5. 砂浆强度等级 6. 压浆管材质、规格			1. 预应力筋孔道制作、安装 2. 锚具安装 3. 预应力筋制作、张拉 4. 安装压浆管道 5. 孔道压浆
040901007	型钢	1. 材料种类 2. 材料规格			1. 制作 2. 运输 3. 安装、定位
040901008	植筋	1. 材料种类 2. 材料规格 3. 植入深度 4. 植筋胶品种	根	按设计图示数量计算	1. 定位、钻孔、清孔 2. 钢筋加工成型 3. 注胶、植筋 4. 抗拔试验 5. 养护
040901009	预埋铁件	1. 材料种类 2. 材料规格	t	按设计图示尺寸以质量计算	1. 制作 2. 运输 3. 安装
040901010	高强螺栓		1. t 2. 套	1. 按设计图示尺寸以质量计算 2. 按设计图示数量计算	

注：1. 现浇构件中伸出构件的锚固钢筋、预制构件的吊钩和固定位置的支撑钢筋等，应并入钢筋工程量内。除设计标明的搭接外，其他施工搭接不计算工程量，由投标人在报价中综合考虑。

2. 钢筋工程所列"型钢"是指劲性骨架的型钢部分。

3. 凡型钢与钢筋组合（除预埋铁件外）的钢格栅，应分别列项。

2. 计算实例

【**例 14-1**】　某水池采用钢筋混凝土板顶盖,其配筋构造如图 14-1 所示,试计算钢筋工程量。

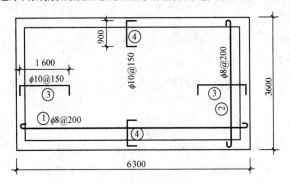

图 14-1　某水池钢筋混凝土板顶盖

【**解**】由图 14-1 可知,

钢筋①根数＝(3.6－0.015×2)/0.2＋1＝19 根

钢筋②根数＝(6.3－0.015×2)/0.2＋1＝33 根

钢筋③根数＝(3.6－0.015×2)/0.15＋1＝25 根

钢筋④根数＝(6.3－0.015×2)/0.15＋1＝43 根

由此可得:

钢筋①质量＝(6.3－0.015×2＋2×6.25×0.008)×19×0.395＝47.81kg

钢筋②质量＝(3.6－0.015×2＋2×6.25×0.008)×33×0.395＝47.84kg

钢筋③质量＝(1.6＋0.1×2)×25×2×0.617＝55.53kg

钢筋③质量＝(0.9＋0.1×2)×43×2×0.617＝58.37kg

则,φ8 钢筋工程量＝47.81＋47.84＝95.65kg＝0.096t

　　　φ10 钢筋工程量＝55.53＋58.37＝113.9kg＝0.114t

工程量计算结果见表 14-2。

表 **14-2**　　　　　　　　　　　**工程量计算表**

项目编码	项目名称	项目特征描述	计量单位	工程量
040901001001	现浇构件钢筋	φ8	t	0.096
040901001002	现浇构件钢筋	φ10	t	0.114

二、拆除工程工程量计算

随着我国城市现代化建设的加快,旧建筑拆除工程也日益增多。市政拆除工程的特点如下:

(1)作业流动性大。

(2)作业人员素质要求低。

(3)潜在危险大:

1)无原图纸,制定拆除方案困难,易产生错误判断。

2)由于加层改建,改变了原承载系统的受力状态,在拆除中往往因拆除了某一构件造成原建筑物和构筑物的力学平衡体系受到破坏而造成部分构件产生倾覆造成人员伤亡。

(4)对周围环境的污染。

(5)露天作业。

1. 工程量计算规则

拆除工程工程量清单项目设置、项目特征描述的内容、计量单位及工程量计算规则,应按表 14-3 的规定执行。

表 14-3　　　　　　　　　　　　　　**拆除工程**

项目编码	项目名称	项目特征	计量单位	工程量计算规则	工作内容
041001001	拆除路面	1. 材质 2. 厚度	m²	按拆除部位以面积计算	1. 拆除、清理 2. 运输
041001002	拆除人行道				
041001003	拆除基层	1. 材质 2. 厚度 3. 部位			
041001004	铣刨路面	1. 材质 2. 结构形式 3. 厚度			
041001005	拆除侧、平(缘)石	材质	m	按拆除部位以延长米计算	
041001006	拆除管道	1. 材质 2. 管径			
041001007	拆除砖石结构	1. 结构形式 2. 强度等级	m³	按拆除部位以体积计算	
041001008	拆除混凝土结构				
041001009	拆除井	1. 结构形式 2. 规格尺寸 3. 强度等级	座	按拆除部位以数量计算	
041001010	拆除电杆	1. 结构形式 2. 规格尺寸	根		
041001011	拆除管片	1. 材质 2. 部位	处		

注:1. 拆除路面、人行道及管道清单项目的工作内容中均不包括基础及垫层拆除,发生时按本章相应清单项目编码列项。
　　2. 伐树、挖树蔸应按现行国家标准《园林绿化工程工程量计算规范》(GB 20858—2013)中相应清单项目编码列项。

2. 计算实例

【例 14-2】　欲在某城市新建小区,为改善交通需修路与主干路连接,该线路上现有检查井 3 座、19m 以下电杆 4 根需要拆除,试计算拆除工程量。

【解】根据工程量计算规则:

$$拆除井工程量=3 座$$
$$拆除电杆工程量=4 根$$

工程量计算结果见表 14-4。

表 14-4　　　　　　　　　　　　　　**工程量计算表**

项目编码	项目名称	项目特征描述	计量单位	工程量
0410001009	拆除井	检查井	座	3
0410001010	拆除电杆	19m 以下电杆	根	4

第十五章　市政工程措施项目工程量计算

第一节　措施项目划分

一、脚手架工程项目划分

脚手架工程包括墙面脚手架、柱面脚手架、仓面脚手架、沉井脚手架、井字架。

(1)墙面脚手架、柱面脚手架、仓面脚手架、沉井脚手架,其工作内容包括:清理场地;搭设、拆除脚手架、安全网;材料场内外运输。

(2)井字架,其工作内容包括:清理场地;搭、拆井字架;材料场内外运输。

二、混凝土模板及支架项目划分

混凝土模板及支架包括垫层模板、基础模板、承台模板、墩(台)帽模板、墩(台)身模板、支撑梁及横梁模板、墩(台)盖梁模板、拱桥拱座模板、拱桥拱肋模板、拱上构件模板、箱梁模板、柱模板、梁模板、板模板、板梁模板、板拱模板、挡墙模板、压顶模板、防撞护栏模板、楼梯模板、小型构件模板、箱涵滑(底)板模板、箱涵侧墙模板、箱涵顶板模板、拱部衬砌模板、边墙衬砌模板、竖井衬砌模板、沉井井壁(隔墙)模板、沉井顶板模板、沉井底板模板、管(渠)道平基模板、管(渠)道管座模板、井顶(盖)板模板、池底模板、池壁(隔墙)模板、池盖模板、其他现浇构件模板、设备螺栓套、水上桩基础支架、平台、桥涵支架。

(1)垫层模板、基础模板、承台模板、墩(台)帽模板、墩(台)身模板、支撑梁及横梁模板、墩(台)盖梁模板。拱桥拱座模板、拱桥拱肋模板、拱上构件模板、箱梁模板、柱模板、梁模板、板模板、板梁模板、板拱模板、挡墙模板、压顶模板、防撞护栏模板、楼梯模板、小型构件模板、箱涵滑(底)板模板、箱涵侧墙模板、箱涵顶板模板、拱部衬砌模板、边墙衬砌模板、竖井衬砌模板、沉井井壁(隔墙)模板、沉井顶板模板、沉井底板模板、管(渠)道平基模板、管(渠)道管座模板、井顶(盖)板模板、池底模板、池壁(隔墙)模板、池盖模板、其他现浇构件模板、设备螺栓套,其工作内容包括:模板制作、安装、拆除、整理、堆放;模板粘接物及模内杂物清理、刷隔离剂;模板场内外运输及维修。

(2)水上桩基础支架、平台,其工作内容包括:支架、平台基础处理;支架、平台的搭设、使用及拆除;材料场内外运输。

(3)桥涵支架,其工作内容包括:支架地基处理;支架的搭设、使用及拆除;支架预压;材料场内外运输。

三、围堰项目划分

围堰包括围堰、筑岛。

（1）围堰，其工作内容包括：清理基底；打、拔工具桩；堆筑、填心、夯实；拆除清理；材料场内外运输。

（2）筑岛，其工作内容包括：清理基底；堆筑、填心、夯实；拆除清理。

四、便道及便桥项目划分

便道及便桥包括便道、便桥。

（1）便道，其工作内容包括：平整场地；材料运输、铺设、夯实；拆除、清理。

（2）便桥，其工作内容包括：清理基底；材料运输、便桥搭设；拆除、清理。

五、洞内临时设施项目划分

洞内临时设施包括洞内通风设施、洞内供水设施、洞内供电及照明设施、洞内通信设施、洞内外轨道铺设。

（1）洞内通风设施、洞内供水设施、洞内供电及照明设施、洞内通信设施，其工作内容包括：管道铺设；线路架设；设备安装；保养维护；拆除、清理；材料场内外运输。

（2）洞内外轨道铺设，其工作内容包括：轨道及基础铺设；保养维护；拆除、清理；材料场内外运输。

六、大型机械设备进出场及安拆项目划分

大型机械设备进出场及安拆工作内容包括：安拆费包括施工机械、设备在现场进行安装拆卸所需人工、材料、机械和试运转费用以及机械辅助设施的折旧、搭设、拆除等费用；进出场费包括施工机械、设备整体或分体自停放地点运至施工现场或由一施工地点运至另一施工地点所发生的运输、装卸、辅助材料等费用。

七、施工排水、降水项目划分

施工排水、降水包括成井、排水、降水。

（1）成井，其工作内容包括：准备钻孔机械、埋设护筒、钻机就位；泥浆制作、固壁；成孔、出渣、清孔等；对接上、下井管（滤管），焊接，安放，下滤料，洗井，连接试抽等。

（2）排水、降水，其工作内容包括：管道安装、拆除，场内搬运等；抽水、值班、降水设备维修等。

八、处理、监测、监控项目划分

处理、监测、监控包括地下管线交叉处理、施工监测、监控。

（1）地下管线交叉处理，其工作内容及包含范围包括：悬吊；加固；其他处理措施。

（2）施工监测、监控，其工作内容及包含范围包括：对隧道洞内施工时可能存在的危害因素进行检测；对明挖法、暗挖法、盾构法施工的区域等进行周边环境监测；对明挖基坑围护结构体系进行监测；对隧道的围岩和支护进行监测；盾构法施工进行监控测量。

九、安全文明施工及其他措施项目划分

安全文明施工及其他措施项目包括安全文明施工、夜间施工、二次搬运、冬雨季施工、行

车、行人干扰、地上、地下设施、建筑物的临时保护设施、已完工程及设备保护。

(1)安全文明施工,其工作内容及包含范围包括:

1)环境保护:施工现场为达到环保部门要求所需要的各项措施。包括施工现场为保持工地清洁、控制扬尘、废弃物与材料运输的防护、保证排水设施通畅、设置密闭式垃圾站、实现施工垃圾与生活垃圾分类存放等环保措施;其他环境保护措施。

2)文明施工:根据相关规定在施工现场设置企业标志、工程项目简介牌、工程项目责任人员姓名牌、安全六大纪律牌、安全生产记数牌、十项安全技术措施牌、防火须知牌、卫生须知牌及工地施工总平面布置图、安全警示标志牌,施工现场围挡以及为符合场容场貌、材料堆放、现场防火等要求采取的相应措施;其他文明施工措施。

3)安全施工:根据相关规定设置安全防护设施、现场物料提升架与卸料平台的安全防护设施、垂直交叉作业与高空作业安全防护设施、现场设置安防监控系统设施、现场机械设备(包括电动工具)的安全保护与作业场所和临时安全疏散通道的安全照明与警示设施等;其他安全防护措施。

4)临时设施:施工现场临时宿舍、文化福利及公用事业房屋与构筑物、仓库、办公室、加工厂、工地实验室以及规定范围内的道路、水、电、管线等临时设施和小型临时设施等的搭设、维修、拆除、周转;其他临时设施搭设、维修、拆除。

(2)夜间施工,其工作内容及包含范围包括:

1)夜间固定照明灯具和临时可移动照明灯具的设置、拆除。

2)夜间施工时,施工现场交通标志、安全标牌、警示灯等的设置、移动、拆除。

3)夜间照明设备及照明用电、施工人员夜班补助、夜间施工劳动效率降低等。

(3)二次搬运,其工作内容及包含范围包括:由于施工场地条件限制而发生的材料、成品、半成品一次运输不能到达堆积地点,必须进行的二次或多次搬运。

(4)冬雨季施工,其工作内容及包含范围包括:

1)冬雨季施工时增加的临时设施(防寒保温、防雨设施)的搭设、拆除。

2)冬雨季施工时对砌体、混凝土等采用的特殊加温、保温和养护措施。

3)冬雨季施工时施工现场的防滑处理、对影响施工的雨雪的清除。

4)冬雨季施工时增加的临时设施、施工人员的劳动保护用品、冬雨季施工劳动效率降低等。

(5)行车、行人干扰,其工作内容及包含范围包括:

1)由于施工受行车、行人干扰的影响,导致人工、机械效率降低而增加的措施。

2)为保证行车、行人的安全,现场增设维护交通与疏导人员而增加的措施。

(6)地上、地下设施、建筑物的临时保护设施,其工作内容及包含范围包括:在工程施工过程中,对已建成的地上、地下设施和建筑物进行的遮盖、封闭、隔离等必要保护措施所发生的人工和材料。

(7)已完工程及设备保护,其工作内容及包含范围包括:对已完工程及设备采取的覆盖、包裹、封闭、隔离等必要保护措施所发生的人工和材料。

第二节　措施项目工程量计算

一、脚手架工程量计算

脚手架是指施工现场为工人操作并解决垂直和水平运输而搭设的各种支架。用在外墙、内部装修或层高较高无法直接施工的地方。其主要为了施工人员上下干活或外围安全网维护及高空安装构件等。脚手架制作材料通常有：钢管、竹、木或合成材料等。

脚手架工程工程量清单项目设置、项目特征描述的内容、计量单位及工程量计算规则，应按表 15-1 的规定执行。

表 15-1　　　　　　　　　　　　　脚手架工程

项目编码	项目名称	项目特征	计量单位	工程量计算规则	工作内容
041101001	墙面脚手架	墙高	m²	按墙面水平边线长度乘以墙面砌筑高度计算	1. 清理场地 2. 搭设、拆除脚手架、安全网 3. 材料场内外运输
041101002	柱面脚手架	1. 柱高 2. 柱结构外围周长		按柱结构外围周长乘以柱砌筑高度计算	
041101003	仓面脚手架	1. 搭设方式 2. 搭设高度		按仓面水平面积计算	
041101004	沉井脚手架	沉井高度		按井壁中心周长乘以井高计算	
041101005	井字架	井深	座	按设计图示数量计算	1. 清理场地 2. 搭、拆井字架 3. 材料场内外运输

注：各类井的井深按井底基础以上至井盖顶的高度计算。

二、混凝土模板及支架工程量计算

混凝土模板及支架是指混凝土结构或钢筋混凝土结构成型的模具，由面板和支撑系统（包括龙骨、桁架、小梁等，以及垂直支承结构）、连接配件（包括螺栓、联结卡扣、模板面与支承构件以及支承构件之间联结零、配件）组成。

混凝土模板及支架工程量清单项目设置、项目特征描述的内容、计量单位及工程量计算规则，应按表 15-2 的规定执行。

表 15-2　　　　　　　　　　　　　混凝土模板及支架

项目编码	项目名称	项目特征	计量单位	工程量计算规则	工作内容
041102001	垫层模板	构件类型	m²	按混凝土与模板接触面的面积计算	1. 模板制作、安装、拆除、整理、堆放 2. 模板粘接物及模内杂物清理、刷隔离剂 3. 模板场内外运输及维修
041102002	基础模板				
041102003	承台模板				
041102004	墩（台）帽模板	1. 构件类型 2. 支模高度			
041102005	墩（台）身模板				
041102006	支撑梁及横梁模板				
041102007	墩（台）盖梁模板				
041102008	拱桥拱座模板				
041102009	拱桥拱肋模板				
041102010	拱上构件模板				
041102011	箱梁模板				
041102012	柱模板				
041102013	梁模板				
041102014	板模板				
041102015	板梁模板				
041102016	板拱模板				
041102017	挡墙模板				
041102018	压顶模板	构件类型			
041102019	防撞护栏模板				
041102020	楼梯模板				
041102021	小型构件模板				
041102022	箱涵滑（底）板模板	1. 构件类型 2. 支模高度			
041102023	箱涵侧墙模板				
041102024	箱涵顶板模板				
041102025	拱部衬砌模板	1. 构件类型 2. 衬砌厚度 3. 拱跨径			
041102026	边墙衬砌模板				
041102027	竖井衬砌模板	1. 构件类型 2. 壁厚			

(续)

项目编码	项目名称	项目特征	计量单位	工程量计算规则	工作内容
041102028	沉井井壁（隔墙）模板	1. 构件类型 2. 支模高度	m²	按混凝土与模板接触面的面积计算	1. 模板制作、安装、拆除、整理、堆放 2. 模板粘接物及模内杂物清理、刷隔离剂 3. 模板场内外运输及维修
041102029	沉井顶板模板				
041102030	沉井底板模板	构件类型			
041102031	管（渠）道平基模板				
041102032	管（渠）道管座模板				
041102033	井顶（盖）板模板				
041102034	池底模板				
041102035	池壁（隔墙）模板	1. 构件类型 2. 支模高度			
041102036	池盖模板				
041102037	其他现浇构件模板	构件类型			
041102038	设备螺栓套	螺栓套孔深度	个	按设计图示数量计算	
041102039	水上桩基础支架、平台	1. 位置 2. 材质 3. 桩类型	m²	按支架、平台搭设的面积计算	1. 支架、平台基础处理 2. 支架、平台的搭设、使用及拆除 3. 材料场内外运输
041102040	桥涵支架	1. 部位 2. 材质 3. 支架类型	m³	按支架搭设的空间体积计算	1. 支架地基处理 2. 支架的搭设、使用及拆除 3. 支架预压 4. 材料场内外运输

注：原槽浇灌的混凝土基础、垫层不计算模板。

三、围堰工程量计算

1. 工程量计算规则

围堰工程工程量清单项目设置、项目特征描述的内容、计量单位及工程量计算规则，应按表 15-3 的规定执行。

表 15-3 围堰工程

项目编码	项目名称	项目特征	计量单位	工程量计算规则	工作内容
041103001	围堰	1. 围堰类型 2. 围堰顶宽及底宽 3. 围堰高度 4. 填心材料	1. m³ 2. m	1. 以立方米计量,按设计图示围堰体积计算 2. 以米计量,按设计图示围堰中心线长度计算	1. 清理基底 2. 打、拔工具桩 3. 堆筑、填心、夯实 4. 拆除清理 5. 材料场内外运输
041103002	筑岛	1. 筑岛类型 2. 筑岛高度 3. 填心材料	m³	按设计图示筑岛体积计算	1. 清理基底 2. 堆筑、填心、夯实 3. 拆除清理

2. 工程量清单项目释义

(1)围堰。围堰是指在水利工程建设中,为建造永久性水利设施,修建的临时性围护结构。其作用是防止水和土进入建筑物的修建位置,以便在围堰内排水,开挖基坑,修筑建筑物。一般主要用于水工建筑中,除作为正式建筑物的一部分外,围堰一般在用完后拆除。

在桥梁基础施工中,当桥梁墩、台基础位于地表水位以下时,根据当地材料修筑成各种形式的土堰;在水较深且流速较大的河流可采用木板桩或钢板桩(单层或双层)围堰,目前多使用双层薄壁钢围堰。围堰的作用既可以防水、围水,又可以支撑基坑的坑壁。

(2)筑岛。筑岛又称筑岛填心,是指在围堰围成的区域内填土、砂及砂砾石。

四、便道及便桥工程量计算

1. 工程量计算规则

便道及便桥工程量清单项目设置、项目特征描述的内容、计量单位及工程量计算规则,应按表 15-4 的规定执行。

表 15-4 便道及便桥

项目编码	项目名称	项目特征	计量单位	工程量计算规则	工作内容
041104001	便道	1. 结构类型 2. 材料种类 3. 宽度	m²	按设计图示尺寸以面积计算	1. 平整场地 2. 材料运输、铺设、夯实 3. 拆除、清理
041104002	便桥	1. 结构类型 2. 材料种类 3. 跨径 4. 宽度	座	按设计图示数量计算	1. 清理基底 2. 材料运输、便桥搭设 3. 拆除、清理

2. 工程量清单项目释义

(1)便道。便道是指正式道路正在修建或修整时临时使用的道路。

（2）便桥。便桥是指为了方便施工而架设的桥，有时需要很强的强度要求，供施工机械能够顺利方便地通行。

五、洞内临时设施工程量计算

洞内临时设施工程量清单项目设置、项目特征描述的内容、计量单位及工程量计算规则，应按表 15-5 的规定执行。

表 15-5 洞内临时设施

项目编码	项目名称	项目特征	计量单位	工程量计算规则	工作内容
041105001	洞内通风设施	1. 单孔隧道长度 2. 隧道断面尺寸 3. 使用时间 4. 设备要求	m	按设计图示轨道长度以延长米计算	1. 管道铺设 2. 线路架设 3. 设备安装 4. 保养维护 5. 拆除、清理 6. 材料场内外运输
041105002	洞内供水设施				
041105003	洞内供电及照明设施				
041105004	洞内通信设施				
041105005	洞内外轨道铺设	1. 单孔隧道长度 2. 隧道断面尺寸 3. 使用时间 4. 轨道要求		按设计图示轨道铺设长度以延长米计算	1. 轨道及基础铺设 2. 保养维护 3. 拆除、清理 4. 材料场内外运输

注：设计注明轨道铺设长度的，按设计图示尺寸计算；设计未注明时可按设计图示隧道长度以延长米计算，并注明洞外轨道铺设长度由投标人根据施工组织设计自定。

六、大型机械设备进出场及安拆工程量计算

大型机械设备进出场及安拆工程量清单项目设置、项目特征描述的内容、计量单位及工程量计算规则，应按表 15-6 的规定执行。

表 15-6 大型机械设备进出场及安拆

项目编码	项目名称	项目特征	计量单位	工程量计算规则	工作内容
041106001	大型机械设备进出场及安拆	1. 机械设备名称 2. 机械设备规格型号	台·次	按使用机械设备的数量计算	1. 安拆费包括施工机械、设备在现场进行安装拆卸所需人工、材料、机械和试运转费用以及机械辅助设施的折旧、搭设、拆除等费用 2. 进出场费包括施工机械、设备整体或分体自停放地点运至施工现场或由一施工地点运至另一施工地点所发生的运输、装卸、辅助材料等费用

七、施工排水、降水工程量计算

1. 工程量计算规则

施工排水、降水工程量清单项目设置、项目特征描述的内容、计量单位及工程量计算规则,应按表15-7的规定执行。

表 15-7　　　　　　　　　　　　　施工排水、降水

项目编码	项目名称	项目特征	计量单位	工程量计算规则	工作内容
041107001	成井	1. 成井方式 2. 地层情况 3. 成井直径 4. 井(滤)管类型、直径	m	按设计图示尺寸以钻孔深度计算	1. 准备钻孔机械、埋设护筒、钻机就位;泥浆制作、固壁;成孔、出渣、清孔等 2. 对接上、下井管(滤管),焊接,安放,下滤料,洗井,连接试抽等
041107002	排水、降水	1. 机械规格型号 2. 降排水管规格	昼夜	按排、降水日历天数计算	1. 管道安装、拆除,场内搬运等 2. 抽水、值班、降水设备维修等

注:相应专项设计不具备时,可按暂估量计算

2. 工程量清单项目释义

(1)成井。在水文地质钻探钻凿成孔并取得钻孔地质剖面资料之后,还必须通过抽水试验查明地下水的水位、水量、水质等情况,有时还要将其建成用于长久供水的管井。为此而采取的各种技术措施,称为"成井工艺"。它是钻成孔井之后的主要工艺,包括扫孔(扫去孔壁泥皮)、冲孔(冲净井中泥砂、岩屑)、换浆(把井内浓泥浆稀释)、下管、填砾、止水、洗井等工序。

(2)排水。将施工期间有碍施工作业和影响工程质量的水,排到施工场地以外。

(3)降水。在地下水位较高的地区开挖深基坑,由于含水层被切断,在压差作用下,地下水必然会不断地渗流入基坑,如不进行基坑降排水工作,将会造成基坑浸水,使现场施工条件变差,地基承载力下降,在动水压力作用下还可能引起流砂、管涌和边坡失稳等现象,因此,为确保基坑施工安全,必须采取有效的降水措施,亦称降水工程。

八、处理、监测、监控工程量计算

1. 工程量计算规则

处理、监测、监控工程量清单项目设置、工作内容及包含范围,应按表15-8的规定执行。

表 15-8 处理、监测、监控

项目编码	项目名称	工作内容及包含范围
041108001	地下管线交叉处理	1. 悬吊 2. 加固 3. 其他处理措施
041108002	施工监测、监控	1. 对隧道洞内施工时可能存在的危害因素进行检测 2. 对明挖法、暗挖法、盾构法施工的区域等进行周边环境监测 3. 对明挖基坑围护结构体系进行监测 4. 对隧道的围岩和支护进行监测 5. 盾构法施工进行监控测量

注：地下管线交叉处理指施工过程中对现有施工场地范围内各种地下交叉管线进行加固及处理所发生的费用，但不包括地下管线或设施改、移发生的费用。

2. 工程量清单项目释义

(1)施工监测。施工监测是指在建构筑物施工过程中，采用监测仪器对关键部位各项控制指标进行监测的技术手段，在监测值接近控制值时发出报警，用来保证施工的安全性，也可用于检查施工过程是否合理。

施工监测主要包括挠度观测、温度效应观测、应力观测（通过应变片测应变）、桥梁主要参数观测、预应力观测（对于预应力结构）、索力观测（包括斜拉桥拉索、悬索桥、吊杆拱桥吊杆张拉力、钢管拱吊装扣索索力值）等。

(2)施工监控。施工监控是确保桥梁在施工或使用阶段完美体现设计思路的一种手段，特别是近几年来，桥梁跨度、结构形式有了很大的突破，用常规的计算或测量手段，很难准确地得出桥梁在各种工况下的受力状况，必须引入监控作辅助控制手段，在大型桥梁的施工中起着指导和调整施工顺序的作用。

九、安全文明施工及其他措施项目工程量计算

1. 工程量计算规则

安全文明施工及其他措施项目工程量清单项目设置、工作内容及包含范围，应按表 15-9 的规定执行。

表 15-9 安全文明施工及其他措施项目

项目编码	项目名称	工作内容及包含范围
041109001	安全文明施工	1. 环境保护：施工现场为达到环保部门要求所需要的各项措施。包括施工现场为保持工地清洁、控制扬尘、废弃物与材料运输的防护、保证排水设施通畅、设置密闭式垃圾站、实现施工垃圾与生活垃圾分类存放等环保措施；其他环境保护措施 2. 文明施工：根据相关规定在施工现场设置企业标志、工程项目简介牌、工程项目责任人员姓名牌、安全六大纪律牌、安全生产记数牌、十项安全技术措施牌、防火须知牌、卫生须知牌及工地施工总平面布置图、安全警示标志牌，施工现场围挡以及为符合场容场貌、材料堆放、现场防火等要求采取的相应措施；其他文明施工措施 3. 安全施工：根据相关规定设置安全防护设施、现场物料提升架与卸料平台的安全防护设施、垂直交叉作业与高空作业安全防护设施、现场设置安防监控系统设施、现场机械设备（包括电动工具）的安全保护与作业场所和临时安全疏散通道的安全照明与警示设施等；其他安全防护措施 4. 临时设施：施工现场临时宿舍、文化福利及公用事业房屋与构筑物、仓库、办公室、加工厂、工地实验室以及规定范围内的道路、水、电、管线等临时设施和小型临时设施等的搭设、维修、拆除、周转；其他临时设施搭设、维修、拆除

（续）

项目编码	项目名称	工作内容及包含范围
041109002	夜间施工	1. 夜间固定照明灯具和临时可移动照明灯具的设置、拆除 2. 夜间施工时，施工现场交通标志、安全标牌、警示灯等的设置、移动、拆除 3. 夜间照明设备及照明用电、施工人员夜间补助、夜间施工劳动效率降低等
041109003	二次搬运	由于施工场地条件限制而发生的材料、成品、半成品一次运输不能达到堆积地点，必须进行二次或多次搬运
041109004	冬雨季施工	1. 冬雨季施工时增加的临时设施（防寒保温、防雨设施）的搭设、拆除 2. 冬雨季施工时对砌体、混凝土等采用的特殊加温、保温和养护措施 3. 冬雨季施工时施工现场的防滑处理、对影响施工的雨雪的清除 4. 冬雨季施工时增加的临时设施、施工人员的劳动保护用品、冬雨季施工劳动效率降低等
041109005	行车、行人干扰	1. 由于施工受行车、行人干扰的影响，导致人工、机械效率降低而增加的措施 2. 为保证行车、行人的安全，现场增设维护交通与疏导人员而增加的措施
041109006	地上、地下设施、建筑物的临时保护设施	在工程施工过程中，对已建成的地上、地下设施和建筑物进行的遮盖、封闭、隔离等必要保护措施所发生的人工和材料
041109007	已完工程及设备保护	对已完工程及设备采用的覆盖、包裹、封闭、隔离等必要保护措施所发生的人工和材料

注：本表所列项目应根据工程实际情况计算措施项目费用，需分摊的应合理计算摊销费用。

2. 工程量清单项目释义

（1）安全文明施工。安全文明施工措施项目主要包括环境保护、文明施工、安全施工和临时设施等。

（2）其他措施项目。其他措施项目主要包括夜间施工、二次搬运、冬雨季施工、行车、行人干扰、地上、地下设施、建筑物的临时保护设施和已完工程及设备保护等。

参考文献

[1] 中华人民共和国住房和城乡建设部.GB 50500－2013建设工程工程量清单计价规范[S].北京:中国计划出版社,2013.

[2] 中华人民共和国住房和城乡建设部.GB 50857－2013市政工程工程量计算规范[S].北京:中国计划出版社,2013.

[3] 规范编制组.2013建设工程计价计量规范辅导[M].北京:中国计划出版社,2013.

[4] 高亚军.市政工程概预算手册[M].湖南:湖南大学出版社,2008.

[5] 王芳.看图学市政工程预算[M].北京:中国电力出版社,2009.

[6] 陶学明,等.工程造价计价与管理[M].北京:中国建筑工程出版社,2004.

[7] 黄国洪.燃气工程施工[M].北京:中国建筑工业出版社,1994.

[8] 李建峰.工程计价与造价管理[M].北京:中国电力出版社,2005.

[9] 陈建国.工程计量与造价管理[M].上海:同济大学出版社,2001.

中国建材工业出版社
China Building Materials Press

我们提供

图书出版、图书广告宣传、企业/个人定向出版、设计业务、企业内刊等外包、代选代购图书、团体用书、会议、培训，其他深度合作等优质高效服务。

编辑部	图书广告	出版咨询	图书销售	设计业务
010-68343948	010-68361706	010-68343948	010-68001605	010-88376510转1008

邮箱：jccbs-zbs@163.com   网址：www.jccbs.com.cn

发展出版传媒　　服务经济建设

传播科技进步　　满足社会需求